Ausführung von Stahlbauten
Erläuterungen zu DIN 18800-7

DIN

Herbert Schmidt, Rainer Zwätz, Lothar Bär, Ulrich Schulte

Ausführung von Stahlbauten

Erläuterungen zu DIN 18800-7 mit CD-ROM

1. Auflage 2005

Herausgeber: DIN Deutsches Institut für Normung e.V.

Beuth Verlag GmbH · Berlin · Wien · Zürich
Ernst & Sohn Verlag GmbH

Herausgeber: DIN Deutsches Institut für Normung e.V.

© 2005 Beuth Verlag GmbH
Berlin · Wien · Zürich
Burggrafenstraße 6
10787 Berlin

Telefon: +49 30 2601-0
Telefax: +49 30 2601-1260
Internet: www.beuth.de
E-Mail: info@beuth.de

© **2005 Ernst & Sohn Verlag für Architektur und**
technische Wissenschaften GmbH & Co. KG
Bühringstraße 10
13086 Berlin

Telefon: +49 30 470 31 200
Telefax: +49 30 470 31 270
Internet: www.ernst-und-sohn.de
E-Mail: info@ernst-und-sohn.de

Das Werk einschließlich aller seiner Teile ist urheberrechtlich geschützt. Jede Verwertung außerhalb der Grenzen des Urheberrechts ist ohne schriftliche Zustimmung des Verlages unzulässig und strafbar. Das gilt insbesondere für Vervielfältigungen, Übersetzungen, Mikroverfilmungen und die Einspeicherung in elektronischen Systemen.

© für DIN-Normen DIN Deutsches Institut für Normung e.V., Berlin.

Die im Werk enthaltenen Inhalte wurden von den Verfassern und dem Verlag sorgfältig erarbeitet und geprüft. Eine Gewährleistung für die Richtigkeit des Inhalts wird gleichwohl nicht übernommen. Der Verlag haftet nur für Schäden, die auf Vorsatz oder grobe Fahrlässigkeit seitens des Verlages zurückzuführen sind. Im Übrigen ist die Haftung ausgeschlossen.

Umschlaggestaltung: Beuth Verlag GmbH unter Verwendung eines Fotos
von IMO Leipzig
Satz: B & B Fachübersetzer GmbH
Druck: Mercedes-Druck GmbH
Gedruckt auf säurefreiem, alterungsbeständigem Papier nach DIN 6738

ISBN 3-410-15919-3 (Beuth Verlag)
ISBN 3-433-01704-2 (Verlag Ernst & Sohn)

Inhaltsverzeichnis

		Seite
Vorwort		1
1	**Anwendungsbereich**	5
2	**Normative Verweisungen**	7
3	**Begriffe**	10
4	**Dokumentation**	13
4.1	Ausführungsunterlagen	13
4.2	Nachweisunterlagen	18
5	**Werkstoffe**	25
5.1	Walzstähle, Schmiedestähle und Gusswerkstoffe	25
5.1.1	Sorten	25
5.1.2	Maße	26
5.1.3	Gütegruppen	27
5.1.4	Zusätzliche Anforderungen	28
5.1.5	Bescheinigungen	37
5.2	Schweißzusätze	44
5.3	Mechanische Verbindungsmittel	46
5.3.1	Schrauben, Muttern und Scheiben	46
5.3.2	Sonstige mechanische Verbindungen	56
5.3.3	Kennzeichnung und Bescheinigungen	58
6	**Fertigung**	66
6.1	Identifizierbarkeit von Werkstoffen und Bauteilen	66
6.2	Schneiden	68
6.3	Formgebung, Wärmebehandlung und Flammrichten	72
6.4	Lochen	73
6.5	Ausschnitte	75
7	**Schweißen**	80
7.1	Voraussetzungen zum Schweißen	80
7.1.1	Schweißanweisung (WPS)	80
7.1.2	Schweißverfahrensprüfungen und vorgezogene Arbeitsprüfung	88
7.2	Schweißplan	89
7.3	Vorbereitung der Schweißarbeiten	96
7.3.1	Allgemeines	96
7.3.2	Lagerung und Handhabung von Schweißzusätzen	96
7.3.3	Witterungsschutz	97
7.4	Ausführung von Schweißarbeiten	97
7.4.1	Allgemeines	97
7.4.2	Vorwärmen	98
7.4.3	Zusammenbauhilfen	101
7.4.4	Bolzenschweißen	102
7.4.5	Schweißen von Betonstahl	107
7.4.6	Zusätzliche Anforderungen	108
8	**Schrauben- und Nietverbindungen**	113
8.1	Allgemeines	113
8.2	Maße der Löcher	116
8.3	Einsatz von Schraubenverbindungen	118
8.4	Vorbereitung der Kontaktflächen für Schraubenverbindungen	122
8.5	Anziehen von nicht planmäßig vorgespannten Schraubenverbindungen	125
8.6	Anziehen von planmäßig vorgespannten Schraubenverbindungen	127
8.6.1	Allgemeines	127

		Seite
8.6.2	Drehmoment-Vorspannverfahren	135
8.6.3	Drehimpuls-Vorspannverfahren	138
8.6.4	Drehwinkel-Vorspannverfahren	140
8.6.5	Kombiniertes Vorspannverfahren	141
8.7	Einbau von Nieten	141
9	**Montage**	**143**
9.1	Montageanweisung	143
9.2	Auflager	152
9.3	Montagearbeiten	153
9.3.1	Allgemeines	153
9.3.2	Kennzeichnung	154
9.3.3	Transport und Lagerung auf der Baustelle	155
9.3.4	Ausrichten	156
10	**Korrosionsschutzmaßnahmen**	**164**
10.1	Allgemeines	164
10.2	Oberflächenvorbereitung	169
10.3	Fertigungsbeschichtungen	170
10.4	Beschichtung und Überzüge	171
10.5	Korrosionsschutz von Verbindungsmitteln	181
11	**Geometrische Toleranzen**	**185**
11.1	Allgemeines	185
11.2	Fertigungstoleranzen	190
11.3	Montagetoleranzen	191
12	**Prüfungen**	**193**
12.1	Allgemeines	193
12.2	Fertigung und Montage	193
12.2.1	Schweißen	193
12.2.2	Planmäßig vorgespannte Schraubenverbindungen	201
12.2.3	Nietverbindungen	202
12.2.4	Korrosionsschutzmaßnahmen	202
13	**Herstellerqualifikation**	**206**
13.1	Allgemeines	206
13.2	Werkseigene Produktionskontrolle	206
13.3	Maßnahmen der werkseigenen Produktionskontrolle	208
13.4	Anforderungen an Schweißbetriebe	213
13.4.1	Allgemeines	213
13.4.2	Schweißer und Bediener	215
13.4.3	Schweißaufsicht	217
13.4.4.	Betriebseinrichtungen	221
13.4.5	Bescheinigungen	222
13.5	Klassifizierung von geschweißten Bauteilen	234

Literatur ... 238
Monographien, Handbücher, Beiträge in Handbüchern ... 238
Aufsätze, Tagungsbeiträge, Forschungsberichte, Merkblätter, Arbeitshilfen usw. ... 239
Regelwerke, Richtlinien, gesetzliche Vorschriften ... 240

CD-ROM
DIN 18800-7:2002-09   Stahlbauten – Teil 7: Ausführung und Herstellerqualifikation

Autorenporträt Herbert Schmidt

Herbert Schmidt (Jahrgang 1936) studierte Bauingenieurwesen an der TU Braunschweig, arbeitete drei Jahre als Brückenbaustatiker in der Stahlbaufirma MAN Werk Gustavsburg und promovierte nach anschließenden fünf Jahren Assistententätigkeit am Institut für Stahlbau der TU Braunschweig 1970 mit einer Arbeit aus dem Brückenbau. Es folgten sechs weitere Jahre am selben Institut als Oberingenieur und Akademischer Oberrat, in denen er das neu gegründete Stahlbaulabor aufbaute und leitete. 1974 arbeitete er für zehn Monate als Gastwissenschaftler im Fritz Engineering Laboratory der Lehigh University in Bethlehem/USA. Ende 1977 folgte Schmidt einem Ruf als C3-Professor an die Universität Stuttgart. Dort leitete er im Otto-Graf-Institut (Forschungs- und Materialprüfungsanstalt des Landes Baden-Württemberg) die Abteilung Baukonstruktionen, bis er Mitte 1981 auf die neu geschaffene C4-Professur Stahlbau der Universität Gesamthochschule Essen berufen wurde.

Es folgten zwei Jahrzehnte engagierter und fruchtbarer Lehr- und Forschungstätigkeit in Essen. Viele der erarbeiteten Forschungsergebnisse fanden Eingang in Handbücher, Regelwerke und Normen. 1990 und 1998 weilte Schmidt als Gastprofessor an australischen Universitäten. Seine wissenschaftlichen Leistungen wurden durch Berufung auf ehrenamtliche Positionen in vielen nationalen und europäischen Fachgremien gewürdigt. Die Stahlbaupraxis verlor er aber neben seiner wissenschaftlichen Tätigkeit nie aus den Augen: Seit 1989 ist er Prüfingenieur für Baustatik/Fachrichtung Metallbau; 1995 gründete er die Ingenieursozietät Prof. Schmidt & Partner – Beratende Ingenieure; viele Schadensgutachten schärften seinen Blick für die Belange der Praxis. Seit 2001 ist Herbert Schmidt im Ruhestand, was ihn aber nicht daran hindert, sich weiterhin beratend, begutachtend und veröffentlichend zu betätigen.

Autorenporträt Rainer Zwätz

Rainer Zwätz (Jahrgang 1942) studierte Maschinenbau, Fachrichtung Betriebstechnik, an der Staatlichen Ingenieurschule Friedberg/Hessen. Unmittelbar nach dem Studienabschluss absolvierte er den Schweißfachingenieurlehrgang der SLV Mannheim in Friedberg. Danach folgte die 18-monatige Grundwehrzeit. Von 1967 bis Ende 1970 war er als Betriebsassistent und Schweißfachingenieur beim Neusser Eisenbau tätig, wobei der Korrosionsschutz und die Betreuung aller Schweißarbeiten der Schwerpunkt seiner Tätigkeiten waren. 1971 war er Betriebsleiter bei der deutschen Niederlassung der Firma Coles Krane in Duisburg, ehe er Ende 1971 in die Dienste der Ausbildungsabteilung/Industrieberatung der SLV Duisburg (heute Niederlassung der GSI mbH) trat. 1984 übernahm Zwätz die Leitung der Gruppe Gütesicherung (entstanden aus der Industrieberatung) und ging aus Gesundheitsgründen zum 29.02.2004 in den vorgezogenen Ruhestand.

Höhepunkte seiner beruflichen Laufbahn waren die Überwachung der Montageschweißarbeiten (nach dem Einsturz) beim Neubau der Rheinbrücke Koblenz-Horchheim (1972–1974), Beratung der Firma Babcock & Wilcox beim Bau der Schwerkomponenten für das Kernkraftwerk Mühlheim-Kärlich/Deutschland in Mt. Vernon/Indiana/USA (1975–1976) und die Ausbildungstätigkeiten in Schweißfachingenieurlehrgängen in Korea und China (1986–1998).

Seit 1979 ist Rainer Zwätz in der Normungsarbeit und Regelwerkserstellung aktiv, zunächst nur national im Normenausschuss Schweißtechnik und in verschiedenen Arbeitsgruppen des DVS, ab 1986 auch in europäischen Normenausschüssen von CEN/TC 121 und CEN/TC 135 sowie in internationalen Ausschüssen von ISO/TC 44. Er leitet seit 1995 CEN/TC 121/SC 2 „Qualifizierung von Personal für Schweißen und verwandte Prozesse" sowie diverse Arbeitsgruppen innerhalb von CEN/TC 121 und ISO/TC 44. Im Juli 2004 wurde er zum Vorsitzenden des IIW/SC „Qualitätsmanagement beim Schweißen und verwandten Prozessen" gewählt. Seine Berufserfahrung gibt er in Fachbüchern und in vielen Veröffentlichungen in Fachzeitschriften weiter.

Autorenporträt Lothar Bär

Lothar Bär (Jahrgang 1950) studierte nach seiner Berufsausbildung als Schlosser Maschineningenieurwesen und diplomierte (FH) mit Spezialisierung auf Maschinen- und Kranbau in Rosswein. 1977 schloss er sein zweites, in diesem Fall externes Hochschulstudium auf dem Gebiet Statik und Stahlbau an der TH Magdeburg ab. Er ist Schweißfachingenieur (SLV-Mannheim). Nach Studium und Assistenzzeit am Institut für Fördertechnik arbeitete er zirka 10 Jahre in der Produktentwicklung und als Konstrukteur in der Industrie. Es schlossen sich in einem Ingenieurbüro stahlbauspezifische Planungsaufgaben an. Hier übernahm er nach relativ kurzer Zeit die Leitung eines Projektteams. Stahlbaufertigung, Montage, Korrosionsschutz und „Randgebiete" im Industriebau gehörten zur Aufgabenstruktur dieser Planungsgruppe. Mit Überführung eines Großprojektes in die Realisierungsphase schloss sich für ihn eine langjährige Auslandstätigkeit als Projekt- und Oberbauleiter an.

Mit diesen weiteren Erfahrungen aus Montage und Projektmanagement arbeitete Bär dann bei Donges Stahlbau in Darmstadt als Betriebsleiter und anschließend als gesamtverantwortlicher Produktionsleiter bei DSD Dillinger Stahlbau in Saarlouis. Seit dem Jahr 2000 leitet er die Sparte Stahl der Firmengruppe Sommer, eines mittelständischen Unternehmens in Oberfranken, das sich neben Stahl-, Metall- und Fassadenbau vor allem der Sicherheitstechnik am Bau verschrieben hat.

Seine vielschichtigen, sehr grundlegenden praxisbezogen Erfahrungen auf dem Gebiet des Stahlbaues einschließlich angrenzender Gebiete führten ihn in verschiedene ehrenamtliche Funktionen. Als eine dieser Aufgaben sei hier die Obmannschaft des Arbeitskreises 08.14.00 im Normenausschuss Bauwesen im Deutschen Institut für Normung (NABau im DIN) genannt. In diesem Gremium wurde unter seiner Leitung in rd. 4-jähriger Tätigkeit die jetzt kommentierte DIN 18800-7 als Antwort auf die ENV 1090-1 erarbeitet.

Lothar Bär meldete sich in der Vergangenheit in verschiedenen Publikationen zu jeweils aktuellen, stahlbauspezifischen Themen zu Wort.

Autorenporträt Ulrich Schulte

Ulrich Schulte (Jahrgang 1942) studierte Bauingenieurwesen an der TU Berlin mit Stahlbau als Vertiefungsfach. Die berufliche Laufbahn begann 1969 als Statiker bei der Firma Krupp-Druckenmüller in Berlin. Es folgte die Tätigkeit als Statiker und Projektleiter sowie stellvertretender Leiter des technischen Büros im Bereich Hochbau der Firma Hein, Lehmann in Düsseldorf. In dieser Zeit absolvierte er die Ausbildung zum Schweißfachingenieur in der SLV Duisburg und war bei der Abwicklung der Aufträge auch bei der Fertigung und Montage eingebunden. 1975 übernahm er in der Bauabteilung der weltweit tätigen Anlagenbaufirma Korf Engineering, Düsseldorf, das Aufgabengebiet Entwurf und Ausschreibung der Stahlkonstruktionen für Stahl- und Walzwerke. Im Jahre 1980 trat Schulte in den Dienst des Landes Nordrhein-Westfalen, zunächst im Landesprüfamt für Baustatik in Düsseldorf. Dort war er mit der Prüfung von besonderen Bauvorhaben (u. a. Landtag NRW) und vielfältigen Typenprüfungen befasst. Seit 1991 ist er in der obersten Bauaufsichtsbehörde des Landes NRW zuständig für den Bereich Metallbau und Sonderbauten und ist in dem dort angesiedelten Prüfamt für Baustatik verantwortlich für die Typenprüfungen von Metallbauten, Windenergieanlagen und Tabellenwerken für den Stahlbau. Als Vertreter der Bauministerkonferenz (ARGEBAU) ist er seit 1985 in zahlreichen Normungsgremien des NABau und NATank im DIN für den Metallbau sowie in der Regelsetzung für die Windenergieanlagen tätig. Er ist Obmann von Sachverständigenausschüssen des DIBt und Mitglied im DASt. Seit 01.10.2004 ist Ulrich Schulte im Ruhestand, begleitet jedoch weiterhin die Normung über die Ausführung von Stahlbauten.

Prof. Schmidt & Partner
*Sozietät Beratender Ingenieure
für Konstruktiven Ingenieurbau*

Wir planen, berechnen und konstruieren nicht nur jede Art von **Stahlbauten**
...wir helfen auch (u.a. als Schweißfachingenieure) bei ihrer **Ausführung und Erhaltung**

Fertigungsüberwachung einer Straßenbrücke

Totalsanierung eines Doppelmantelschornsteins

Herstellerberatung
Fertigungsüberwachung
Bauüberwachung
Bauwerksüberprüfung
Schadensanalysen
Sanierungskonzepte
Umnutzungskonzepte
Gutachten

Prof. Schmidt & Partner • Kruppstr. 98 • 45145 Essen • Tel: 0201/ 812 73 21-24 • Fax: 0201/ 812 73 20 • e-mail: info@p-s-p.de • Internet: www.p-s-p.de

Your Design is our Challenge .....

Dächer • Wände • Gebäudehüllen • Membrankonstruktionen • Kuppeln • Rampen • Architekturbrücken • Stahlbau

Queen Elisabeth II. Great Court Roof, Brit. Museum, London

Rampe, Greater London Assembly, London

Reichstag, Berlin

Waagner Biro Ltd.
3rd Floor Bankside Business Centre
107/112 Leadenhall Street • UK London EC3A 4AF
Tel. +44 20 7398 1580 • Fax +44 20 7398 1599
info@waagnerbiro.co.uk • www.sgt.waagner-biro.at

Waagner Biro Sp. z o.o.
Sienna Center, ul Sienna 73 • PL 00-833 Warschau
Tel. +48 22 820 37 20 • Fax +48 22 820 37 21
office@waagner-biro.pl • www.sgt.waagner-biro.at

waagner biro
stahl-glas-technik

Stadlauer Straße 54 • 1220 Wien • Tel. +43 1 288 44 - 569 • Fax +43 1 288 44 - 7846 • Email: sgt@waagner-biro.at • www.sgt.waagner-biro.at

Vier Pockets für ein Halleluja:
A Beuthel full of heavy metal

DIN

Beuth-Pocket
H. Mohr, K. Rosan
Europäische Kupferwerkstoffe
Umschlüsselung DIN zu EN
European Copper Materials
Comparison between DIN and EN
2004. 86 S. 21 x 10,5 cm. Brosch.
18,00 EUR / 32,00 CHF
ISBN 3-410-15598-8

Beuth-Pocket
P. Marks
Europäische Gusseisensorten
Bezeichnungssystem und DIN-Vergleich
2001. 56 S. 21 x 10,5 cm. Geheftet.
12,00 EUR / 21,00 CHF
ISBN 3-410-15107-9

Beuth-Pocket
Europäische Stahlsorten
Bezeichnungssystem und DIN-Vergleich
2. Aufl. 2001. 80 S. 21 x 10,5 cm. Geheftet.
16,80 EUR / 30,00 CHF
ISBN 3-410-15106-0

Beuth-Pocket
P. Marks
Amerikanische Stahlsorten
Leitfaden für den Vergleich amerikanischer
Stahlsorten mit EN- bzw. DIN-Stahlsorten
1999. 64 S. 21 x 10,5 cm. Geheftet.
11,20 EUR / 20,00 CHF
ISBN 3-410-14452-8

Kupfer, Stahl, Eisen …

Mit diesen Beuth-Pockets finden Sie
die richtige Einstellung zur aktuellen
europäischen Werkstoffnormung.

Ziehen Sie den direkten Vergleich
zwischen alt und neu, zwischen
europäischem (DIN und EN) und
US-amerikanischem Bezeichnungssystem.

Tabellarische Gegenüberstellungen
verschaffen den nötigen Durchblick.

Zu jeder Zeit, an jedem Ort, für wenig Geld.

**Pack's an. Pack's ein.
Beuth-Pocket – Ihr Wissensvorsprung.**

Beuth
Berlin · Wien · Zürich

Beuth Verlag GmbH
Burggrafenstraße 6
10787 Berlin
Telefon: 030 2601-2260
Telefax: 030 2601-1260
info@beuth.de
www.beuth.de

Vorwort

Seit September 2002 liegt die neue Norm DIN 18800-7 „Stahlbauten, Ausführung und Herstellerqualifikation" vor. Sie wurde im Arbeitsausschuss 08.14.00 des Normenausschusses Bauwesen im Deutschen Institut für Normung (NABau im DIN) in der Zeit von 1998 bis 2002 unter der Obmannschaft von H. Hesse (bis März 1999) bzw. L. Bär und unter der Geschäftsführung von U. Stolzenburg erarbeitet. Dem Arbeitsausschuss gehörten Vertreter aller interessierten Fachkreise an, von den Herstellern (Deutscher Stahlbauverband, kleine/mittlere/große Stahlbaufirmen) und den Entwurfsverfassern (Ingenieurbüros) über die Prüfinstanzen (Schweißtechnische Lehr- und Versuchsanstalten, Prüfingenieure) und die Zulieferer (Stahlhersteller, Schraubenhersteller) bis hin zur Bauaufsicht und zur Wissenschaft.

Erstes Arbeitsergebnis dieses Ausschusses war die im Oktober 2000 veröffentlichte Vornorm DIN V 18800-7 [M3], die dann unter Berücksichtigung der vielen Einsprüche zur jetzt vorliegenden Endfassung weiterentwickelt wurde. Nachdem die neue Norm in [M4], mit Kurzkommentaren versehen, einer breiten Fachöffentlichkeit vorgestellt und im Laufe der Jahre 2003 und 2004 in den meisten Bundesländern zur verbindlichen Technischen Baubestimmung geworden ist, nachdem ferner in einer Reihe von Einführungsseminaren erkennbar geworden ist, dass und wo in der Praxis noch ausführlicher Erklärungsbedarf besteht, erscheint es an der Zeit, mit dem vorliegenden Beuth-Kommentar diesem Bedürfnis der Praxis nachzukommen.

Die neue DIN 18800-7 ersetzt zwar formal die erwähnte Vornorm vom Oktober 2000, ist aber de facto Nachfolgerin der Ausgabe Mai 1983 von DIN 18800-7 (im Weiteren meist als „alte DIN 18800-7" bezeichnet). Auslöser für die Überarbeitung der alten DIN 18800-7 war das Erscheinen der europäischen Vornorm ENV 1090-1 als Vornorm DIN V ENV 1090-1 im Juli 1998 [R38]. Es gab in der deutschen Stahlbaupraxis so viele Vorbehalte gegen eine versuchsweise Einführung der ENV 1090-1 (zu ausführlich, Schulbuchcharakter, qualitativ ungeeignete Herangehensweise usw.), dass man kein „Nationales Anwendungsdokument" erarbeitete, stattdessen aber die Überarbeitung der nationalen Norm in Angriff nahm. Dabei diente jedoch, wie im Vorwort zur neuen DIN 18800-7 ausgeführt, die ENV 1090-1 als Vorlage.

Auf die Geschichte der Ausführungsnormung im deutschen Stahlbau sei hier nur kurz eingegangen (siehe Bild 0.1). Die alte DIN 18800-7 war 1983 aus der Zusammenfassung und Weiterentwicklung der in den beiden traditionellen deutschen Stahlbaunormen DIN 1000 [R49] und DIN 4100 (einschließlich der Beiblätter 1 und 2) [R12] verstreut enthaltenen Ausführungsregeln entstanden. Beide Normen stammten in ihren ersten Ausgaben aus den 20er bzw. 30er Jahren des 20. Jahrhunderts, also aus der Zeit, als das Schweißen im Stahlbau seinen Siegeszug begann. Bemerkenswert ist, dass bereits in der Fassung 08/1934 von DIN 4100 ein *„Nachweis des Unternehmers, dass eine vom zuständigen Ministerium anerkannte Stelle seine gesamte Werkseinrichtung besichtigt und sich über seine Fachingenieure unterrichtet hatte"*, gefordert wurde. Diese Forderung wurde dann in den 50er Jahren zum heute noch mit Erfolg praktizierten Eignungsnachweis für die Herstellung geschweißter Stahlbauten mit vorheriger Überprüfung der Fertigungsstätte durch eine externe Institution („anerkannte Stelle") weiterentwickelt. Auch in der neuen DIN 18800-7 findet sich dieser Eignungsnachweis wieder, wenn auch mit modernisierter Systematik und unter dem Namen „Herstellerqualifikation".

Neben der ENV 1090-1 als unmittelbarem Auslöser ließen zwei unübersehbare Fakten eine Überarbeitung der alten DIN 18800-7 Ende der 90er Jahre dringend geboten erscheinen. Erstens war eine Anpassung an die veränderte Regelwerkssituation erforderlich – Stichworte: Bemessungsteile 1 bis 5 der 18800er Grundnormenreihe, Europäisierung des Normenwesens mit Herausgabe zahlreicher europäischer Produktnormen, insbesondere für die Erzeugnisse aus Stahl. Zweitens hatte sich der Stahlbau in den letzten 20 Jahren technisch rasant weiterentwickelt – Stichworte: Neue Werkstoffe, neue Fertigungstechniken. Man erkennt das u. a. daran, dass ergänzend zu der alten DIN 18800-7 eine „Herstellungsrichtlinie Stahlbau" mit immer neuen Ausgaben herausgegeben werden musste (siehe Bild 0.1); diese Herstellungsrichtlinie ist nunmehr gegenstandslos.

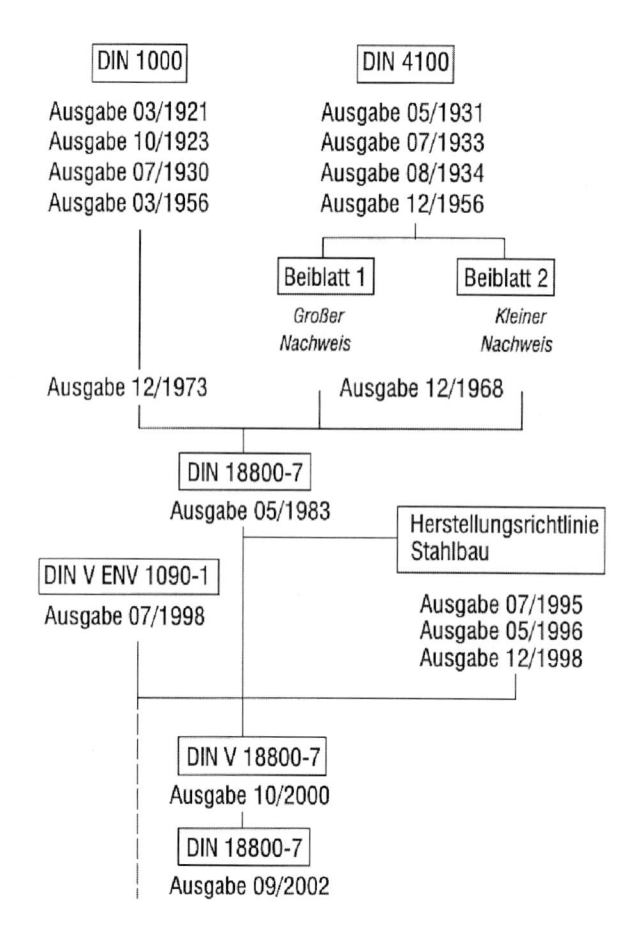

Bild 0.1 Zur Geschichte der Ausführungsnormung im deutschen Stahlbau

Die neue Norm DIN 18800-7 wurde so konzipiert, dass sie – über ihre baurechtliche Funktion als Technische Baubestimmung hinaus – Hilfestellung bei der technischen und organisatorischen Abwicklung stahlbauspezifischer Fertigungsprozesse geben kann. Dazu mussten alle legitimen Interessen der am Bauen beteiligten Gruppen berücksichtigt und zusammengeführt werden; Kompromisse waren dabei unvermeidlich. Ein wichtiges Merkmal sei bereits hier hervorgehoben: Erstmalig wurde eine Systematisierung und eindeutige Benennung von Dokumenten vorgenommen, die für die Ausführung (Ausführungsunterlagen) und die Dokumentation (Nachweisunterlagen) von Stahlbauten notwendig sind. Das Ergebnis ist als Grundlage für die Fertigung und Montage Bestandteil dieser Norm.

Die neue Norm 18800-7 ist in ihrem Format an das „Siebke-Konzept" der Teile 1 bis 5 der 18800er-Grundnormenreihe angepasst. Sie hat also die Prinzipien der Text-Elementierung und der Unterscheidung in verbindliche Regeln, unverbindliche Empfehlungen (Erlaubnisse) und erläuternde Anmerkungen übernommen. Allerdings ist die Anzahl der unverbindlichen Empfehlungen und der erläuternden Anmerkungen im Vergleich zu den Bemessungsnormen klein.

Eine Norm soll das „Normale" in möglichst knapper Form regeln. Sie ist für Fachleute geschrieben, soll also kein Ersatz für Lehrbücher oder Nachschlagewerke sein. Der vorliegende Kommentar hat zum Ziel, hier eine Mittlerfunktion wahrzunehmen: Er soll dem Anwender eine unmittelbare Hilfe bei der Anwendung der Norm sein, indem er Zusatz- und Hintergrund-Informationen gibt, Verknüpfungen zu angrenzenden Bereichen darstellt, wichtige Auszüge aus zitierten Regelwerken wiedergibt und anhand von Musterbeispielen die Umsetzung der Normregelungen aufzeigt.

Vorbild für den vorliegenden Kommentar war in gewissem Sinne der bewährte Beuth-Kommentar „Stahlbauten" mit Erläuterungen zu den Teilen 1 bis 4 der DIN 18800 [M15]. Wie jener, folgt auch der vorliegende Kommentar streng der Gliederung der kommentierten Norm, ohne jedoch deren Texte zu wiederholen. Man muss also beim Lesen des Kommentars stets die Norm vorliegen haben. Um dies dem Leser zu erleichtern und ihm ein komplettes Werk zur Verfügung zu stellen, ist die Norm dem vorliegenden Buch als CD-ROM beigefügt. Direkte Verweise auf Kapitel und Abschnitte (z. B. „siehe Kap. 13"), auf Textelemente (z. B. „siehe Element 512") und auf einfach nummerierte Tabellen und Bilder (z. B. „siehe Tabelle 4") beziehen sich stets auf die Norm selbst. Vor- und Rückverweise innerhalb des Kommentars werden durch Hinzufügen von „zu" kenntlich gemacht (z. B. „siehe zu 12.2.1" oder „vgl. zu Element 402"). Längere Textpassagen innerhalb eines Kommentars zu einem Normelement werden mit Hilfe nummerierter Zwischenüberschriften in zitierfähige Kommentar-Unterabschnitte unterteilt, deren Nummern in dreieckige Klammern gesetzt werden, um direkt (ohne „zu") auf sie verweisen zu können (z. B. „vgl. ⟨701⟩-4"). Bilder und Tabellen des Kommentars werden kapitelweise durchnummeriert (z. B. „Tabelle 5.6" oder „Bild 6.8"), so dass Verwechslungen mit Tabellen und Bildern der Norm nicht möglich sind.

Regelwerke, die in Kapitel 2 der DIN 18800-7 unter „Normative Verweisungen" aufgelistet sind, werden im Kommentar ohne weiteren Quellennachweis unter genau derselben Bezeichnung zitiert (also datiert oder undatiert, siehe ⟨201⟩-1). Alle im Kommentar zitierten Regelwerke, die nicht in der DIN 18800-7-Liste enthalten sind, findet man mit vollständiger Bezeichnung im Literaturverzeichnis unter „**R**egelwerke usw." (z. B. „[R28]"). Alle Quellenangaben und Literaturhinweise, die sich nicht auf Regelwerke beziehen, werden in zwei Gruppen durchnummeriert: „**M**onographien usw." (z. B. „[M12]") und „**A**ufsätze usw." (z. B. „[A9]").

Der Kommentar wurde von Autoren verfasst, die als Mitglieder des Arbeitsausschusses an der Normungsarbeit unmittelbar beteiligt waren. Damit ist sichergestellt, dass alle Kommentierungen „aus erster Hand" stammen und sich nicht nur auf nachträgliche Interpretationen des Textes stützen. Unvermeidbar sind in den Kommentar viele Hinweise, Argumente und Informationen eingeflossen, die von den Mitgliedern des Arbeitsausschusses und vielen weiteren Kolleginnen und Kollegen während und nach der Normungsarbeit schriftlich oder mündlich vorgebracht wurden. Aus verständlichen Gründen kann das nicht im Einzelnen kenntlich gemacht werden; stattdessen danken die Autoren an dieser Stelle all diesen Kolleginnen und Kollegen für die jahrelange gute und – wie sie meinen – erfolgreiche Zusammenarbeit.

DIN 1055-100 sichert das Tragwerk

Das Sicherheitskonzept für den konstruktiven Ingenieurbau steht:
DIN 1055-100 „Grundlagen der Tragwerksplanung".

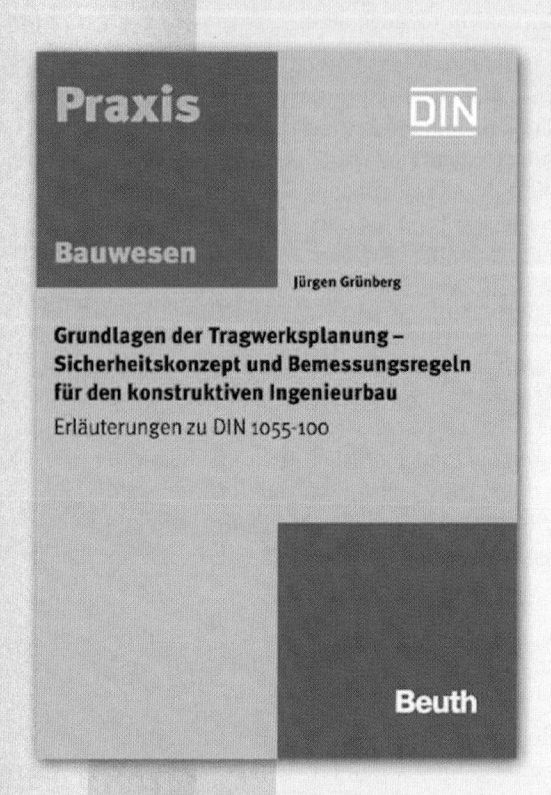

Jürgen Grünberg erläutert in seiner neuen Broschüre ausführlich den gesamten Normtext.

Die darin zahlreich abgedruckten Grafiken, Tabellen und Beispiele veranschaulichen den theoretischen Hintergrund und helfen bei der praktischen Umsetzung.

J. Grünberg
Grundlagen der Tragwerksplanung – Sicherheitskonzept und Bemessungsregeln für den konstruktiven Ingenieurbau
Erläuterungen zu DIN 1055-100
1. Auflage 2004. 157 S. A4. Brosch.
58,00 EUR / 103,00 CHF
ISBN 3-410-15845-6

Der Inhalt im Überblick:

- Grundlagen des Sicherheitskonzepts
- Anforderungen
- Modelle für Einwirkungen und Umwelteinflüsse
- Charakteristische und andere repräsentative Werte
- Nachweis nach dem Verfahren der Teilsicherheitsbeiwerte
- Bemessungswerte
- Grenzzustände der Tragfähigkeit
- Grenzzustände der Gebrauchstauglichkeit
- Beispiele zu den Bemessungsregeln für Hochbauten
- Beispiele zu den Grundlagen der Zuverlässigkeitsanalyse
- DIN 1055-100:2001-03 im Volltext

Beuth
Berlin · Wien · Zürich

Beuth Verlag GmbH
Burggrafenstraße 6
10787 Berlin
Telefon: 030 2601-2260
Telefax: 030 2601-1260
info@beuth.de
www.beuth.de

Anwendungsbereich 1

Zu Element 101

DIN 18800-7 gilt, wie auch die Vorgängernorm aus dem Jahre 1981, für die Ausführung **aller tragenden Bauteile aus Stahl**, d. h. sowohl in vorwiegend ruhend belasteten als auch in nicht vorwiegend ruhend belasteten Bauwerken. Es sind dies zunächst generell die Bauteile für Stahlbauten des Hoch- und Brückenbaus, für welche die Normen der Reihe DIN 18800 bzw. die entsprechenden europäischen Vornormen und die auf diesen Grundnormen basierenden Fachnormen gelten. Aber auch für andere Bauteile aus Stahl, z. B. in Großgeräten der Fördertechnik in Anlagen, die dem Maschinenbau zuzuordnen sind, ist diese Norm die relevante technische Regel. So wird beispielsweise in DIN 15018 „Krane" [R15-17] explizit auf die Ausführungsregeln der DIN 18800-7 Bezug genommen. Die Bilder 1.1 bis 1.4 zeigen eine Auswahl typischer Stahlbauten während der Montage.

Eine besondere Bedeutung hat die Norm im bauaufsichtlich geregelten Bereich, d. h. für alle baulichen Anlagen nach der Definition der Landesbauordnungen, da sie als Technische Baubestimmung gemäß § 3 MBO [R120] eine rechtliche Verbindlichkeit erhält.

Die Norm definiert grundsätzlich **technische Mindestanforderungen**. Das bezieht sich auf alle angesprochenen Fertigungs- und Montagearbeiten, beginnend beim Materialeinkauf als vorbereitendem Prozess, über Zuschnitt, Zusammenbau und Fügen bzw. Verbinden (Schweißen und Schrauben) bis hin zum Korrosionsschutz und zur Montage. Man sollte aber als deutscher Stahlbauer wissen, dass international der Begriff „minimum requirements" eher negativ besetzt ist. Man versteht darunter vielerorts sehr niedrig angesetzte untere Grenzanforderungen, deren Einhaltung unabdingbar ist, um quasi überhaupt ein halbwegs brauchbares Bauwerk zu erhalten. Im Gegensatz dazu verstehen wir in der deutschen Tradition unter Mindestanforderungen solche, die in aller Regel ausreichen, ein qualitativ anspruchsvolles und sicheres Bauwerk zu erhalten.

In Fachnormen oder anderen Ausführungsregelwerken (Beispiel: Ril 804 der Deutsche Bahn AG [R121]) können für spezielle Stahlbauten natürlich auch schärfere Anforderungen festgelegt werden, nicht aber großzügigere. Dasselbe gilt sinngemäß für Ausschreibungen.

Auf die Anwendung der Norm 18800-7 im Zusammenhang mit der Herstellerqualifikation und der dazu vorgenommenen systematischen Klassifizierung von geschweißten Stahlbauteilen sei bereits hier hingewiesen (siehe zu Element 1313).

Bild 1.1 Montage eines Kesselhauses eines Biomasse-Heizkraftwerkes (Foto: PSP, Essen)

Bild 1.2 Montage einer Fußgängerbrücke (Foto: PSP, Essen)

Bild 1.3 Montage eines Stadiondaches (Foto: IMO Leipzig)

Bild 1.4 Im Werk vorzusammengebauter Hafenmobilkran (Foto: Gottwald Port Technology, Düsseldorf)

Normative Verweisungen 2

Vorbemerkung

Die alte DIN 18800-7 zitierte 25 Regelwerke. Im Gegensatz dazu werden jetzt in der neuen DIN 18800-7 ca. 130 Regelwerke aufgeführt, die irgendwo im Normentext zitiert werden, also bei der Ausführung von Stahlbauten ggf. zu beachten sind. Die große Anzahl hängt vor allem mit der flutartig angewachsenen und noch weiter anwachsenden Anzahl immer differenzierterer EN- und ISO-Normen zusammen.

Die Auflistung soll für den Normanwender eine Hilfe sein, hier den Überblick zu behalten. Keinesfalls muss er etwa alle aufgeführten Regelwerke selbst vorliegen haben. Der vorliegende Kommentar skizziert an vielen Stellen kurz den Inhalt der dort zitierten Regelwerke und druckt teilweise auch Auszüge ab (z. B. Tabellen), um dem Normanwender Hilfestellung bei der Entscheidung zu geben, ob er sich das zitierte Regelwerk im Originalumfang selbst beschaffen muss.

Zwei Fragenkomplexe dürften sich vielen Normanwendern im Zusammenhang mit den „Normativen Verweisungen" aufdrängen:

– Wie geht man mit den „datierten" und „undatierten" Verweisungen um?
– Wie verbindlich werden die zitierten Regelwerke aufgrund ihrer Zitierung? Gelten sie gar allesamt als quasi automatisch bauaufsichtlich eingeführt, weil DIN 18800-7 selbst als baurechtlich verbindliche Technische Baubestimmung bauaufsichtlich eingeführt ist?

Beide Fragen werden nachfolgend beantwortet bzw. kommentiert.

⟨201⟩-1 Datierte und undatierte Verweisungen

Kapitel 2 „Normative Verweisungen" ist seit einiger Zeit Standard in deutschen Normen. Ihm liegt der Grundsatz zugrunde, alle Normen und Regelwerke aufzulisten, auf die in der jeweiligen Norm im Text verwiesen wird. Der einführende Text in Kapitel 2 ist ebenfalls Standardtext. Was aber für den Normen- und Regelwerksexperten eindeutig und klar ist – nämlich die Unterscheidung von datierten und undatierten Verweisungen –, bringt für viele Anwender und Praktiker zum Teil große Unsicherheit oder sogar Verwirrung.

Datierte Verweisungen im Text enthalten nach der Normnummer **das Ausgabedatum** der zu beachtenden Norm oder des Regelwerkes. In der Auflistung enthält eine solche Norm dann ebenfalls unmittelbar hinter der Normnummer, also noch **vor dem Titel der Norm**, das Ausgabedatum. Durch eine solche datierte Verweisung wird auf den konkreten Inhalt dieser Normenausgabe Bezug genommen. Insbesondere ist dies erforderlich bei den Werkstoffnormen (Technische Lieferbedingungen), da dort die Stahlsorten definiert sind, deren Verarbeitung in DIN 18800-7 geregelt wird.

Ein Beispiel für eine **datierte Verweisung** in DIN 18800-7:2002-09 ist **DIN EN 10025:1994-03** „*Warmgewalzte Erzeugnisse aus unlegierten Baustählen – Technische Lieferbedingungen (enthält Änderung A1:1993); Deutsche Fassung EN 10025:1990*". Diese Art der Zitierung bedeutet, dass auch bei einer Neuausgabe (die bei diesem Beispiel konkret zu Beginn des Jahres 2005 erwartet wird) für Stahlbauten nach DIN 18800-7 die dann zurückgezogene Ausgabe DIN EN 10025:1994-03 so lange weiter angewendet werden muss, bis

– entweder eine offizielle Änderung der vorliegenden DIN 18800-7:2002-09 erschienen ist
– oder – da die DIN 18800-7 in der Liste der Technischen Baubestimmungen enthalten ist – die Obersten Bauaufsichtsbehörden für ihren Bereich in einer Anlage zu dieser Liste festlegen, dass anstelle der DIN EN 10025:1994-03 die Folgeausgabe, ggf. mit bestimmten Einschränkungen, anzuwenden ist.

Undatierte Verweisungen im Text enthalten nur die Normnummer ohne Ausgabedatum. In der Auflistung enthält eine solche Norm dann ebenfalls vor dem Titel der Norm **kein** Ausgabedatum (obwohl sie natürlich ein aktuelles Ausgabedatum hat!).

Ein Beispiel für eine **undatierte Verweisung** in DIN 18800-7:2002-09 ist **DIN EN 25817** „*Lichtbogenschweißverbindungen aus Stahl – Richtlinie für die Bewertungsgruppen von Unregelmäßigkeiten (ISO 5817:1992); Deutsche Fassung EN 25817:1992*". Diese Norm ist inzwischen zurückgezogen worden und durch die Nachfolgenorm DIN EN ISO 5817:2003-12 „*Schwei-*

ßen – Schmelzschweißverbindungen an Stahl, Nickel und Titan und deren Legierungen (ohne Strahlschweißen) – Bewertungsgruppen von Unregelmäßigkeiten (ISO 5817:2003); Deutsche Fassung EN ISO 5817:2003" ersetzt worden. Die undatierte Zitierung von DIN EN 25817 bedeutet nun, dass im Anwendungsbereich der DIN 18800-7:2002-09 jetzt überall dort, wo auf DIN EN 25817 verwiesen wird, automatisch die neue Norm DIN EN ISO 5817:2003-12 angewendet werden muss. (Hinsichtlich dieses konkreten Beispiels siehe Kommentar zu den Elementen 1204 und 1205.)

Für zusätzliche Verwirrung sorgt möglicherweise, dass bei DIN-Normen, die aufgrund der Übernahmeverpflichtung im Rahmen der Europäischen Normung des CEN unverändert als DIN-Norm übernommen werden mussten, dies **hinter** dem Titel deutlich gemacht wird, indem dort die Ursprungsquelle (EN-Normnummer und Ausgabejahr) angegeben wird. Bei dem vorstehend genannten Beispiel DIN EN 25817 steht beispielsweise in der Auflistung am Ende „Deutsche Fassung EN 25817:1992". Diese Angabe der Ursprungsquelle und des Ausgabejahres **gilt nicht als datierte Verweisung** im Sinne des Kapitels 2 von DIN 18800-7. Dasselbe gilt selbstverständlich auch, wenn die Ursprungsquelle eine EN-ISO-Norm oder eine ISO-Norm war.

Der Anwender der DIN 18800-7 muss also selbst darauf achten, dass er für Regelwerke, auf die undatiert verwiesen wird, die jeweils **aktuelle Ausgabe** vorliegen hat. Das kann in all jenen Fällen schwierig sein, in denen das undatiert zitierte Regelwerk (z. B. eine DIN-Norm) seit Erscheinen der DIN 18800-7:2002-09 durch ein Nachfolgeregelwerk mit völlig anderer Nummer und anderem Titel ersetzt worden ist (z. B. eine DIN-EN-ISO-Norm). Wo das zum Zeitpunkt der Drucklegung des vorliegenden Kommentars bereits der Fall ist (vgl. z. B. weiter oben), wird im Text an der entsprechenden Stelle darauf hingewiesen und das Nachfolgeregelwerk in der Literaturliste am Ende des Buches aufgeführt. Darüber hinaus ist vorgesehen, in einer für Mitte 2005 geplanten ersten Änderung A1 zu DIN 18800-7:2002-09 auch eine vollständig aktualisierte Liste der Normativen Verweisungen zu veröffentlichen.

⟨201⟩-2 Zur Verbindlichkeit der zitierten Regelwerke

Die zitierten Regelwerke können hinsichtlich ihres Inhaltes und Anwendungsbereiches in fünf Kategorien eingeteilt werden, für die nachfolgend jeweils die Frage nach der Verbindlichkeit beantwortet bzw. kommentiert wird.

- **Produktnormen der für die Herstellung von Stahlbauten verwendeten Produkte**
  (z. B. DIN 6914 „Sechskantschrauben", DIN EN 10025 „warmgewalzte Erzeugnisse aus unlegierten Baustählen").

  Die in Kapitel 5 von DIN 18800-7 zitierten Produktnormen sind generell verbindlich, da sie die Werkstoffe (Stahlerzeugnisse und Verbindungsmittel) definieren, die für die Herstellung von Stahlbauten nach dieser Norm zu verwenden sind.

  Für alle Bauprodukte, die in baulichen Anlagen im Geltungsbereich der Landesbauordnungen verwendet werden, gelten die entsprechenden baurechtlichen Anforderungen (siehe ⟨404⟩-2). Danach müssen die Produkte zur Herstellung von Stahlbauten – soweit ihre Verwendbarkeit nicht durch ein spezielles bauaufsichtliches Verfahren nachgewiesen wird – geregelt sein (§ 17 Abs. 1 Nr. 1 MBO [R120]), d. h. einer Produktnorm entsprechen. Die in DIN 18800-7 zitierten Produktnormen, die in der Bauregelliste A Teil 1 [R110] veröffentlicht werden, gelten gemäß § 17 Abs. 2 MBO als Technische Baubestimmungen und damit auch im baurechtlichen Sinn als verbindlich.

- **Regelwerke für die Bemessung und Konstruktion von baulichen Anlagen**
  (z. B. DIN 18800-1 „Stahlbauten; Bemessung und Konstruktion", DASt-Richtlinie 016 „Bemessung und konstruktive Gestaltung von Tragwerken aus dünnwandigen kaltgeformten Bauteilen").

  Diese in Kapitel 1 von DIN 18800-7 zitierten Regelwerke enthalten gemäß der dortigen Formulierung die jeweils relevanten Bemessungsregeln für die Stahlbauten, die nach dieser Norm hergestellt werden. Sie sind die zugehörigen und damit verbindlichen Regeln.

  Diese Normen und Richtlinien sind auch generell als Technische Baubestimmungen bauaufsichtlich eingeführt und damit auch im baurechtlichen Sinne verbindlich.

- **Regelwerke, die zusätzlich als Ausführungsregeln und Qualifikationsanforderungen zu beachten sind**
  (z. B. DIN EN ISO 14555 „Lichtbogenschweißen", DIN EN 729 „Schweißtechnische Qualitätsanforderungen").

  Diese konkret als ergänzende Festlegungen für die Herstellung von Stahlbauten in Bezug genommenen Normen und Richtlinien gelten in gleicher Weise wie die in DIN 18800-7 formulierten Festlegungen. Da die Norm in allen Bundesländern als Technische Baubestimmung bauaufsichtlich eingeführt ist bzw. wird und damit verbindlich ist, sind diese mitgeltenden Regelwerke ebenso im baurechtlichen Sinne verbindlich, ohne dass es einer gesonderten bauaufsichtlichen Einführung bedarf.

- **Regelwerke für die Durchführung von Prüfungen und die Beurteilung der Prüfergebnisse**
  (z. B. DIN EN 1435 „Zerstörungsfreie Prüfung von Schweißverbindungen", DIN EN 25817 „Richtlinie für die Bewertungsgruppen von Unregelmäßigkeiten").

  Diese Prüfvorschriften und Beurteilungskriterien sind Grundlagen zum Nachweis der fachgerechten Ausführung. Sie sind nicht verbindlich im Sinne einer konkreten Festlegung zur Ausführung von Stahlbauten, sondern gelten als zusätzlich benötigte Regelwerke. Die vorgegebenen Einstufungen der Bauteile in zulässige Bewertungsgruppen bzw. Prüfklassen, die in diesen Normen definiert sind, sind jedoch Bestandteil der verbindlichen Regeln in DIN 18800-7.

- **Normen, die als Empfehlungen für die Ausführung von Stahlbauten tituliert sind**
  (z. B. DIN EN 1011 „Empfehlungen zum Schweißen metallischer Werkstoffe").

  Diese zusätzlich zu den Festlegungen zitierten Empfehlungen, die in DIN 18800-7 zur Unterscheidung zum Regeltext grau unterlegt sind (siehe z. B. Element 705), sind nicht verbindlich.

Neben den dargestellten grundsätzlichen und den baurechtlichen (öffentlich-rechtlichen) Verbindlichkeiten auf der Grundlage von § 3 der Landesbauordnungen ist in diesem Zusammenhang festzustellen, dass in Bezug auf das zivile Baurecht (Bauvertragsrecht) DIN 18800-7 und die Normen und Richtlinien, auf die darin verwiesen wird, als allgemein anerkannte Regeln der Technik für den Standard in der Baupraxis eingestuft werden können, die generell maßgebend für den zu erbringenden Leistungsumfang des Herstellers sind.

3 Begriffe

Vorbemerkung

Die alte DIN 18800-7 enthielt keine Begriffsdefinitionen. Man ging davon aus, die Norm sei für Fachleute geschrieben worden, die sich bei Zweifelsfällen einigen würden. Nunmehr wird davon ausgegangen, dass sich nicht ausschließlich ausgebildete Stahlbaufachleute (Ingenieure, Techniker, Facharbeiter, Schweißer usw.) mit den Aufgaben des Stahlbaus befassen. Das traditionelle Bauen in Stahl, bei dem das gesamte Gewerk „Stahlbau" weitestgehend aus einer Hand kommt, wird zunehmend zur Ausnahme. Es müssen heute nicht nur fachliche, sondern auch vertragsrechtliche und organisatorische Faktoren, soweit sie den Ablauf der Fertigung beeinflussen, geregelt werden. Das Strukturieren von Aufträgen, das Aufteilen in kleinere Einheiten und das Untervergeben von Teilleistungen führen letztendlich dazu, dass auch berufsfremde Personen, Institutionen und Organisationen sich mit Stahlbau befassen. Insofern ist Kapitel 3 der DIN 18800-7 auch eine Reaktion auf die rasch fortschreitende Arbeitsteilung in den stahlbaulichen Wertschöpfungsprozessen.

Andererseits helfen klare Begriffsdefinitionen auch, Auslegungsprobleme und damit Streitfälle möglichst von vornherein zu vermeiden.

Zu Element 301 – Ausführung

Nach dieser Definition schließt die „Ausführung von Stahlbauten" alle Vorgänge vom Einkauf über die Fertigung, den Transport und die Montage bis hin zur Prüfung der ausgeführten Konstruktion ein, nicht aber die Bemessung und Planung. Hätte man Letztere auch unter die „Ausführung" subsumiert, so hätte das zu unübersehbaren Konsequenzen für die Verantwortlichkeitsstrukturen geführt. Es hätte auch der klaren Einteilung der 18800er DIN-Normenreihe widersprochen, wonach die Teile 1 bis 5 für die Bemessung und Konstruktion von Stahlbauten zuständig sind. Ausdrücklich eingeschlossen ist aber die Dokumentation. Dabei wird bewusst nicht nach den verschiedenen Stadien des Ausführungsprozesses unterschieden.

Zu Element 302 – Betriebsprüfung (Audit)

Zunächst wird hier klar, dass der neue Begriff „Audit" nichts anderes bedeutet als die altbekannte Überprüfung eines Betriebes durch eine externe Stelle, die dafür „anerkannt" ist. Die Frage, durch wen und unter welchen Bedingungen die Anerkennung dieser „anerkannten Stelle" erfolgt, ist nicht in die Begriffsdefinition aufgenommen worden, weil das im Regelfall eine hoheitliche Aufgabe der Obersten Bauaufsichtsbehörden ist. Ebenso ist nicht gesagt, auf welche Herstellerqualifikationen sich die Überprüfung beziehen soll. Da aber im Rahmen der DIN 18800-7 nur im Zusammenhang mit den Anforderungen an Schweißbetriebe eine **externe** Überprüfung vorgeschrieben ist (siehe Abschnitt 13.4), zielt die Definition der „Betriebsprüfung" de facto nur auf diese.

Zu Element 303 – Entwurfsverfasser

Gemäß dieser Definition ist im Rahmen von DIN 18800-7 mit „Entwurfsverfasser" stets der verantwortliche **Tragwerksplaner** gemeint. Das ist deshalb zu beachten, weil es **nicht** mit der Zuordnung dieses Begriffes in den Landesbauordnungen übereinstimmt. Dort wird – wie entsprechend in § 54 Abs. 1 Musterbauordnung (MBO [R120]) – als Entwurfsverfasser die für die Vorbereitung des jeweiligen Bauvorhabens gesamtverantwortliche Person bezeichnet, die auch den Bauantrag und alle Bauvorlagen unterschreiben muss (§ 68 MBO); das ist in der Regel der entwerfende Architekt. Der Tragwerksplaner ist im Sprachgebrauch der Bauordnung in der Regel der spezielle Fachplaner, den der Entwurfsverfasser heranziehen muss, wenn er nicht die erforderliche Sachkunde und Erfahrung hat.

Mit „Institution" ist in Element 303 eine juristische Person gemeint, die verantwortlich das Tragwerk bemisst und/oder konstruiert (z. B. eine Ingenieursozietät).

Zu Element 304 – Fertigungs- und Montagefreigabe

Gemäß dieser Definition wird die Freigabe der für die Fertigung bzw. die Montage erforderlichen bautechnischen Unterlagen ganz allgemein als formeller, reproduzierbarer Vorgang genormt, mit dem ein Schritt in der Bearbeitungskette ordnungsgemäß abgeschlossen wird, bevor der nächste Schritt begonnen werden kann. Obwohl explizit nur von Unterlagen die Rede ist, sollte der Normanwender beachten, dass eine Freigabe stets auch eine vorangegangene gewisse Überprüfung voraussetzt und dass diese sich natürlich nicht nur auf die Unterlagen, sondern auch – in Abhängigkeit von der erreichten Stufe des Produktionsprozesses – auf das Produkt beziehen muss. Die Überprüfung muss positiv ausgefallen und dokumentiert sein, bevor die Freigabe erfolgt.

Das Element 304 schafft dergestalt die Möglichkeit, an wichtigen Punkten des Ablaufes und der Organisation technische und vertragsrechtliche Aspekte einzubringen. In den Kapiteln 6, 7, 9, 12 und 13 werden solche „Haltepunkte" im Fertigungs- und Montageablauf eingeführt, an denen, bezogen auf die jeweilige Phase, ein Soll-Ist-Vergleich des Bauteiles, der Baugruppe oder des Bauwerkes vorgenommen und in einer festgelegten Art dokumentiert wird.

Wichtig ist an dieser Stelle der Hinweis, dass weder die Formen noch die Verfahren noch die Schärfe der Überprüfung vor der Freigabe durch das Element vorgegeben werden. Auch das Verfahren der Freigabe selbst ist nicht vorgegeben. Es sollte möglichst nicht automatisch ein zusätzlicher Organisations- oder Verwaltungsaufwand entstehen. Ein Sichtvermerk auf einer Arbeitskarte oder einer Stückliste, aufgebracht durch einen Meister, einen Vorarbeiter oder einen Mitarbeiter der Qualitätssicherung des Unternehmens, kann zum Beispiel eine Fertigungsfreigabe für den nächsten Arbeitsschritt bedeuten. Auch ein von der Schweißaufsicht geprüftes und bei den Nachweisunterlagen abgelegtes Materialprüfzeugnis kann Teil der Freigabe sein.

Wie und durch wen solche Vorgänge ausgelöst und realisiert werden, hängt nicht zuletzt auch von der Bedeutung des Bauteiles und der Art des jeweiligen Prozesses ab. Die „befugten Personen" können betriebsintern oder durch vertragliche Vereinbarung zwischen Auftraggeber und Auftragnehmer bestimmt sein, oder sie können durch bauaufsichtliche Forderungen festgelegt sein.

Zu Element 305 – Hersteller

Die simple und naheliegende Definition „Unternehmer, der Stahlbauten ausführt" birgt für die heutige Stahlbaupraxis einigen Zündstoff. In der Vornorm zu DIN 18800-7 stand hier noch der Zusatz „... oder ausführen lässt". Dieser Zusatz hätte nach Meinung der Industrie die Verantwortlichkeiten im heutigen arbeitsteiligen Stahlbaugeschehen, wo Untervergaben an viele Nachauftragnehmer zunehmend das tägliche Geschäft bestimmen, besser festgelegt. Er wurde aber auf Einspruch von bauaufsichtlicher Seite mit der Begründung, dass hier Anforderungen an den Hersteller und nicht an einen „Zwischenhändler" gestellt werden, gestrichen.

Stahlbauunternehmer müssen jedoch bei Untervergaben bedenken, dass die dem Kunden geschuldete Gesamtleistung des Stahlbaubetriebes nur dann erreicht werden kann, wenn die geforderten Qualitätskriterien auch in allen untervergebenen Teilprozessen erfüllt werden. Sie sollten die dazu notwendigen vertraglichen Regelungen fixieren und dabei insbesondere die Verbindlichkeit der DIN 18800-7 einbeziehen. Vertraglich klar definierte Teilverantwortlichkeiten vermeiden Streitfälle im Nachhinein.

Zu Element 306 – Prüfinstanz

Der Text dieses Elementes vermittelt bei erster Betrachtung den Eindruck, dass ausschließlich externe Prüfpersonen oder -institutionen gemeint seien, die entweder im Auftrag eines Kunden oder auf Grund gesetzlicher Regelungen (Stichwort: bauaufsichtliche Bauüberwachung) tätig werden. Beides ist gemeint und wird, je nach konkretem Fall, auch praktiziert, beschreibt aber nicht den kompletten Umfang der Begriffsdefinition „Prüfinstanz". Diese schließt zum Beispiel auch die für betriebsinterne Prüfungen im Rahmen der werkseigenen Produktionskontrolle verantwortlichen Personen ein.

Es sei hier der Hinweis erlaubt, dass der Prüfinstanz – in jeder der vorgenannten Teildefinitionen – auch eine besondere Verantwortung für eine optimale Auftragsabwicklung zukommt. Eine möglichst frühzeitige Abstimmung und Koordination aller Prüfaktivitäten, insbesondere der möglichst vertraglich zu fixierenden Tätigkeiten externer Prüfinstanzen im Auftrag des Auftraggebers, ist sehr wichtig, um doppelte Prüfungen und nachträgliche, technisch nicht begründete

Prüfforderungen zu vermeiden. Das Produkt würde in den seltensten Fällen sicherer, in jedem Fall aber teurer. Im Kommentar zu Element 1202 wird auf diese Thematik eingegangen.

Zu Element 307 – Schweißbetrieb

Bei einem „Schweißbetrieb" nach dieser Definition kann es sich sowohl um einen allgemeinen Stahlbaubetrieb handeln, der auch andere Fertigungsprozesse betreibt und ggf. auch montiert, als auch um einen auf Schweißarbeiten spezialisierten Betrieb. Gefordert werden in jedem Fall qualifiziertes Personal und geeignete technische Betriebseinrichtungen (siehe Abschnitt 13.4) sowie der Einsatz von qualifizierten Schweißverfahren (siehe Abschnitt 7.1).

Zu Element 308 – Verfahrensprüfung

Mit der „Verfahrensprüfung" wird erstmals in die Stahlbaunormung die **allgemeine** Notwendigkeit eingeführt, ggf. verfahrensbedingte Prozessdaten vorab zu prüfen. Eine Verfahrensprüfung soll technisch sichere, reproduzierbare Bedingungen liefern, die vor Arbeitsbeginn vorliegen müssen. Es handelt sich um einen im Zusammenhang mit schweißtechnischen Prozessen auch bisher bereits verwendeten Begriff (siehe z. B. Abschnitt 7.1), der in dieser Norm aber auch bei planmäßig vorgespannten, geschraubten Verbindungen vorkommt (siehe z. B. Abschnitt 8.6.1).

Dokumentation 4

Vorbemerkung

In diesem Kapitel der neuen DIN 18800-7 wird die Thematik der mit der Ausführung von Stahlbauten zusammenhängenden Dokumente – in der alten DIN 18800-7 lediglich durch pauschalen Verweis auf die in DIN 18800-1 aufgeführten „bautechnischen Unterlagen" angesprochen – besser strukturiert und klarer geregelt. Es werden jetzt **„Ausführungsunterlagen"**, die vor bzw. während der Bauausführung schriftlich vorliegen müssen, und **„Nachweisunterlagen"**, die nach Fertigstellung schriftlich dokumentiert werden müssen, konsequent gegenüber den übrigen in DIN 18800-1 aufgeführten „bautechnischen Unterlagen" (Baubeschreibung, statische Berechnung usw.) abgegrenzt.

Ausführungsunterlagen 4.1

Zu Element 401

⟨401⟩-1 Funktion, Inhalt und Umfang der Ausführungsunterlagen

Die Anforderungen an die Ausführungsunterlagen wurden in dieser Norm besonders hervorgehoben und präzisiert, da in der Vergangenheit zahlreiche Fehlentscheidungen bei der Ausführung und auch Schadensfälle wegen unvollständiger Unterlagen bekannt geworden waren. Es soll damit erreicht werden, dass zwischen dem vom Entwurfsverfasser, der das Tragwerk konstruiert und bemisst (d. h. der Tragwerksplaner, vgl. zu Element 303), und dem vom Hersteller (vgl. zu Element 305) verantwortlich zu leistenden Anteil an der Erstellung einer baulichen Anlage keine Lücke bleibt.

Die Ausführungsunterlagen, die Grundlage für die Fertigung und Montage sind, müssen alle für die Herstellung der Stahlkonstruktionen und die Bestellung der Ausgangsprodukte notwendigen Angaben enthalten, soweit sie vom Tragwerksplaner vorzugeben sind. Letzterer ist für die von ihm gefertigten Unterlagen, die er zu unterzeichnen hat, verantwortlich (§ 54 Abs. 2 MBO [R120]) und hat somit dafür zu sorgen, dass die Ausführungsunterlagen den öffentlich-rechtlichen Vorschriften entsprechen. Mit der Forderung nach umfassenden Ausführungsunterlagen ist also auch eine Klarstellung der Verantwortlichkeiten verbunden, die bei den heutigen arbeitsteiligen Prozessen von großer Bedeutung ist, vor allem im Hinblick auf etwaige Schadensfallbewertungen und -regulierungen.

Gemäß dem 2. Absatz von Element 401 sind „die nach DIN 18800-1, Element 208, für die Fertigung und Montage zu erstellenden Zeichnungen" die Ausführungsunterlagen. Diese für die Ausführung einer Stahlkonstruktion verbindlichen **Ausführungszeichnungen** müssen alle Angaben, die für die Tragsicherheit und – soweit entsprechende Vorgaben bestehen – für die Gebrauchstauglichkeit relevant sind, enthalten. Dazu gehören auch Angaben zur Vorgehensweise bei Fertigungsprozessen und Montagevorgängen (z. B. Vorspannkräfte bei Schraubenverbindungen, Überhöhungen), die als Randbedingungen aus der Bemessung der Bauteile vom Tragwerksplaner vorzugeben sind. Die Ausführungszeichnungen sind notwendige Bestandteile der Bauvorlagen im Sinne von § 68 MBO [R120] und unterliegen der Prüfungspflicht durch den Prüfingenieur bzw. den Prüfsachverständigen.

Neben den eigentlichen Ausführungszeichnungen gehören auch ggf. die zugehörigen Stücklisten zu den Ausführungsunterlagen im Sinne von DIN 18800-7. Ergänzende Ausführungsanweisungen, die in der Verantwortung des Herstellers nach den Maßgaben dieser Norm festzulegen sind, wie Arbeitspläne und -anweisungen (siehe Kapitel 7 bis 9) sowie Prüfpläne und -anweisungen (siehe Kapitel 12), gehören ebenfalls zu den Ausführungsunterlagen und sind gesondert zu dokumentieren. Darstellungen der Konstruktion und Angaben zu ihrer Ausführung, die in statischen Berechnungen enthalten sind, können nicht als Ersatz für die hier beschriebenen Ausführungszeichnungen gelten.

Die Wichtigkeit guter und vollständiger Ausführungsunterlagen kann nicht genug betont werden. Nur klare, in zeichnerischer oder in Schriftform gemachte Anweisungen bieten die Gewähr dafür, dass die geforderte Qualität und Sicherheit erreicht werden. Es sollte allen Beteiligten stets bewusst sein, dass weder nach statischen Berechnungen noch nach Prüfberichten, Besprechungsvermerken oder Baubeschreibungen gebaut wird, sondern ausschließlich nach den Ausführungsunterlagen.

Weitergehende Darstellungen, die über die hier erläuterten Mindestanforderungen an Ausführungsunterlagen hinausgehen und die in der Verantwortung des Herstellers liegen, z. B. Zeichnungen für verschiedene Fertigungsschritte, sollten als **„Fertigungszeichnungen"** bezeichnet werden (siehe hierzu ⟨401⟩-2). Der moderne Datentransfer und die elektronische Speicherung von fertigungsspezifischen Daten sind natürlich nicht ausgeschlossen. Es geht heute schon ohne eine Fertigungszeichnung (zumindest in Teilbereichen wie z. B. für den Zuschnitt). Auch eine Arbeitsvorbereitung kann im „Virtuellen", z. B. im Schnittstellenprogramm versteckt sein. Jeder dieser Punkte sollte aber abruf- und auch prüfbar sein. Die Speicherung der Dokumentation, auch elektronisch und auch die von Teilschritten, ist sicherzustellen, um eine effektive Kontrolle zu gewährleisten.

⟨401⟩-2 Zuordnung der Ausführungsunterlagen zur „Ausführungsplanung" nach HOAI

Die HOAI [R119] unterscheidet in § 64 „Leistungsbild Tragwerksplanung" bei der Beschreibung der Leistungsphase 5 „Ausführungsplanung – Anfertigen der Tragwerksausführungszeichnungen" zwischen so genannten „Stahlbauplänen", die der zeichnerischen Darstellung der Konstruktion dienen und zur Grundleistung gehören, und so genannten „Werkstattzeichnungen einschließlich Stücklisten", die als besondere Leistung eingestuft werden. Zur Grundleistung gehört – soweit nicht im Hinblick auf das Honorar explizit ausgeschlossen – auch die Überprüfung der Werkstattzeichnungen in der endgültigen Fassung durch den Tragwerksplaner auf Übereinstimmung mit der statischen Berechnung bzw. den Stahlbauplänen. Da in der Praxis immer wieder Irritationen hinsichtlich der Zuordnung zwischen diesen HOAI-Leistungen bei der Tragwerksplanung und den Ausführungsunterlagen gemäß Bauordnung bzw. gemäß den Stahlbaunormen entstehen, sei hier ganz klar festgehalten, dass die kompletten Ausführungsunterlagen im Sinne der DIN 18800-7 den Inhalt **beider** in der HOAI unterschiedenen Zeichnungstypen umfassen, also sowohl die „Stahlbaupläne" als auch die „Werkstattzeichnungen".

Die HOAI-Unterteilung der Ausführungsunterlagen ist im Übrigen nicht zwingend notwendig. Es kann sich im Gegenteil sogar als sinnvoll erweisen, direkt die für die Herstellung und Montage ausreichend umfassenden Zeichnungen, eben die Ausführungszeichnungen im Sinne dieser Norm, zu erstellen. Werden aber die Werkstattzeichnungen als „besondere Leistung der Tragwerksplanung" gemäß HOAI auf ein gesondertes Ingenieurbüro oder das technische Büro des Herstellers verlagert, so entbindet das den Tragwerksplaner (Entwurfsverfasser) nicht von seiner Verantwortlichkeit für die **gesamten** Ausführungsunterlagen. Für die dazu notwendige Rückkopplung zu ihm zur Erfüllung seiner Aufgaben im Sinne von § 54 Abs. 2 MBO [R120] und auch im Sinne der kompletten Leistungsphase 5 der HOAI ist im Rahmen der Planung des Bauablaufes zu sorgen. Ggf. muss der Hersteller bzw. (bei Großbauvorhaben) der von ihm bestimmte technische Koordinator für die Einschaltung des Tragwerksplaners (Entwurfsverfassers) sorgen.

Um eine möglicherweise falsche Interpretation der Zuständigkeiten von Tragwerksplaner (Entwurfsverfasser) und Hersteller zu vermeiden, sollte der Begriff „Werkstattzeichnungen" als Teil der baurechtlich geforderten Ausführungsunterlagen nicht verwendet werden, sondern der Begriff „Ausführungszeichnungen" als die erforderlichen Konstruktionszeichnungen im Sinne der Verordnungen über bautechnische Prüfungen der Bundesländer. Werden vom Hersteller baurechtlich nicht relevante Zeichnungen für verschiedene Fertigungsschritte erstellt, so sollten diese als **„Fertigungszeichnungen"** bezeichnet werden (vgl. auch ⟨401⟩-1).

Zu Element 402

⟨402⟩-1 Anforderungen an Ausführungszeichnungen nach DIN 18800-1, Element 208

Um Wiederholungen von Normtexten zu vermeiden, wird in Element 402 DIN 18800-7 nur verbal auf die zutreffenden Anforderungen an Ausführungszeichnungen gemäß DIN 18800-1, Element 208, verwiesen. Dort sind in der Anmerkung die wesentlichen Bestandteile der Zeichnungen aufgelistet, die – basierend auf dem Entwurf, der statischen Berechnung und der Bemessung – zur eindeutigen und vollständigen Beschreibung der Bauteile für die Herstellung erforderlich sind. Diese Anforderungen der DIN 18800-1 werden des besseren Überblicks wegen nachfolgend wiedergegeben:

a) Werkstoffangaben, wie z. B. Stahlsorte von Bauteilen und Festigkeitsklassen von Schrauben;

b) Darstellung und Bemaßung der Systeme und Querschnitte;

c) Darstellung der Anschlüsse, z. B. durch Angabe der Anordnung der Verbindungsmittel und der Stoßteile sowie Angaben zum Lochspiel von Verbindungsmitteln;

d) Angaben zur Ausführung, z. B. Vorspannung von Schrauben und Nahtvorbereitung von Schweißnähten, Überhöhungen, Vorkrümmungen;
Angaben über Besonderheiten, die bei der Montage zu beachten sind;
Angaben zum Korrosionsschutz.

⟨402⟩-2 Ergänzende Anforderungen an Ausführungszeichnungen nach DIN 18800-7

Zur Ergänzung der in ⟨402⟩-1 wiedergegebenen Anforderungen nach DIN 18800-1 an die Inhalte der Zeichnungen sind fortlaufend dazu in Element 402 weitere notwendige Angaben zur Ausführung von Stahlkonstruktionen aufgelistet, die in den Ausführungszeichnungen bzw. in den zugehörigen Stücklisten enthalten sein müssen. Es sind dies die präzisen Angaben der zu verwendenden Ausgangsprodukte einschließlich der erforderlichen Prüfzeugnisse, die auch Grundlage für die Bestellung (Einkauf) sind, sowie detaillierte Vorgaben zur Darstellung, Güte und Prüfung von Schweißnähten und andere Vorgaben für die Fertigung. Dies sind Angaben, die ebenfalls vom Tragwerksplaner (Entwurfsverfasser) vorzugeben sind. Ggf. kann für einige dieser Angaben eine Abstimmung mit dem Herstellbetrieb, z. B. mit dem dortigen Schweißfachingenieur, erforderlich werden oder zumindest angeraten sein bzw. bei alternativen gleichwertigen Ausführungsmöglichkeiten eine nachträgliche Festlegung dem Hersteller vorbehalten werden. Der jeweilige Tragwerksplaner (Entwurfsverfasser) bleibt jedoch in der Verantwortung für die Vollständigkeit und den Inhalt dieser Angaben.

Bereits hier wie auch aus den folgenden Kapiteln der Norm wird ersichtlich, dass der Tragwerksplaner (Entwurfsverfasser) diese Norm über die Ausführung von Stahlbauten für seinen Aufgabenbereich mit einzubeziehen und zu beachten hat.

Nachfolgend werden die gemäß Element 402 erforderlichen Angaben in den Ausführungszeichnungen oder zugehörigen Stücklisten im Einzelnen kommentiert und teilweise mit Beispielen belegt.

Zu e): Produktnormen für **Stahlerzeugnisse** sind z. B.:
- DIN EN 10025, DIN EN 10113, DIN EN 10219 [R61/62].

Produktnormen für **Verbindungsmittel** sind z. B. die in Tabelle 1 DIN 18800-7 zusammengestellten Normen; dabei sind neben der Größenangabe die Ausführungsform und die Festigkeitsklasse hinzuzufügen, bei Schrauben z. B.:
- SL M 20 DIN EN ISO 4017, 8.8;
- GV M20 DIN 6914, 10.9 mit Regel-F_V (oder mit $F_V = 160$ kN), aber **nicht**: HV M20.

Die Angabe der Produktnormen für Muttern und Scheiben erübrigt sich, wenn die Kombinationen Schraube/Mutter/Scheibe gemäß Tabelle 1 DIN 18800-7 eingesetzt werden sollen; anderenfalls sind sie ebenfalls anzugeben.

Zu f): Zu der sich auf die Festigkeitsstufe beziehenden Bezeichnung der Stahlsorte (z. B. S 235) gehören zur vollständigen Definition die gemäß Element 503 auszuwählenden Gütegruppen, die unterschiedliche Zähigkeitseigenschaften aufweisen. Eine komplette Stahlsortenbezeichnung lautet somit z. B.:
- S235J0: Baustahl mit einer Mindeststreckgrenze von 235 N/mm² und einer Kerbschlagarbeit von 27 Joule bei 0 °C,
- S355J2G3: Baustahl mit einer Mindeststreckgrenze von 355 N/mm² und einer Kerbschlagarbeit von 27 Joule bei −20 °C,
- S460ML: Thermomechanisch gewalzter Feinkornbaustahl mit einer Mindeststreckgrenze von 460 N/mm² und einer Kerbschlagarbeit von 27 Joule bei −50 °C.

Zusätzlich sind bedarfsweise die Optionen, die in den Technischen Lieferbedingungen enthalten sind, anzugeben. Diese Optionen betreffen diverse zusätzliche Anforderungen an die Erzeugnisse und deren Herstellung und Prüfung, die in der Bestellung aufzunehmen sind. Beispiele sind:
- Eignung zum Feuerverzinken (zusätzliche Anforderung Nr. 11 nach DIN EN 10025:1994-03),
- Eignung zum Kaltbiegen und Abkanten (zusätzliche Anforderung Nr. 18 nach DIN EN 10025:1994-03, gekennzeichnet durch „C" hinter der Stahlsorte),

- Herstellverfahren (z. B. normalisierendes Walzen , Normalglühen (N)),
- Prüfumfang (z. B. Prüfung der Kerbschlagarbeit bei Stählen der Güte JR, Prüfung der Oberfläche).

Wichtig ist, dass der Einkauf diese Informationen vom Technischen Büro rechtzeitig **vor** der Bestellung des Grundwerkstoffes bekommt.

Zu g): Falls Stahlerzeugnisse mit verbesserten Verformungseigenschaften senkrecht zur Erzeugnisoberfläche verwendet werden müssen (siehe Element 504), ist die erforderliche Güteklasse nach DIN EN 10164 in Verbindung mit der Stahlsortenbestimmung anzugeben, z. B.:
- Stahl DIN EN 10025 – S355J2G3 + DIN EN 10164 – Z 25.

Ggf. sind die alternativen oder zusätzlichen Anforderungen an die in Dickenrichtung zugbeanspruchten Bauteile anzugeben (siehe zu den Elementen 504 und 505).

Zu h): Alle Schweißnähte müssen auf der Zeichnung vermaßt sein. Dies kann durch eine „Sammelangabe" über dem Schriftfeld erfolgen, wenn alle Schweißnähte dieser Zeichnung die gleiche Nahtdicke aufweisen. Aus der Zeichnung muss eindeutig ersichtlich sein, wo Schweißnähte anzuordnen sind. Allein der Hinweis „alle Schweißnähte a = 4 mm" ist nicht ausreichend. Selbstverständlich kann auch jede Schweißnaht durch die sinnbildliche Darstellung nach DIN EN 22553 [R67] dargestellt werden. Dabei kann es bei Stumpfnähten und vor allem bei HV-, HY-, Doppel-HV- und Doppel-HY-Nähten angebracht sein, Schweißnahtdetails maßstäblich darzustellen, siehe Bild 4.1.

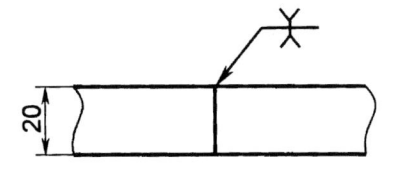

a) sinnbildliche Darstellung nach DIN EN 22523

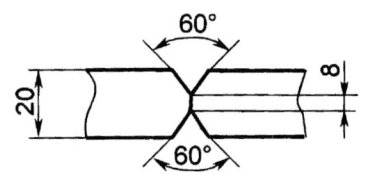

b) maßstäbliche Darstellung bei Anwendung des Schweißprozesses 121(UP) (Ausnutzung des tiefen Einbrandes dieses Schweißprozesses)

Bild 4.1 Darstellung einer Schweißnahtvorbereitung in sinnbildlicher und bildlicher Darstellung

Zu i): Die zulässigen Grenzwerte für die Unregelmäßigkeiten bei Schweißnähten werden durch die Angabe der Bewertungsgruppe nach DIN EN 25817 (inzwischen ersetzt durch DIN EN ISO 5817:2003-12 [R76], vgl. auch ⟨201⟩-1) gemäß den Elementen 1204 und 1205 festgelegt.

Wie im Umkehrschluss aus Element 1204 zu entnehmen, erübrigt sich eine entsprechende Angabe in der Ausführungszeichnung, wenn der Mindeststandard (Bewertungsgruppe C) mit der Zusatzanforderung bezüglich der Durchschweißung (Bewertungsgruppe B für Merkmal 9) einzuhalten ist. Anderenfalls muss die Bewertungsgruppe der sinnbildlichen Darstellung der Schweißnähte nach DIN EN 22553 [R67] hinzugefügt werden. Wenn alle Schweißnähte der Zeichnung der gleichen Bewertungsgruppe entsprechen sollen, können die Angaben ebenfalls durch eine „Sammelangabe" über dem Schriftfeld erfolgen.

Bei Bauteilen mit nicht vorwiegend ruhender Beanspruchung muss immer die Bewertungsgruppe und ggf. müssen zusätzliche Ausführungsmerkmale wie z. B. das notwendige Entfernen von Schweißspritzern, -tropfen und -perlen angegeben werden.

Zu j): Art und Umfang der zerstörungsfreien Werkstoff- und Schweißnahtprüfungen können direkt auf der Ausführungszeichnung angegeben werden. Bei größeren Bauvorhaben sollten diese Angaben in einem separaten Prüfplan enthalten sein (siehe zu Element 1202). Dann muss auf der Ausführungszeichnung ein Hinweis auf diesen Prüfplan vermerkt sein. Es muss entweder auf der Zeichnung oder im Prüfplan angegeben sein, wie viel Prozent der Nähte geprüft werden müssen. Außerdem muss bei stichprobenhaften Prüfungen der Bereich vermerkt sein, der geprüft werden soll, z. B. Zugbereich von Stegblech-Stumpfnähten oder Kreuzungsbereich von Stumpfnähten. Das anzuwendende Verfahren für die zerstörungsfreie Werkstoffprüfung muss angegeben werden (siehe zu Kapitel 12).

Zu k): Es müssen für alle Stahlerzeugnisse gemäß Element 512 Prüfbescheinigungen nach DIN EN 10204 vorliegen, und zwar im Normalfall gemäß Element 513 Werkszeugnisse 2.2 oder Abnahmeprüfzeugnisse 3.1.B (Definition, Inhalt und Umfang dieser Prüfbescheinigungen siehe zu Element 512). Für niedrigfeste Schrauben braucht gemäß Element 526 im Normalfall keine Prüfbescheinigung vorzuliegen, für hochfeste Schrauben müssen Abnahmeprüfzeugnisse 3.1.B vorliegen. Für diese „Normalfälle" ist es nach Auffassung der Verfasser dieses Kommentars nicht zwingend, die Art der Bescheinigungen auf den Ausführungszeichnungen und/oder den zugehörigen Stücklisten zu vermerken, da sie selbstverständlich ist.

Anders ist es bei Stahlerzeugnissen mit besonderen Eigenschaften gemäß Element 514 und bei niedrigfesten Schrauben im Sonderfall des Elementes 526. Hier gehören Art, Inhalt und ggf. Umfang der Prüfbescheinigung zweifelsohne zur Beschreibung der jeweiligen Produkte in den Ausführungszeichnungen und/oder den zugehörigen Stücklisten.

In Sonderfällen können für Produkte, für deren Verwendbarkeit allgemeine bauaufsichtliche Zulassungen oder Zustimmungen im Einzelfall einer obersten Bauaufsichtsbehörde notwendig sind, auch Abnahmeprüfzeugnisse 3.1.C (herausgegeben von einem vom Besteller beauftragten Sachverständigen, siehe ⟨512⟩-1) oder Abnahmeprüfzeugnisse 3.1.A (herausgegeben von einem in der Zulassung bzw. Zustimmung vorgeschriebenen Sachverständigen, siehe ⟨512⟩-1) verlangt werden.

Zu l): Wenn Toleranzklassen für Schweißkonstruktionen nach DIN EN ISO 13920 für die gesamte Zeichnung gelten sollen, kann dies durch Angabe über dem Schriftfeld erfolgen. Erfolgt gar keine Angabe, gelten die in Element 1103 festgelegten Mindest-Toleranzklassen. Sofern unterschiedliche Toleranzklassen für die Bauteile auf einer Zeichnung erforderlich werden, müssen diese detailliert durch die sinnbildliche Darstellung nach DIN EN 22553 [67] angegeben werden. Lässt sich mit den Grenzwerten der Toleranzklassen nach DIN EN 13920 die Toleranzvorgabe nicht beschreiben oder ist sie zu großzügig oder zu streng, müssen in der Ausführungszeichnung ggf. vermaßte Toleranzen am Bauteil angegeben werden.

Die Thematik der Toleranzen, insbesondere auch der tragsicherheitsrelevanten Toleranzen, die ggf. ebenfalls in den Ausführungszeichnungen anzugeben sind, wird ausführlich im Kommentar zu Kapitel 11 abgehandelt.

Zu m): Sind bei den einzusetzenden Werkstoffen (Erzeugnissen) Vorbehandlungsmaßnahmen beim Herstellerbetrieb des Erzeugnisses oder im Stahlbaubetrieb vorzunehmen, ist dies in den Ausführungszeichnungen oder zugehörigen Ausführungsdokumenten anzugeben. Werden z. B. besondere Forderungen hinsichtlich der Geradheit von Blechen geschweißter Träger gestellt, muss dies angegeben werden, damit die Bleche ggf. vor Beginn der übrigen Fertigung in einer Richtwalze oder auch durch Flammrichten gerichtet werden können.

Zu Vorbehandlungsmaßnahmen im Sinne dieses Elementes, die auf Ausführungszeichnungen nicht angegeben werden müssen, gehören beispielsweise die Angaben zum Aufbringen eines Fertigungsanstrichs oder zur Entrostung vor Fertigungsaufnahme, da diese Maßnahmen nicht tragsicherheitsrelevant sind und werkstattabhängig durchgeführt werden. Sie müssten ggf. auf den Fertigungszeichnungen (vgl. ⟨401⟩-2) vermerkt werden.

Zu n): Für Gussstücke aus Stahlguss nach DIN 1681 [R7] bzw. DIN 17182 [R18] und Gusseisen mit Kugelgraphit nach DIN EN 1563 [R45] müssen gemäß Element 511 die Gütestufen bezüglich der inneren und äußeren Beschaffenheit angegeben werden. Die in Abhängigkeit von der Beanspruchung des Gussstückes und seiner Verbindung mit der Konstruktion vom Tragwerksplaner (Entwurfsverfasser) vorzugebenden Gütestufen sind wesentliche Bestandteile der Bestellunterlagen für die Gießereien. Einzelheiten sind im Kommentar zu Element 511 erläutert.

Die Auflistung der Angaben in Element 402, die in die Ausführungszeichnungen aufzunehmen sind, erhebt keinen Anspruch auf Vollständigkeit und ist bedarfsweise zu ergänzen, um die generelle Anforderung des Satzes 1 in Element 401 zu erfüllen. So kann es hilfreich sein, auch die jeweilige Klasse der geschweißten Stahlbauten nach Element 1313 auf den Ausführungszeichnungen zu vermerken, damit bei der arbeitsteiligen Abwicklung von Bauvorhaben im Vorfeld klargestellt ist, welcher Herstellbetrieb für die Ausführung der Schweißarbeiten überhaupt in Frage kommt.

Zu Element 403

Grundsätzlich soll hier – so die Intention bei der Formulierung von Element 403 – deutlich zum Ausdruck gebracht werden, dass zur qualitätssicheren Ausführung eines Stahlbautragwerkes vor allem auch eine enge Kooperation zwischen Entwurfsverfasser (Tragwerksplaner) und Hersteller (und ggf. Prüfinstanz) anzustreben ist. Dies ist bei der heute üblichen hochgradigen Arbeitsteilung bei den Bauvorhaben unbedingt notwendig, wird aber leider oft nur unvollkommen praktiziert.

Im 1. und 3. Absatz des Elementes werden die notwendigen Vorgehensweisen des Herstellers angesprochen, wenn die in den Elementen 401 und 402 geforderten Angaben in den Ausführungsunterlagen nicht vollständig sind oder wenn Änderungen bei der Herstellung gegenüber den Darstellungen und Angaben in den Unterlagen erforderlich werden. Hier wird klar ausgeführt, dass der verantwortliche Tragwerksplaner (Entwurfsverfasser) grundsätzlich bei der Ergänzung bzw. Änderung der Ausführungsunterlagen einzubeziehen ist.

Dies bedeutet, dass der Hersteller vor Beginn der Fertigung die Ausführungszeichnungen auf Vollständigkeit der für die Ausführung des Bauteils erforderlichen Angaben überprüfen muss, dass er gleichzeitig aber auch die Möglichkeit der Herstellung der dargestellten Konstruktion zu beurteilen hat und ggf. auch Änderungen zur Erreichung einfacherer bzw. sinnvollerer Ausführungsvarianten vorschlagen kann. Bei schweißtechnischen Konstruktionen hat die Schweißaufsichtsperson oder eine von ihr beauftragte Person die Zeichnung für die Fertigung freizugeben. Unvollständige Zeichnungen oder Zeichnungen mit Bauteilangaben, die nicht ausführbar sind (z. B. bei einem kleinen Kastenquerschnitt das Anschließen der Schottbleche im Kasten mit vier Kehlnähten), müssen zurückgewiesen werden.

Im 2. Absatz des Elementes wird auf eine Besonderheit hingewiesen, die von Bedeutung für die fachgerechte Ausführung eines Bauteils sein kann, obwohl sie im fertig gestellten Tragwerk gar nicht mehr vorhanden ist. Das Anbringen von Montageverbindungen (z. B. Zusammenbauhilfen) kann unzulässig sein, wenn Auswirkungen daraus nicht bei der Bemessung der Bauteile berücksichtigt wurden. Das gilt auch, wenn sie nach erfolgter Montage wieder beseitigt werden (siehe hierzu auch Element 711).

In den Ausführungszeichnungen sollten daher Bereiche angegeben werden, in denen Montagehilfen, z. B. Transportösen für den Einbau eines Bauteils, angeordnet werden dürfen. Alle übrigen Zusammenbau- und Montagehilfen müssen – vor allem bei nicht vorwiegend ruhend beanspruchten Bauteilen – auf den Zeichnungen ausgewiesen bzw. nachträglich vom Montagebetrieb in Abstimmung mit dem Tragwerksplaner festgelegt werden, da sie den Kerbfall des Bauteils stark beeinträchtigen können.

Fallen in der Fertigung Schweißnähte an, die auf den Zeichnungen nicht enthalten sind, z. B. bei Bedarfsstumpfstößen von Blechen oder Formstählen, um Lagerlängen auszunutzen, müssen diese auf ihre statische Zulässigkeit geprüft werden und in den Ausführungszeichnungen nachträglich aufgenommen werden.

4.2 Nachweisunterlagen

Zu Element 404

⟨404⟩-1 Forderungen nach dieser Norm

Element 404 nennt vier Arten von Nachweisunterlagen (a) bis (d), die spätestens bei Ende eines Bauvorhabens vorliegen und dokumentiert werden müssen. Die Dokumentation dieser Nachweisunterlagen gehört zu den Aufgaben der werkseigenen Produktionskontrolle (siehe Element 1302). Das gilt insbesondere für die **Prüfbescheinigungen (a)** der Ausgangsprodukte gemäß den Abschnitten 5.1.1 und 5.3.3 und die **Aufzeichnungen (b)** über die Verwendung dieser Ausgangsprodukte, um eine Rückverfolgbarkeit im Sinne von Element 601 der verarbeiteten Produkte zu den Bestellunterlagen und zugehörigen Prüfbescheinigungen sicherzustellen. Beispiele von Prüfbescheinigungen sind im Kommentar zu den Abschnitten 5.1.5 und 5.3.3 enthalten.

Auch die **Prüfberichte (d)** gehören hierher. Sie betreffen insbesondere die Prüfungen nach Kapitel 12 dieser Norm, aber auch die weiteren, gemäß Element 1303 zur Dokumentation vorgesehenen Prüfungen. Sie alle sind in die Dokumentation des jeweiligen Auftrages beim Hersteller einzubeziehen, d. h. dem Auftrag zugeordnet abzuheften. Diese dokumentierten Nachweisunterlagen belegen gegenüber dem Auftraggeber bzw. der Prüfinstanz die Einhaltung der zu prüfenden Anforderungen aus dieser Norm und an die Ausgangsprodukte.

Grundsätzlich gehören auch die aktuellen **Bestandszeichnungen (c)** zu den Nachweisunterlagen. Auf deren ordnungsgemäße Erstellung sollte vor allem der Bauherr Wert legen. Wer jemals bei einer Umbaumaßnahme – die angebliche Ausführungszeichnung in der Hand – ratlos vor dem realen Tragwerk gestanden und nach Ähnlichkeiten gesucht hat, wird bestätigen, dass es sehr wichtig ist, Abweichungen, die während der Bauausführung einvernehmlich festgelegt worden sind, abschließend in die Bestandspläne zu übernehmen.

⟨404⟩-2 Weitere gesetzliche Anforderungen an „Bauprodukte": Bauregelliste, Ü-Zeichen, CE-Zeichen

Über die im vorhergehenden Abschnitt kommentierten unmittelbaren Anforderungen der Norm hinaus gibt es für baurechtlich relevante Stahlbauten zusätzliche gesetzliche Vorgaben, die ebenfalls im Zusammenhang mit der Einhaltung von Anforderungen an die Ausführung von Stahlbauteilen und ihres Nachweises stehen. Diese Anforderungen werden generell an „**Bauprodukte**" gestellt, die für die Errichtung, Änderung und Instandhaltung baulicher Anlagen verwendet werden, und damit auch an die Ausgangs- und Vorprodukte für die Herstellung von Stahlbauten. Obwohl keine Kommentierung der Norm DIN 18800-7 im engeren Sinne darstellend, werden diese gesetzlichen Anforderungen nachfolgend in knapper Form erläutert, da sie dem Praktiker meist zusammen mit den Anforderungen der Norm begegnen und mit diesen oft verwechselt werden.

Bauprodukte dürfen aufgrund der dem § 17 MBO [R120] entsprechenden Regelungen der Landesbauordnungen nur verwendet werden, wenn sie eine der beiden nachfolgend beschriebenen Bedingungen erfüllen:

- Entweder sie weichen nicht oder nicht wesentlich von den technischen Regeln ab, die in der **Bauregelliste A Teil 1** [R110] genannt sind (**geregelte Bauprodukte**), und sie tragen das **Ü-Zeichen** aufgrund eines Übereinstimmungsnachweises (§ 22 MBO).
- Oder, soweit sie von den zugehörigen technischen Regeln wesentlich abweichen oder es dafür allgemein anerkannte Regeln der Technik nicht gibt (**nicht geregelte Bauprodukte**), sie weisen einen Verwendbarkeitsnachweis auf in Form
  – einer allgemeinen bauaufsichtlichen Zulassung (§ 18 MBO) des DIBt,
  – eines allgemeinen bauaufsichtlichen Prüfungszeugnisses (§ 19 MBO) einer dafür anerkannten Stelle oder
  – einer Zustimmung im Einzelfall der obersten Bauaufsichtsbehörde (§ 20 MBO), und sie tragen das **Ü-Zeichen**.

Die **Bauregelliste** ist vom Deutschen Institut für Bautechnik (DIBt) im Einvernehmen mit den Obersten Bauaufsichtsbehörden erstellt und bekannt gemacht worden. Sie wird ständig aktualisiert und ergänzt; die Ergänzungen werden mindestens einmal jährlich, die komplette Liste in loser Folge als Sonderheft in den DIBt-Mitteilungen [R110] veröffentlicht. Die gesamte Bauregelliste besteht aus

- der Bauregelliste A mit drei Teilen – Bauprodukte nach deutschen Vorschriften (Landesbauordnungen), für die das Übereinstimmungszeichen Ü (Ü-Zeichen) erforderlich ist;
- der Bauregelliste B mit zwei Teilen – Bauprodukte nach europäischen Vorschriften, für die das Konformitätszeichen CE (CE-Zeichen) erforderlich ist;
- der Liste C – Bauprodukte untergeordneter Bedeutung, für die kein Übereinstimmungsnachweis erforderlich ist.

Für den Bereich Stahlbau wichtig sind derzeit nur die Bauregellisten A Teile 1 und 2.

Die **Bauregelliste A Teil 1** enthält für **geregelte Bauprodukte** die technischen Regeln, die zur Erfüllung der Anforderungen der Landesbauordnungen von Bedeutung sind. Außerdem enthält sie Angaben zu dem erforderlichen Übereinstimmungsnachweis sowie zu dem erforderlichen Verwendbarkeitsnachweis im Falle einer Abweichung von den genannten technischen Regeln. Tabelle 4.1 zeigt einen Auszug mit sechs typischen Beispielen der insgesamt ca. 150 aufgeführten „Bauprodukte für den Metallbau". Die Kürzel in der Spalte 4 der Tabelle 4.1 werden weiter unten erklärt. Die Kürzel in der Spalte 5 stehen für eine allgemeine bauaufsichtliche Zulassung (Z) bzw. für ein allgemeines bauaufsichtliches Prüfzeugnis (P) als geforderten Verwendbarkeitsnachweis. Zur Bedeutung der „Stahltypen E und P" in den ersten beiden Zeilen der Tabelle 4.1 siehe ⟨513⟩-3. [M6] enthält eine alphabetische Auflistung aller in der Bauregelliste A Teil 1 erfassten Bauprodukte für den Stahlbau, die den Umgang des Stahlbauers mit der etwas sperrig strukturierten Liste erleichtern soll.

Tabelle 4.1 Auszug aus Bauregelliste A Teil 1 (Ausgabe 2003/1)

Lfd. Nr.	Bauprodukt	Technische Regeln	Übereinstimmungsnachweis	Verwendbarkeitsnachweis bei wesentlicher Abweichung von den technischen Regeln
1	2	3	4	5
4.1.2.1	Warmgewalzte breite I-Träger mit parallelen Flanschflächen, Typ E	DIN 1025-2:1995-11 Zusätzlich gilt: DIN EN 10025:1994-03 und Anlagen 4.1, 4.2, 4.19, 4.43	ÜH	Z
4.1.2.2	Warmgewalzte breite I-Träger mit parallelen Flanschflächen, Typ P	DIN 1025-2:1995-11 Zusätzlich gilt: DIN EN 10025:1994-03 und Anlagen 4.1, 4.2, 4.19, 4.43	ÜHP	Z
4.8.27	Umhüllte Stabelektroden zum Lichtbogenhandschweißen v. unlegierten Stählen und Feinkornstählen	DIN EN 499:1995-01 Zusätzlich gilt: Anlagen 4.34, 4.35	ÜZ	Z
4.8.42	Sechskantschrauben mit Gewinde bis Kopf	DIN EN 24017:1992-02 Zusätzlich gilt: Anlage 34	ÜZ	Z
4.8.65	Spannschlösser geschmiedet (offene Form)	DIN 1480:1975-09	ÜZ	Z
4.9.15	Feuerverzinkte Bauteile aus Stahl und Stahlguss (Stückverzinken)	DIN EN ISO 1461:1999-03	ÜHP	P

Die **Bauregelliste A Teil 2** enthält **nicht geregelte Bauprodukte**, für die es Technische Baubestimmungen oder allgemein anerkannte Regeln der Technik nicht oder nicht für alle Anforderungen gibt und

- deren Verwendung entweder nicht der Erfüllung erheblicher Anforderungen an die Sicherheit baulicher Anlagen dient
- oder die hinsichtlich der Anforderungen nach allgemein anerkannten Prüfverfahren beurteilt werden können.

Für solche Bauprodukte reicht anstelle einer allgemeinen bauaufsichtlichen Zulassung ein allgemeines bauaufsichtliches Prüfzeugnis zum Nachweis ihrer Brauchbarkeit aus. Das anzuwendende Übereinstimmungsverfahren sowie ggf. das oder die anerkannten Prüfverfahren werden ebenfalls in der Bauregelliste A Teil 2 angegeben. In dieser Liste stehen Bauprodukte wie z. B. vorgefertigte, nichttragende innere Trennwände, Abhänger aus Metall für abgehängte Decken sowie Stahlwellprofile, deren Tragfähigkeit mit Hilfe von Versuchen ermittelt wird.

Geregelte und nicht geregelte Bauprodukte unterliegen einem in der Bauregelliste, der jeweiligen allgemeinen bauaufsichtlichen Zulassung oder der Zustimmung im Einzelfall vorbeschriebenen **Verfahren zum Nachweis der Übereinstimmung** mit den ihnen zu Grunde liegenden technischen Regeln. Der Nachweis erfolgt in Form einer **Übereinstimmungserklärung** des Herstellers oder eines Übereinstimmungszertifikates (§ 23/24 MBO). Drei Arten von Übereinstimmungsnachweisen werden unterschieden (vgl. auch Tabelle 4.1, Spalte 4):

- **ÜH:** Übereinstimmungserklärung des Herstellers allein aufgrund seiner werkseigenen Produktionskontrolle ohne Einschaltung einer Prüf-, Überwachungs- oder Zertifizierungsstelle.
- **ÜHP:** Übereinstimmungserklärung des Herstellers nach vorheriger Prüfung des Produkts durch eine hierfür anerkannte Prüfstelle (Erstprüfung des Bauproduktes).
- **ÜZ:** Übereinstimmungszertifikat durch eine anerkannte Zertifizierungsstelle aufgrund einer durch eine anerkannte Überwachungsstelle durchgeführten Erstprüfung des Produktes.

Die Fertigung des Bauproduktes unterliegt der Fremdüberwachung durch die anerkannte Prüfstelle (siehe DIN 18200 [R19]).

Die Übereinstimmung des Produkts mit der dafür maßgebenden technischen Regel, der allgemeinen bauaufsichtlichen Zulassung, dem allgemeinen bauaufsichtlichen Prüfzeugnis oder der Zustimmung im Einzelfall auf der Grundlage des jeweils vorgeschriebenen Übereinstimmungsnachweisverfahrens (ÜH, ÜHP, ÜZ) dokumentiert der Hersteller durch Kennzeichnung des Produkts mit dem **Übereinstimmungszeichen Ü (Ü-Zeichen)** aufgrund der Bestimmungen der Übereinstimmungszeichen-Verordnungen der Länder. Das Ü-Zeichen besteht aus dem Buchstaben „Ü" in normierter Form (siehe Bild 4.2a) und hat zusätzlich mindestens folgende Angaben zu enthalten (siehe Bild 4.2b):

- Name des Herstellers; zusätzlich das Herstellwerk, wenn der Name des Herstellers eine eindeutige Zuordnung des Bauprodukts zu dem Herstellwerk nicht ermöglicht.
- Grundlage der Übereinstimmungsbestätigung, d. h.
  - entweder die Kurzbezeichnung der für das geregelte Bauprodukt im Wesentlichen maßgebenden technischen Regel
  - oder die Bezeichnung für eine allgemeine bauaufsichtliche Zulassung als „Z" und deren Nummer
  - oder die Bezeichnung für ein allgemeines bauaufsichtliches Prüfzeugnis als „P", dessen Nummer und die Bezeichnung der Prüfstelle
  - oder die Bezeichnung für eine „Zustimmung im Einzelfall" als (ZiE) und die Behörde.
- Die Bezeichnung oder das Bildzeichen der Zertifizierungsstelle, wenn die Einschaltung einer Zertifizierungsstelle vorgeschrieben ist.

Das vollständige Ü-Zeichen nach Bild 4.2b darf auch auf der Verpackung, einem Beipackzettel, dem Lieferschein oder einer Anlage zum Lieferschein aufgebracht werden. Wird davon Gebrauch gemacht, so darf zusätzlich auf dem Bauprodukt selbst der „nackte" Buchstabe „Ü" gemäß Bild 4.2a angebracht werden. Wird in der maßgebenden Technischen Baubestimmung für das Bauprodukt eine Prüfbescheinigung nach DIN EN 10204 verlangt, ist diese Prüfbescheinigung dem Lieferschein als Anlage beizufügen und mit dem Ü-Zeichen zu versehen. Wenn auf der Prüfbescheinigung eindeutig das Herstellerwerk, die Werkstoffnummer oder der Kurzname des Bauproduktes und die maßgebende technische Regel nach Bauregelliste A aufgeführt sind, genügt es, das „nackte" Ü-Zeichen auf die Prüfbescheinigung aufzudrucken (siehe z. B. Prüfbescheinigung für eine Lieferung Stahlgrobblech in Bild 5.8).

a) b)

Names des Herstellers

Grundlages des Übereinstimmungsnachweises

Bildzeichen/Bezeichnung der Zertifizierungsstelle (sofern Einschaltung gefordert)

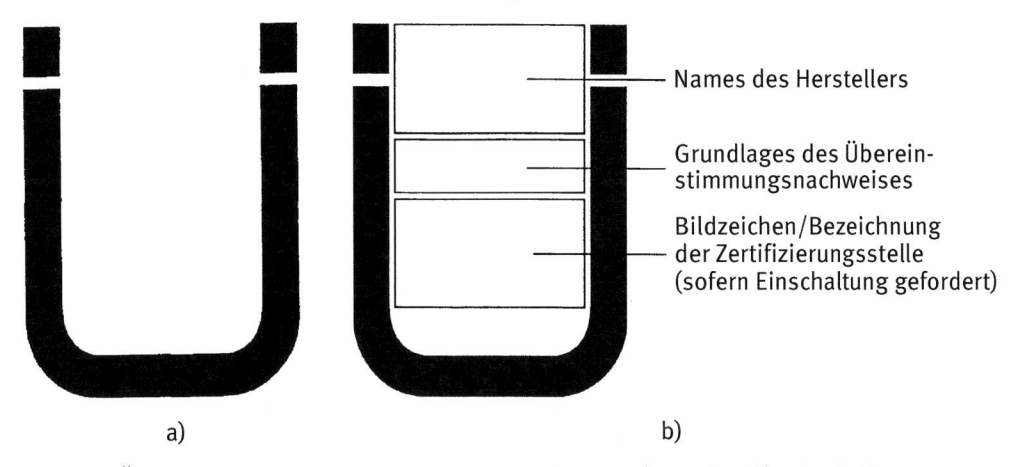

Bild 4.2 Ü-Zeichen für Bauprodukte nach Bauregelliste A: a) „nackt", b) mit Inhalt

Die Verwendung von **Bauprodukten nach europäischen Vorschriften**, d. h. nach harmonisierten europäischen Normen oder europäischen technischen Zulassungen (ETA), wird ebenfalls in § 17 MBO behandelt. Danach werden in **Bauregelliste B Teil 1** diejenigen Bauprodukte mit den zugehörigen Normen und Zulassungen aufgeführt, die aufgrund des Bauproduktengesetzes bzw. der Bauproduktenrichtlinie in Verkehr gebracht und gehandelt werden. Diese Bauprodukte unterliegen dem Nachweisverfahren der Konformität mit den jeweiligen technischen Regeln und tragen die **Konformitätskennzeichnung der Europäischen Gemeinschaft**, das **CE-Zeichen** (siehe Bild 4.3). Für den Bereich des Stahlbaus sind noch keine Bauprodukte in Bauregelliste B Teil 1 enthalten.

4 Dokumentation

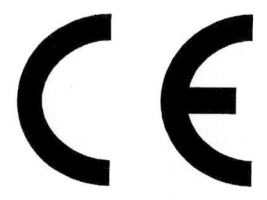

Bild 4.3 CE-Zeichen für Bauprodukte nach Bauregelliste B

Zusammenfassend ist festzuhalten, dass im Stahlbau nur Vorprodukte mit Ü-Zeichen oder CE-Zeichen verwendet werden dürfen. Wenn die Kennzeichnung nicht direkt auf dem Produkt aufgebracht ist oder im eingebauten Zustand nicht erkennbar bleibt, ist es notwendig, zu den Belegen über die eingekauften Vorprodukte auch die zugehörigen Unterlagen mit dem Ü- bzw. CE-Zeichen als Nachweisunterlagen im Sinne von Element 404 DIN 18800-7 aufzubewahren.

⟨404⟩-3 Ü-Zeichen-Pflicht für vorgefertigte Bauteile aus Stahl

Da diese Frage in der Praxis immer wieder zu Diskussionen führt, sei sie hier ebenfalls kurz behandelt. Die Bauregelliste A Teil 1 (vgl. ⟨404⟩-2) führt unter der laufenden Nr. 4.10.2 „vorgefertigte Bauteile aus Stahl und Stahlverbund" auf. Bauprodukte im Sinne dieser Position sind gemäß der Definition in § 2 Abs. 9 MBO vorgefertigte Bauteile, die als Zulieferung in bauliche Anlagen eingebaut werden, wie z. B. standardisierte Fachwerkbinder oder Treppenläufe, und vorgefertigte bauliche Anlagen, die komplett oder in Einzelteilen zur Montage vor Ort geliefert werden, wie z. B. Fertiggaragen oder Behälter (siehe auch ⟨1302⟩-1).

Für solche vorgefertigten Bauteile wird als Übereinstimmungsnachweis (vgl. Spalte 4 in Tabelle 4.1) eine einfache ÜH-Erklärung des Herstellers und als Verwendbarkeitsnachweis bei wesentlicher Abweichung von den maßgebenden technischen Regeln (vgl. Spalte 5 in Tabelle 4.1) eine allgemeine bauaufsichtliche Zulassung (Z) gefordert. Für die Abgabe der Herstellererklärung (Übereinstimmungserklärung durch den Verarbeiter) müssen folgende Bedingungen erfüllt sein:

- Für alle verwendeten Vorprodukte müssen die in der Bauregelliste A Teil 1 geforderten Übereinstimmungsnachweise vorliegen.
- Der ausführende Betrieb muss eine werkseigene Produktionskontrolle durchgeführt haben (siehe Abschnitte 13.2 und 13.3).
- Bei geschweißten vorgefertigten Bauteilen muss der ausführende Betrieb zusätzlich im Besitz der jeweilig maßgebenden Eignungsbescheinigung nach DIN 18800-7 sein (siehe Abschnitt 13.4).

Das Übereinstimmungszeichen kann gemäß der Übereinstimmungszeichenverordnung auf dem vorgefertigten Bauteil, auf der Verpackung oder auf den Begleitpapieren angebracht werden. Bei einem vorgefertigten Bauteil, das aus Einzelteilen besteht, wird das Übereinstimmungszeichen zweckmäßigerweise auf einer Sammelliste, die alle Bauteile enthält, aufgebracht. Die Übereinstimmungserklärung des Herstellers kann auch auf der Stückliste oder bei sehr einfachen Bauteilen auch durch Stempelung auf der Ausführungszeichnung vorgenommen werden. Das prinzipielle Aussehen des Ü-Zeichens für den Übereinstimmungsnachweis ÜH für ein vorgefertigtes Bauteil ist in Bild 4.4 wiedergegeben. Bild 13.1 zeigt ein Beispiel im Zusammenhang mit einer „Werksbescheinigung".

```
Stahlbau
Muster
Duisburg

DIN 18800
DIN 18801
```

Bild 4.4 Ü-Zeichen für den Übereinstimmungsnachweis ÜH für ein vorgefertigtes Bauteil des Stahlhochbaus

Hoesch Additiv Decke®

Ein Konzept hat sich durchgesetzt!

Deckensystem bauaufsichtlich zugelassen Z-26.1-44

Der Beweis: 2.500.000 m² verlegte Deckenfläche

ThyssenKrupp Hoesch Bausysteme GmbH
Hammerstraße 11
57223 Kreuztal
Tel. 0 27 32 / 599 1 454
Fax 0 27 32 / 599 1 271
e-mail: info@tks-bau.thyssenkrupp.com
Internet: www.tks-bau.com

Besuchen Sie uns auf der Bau in München vom 17.-22.01.05. Halle: B3 Stand: 304

ThyssenKrupp Hoesch Bausysteme

Ein Unternehmen von ThyssenKrupp Steel

ThyssenKrupp

Grundlagenliteratur für den Stahlbau

Ulrich Krüger
Stahlbau
Teil 1: Grundlagen
Reihe: Bauingenieur-Praxis
3. überarbeitete Auflage
2002. XIII, 337 Seiten,
148 Abbildungen,
41 Tabellen.
Broschur. € 49,90* / sFr 75,-
ISBN 3-433-01639-9

Ulrich Krüger
Stahlbau
Teil 2: Stabilitätslehre.
Stahlhochbau und Industriebau
Reihe: Bauingenieur-Praxis
3. überarbeitete Auflage
2003. Ca. 400 Seiten,
180 Abbildungen,
90 Tabellen. Broschur.
€ 55,-* / sFr 81,-
ISBN 3-433-01640-2

Ernst & Sohn
Verlag für Architektur und
technische Wissenschaften GmbH & Co. KG

Für Bestellungen und Kundenservice:
Verlag Wiley-VCH
Boschstraße 12
69469 Weinheim
Telefon: (06201) 606-400
Telefax: (06201) 606-184
Email: service@wiley-vch.de

Ernst & Sohn
A Wiley Company
www.ernst-und-sohn.de

Die Bände Stahlbau, Teil 1 und Teil 2 sind die zusammengefaßten Manuskripte der Vorlesungen des Autors, die in 20 Jahren Lehrtätigkeit entstanden. Prägnant und übersichtlich wird in die wichtigen Nachweisverfahren eingeführt. Nomogramme und Tabellen werden als Hilfsmittel für den Praktiker vorgestellt.
Zahlreiche Beispiele, die der Autor vielfach seiner Tätigkeit als Prüfingenieur für Baustatik entnommen hat, werden in Aufgabenform vorgestellt; der Lösungsweg wird in praxisbezogener Darstellung aufgezeigt.

000914026_my Änderungen vorbehalten.   * Der €-Preis gilt ausschließlich für Deutschland

Prüfen. Bescheinigen. Korrekt handeln.
DIN EN 10204 kommentiert

DIN

Oft zitiert – jetzt frisch überarbeitet – die Basis der Prüfbescheinigungen:
DIN EN 10204 für metallische Erzeugnisse (Ausgabe 2005-01).

Der neue Kommentar von Beuth enthält die **Norm im Volltext und erläutert** deren Anwendung ausführlich.

M. Blome, P. Henseler, B. Müller, A. Wehrstedt
Prüfbescheinigungen
Kommentar zu DIN EN 10204
1. Auflage 2004. 76 S. A5. Brosch.
38,00 EUR / 68,00 CHF
ISBN 3-410-15905-3

Aus dem Inhalt:

- **Prüfbescheinigungen im Überblick**
  Grundsätze für die Anwendung der Norm …
- **Prüfbescheinigungen aus der Sicht des Herstellers**
  Technische Aussagen und rechtliche Bedeutung …
- **Rechtliche Aspekte von Prüfbescheinigungen**
  Rechtsnatur der Prüfbescheinigungen, Vertragserfüllung, Produkthaftung, Aufbewahrungspflicht …
- **Prüfbescheinigungen im Online-Datenaustausch**
  Papierloses Büro, Sicherheit bei Online-Übertragung, Nutzung von Dokumenten Management Systemen (DMS) …

Der aktuelle Tagungsband zum Thema:

Mehr Sicherheit durch Prüfbescheinigungen
Tagungsband der DIN-Tagung, Bamberg 2004
1. Auflage 2004. 176 S. A4. Brosch.
75,40 EUR / 134,00 CHF
ISBN 3-410-15966-5

Beuth
Berlin · Wien · Zürich

Beuth Verlag GmbH
Burggrafenstraße 6
10787 Berlin
Telefon: 030 2601-2260
Telefax: 030 2601-1260
info@beuth.de
www.beuth.de

Werkstoffe 5

Walzstähle, Schmiedestähle und Gusswerkstoffe 5.1

Sorten 5.1.1

Zu Element 501

Wie bisher sind für die einsetzbaren Werkstoffe die relevanten Bemessungsnormen maßgebend, also für die allgemeine Verwendung im Stahlbau die Grundnorm DIN 18800-1 in Verbindung mit der Anpassungsrichtlinie Stahlbau sowie für spezielle Anwendungen die einschlägigen Fachnormen.

Für den **allgemeinen Stahlbau** wurde die Palette der nach Element 401 der DIN 18800-1 einsetzbaren Werkstoffe mit der jüngsten Änderung und Ergänzung der Anpassungsrichtlinie Stahlbau (Ausgabe 2001) erheblich erweitert. Danach sind jetzt folgende Werkstoffe einsetzbar (wörtliche Übernahme aus der Anpassungsrichtlinie):

1. Die Stahlsorten S235 (St 37), S275 (St 44), S355 (St 52) der unlegierten Baustähle nach DIN EN 10025 [1]) und die entsprechenden Stahlsorten für kaltgefertigte geschweißte Hohlprofile nach DIN EN 10219-1 [R61] sowie für warmgefertigte Hohlprofile nach DIN EN 10210-1 [R59].

2. Die Stahlsorten S275N, S275NL, S355N, S355NL, S460N, S460NL der normalgeglühten/normalisierend gewalzten schweißgeeigneten Feinkornbaustähle nach DIN EN 10113-2 [1]) und die entsprechenden Stahlsorten für Hohlprofile nach DIN EN 10219-1 und DIN EN 10210-1.

3. Die Stahlsorten S275M, S275ML, S355M, S355ML, S460M, S460ML der thermomechanisch gewalzten schweißgeeigneten Feinkornbaustähle nach DIN EN 10113-3 [1]).

4. Die Stahlsorten S235 W, S355 W der wetterfesten Baustähle nach DIN EN 10155 [1]).

5. Die Stahlsorten S235JRG2, S235J2G3, S355J2G3 der unlegierten Baustähle für Schmiedestücke nach DIN EN 10250-2 [R133] und P355NH sowie P355QH1 der schweißgeeigneten Feinkornbaustähle für Schmiedestücke nach DIN EN 10222-4 [R132].

6. Die Vergütungsstähle C35+N und C45+N nach DIN EN 10083-2 [R131] nur für stählerne Lager, Gelenke und spezielle Verbindungselemente (z. B. Raumfachwerkknoten).

7. Die Stahlgusssorten GS-38, GS-45, GS-52 nach DIN 1681 [R7] und Stahlguss GS 16 Mn 5 N, GS 20 Mn 5 N, GS 20 Mn 5 V mit verbesserter Schweißeignung und Zähigkeit nach DIN 17182 [R18] sowie vom Gusseisen mit Kugelgraphit nach DIN EN 1563 [R45] die Sorten EN-GJS-400-15, EN-GJS-400-18, EN-GJS-400-18-LT, EN-GJS-400-18-RT, alle nur für spezielle Formstücke wie z. B. Verankerungsbauteile für Seile und Rundstäbe mit Gewinde.

Für **spezielle Anwendungen gemäß Fachnormen** sind weitere Stahlsorten im Stahlbau einsetzbar. Außerdem wird in allgemeinen bauaufsichtlichen Zulassungen die Verwendung weiterer Stahlsorten geregelt und dort auf DIN 18800-7 verwiesen. Hier ist insbesondere die Zulassung Nr. Z-30.3-6 für nichtrostende Stähle [R128] zu nennen.

Eine Auflistung aller im bauaufsichtlich geregelten Bereich einsetzbarer Stahlsorten, also einschließlich der Stähle für spezielle Anwendungen gemäß Fachnormen (aber ohne Stahlsorten nach allgemeinen bauaufsichtlichen Zulassungen), ist in [M6] abgedruckt. Das Merkblatt DVS 1705 [A5] enthält ebenfalls eine Auflistung aller in bauaufsichtlichen Regelwerken und Zulassungen aufgeführten Walzstähle und Stahlgusswerkstoffe. Dieses Merkblatt wird regelmäßig (in der Regel mindestens einmal pro Jahr) überarbeitet, um nicht im Widerspruch zu den Festlegungen in der Bauregelliste oder den aktuellen allgemeinen bauaufsichtlichen Zulassungen zu stehen.

Hingewiesen sei hier auf die Besonderheit bei **nichtrostenden Stählen**. Sie sind seit langem für Tankbauwerke nach DIN 4119 und für Stahlschornsteine nach DIN 4133 ohne allgemeine bauaufsichtliche Zulassung einsetzbar, für diese speziellen Anwendungen also in ihrer Verarbeitung allein durch DIN 18800-7 abgedeckt. Das trifft aber nicht zu für die Verwendung im allgemeinen Hochbau, weil diese in der vorgenannten allgemeinen bauaufsichtlichen Zulassung geregelt ist, die auch spezielle Bestimmungen für die Ausführung enthält, die ergänzend bzw.

---

[1]) Diese Normen werden in DIN 18800-7 datiert in Bezug genommen.

ersatzweise zu den Regelungen in DIN 18800-7 gelten. Weiterführende Informationen zur Anwendung von nichtrostenden Stählen im Bauwesen findet man in [M22].

Andere Stahlsorten als die vorgenannten dürfen gemäß DIN 18800-1, Element 402, nur eingesetzt werden, wenn

- entweder „die chemische Zusammensetzung, die mechanischen Eigenschaften und die Schweißeignung ... einer der in Element 401 genannten Stahlsorten zugeordnet werden können"
- oder „ihre Brauchbarkeit auf andere Weise nachgewiesen worden ist".

Mit dem zweiten Spiegelstrich sind im Wesentlichen die bauaufsichtlichen Instrumente der allgemeinen Zulassung und der Zustimmung im Einzelfall gemeint. Der erste Spiegelstrich kommt vor allem für Stahlsorten in Frage, die im Ausland außerhalb des Gültigkeitsbereiches der in Deutschland maßgebenden Liefernormen hergestellt wurden, die aber den oben genannten Stahlsorten ähnlich sind, also als „nicht wesentliche Abweichung" von den entsprechenden vorgenannten Werkstoffnormen eingestuft werden könnten. Die baurechtlichen Anforderungen des Übereinstimmungsnachweises gemäß § 22 MBO [R120] sind jedoch in der Regel ohne weiteres nicht gegeben (vgl. ⟨404⟩-2). In [M6] wird daher die Meinung vertreten, dass ihre Verwendung als Bauprodukt im Stahlbau wegen des fehlenden Ü-Zeichens (vgl. ⟨404⟩-2) trotzdem nicht ohne Zustimmung im Einzelfall zulässig ist.

Bei speziellen Stahlbauten, z. B. Lagerregalen und -paletten, wird in den letzten Jahren auch vermehrt Feinkornbaustahl der Sorten S420N oder M eingesetzt. Die Verwendung dieser Stahlsorten, deren Anwendung auch im Eurocode 3 geregelt ist, kann im bauaufsichtlichen Bereich wohl in jedem Fall als „nicht wesentliche Abweichung" von der technischen Regel DIN 18800-1 eingestuft werden. Da diese Sorten in der Anlage 4.1 zur Bauregelliste A Teil 1 (vgl. ⟨404⟩-2) zurzeit noch nicht enthalten sind, fehlt jedoch die Grundlage für die Ü-Kennzeichnung.

5.1.2 Maße

Zu Element 502

Grenzmaße und Formtoleranzen sind gemäß diesem Element aus den Halbzeugnormen zu entnehmen, z. B. für

- I-Profile mit geneigten inneren Flanschflächen aus DIN EN 10024 [R46],
- warmgewalzte Stahlbleche mit ≥ 3 mm Dicke aus DIN EN 10029 [R47],
- I- und H-Profile aus Baustahl aus DIN EN 10034 [R48],
- warmgewalzten Bandstahl aus DIN EN 10048 [R49],
- kontinuierlich warmgewalztes Blech und Band ohne Überzug aus unlegierten und legierten Stählen aus DIN EN 10051 [R50],
- warmgewalzten gleichschenkligen T-Stahl mit gerundeten Kanten und Übergängen aus DIN EN 10055 [R51],
- gleichschenklige und ungleichschenklige Winkel aus Stahl aus DIN EN 10056 [R52/53],
- warmgewalzte Flachstäbe aus Stahl für allgemeine Verwendung aus DIN EN 10058 [R54],
- warmgewalzte Vierkantstäbe aus Stahl aus DIN EN 10059 [R55],
- warmgewalzte Rundstäbe aus Stahl aus DIN EN 10060 [R56],
- warmgewalzte Sechskantstäbe aus Stahl aus DIN EN 10061 [R57],
- warmgewalzten Wulstflachstahl (Hollandprofile) aus DIN EN 10067 [R58],
- warmgefertigte Hohlprofile für den Stahlbau aus DIN EN 10210-2 [R60],
- kaltgefertigte geschweißte Hohlprofile für den Stahlbau aus DIN EN 10219-2 [R62].

Dieser Verweis auf die einschlägigen Maßnormen ist für ausführende Stahlbaufirmen bisweilen wenig hilfreich, weil die meisten der dort zugelassenen Maßabweichungen weit über die mit vertretbarem technischen Aufwand korrigierbaren hinausgehen. Das wird nur dadurch entschärft, dass die Lieferanten von Walzerzeugnissen in der Regel deutlich geringere Toleranzen in Anspruch nehmen als in den Liefernormen festgelegt.

Andere zu beachtende Regelwerke können sowieso weitergehende Anforderungen an die Maßtoleranzen enthalten, so z. B. die DIN-Fachberichte 103 „Stahlbrücken" [R114] und 104 „Verbundbrücken" [R115]. Ferner sind ggf. die mit Rücksicht auf die Tragsicherheit enger festzulegenden geometrischen Toleranzen gemäß Kapitel 11 dieser Norm zu beachten (siehe ⟨1103⟩-2 ff.).

Gütegruppen 5.1.3
Zu Element 503

Die in diesem Element als Grundlage für die Auswahl der Stahlgütegruppen verbindlich vorgeschriebene DASt-Richtlinie 009 ist in Überarbeitung. Mit der Neuausgabe der DASt-Richtlinie 009, die inhaltlich identisch ist mit der bereits fertig gestellten prEN 1993-1-10 [R105] und spätestens 2005 erwartet wird, entfallen die Tabellen A und B der Anpassungsrichtlinie Stahlbau (Ausgabe 2001), die sich auf die bisher gültige Ausgabe 1973-04 der DASt-Richtlinie 009 beziehen.

Die Tabelle 2 des Entwurfs 2004 für die DASt-Richtlinie 009 ist hier als Tabelle 5.1 wiedergegeben. Soll die in der Tabelle genannte maximale Bauteildicke bei einem Bauteil überschritten werden, sind spezielle Nachweise für eine ausreichende Sprödbruchsicherheit zu erbringen.

Tabelle 5.1 Maximal zulässige Erzeugnisdicken t_z [mm] nach Entwurf 2004 für die DASt-Ri 009 (dort Tabelle 2)

Stahlsorte		Kerbschlagarbeit		Bezugstemperatur T_{Ed} [°C]																			
Stahlsorte	Gütegruppe	bei T [°C]	A_v [J_{min}]	10	0	-10	-20	-30	-40	-50	10	0	-10	-20	-30	-40	-50	10	0	-10	-20	-30	-40	-50
				$\sigma_{Ed} = 0{,}75 \cdot f_y(t)$							$\sigma_{Ed} = 0{,}50 \cdot f_y(t)$							$\sigma_{Ed} = 0{,}25 \cdot f_y(t)$						
S235	JR	20	27	60	50	40	35	30	25	20	90	75	65	55	45	40	35	135	115	100	85	75	65	60
	J0	0	27	90	75	60	50	40	35	30	125	105	90	75	65	55	45	175	155	135	115	100	85	75
	J2	-20	27	125	105	90	75	60	50	40	170	145	125	105	90	75	65	200	200	175	155	135	115	100
S275	JR	20	27	55	45	35	30	25	20	15	80	70	55	50	40	35	30	125	110	95	80	70	60	55
	J0	0	27	75	65	55	45	35	30	25	115	95	80	70	55	50	40	165	145	125	110	95	80	70
	J2	-20	27	110	95	75	65	55	45	35	155	130	115	95	80	70	55	200	190	165	145	125	110	95
	M,N	-20	40	135	110	95	75	65	55	45	180	155	130	115	95	80	70	200	200	190	165	145	125	110
	ML,NL	-50	27	185	160	135	110	95	75	65	200	200	180	155	130	115	95	230	200	200	200	190	165	145
S355	JR	20	27	40	35	25	20	15	15	10	65	55	45	40	30	25	25	110	95	80	70	60	55	45
	J0	0	27	60	50	40	35	25	20	15	95	80	65	55	45	40	30	150	130	110	95	80	70	60
	J2	-20	27	90	75	60	50	40	35	25	135	110	95	80	65	55	45	200	175	150	130	110	95	80
	K2,M,N	-20	40	110	90	75	60	50	40	35	155	135	110	95	80	65	55	200	200	175	150	130	110	95
	ML,NL	-50	27	155	130	110	90	75	60	50	200	180	155	135	110	95	80	210	200	200	200	175	150	130
S420	M,N	-20	40	95	80	65	55	45	35	30	140	120	100	85	70	60	50	200	185	160	140	120	100	85
	ML,NL	-50	27	135	115	95	80	65	55	45	190	165	140	120	100	85	70	200	200	200	185	160	140	120
S460	Q	-20	30	70	60	50	40	30	25	20	110	95	75	65	55	45	35	175	155	130	115	95	80	70
	M,N	-20	40	90	70	60	50	40	30	25	130	110	95	75	65	55	45	200	175	155	130	115	95	80
	QL	-40	30	105	90	70	60	50	40	30	155	130	110	95	75	65	55	200	200	175	155	130	115	95
	ML,NL	-50	27	125	105	90	70	60	50	40	180	155	130	110	95	75	65	200	200	200	175	155	130	115
	QL1	-60	30	150	125	105	90	70	60	50	200	180	155	130	110	95	75	215	200	200	200	175	155	130
S690	Q	0	40	40	30	25	20	15	10	10	65	55	45	35	30	20	20	120	100	85	75	60	50	45
	Q	-20	30	50	40	30	25	20	15	10	80	65	55	45	35	30	20	140	120	100	85	75	60	50
	QL	-20	40	60	50	40	30	25	20	15	95	80	65	55	45	35	30	165	140	120	100	85	75	60
	QL	-40	30	75	60	50	40	30	25	20	115	95	80	65	55	45	35	190	165	140	120	100	85	75
	QL1	-40	40	90	75	60	50	40	30	25	135	115	95	80	65	55	45	200	190	165	140	120	100	85
	QL1	-60	30	110	90	75	60	50	40	30	160	135	115	95	80	65	55	200	200	190	165	140	120	100

Anmerkung: Zwischenwerte dürfen linear interpoliert werden. Für die meisten Anwendungen liegen die σ_{Ed}-Werte zwischen $\sigma_{ED} = 0{,}75 \cdot f_y(t)$ und $\sigma_{ED} = 0{,}50 \cdot f_y(t)$. Die Werte für $\sigma_{ED} = 0{,}25 \cdot f_y(t)$ sind aus Interpolationsgründen angegeben. Extrapolationen in Bereiche außerhalb der angegebenen Grenzen sind nicht zulässig.

Im Gegensatz zu DASt-Ri 009, die explizit nur für „geschweißte Stahlbauten" gilt, ist in prEN 1993-1-10 die Stahlsortenauswahl im Hinblick auf die Bruchzähigkeit nicht nur für geschweißte Bauteile vorgesehen, sondern generell für „geschweißte und ungeschweißte Bauteile mit reiner oder teilweiser Zugbeanspruchung und mit Ermüdungsbeanspruchungen". Die Verfasser diese Kommentars empfehlen deshalb, auch bei nicht geschweißten Bauteilen einer möglichen Sprödbruchgefährdung durch die Wahl einer entsprechenden Gütegruppe gemäß Tabelle 5.1 Rechnung zu tragen.

5.1.4 Zusätzliche Anforderungen
Zu Element 504

⟨504⟩-1 Die Bruchart „Terrassenbruch"

Bei der Herstellung und Verwendung geschweißter Stahlkonstruktionen hat die Vermeidung der folgenden Brucharten die größte Bedeutung:

- Verformungsbruch (Unterdimensionierung bzw. Überbelastung wird vermieden durch den statischen Tragsicherheitsnachweis),
- Ermüdungsbruch (wird vermieden durch Ermüdungssicherheitsnachweis, z. B. für Brücken nach den DIN-Fachberichten 103/104 [R114/115] oder für Krane nach DIN 15018 [R15/16/17]),
- Sprödbruch (wird vermieden durch Auswahl der Stahlgütegruppe nach DASt-Richtlinie 009, vgl. Element 503),
- Terrassenbruch unter Zugbeanspruchung in Dickenrichtung.

Element 504 spricht diese letztere Bruchart an. Zugbeanspruchung in Dickenrichtung kommt im Stahlbau relativ häufig vor (Bild 5.1). Deshalb muss die Terrassenbruchgefahr beachtet werden.

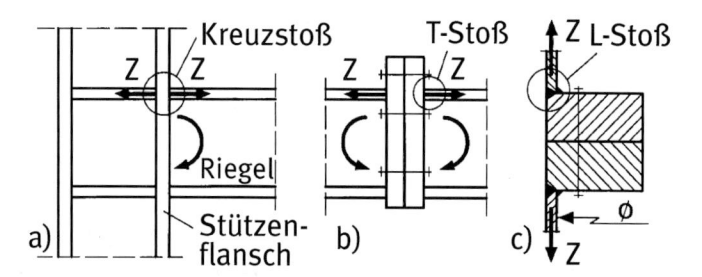

Bild 5.1 Beispiele für Zugbeanspruchung in Dickenrichtung im Stahlbau:
a) Geschweißter biegefester Rahmenknoten, b) geschraubter biegefester Stirnplattenstoß eines Trägers, c) geschraubter Ringflanschstoß eines Turmes

In den Jahren 1960 bis 1980 wurden relativ viele Schäden an geschweißten Stahlkonstruktionen festgestellt, die als Ursache einen „Terrassenbruch" hatten. Ursache hierfür war – neben den relativ schlechten Werkstoffeigenschaften in Werkstoffdickenrichtung – vor allem ein Streben nach „Vollanschlüssen" bei T-Stößen (vgl. Bild 5.1b). Ein Terrassenbruch wird durch eine entsprechende Anzahl und Größe nichtmetallischer Einschlüsse im Rohstahl bedingt, die sich während des Walzens ausformen und somit die Belastbarkeit bei Zugbeanspruchung in Werkstoffdickenrichtung schwächen. Bild 5.2 zeigt nichtmetallische Einschlüsse im Rohstahl (Block oder Bramme) und ausgewalztem Halbzeug. Derartige nichtmetallische Einschlüsse können z. B. Mangansulfide (MnS), Mangansilikate (MnSi) und Aluminiumoxyde (Al_2O_3) sein.

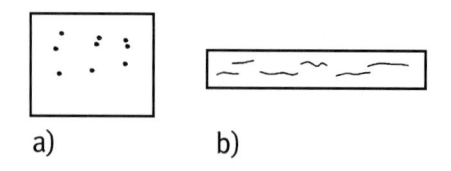

Bild 5.2 Nichtmetallische Einschlüsse: a) im Block, b) im ausgewalzten Halbzeug

Es ist wichtig zu wissen, dass die terrassenbruchauslösenden Zugbeanspruchungen in Dickenrichtung nicht notwendigerweise aus externen Lasten und Totlasten im Betrieb des Bauteils herrühren. Vielmehr sind auch die durch Konstruktion und Fertigung bedingten Eigenspannungen zu beachten. Bei T-förmigen Verbindungen können bereits die Eigenspannungen, die beim Abkühlen der Schweißnaht entstehen, ausreichen, um einen terrassenbruchgefährdeten Grundwerkstoff unter der Schweißnaht zu schädigen (siehe Bild 5.3).

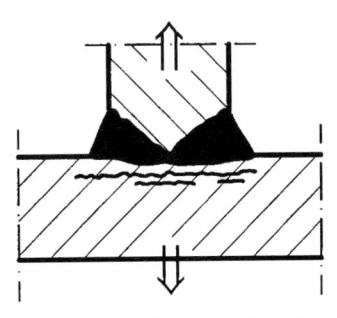

Bild 5.3 Terrassenbruch unter einer DHV-Naht durch Zugeigenspannungen

Nachdem in den Jahren vor 1980 die Ursache für die Terrassenbrüche weltweit intensiv erforscht worden war, konnte in Deutschland im Januar 1981 die DASt-Richtlinie 014 veröffentlicht werden. In dieser Richtlinie werden sowohl werkstoffbezogene Maßnahmen zum Vermeiden von Terrassenbrüchen als auch konstruktive und fertigungstechnische Maßnahmen empfohlen. Bei Anwendung und Beachtung der Bestimmungen der DASt-Ri 014 sind Terrassenbrüche sicher zu vermeiden. Element 504 verlangt deshalb **verbindlich** die Beachtung der DASt-Ri 014 für die Wahl der Werkstoffgüte.

⟨504⟩-2 Maßnahmen zum Vermeiden von Terrassenbrüchen

Der Hersteller von Stahlbauten muss sich entscheiden, welchen der nachfolgend skizzierten Wege zur Vermeidung von Terrassenbrüchen er wählt:

- Befolgen der konstruktiven Empfehlungen (siehe z. B. Bild 5.4) und fertigungstechnischen Empfehlungen (z. B. Vorwärmen) in der DASt-Richtlinie 014 oder im informativen Anhang F der DIN EN 1011-2.
- Verwendung von Werkstoffen mit garantierter Brucheinschnürung in Werkstoffdickenrichtung (Bestellung von Z-Güteklassen wie nachstehend beschrieben). Dies ist vor allem bei Bauteilen mit nicht vorwiegend ruhender Beanspruchung zu empfehlen.
- Durchführung einer Ultraschallprüfung des gefährdeten Grundwerkstoffbereiches **nach dem Schweißen**.

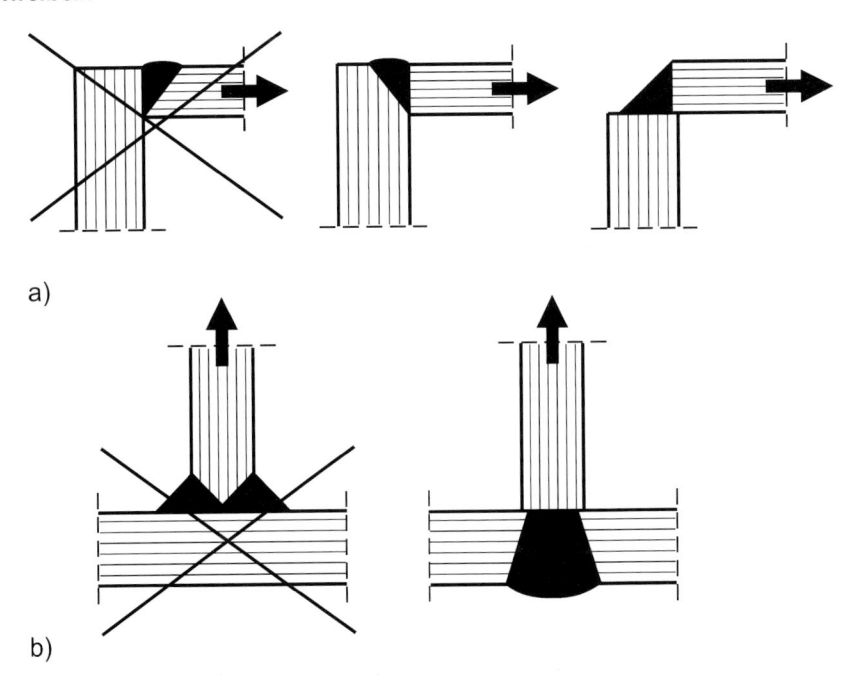

Bild 5.4 Beispiele für Vermeidung der Terrassenbruchgefahr durch bessere Detailkonstruktion (nach DASt-Ri 014):
a) Günstigere Nahtpositionen, b) unkritische Dreiblechnaht

Die **werkstoffbezogenen Maßnahmen** zum Vermeiden von Terrassenbrüchen bestehen in der Auswahl einer so genannten „Z-Güte". Maßgebende mechanische Werkstoffeigenschaft dafür ist die Brucheinschnürung in Dickenrichtung Z_D. Die DIN EN 10164 kennt drei Güteklassen (siehe Tabelle 5.2). Bei den meisten Einsatzfällen reicht eine Werkstoffgüte Z25 im normalen

Stahlbaudickenbereich aus. Lediglich bei sehr dicken Blechen (> 40 mm) und bei ungünstigen konstruktiven Gestaltungen (z. B. T-Stöße mit HV-Nähten) ergibt sich nach der DASt-Ri 014 die Notwendigkeit einer Stahlgüte Z35.

Tabelle 5.2 Güteklassen und Mindestwerte für die Brucheinschnürung Z_D nach Tabelle 1 der DIN EN 10164

Güteklasse	Brucheinschnürung Z_D in %	
	Mittelwert aus drei Versuchen min.	kleinster zulässiger Einzelwert
Z15	15	10
Z25	25	15
Z35	35	25

Da in den Jahren nach 1980 bei der Stahlerzeugung große Fortschritte bei der Verringerung von nichtmetallischen Einschlüssen erreicht wurden, z. B. durch Senkung des Schwefelgehaltes, ist die Anzahl von bekannt gewordenen Terrassenbrüchen in den letzten Jahren drastisch zurückgegangen. So erhält der Verarbeiter heute in vielen Fällen ohne explizite Bestellung Werkstoffqualitäten, die eine für untere Beanspruchungsniveaus akzeptable Brucheinschnürung in Dickenrichtung Z_D aufweisen.

Wird eine **Ultraschallprüfung** vor dem Schweißen, z. B. bei einer Dopplungsprüfung eines Bleches, durchgeführt und dabei keine Beanstandung festgestellt, heißt dies (leider) noch lange nicht, dass kein Terrassenbruch beim Schweißen entstehen kann, da hiermit nichtmetallische Einschlüsse nicht nachgewiesen werden können. Bild 5.5 zeigt die Ultraschallprüfung des terrassenbruchgefährdeten Grundwerkstoffbereiches unter einer Doppel-HV-Naht **nach dem Schweißen**. Der geübte Werkstoffprüfer wird durch das wandernde Echo auf seinem Monitor erkennen können, dass der Schallstrahl aus unterschiedlichen Blechtiefen reflektiert wird. Das lässt auf einen Terrassenbruch schließen.

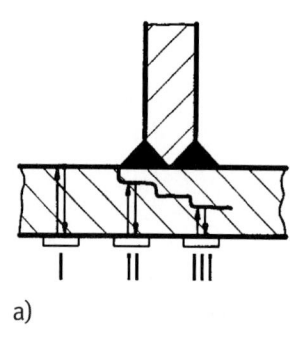

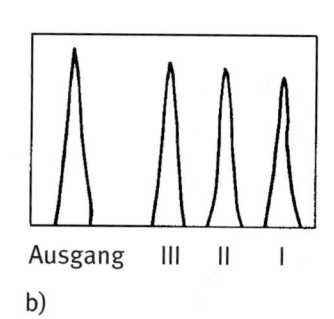

Bild 5.5 Ultraschallprüfung des terrassenbruchgefährdeten Grundwerkstoffbereiches unter einer Doppel-HV-Naht:
a) Schallweg bei verschiedenen Stellungen des Prüfkopfes, b) zugehörige Echo-Anzeigen auf dem Monitor

Anhang F der DIN EN 1011-2 hat die Konstruktionsempfehlungen der DASt-Richtlinie 014 (vgl. weiter oben) weitgehend übernommen. Leider wurden jedoch die Empfehlungen zur Werkstoffauswahl und zur Option des Vorwärmens (Tabellen 2 und 3 der DASt-Ri 014) **nicht** übernommen. Deshalb wird in Element 504 der DIN 18800-7 nur auf die DASt-Ri 014 verwiesen. Ähnliche Empfehlungen wird im Übrigen auch die bereits im Kommentar zu Element 503 angesprochene zukünftige Norm prEN 1993-1-10 [R104] enthalten.

Es muss noch auf eine weit verbreitete **falsche** Meinung bei geschraubten Stirnplattenanschlüssen oder -stößen hingewiesen werden (vgl. Bild 5.1b). Die Schraubverbindungen stellen keinen Schutz vor Schäden aufgrund von Terrassenbrüchen dar, selbst wenn die Schrauben vorgespannt sind. Die Schrauben halten zwar die Stirnplatten zusammen, auch wenn im Schraubenbereich ein Terrassenbruch im Grundwerkstoff vorliegt. Ist jedoch ein Terrassenbruch beim Schweißen der Anschlussnähte des Formstahls (z. B. I-Profil) an eine der beiden Stirnplatten aufgetreten, stellen die Schraubverbindungen **keinen** Schutz gegen ein Versagen des Stirnplattenanschlusses dar. Der Schaden wird unter den Schweißnähten auftreten; der durch den Terrassenbruch geschädigte Grundwerkstoffbereich wird dort aus der Stirnplatte herausgerissen.

Zu Element 505

Dopplungen entstehen bei der Walzherstellung des Halbzeuges als flächige Defekte parallel zu den Oberflächen. Bauteile mit Dopplungen sind – ähnlich wie Bauteile mit inhärentem Terrassenbruch – nicht in der Lage, Zugkräfte in Dickenrichtung zu übertragen. Bei größerflächigen Dopplungen können wegen der lokalen Ausbeulgefahr auch keine Druckkräfte parallel zu den Oberflächen, d. h. in der Regel in Längs- und Querrichtung des Bauteils übertragen werden.

Im Gegensatz zur Terrassenbruchneigung können Dopplungen im Vorprodukt vor Aufbringen der Beanspruchung durch Ultraschallprüfung festgestellt werden. Deshalb müssen gemäß Element 505 Bauteile, die nicht vorwiegend ruhend beansprucht und also der Klasse E zugeordnet werden (siehe Tabelle 13), ab einer Nenndicke von 10 mm ultraschallgeprüft werden, sofern eine Zugbeanspruchung in Dickenrichtung des Bauteils zu erwarten ist. Es empfiehlt sich, auch bei Bauteilen der Klassen B bis D mit späterer signifikanter Zugbeanspruchung in Dickenrichtung diese Prüfung durchzuführen. Wird die Ultraschallprüfung nicht nach der Anlieferung vor Beginn der Fertigungsarbeiten beim Hersteller durchgeführt, so muss sie mitbestellt werden. Das ist vom Auftraggeber in der Bestellung als zusätzliche Anforderung gesondert zu vermerken. Dabei ist auch anzugeben, ob randzonengeprüftes oder gesamtgeprüftes Material zu liefern ist.

Die Ultraschallprüfung wird nach DIN EN 10160 durchgeführt. Als Abnahmekriterium ist die Qualitätsklasse S_1 für die Fläche und E_1 für die Randzonenprüfung von Flacherzeugnissen gefordert. S_1 und E_1 sind die jeweils zweithöchsten Qualitätsklassen und entsprechen weitgehend den früheren Prüfbedingungen nach Stahl-Eisen-Lieferbedingungen SEL 072-77 [R122].

In der Anmerkung zu Element 505 wird für Eisenbahnbrücken auf das Einhalten der Bestimmungen der BN 918002 (Technische Lieferbedingungen der Deutsche Bahn AG) hingewiesen. BN 918002 ist im Januar 2004 neu erschienen. Diese Bahnnorm gilt für den Eisenbahnbrückenbau. Die Ultraschallprüfung ist dort im Abschnitt 3.3.1 „Ultraschallprüfung (EB 1)" geregelt. Demnach ist die Ultraschallprüfung ebenfalls nach DIN EN 10160 durchzuführen, und zwar im Prinzip unter den gleichen Prüfbedingungen wie im Element 505. Im Gegensatz zu Element 505 muss aber bei Haupttragteilen des Eisenbahnbrückenbaus gemäß BN 918002 für Bauteile ab 10 mm Dicke unabhängig von der Beanspruchungsart die Ultraschallprüfung grundsätzlich mit bestellt werden. Dies stellt eine über die Mindestforderung der DIN 18800-7 hinausgehende strengere Anforderung dar (vgl. zu Element 101).

Wegen der häufigen Verwechslung von Dopplungen und Terrassenbrüchen in der Praxis sei hier abschließend noch einmal auf die Ausführungen zu Element 504 verwiesen. Auch ein dopplungsfreies Blech, nachgewiesen durch die Ultraschallprüfung nach Element 505, ist keine Garantie, dass bei Zugbeanspruchung in Dickenrichtung nicht Terrassenbrüche auftreten können.

Zu Element 506

In diesem Element wird für gewisse Stähle, wenn sie für geschweißte Bauteile mit gewissen Abmessungen und mit Zugbeanspruchung verwendet werden sollen, der Aufschweißbiegeversuch nach SEP 1390:1996-07 als traditioneller deutscher Versuch zur Sicherung einer hohen Sprödbruchunempfindlichkeit gefordert. Bevor seine Einordnung im europäischen Rahmen und seine mögliche zukünftige Rolle kommentiert werden, sei zunächst seine prüftechnische Durchführung kurz in Erinnerung gebracht.

⟨506⟩-1 Der Aufschweißbiegeversuch nach SEP 1390

Das angezogene Stahl-Eisen-Prüfblatt SEP 1390:1996-07 gilt für den Aufschweißbiegeversuch an schweißgeeigneten Baustählen mit Mindestwerten der Streckgrenze von 235 N/mm² bis 355 N/mm² in Erzeugnisdicken ≥ 30 mm. Bei Blech gilt als Erzeugnisdicke die Nenndicke, bei Formstahl die Flanschdicke, bei anderen Erzeugnissen die Dicke an der Probenentnahmestelle. Die Bilder 5.6 und 5.7 sowie die Tabelle 5.3 geben Einzelheiten der Prüfkörper und der Prüfdurchführung wieder.

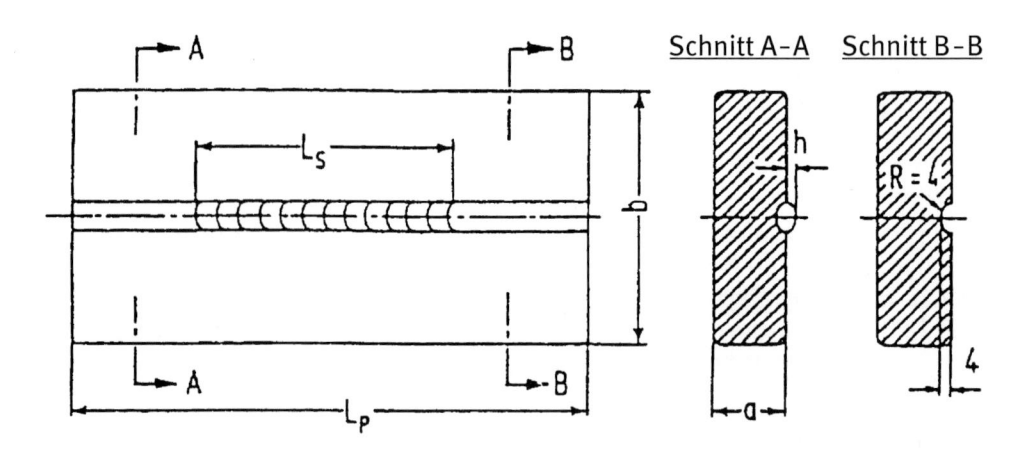

a   Probendicke   R   Radius der halbkreisförmigen Nut
b   Probenbreite   h   Nahtüberhöhung
L_p Probenlänge
L_s Länge der Schweißraupe

Bild 5.6   Aufschweißbiegeprobe vor der Prüfung (Bild 1 aus SEP 1390)

Vor der Prüfung

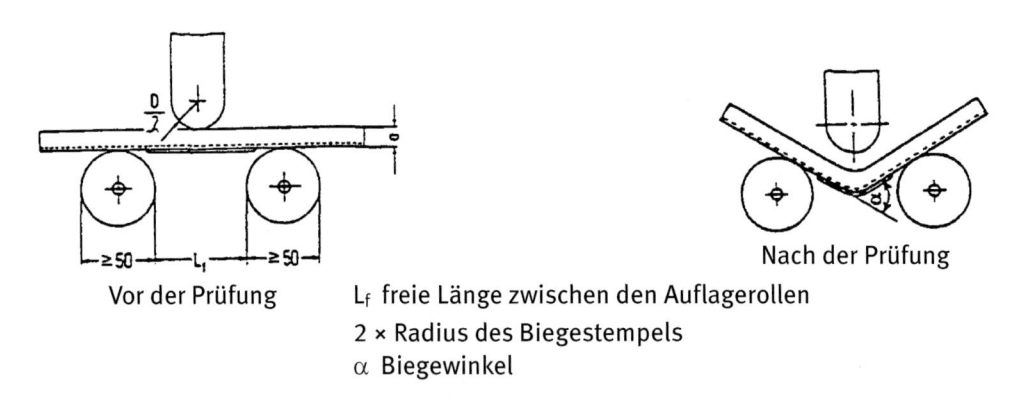

L_f freie Länge zwischen den Auflagerollen
2 × Radius des Biegestempels
α Biegewinkel

Nach der Prüfung

Bild 5.7   Biegevorrichtung mit Biegestempel und Auflagerrollen (Bild 2 aus SEP 1390)

Tabelle 5.3   Probeabmessungen, Länge der Schweißraupe und Angaben zur Prüfeinrichtung (Tafel 1 aus SEP 1390)

Nenndicke, Flanschdicke des Erzeugnisses oder Dicke an der Probenentnahmestelle	Probenabmessungen			Nutradius	Länge der Schweißraupe	Prüfeinrichtung	
	Länge	Breite	Dicke			2 × Radius des Biegestempels	Rollenabstand
	L_p	b	a	R	L_s	D	L_f
mm	mm	mm	mm	mm	min. mm	mm	mm
≥ 30 ... ≤ 35	410	200	*)	4	175	105	190
> 35 ... ≤ 40	440	200	*)	4	190	120	220
> 40 ... ≤ 45	470	200	*)	4	220	135	250
> 45 ... ≤ 50	500	200	*)	4	220	150	280
> 50	500	200	50	4	220	150	280
*) größtmögliche Dicke							

⟨506⟩-2   **Zur Forderung des Aufschweißbiegeversuches in DIN 18800**

Aus dem vorgenannten Geltungsbereich von SEP 1390 wurde die Regelung in Element 506 der DIN 18800-7 hergeleitet, wonach der Aufschweißbiegeversuch für **alle Produkte** mit Erzeugnisbreiten ≥ 200 mm aus unlegierten Baustählen nach DIN EN 10025:1994-03, aus wetterfesten Baustählen nach DIN EN 10155:1993-08 und aus Feinkornbaustählen der Gütekennzeichnung N oder M nach DIN EN 10113-2:1993-04 bzw. DIN EN 10113-3:1993-04 gefordert wird. Diese

Forderung geht über die Festlegung im Element 404 der DIN 18800-1 insofern hinaus, als dort nur von Blech und Breitflachstahl die Rede war. Deshalb wird in der ergänzten Anpassungsrichtlinie Stahlbau (Ausgabe 2001) das Element 404 der DIN 18800-1:1990-11 durch die Regeln der neuen DIN 18800-7 im Element 506 ersetzt. Das heißt konkret, dass jetzt beispielsweise auch für Walzprofile der HEB- und HEM-Reihe formal ab einer gewissen Trägerhöhe bei Biegebelastung und Schweißen am Zugflansch ein Aufschweißbiegeversuch notwendig wird, sofern nicht „die Eignung durch ein anderes anerkanntes Verfahren nachgewiesen wird" (siehe ⟨506⟩-3).

Die in Element 506 spezifizierte Mindesterzeugnisbreite von >200 mm ergibt sich aus Tabelle 5.3. Schmalere Proben als 200 mm sind demnach gemäß SEP 1390 nicht definiert. Bei Bauteildicken ≤30 mm oder bei druckbeanspruchten Bauteilen sind Sprödbrüche bisher nicht bekannt geworden. Deshalb wird bei zugbeanspruchten geschweißten Bauteilen mit Dicken ≤30 mm und bei druckbeanspruchten Bauteilen generell auf den Aufschweißbiegeversuch verzichtet.

Konsequenterweise wird der Aufschweißbiegeversuch auch für Feinkornbaustähle bis S355 in den normalzähen Güten gefordert. Die Begründung für die Aufnahme der Feinkornbaustähle ist, dass deren Qualität teilweise bisher durch die Zulassungsbescheide des DIBt abgesichert gewesen ist. Dort waren nur einige wenige Herstellerwerke genannt, die aufgrund des vorgeschriebenen Übereinstimmungsverfahrens ÜZ regelmäßig fremdüberwacht werden. Dieses Qualitätsfilter ist aber entfallen, da nun Feinkornbaustähle nach DIN EN 10113 von allen weltweiten Herstellerwerken nach Deutschland geliefert werden können und in der Bauregelliste dafür nur der Übereinstimmungsnachweis ÜHP gefordert wird. Bei Feinkornbaustählen mit Streckgrenzen >355 N/mm² kann auf die Forderung nach Durchführung eines Aufschweißbiegeversuchs verzichtet werden, da sprödbruchartiges Verhalten dieser Werkstoffe aufgrund der vorliegenden Feinkörnigkeit nicht zu erwarten ist. Stähle der Gütegruppen NL oder ML nach DIN EN 10113-2 und DIN EN 10113-3 (nachgewiesene Kerbschlagarbeit bei −50 °C) sind ebenfalls vom Aufschweißbiegeversuch befreit, da diese nach Untersuchungen der Stahlhersteller mit allergrößter Wahrscheinlichkeit auf Grund ihrer hohen Zähigkeit den Aufschweißbiegeversuch per se bestehen.

Die Bahnnorm BN 918002-02 verlangt im Abschnitt 3.3.2 „Aufschweißbiegeversuch (EB 2)" im Gegensatz zu Element 506 der DIN 18800-7 den Aufschweißbiegeversuch nach SEP 1390 bei Bauteilen mit ≥ 30 mm Bauteildicke generell, also unabhängig davon, ob Druck- oder Zugbeanspruchung vorliegt. Dies stellt wieder eine über die Mindestforderung der DIN 18800-7 hinausgehende strengere Anforderung dar (vgl. zu Element 101).

Bei Stabstählen, aus denen sich die Regelprobenbreite von 200 mm nicht fertigen lässt (z. B. Zugstangen/Brückenhänger aus Rundstahl), kann der klassische Aufschweißbiegeversuch nach SEP 1390 nicht durchgeführt werden und wird deshalb in DIN 18800-7 auch nicht gefordert. Hier sind jedoch – wenn zwischen Auftraggeber und Auftragnehmer vereinbart – Aufschweißbiegeversuche „in Anlehnung an SEP 1390" machbar, die ebenfalls eine gewisse qualitative Aussage über das Riss-Auffangvermögen des Grundwerkstoffes liefern.

⟨506⟩-3 Zur zukünftigen Rolle des Aufschweißbiegeversuches

Der Aufschweißbiegeversuch wird traditionell nur im deutschem und im österreichischen Stahlbau-Regelwerk gefordert. Obwohl er unbestritten geeignet ist, die Sprödbruchempfindlichkeit eines Stahles qualitativ in einer ersten Näherung einzuschätzen, ist er europäisch nicht durchsetzbar – unter anderem auch, weil es schwer fällt, seine Notwendigkeit technisch-mechanisch zu begründen. Der Normentext in Element 506 fordert deshalb den Aufschweißbiegeversuch nicht mehr obligatorisch, sondern nur, „soweit die Eignung der Stähle nicht durch andere anerkannte Verfahren nachgewiesen wird".

An sich ist der Aufschweißbiegeversuch vom Prinzip her relativ einfach in jeder Werkstatt mit einer Biegepresse, die die erforderlichen Biegedrücke erlaubt, durchzuführen. In den Labors der Stahlhersteller sind die notwendigen Biegepressen in der Regel vorhanden. In akkreditierten Prüflabors sind dagegen zwar auch geeignete Prüfmaschinen vorhanden. Die bei größeren Blechdicken erforderlichen Prüfdrücke stehen jedoch häufig bei diesen Prüfmaschinen nicht zur Verfügung. Das führt – vor allem bei der Nachqualifizierung von Grundwerkstoffen, wenn der geforderte Aufschweißbiegeversuch nicht mitbestellt wurde – oft zu Problemen.

Deshalb – und auch im Vorgriff auf die zukünftige europäische Entwicklung – wird seit längerem versucht, den Aufschweißbiegeversuch durch andere Anforderungen zu ersetzen, die eine ähnliche Sicherheit gegenüber dem Sprödbruch gewährleisten. Diese Arbeiten sind zurzeit noch im Gange. Ein von der RWTH Aachen und dem Stahlinstitut VDEh vorgeschlagenes Äquivalenzkriterium zum Aufschweißbiegeversuch für den Stahl S355 und damit ein „anderes anerkanntes Verfahren" im Sinne der Formulierung in Element 506 ist in Tabelle 5.4 angegeben.

Tabelle 5.4 Äquivalenzkriterium für den Aufschweißbiegeversuch bei Stahl S355

Erzeugnisdicke	Verwendung des Stahles
30 mm $< t \leq$ 80 mm	S355N oder S355M
80 mm $< t$	S355NL oder S355ML

Im Sommer 2004 wurde von den zuständigen Gremien beschlossen, für eine umfassende Regelung bezüglich des Ersatzes des Aufschweißbiegeversuches eine Ergänzung zu DIN 18800-7 in Form eines A1-Blattes zu erarbeiten und kurzfristig herauszugeben.

Zu Element 507

Um eine größere Sicherheit bei der Verarbeitung zu erhalten, wurde erstmalig 1984 beim Bau der Eisenbahnbrücke über den Rhein zwischen Düsseldorf-Hamm und Neuss eine Vereinbarung über die chemische Zusammensetzung des Grundwerkstoffes St52-3 nach DIN 17100:1980-01 (heute S355J2G3 nach DIN EN 10025:1994-03) zwischen dem Deutschen Stahlbauverband (DSTV) und dem Verein Deutscher Eisenhüttenleute (VDEh) getroffen. Diese Vereinbarung verlangte die Angabe von 14 chemischen Elementen in der Schmelzenanalyse. Vor allem durch die Kenntnis der Elemente für die Feinkornbildung sollte es dem Schweißfachingenieur möglich sein, bereits bei Einblick in die Werkstoffnachweise Aussagen zur erforderlichen Vorwärmtemperatur machen zu können. Auch die Gehalte anderer Elemente sind wichtig für eine sichere schweißtechnische Verarbeitung. Beispielsweise begünstigt Kupfer, das sich beim im Elektroofen produzierten Stahl (im Gegensatz zum klassischen Hochofen-Konverterverfahren) über erschmolzenen Schrott anreichert, die Heißrissigkeit.

Darüber hinaus wurden in dieser Vereinbarung die Feinkornbildner Niob, Titan und Vanadin in ihren Höchstgehalten begrenzt. Lediglich bei Bauteildicken $\leq$ 30 mm und einem Kohlenstoffgehalt von $\leq$ 0,18 % durften diese Höchstgehalte für die drei Feinkornbildner in geringem Maße überschritten werden.

Diese Vereinbarung ist zunächst in die „Sonderregelung für die Stahlsorte St52-3" im Anhang A1 der DIN 18800-1:1990-11 eingegangen. Sie wurde auch in die Abschnitte 7.3.3.2 und 7.3.3.3 der DIN EN 10025:1994-03 übernommen. Der Anhang A1 der DIN 18800-1 ist nun durch die Festlegungen im Element 507 der DIN 18800-7 ersetzt worden. Dabei wurde die Regelung für höhere Nb-, Ti- und V-Gehalte etwas verschärft, gleichzeitig aber vereinfacht: Die Gehalte, ab denen C $\leq$ 0,18 % gefordert wird, liegen jetzt einheitlich für alle drei Elemente bei 0,03 %. Mit den Festlegungen in Element 507 sollte es jeder Schweißaufsichtsperson mit Hilfe geeigneter Programme über die Ermittlung des Kohlenstoffäquivalents CET nach SEW 088-1 oder nach DIN EN 1011-2 möglich sein, die erforderliche Vorwärmtemperatur zu bestimmen (siehe Abschnitt 7.4.2 „Vorwärmen"). Man beachte, dass die Angabe dieser 14 Analysewerte „bei der Bestellung gefordert" werden muss; sie ist nämlich in DIN EN 10025:1994-03 **nicht** automatisch vorgesehen.

Alle Aussagen zu dem Werkstoff S355 nach DIN EN 10025:1994-03 in den Elementen 506 bis 509 gelten selbstverständlich auch für die Rohrstähle S355 H nach DIN EN 10210 [R59/60] und DIN EN 10219 [R61/62].

Zu Element 508

Die europäischen Stahlnormen DIN EN 10025:1994-03, DIN EN 10113-2:1993-04 und DIN EN 10113-3:1993-04 enthalten Tabellen mit Höchstwerten für das Kohlenstoffäquivalent CEV (nach IIW-Methode). Die CEV-Formel für die Bestimmung des Kohlenstoffäquivalents lautet:

$$CEV = C + \frac{Mn}{6} + \frac{Cr + Mo + V}{5} + \frac{Ni + Cu}{15}$$

(5.1)

Mit Hilfe geeigneter Programme kann aus dem CEV-Wert der CET-Wert für die Bestimmung der Vorwärmtemperatur ermittelt werden (siehe zu Element 710). Werkstoffe, welche die Höchstwerte für das Kohlenstoffäquivalent CEV nach den vorgenannten Normen nicht überschreiten, brauchen entweder gar nicht vorgewärmt zu werden (z. B. S235 mit $t \leq 40$ mm), oder die nach SEW 088-Beiblatt 1 oder DIN EN 1011-2 ermittelte Vorwärmtemperatur liegt in einem kostenmäßig vertretbaren Rahmen. Deshalb braucht nach Element 508 bei Werkstoffen S235 und S275 der CEV-Wert nicht mitbestellt zu werden. Bei dickeren Bauteilen aus diesen Werkstoffen kann es unter gewissen Umständen günstig sein, entweder einen Höchstwert des Kohlenstoffäquivalents mitzubestellen oder aber zumindest die für die Bestimmung der Vorwärmtemperatur notwendigen Elemente in der Prüfbescheinigung ausweisen zu lassen.

Man beachte, dass die Einhaltung des Höchstwertes des Kohlenstoffäquivalentes für die Stahlsorte S355, obwohl hier verbindlich vorgeschrieben, ebenfalls bei der Bestellung vereinbart werden muss. Da Angaben der chemischen Analyse und des Kohlenstoffäquivalents zur Bestimmung von Vorwärmtemperaturen nur dann sinnvoll sind, wenn es sich bei den Werkstoffnachweisen um spezifische Prüfungen handelt, kommt hier selbstverständlich nur eine 3.1.B-Prüfbescheinigung in Frage (siehe ⟨512⟩-1 und ⟨513⟩-2).

Zu Element 509

Bei den meisten Werkstoffen nach DIN EN 10025:1994-03 ist der Lieferzustand entweder zu vereinbaren, oder er unterliegt der Wahl des Stahlherstellers (siehe Tabelle 1 der DIN EN 10025 „Lieferzustand"). Nur bei Flacherzeugnissen der Stahlsorten S235J2G3, S275J2G3, S355J2G3 und S355K2G3 ist der Lieferzustand N (Normalglühen im Ofen oder normalisierendes Walzen, siehe Abschnitt 3.4 der DIN EN 10025) vorgeschrieben. Bei Werkstoffen des Gütegrades G4 nach DIN EN 10025 bleibt der Lieferzustand sogar dem Hersteller grundsätzlich überlassen. In diesem Falle können somit alle Lieferzustände (Normalisierendes Walzen, Normalglühen, Thermomechanisches Walzen, Vergüten) geliefert werden.

Durch die Forderung in Element 509, generell den Lieferzustand des Stahlproduktes in der Prüfbescheinigung anzugeben, ist sichergestellt, dass bei allen Gütegruppen (also auch bei der Gütegruppe G4) erkennbar ist, um welchen Lieferzustand es sich bei dem gelieferten Stahlprodukt handelt. Es können damit besondere Maßnahmen, die für diesen Lieferzustand notwendig sind, für die Fertigung veranlasst werden. Da in DIN EN 10113-2 und -3 der Lieferzustand eindeutig vorgeschrieben ist, brauchte für die Feinkornbaustähle keine diesbezügliche besondere Regelung in die DIN 18800-7 aufgenommen zu werden.

Thermomechanisch gewalzte Stahlprodukte benötigen in der Regel eine besonders sorgfältige Wärmeführung beim Schweißen und bei der Verarbeitung. Deshalb ist gemäß Element 509 der Lieferzustand M nur zulässig, wenn er bei der Bestellung ausdrücklich vereinbart worden ist. Dies sollte jedoch auch für den Lieferzustand Q (vergütet) gelten, da, wie bereits ausgeführt, in der Gütegruppe G4 dieser Lieferzustand durchaus vom Stahlhersteller geliefert werden kann. Weiß die Schweißaufsichtsperson, dass es sich um einen vergüteten Werkstoff der Gütegruppe G4 handelt, sind auch diese Stähle problemlos zu verarbeiten.

Zu Element 510

Es ist wichtig, bereits bei der Ausführungsplanung daran zu denken, ob Bauteile warm oder kalt umgeformt werden sollen, denn es sind dafür geeignete Stahlsorten einzusetzen. Das muss ggf. bereits bei der Bestellung berücksichtigt werden.

Die gewünschte Eignung unlegierter Baustahlsorten zum **Kaltumformen** (Kaltbiegen, Abkanten usw.) muss gemäß Abschnitt 7.5.3 der DIN 10025:1994-03 bei der Bestellung mit dem Buchstaben C gekennzeichnet werden (vgl. zu Element 402 f). Beim Konstruieren mit solchen Stählen sind die kleinsten Biegehalbmesser nach Tabelle 8 „Mindestwerte für die Biegehalbmesser beim Abkanten von Flacherzeugnissen" und Tabelle 9 „Walzprofilieren von Flacherzeugnissen" der DIN EN 10025 zu beachten.

Für das **Warmumformen** enthält Element 604 fertigungstechnische Festlegungen. Bei TM-Stählen (S275M/ML, S355M/ML, S460M/ML) ist zu beachten, dass nur ein Halbwarmumformen bis 580 °C möglich ist, da beim klassischen Warmumformen die Gefügestruktur des Stahls irreparabel zerstört würde. Die entsprechenden Richtlinien der Hersteller sollten beachtet werden (siehe auch zu Element 604).

Zu Element 511

In diesem Element werden die speziellen Anforderungen, die bei Gussstücken aus Stahlguss und Gusseisen mit Kugelgraphit von Bedeutung sind, formuliert. Die für die Gussstücke relevanten Technischen Lieferbedingungen einschließlich der Prüfnormen sind zurzeit in der Umstellungsphase von den nationalen auf die europäischen Normen. Zum Zeitpunkt der Drucklegung des vorliegenden Kommentars sind die im Rahmen von DIN 18800 zur Verwendung vorgesehenen Stahlgusssorten (vgl. zu Element 501) hinsichtlich ihrer chemischen Zusammensetzung und mechanischen Eigenschaften in den Technischen Lieferbedingungen DIN 1681 [R7], DIN 17182 [R18] und DIN EN 1563 [R45] definiert. Diese stehen auch als maßgebende „Technische Regeln" in der Bauregelliste A Teil 1 (Ausgabe 2003/1) (vgl. ⟨404⟩-2).

Als übergeordnete Technische Lieferbedingung im Gießereiwesen sind die Normen der Reihe DIN EN 1559 (Teile 1 bis 3) [R42-44] herausgegeben worden. In diesen Normen sind insbesondere die vom Käufer der Gussstücke anzugebenden Informationen und zu vereinbarenden Anforderungen bezüglich der Herstellung, des Werkstoffs (Bezug auf die relevante Technische Lieferbedingung), der Gussstückeigenschaften und der Prüfungen zusammengestellt. Hier wird auch auf die Notwendigkeit hingewiesen, Anforderungen an die Beschaffenheit, das anzuwendende Prüfverfahren, den Prüfumfang und die Annahmekriterien zu vereinbaren.

Bei Gussstücken ergeben sich herstellbedingt unterschiedliche Unvollkommenheiten hinsichtlich der äußeren Beschaffenheit (Oberflächenfehlstellen) und der inneren Beschaffenheit (Inhomogenitäten in Form von Gasblasen, nichtmetallischen Einschlüssen, Lunkern und Rissen), über deren zulässigen Umfang auf der Grundlage einer Gütestufeneinteilung Festlegungen vereinbart werden können. Wenn bei der Bestellung keine Vereinbarungen darüber getroffen werden, gelten die Festlegungen für die unterste Gütestufe. **Es ist daher unabdingbar, die erforderliche Gütestufe festzulegen.** Dies ist Aufgabe des Tragwerksplaners (Entwurfsverfassers), ggf. in Abstimmung mit der Prüfinstanz.

In Abhängigkeit von den Beanspruchungen des Gussstücks ist unter Berücksichtigung einer dem Herstellprozess angemessenen Einstufung eine Gütestufe zu wählen, die den Sicherheitsanforderungen genügt. Dabei können für verschiedene Bereiche des Gussstückes unterschiedliche Gütestufen vereinbart werden, z. B. für den Bereich eines Sacklochgewindes eine höhere Stufe (siehe zu Element 820) und in Bereichen mit geringer Spannungsausnutzung eine niedrigere Stufe. In derartigen Fällen sind die betreffenden Bereiche eindeutig festzulegen.

Die DIN 1690-2:1985-06 [R8] über die Einteilung nach Gütestufen für die verschiedenen Prüfverfahren (Magnetpulverprüfung M, Eindringprüfung E, Ultraschallprüfung U und Durchstrahlungsprüfung R) enthält fünf Gütestufen, ansteigend von Stufe 5 bis zur höchsten Gütestufe 1. Diese Norm wurde aber im Zuge der Herausgabe von DIN EN 1559-2 zurückgezogen, ohne dass entsprechende oder neue Gütestufeneinteilungen in DIN EN 1559-2 aufgenommen wurden. Die Gütestufen sind jedoch neuerdings in den Prüfnormen DIN EN 1369:1997-02 [R39], DIN EN 1371-1 und -2:1997-10 [R40/41], DIN EN 12680-1 und -2:2003-06 [R63/64], DIN EN 12680-3:2003-06 [R65] und DIN EN 12681:2003-06 [R66] enthalten. In diesen – mit Ausnahme von DIN EN 12681 – findet man mit DIN 1690-2 vergleichbare Beschreibungen und Klassifizierungen der Unzulänglichkeiten der Gussstücke. Zumindest für die Gütestufeneinteilung bei den Ergebnissen für Durchstrahlungsprüfungen, die sich erheblich von der bewährten Einteilung nach DIN 1690-2 unterscheidet, wird empfohlen, noch die Gütestufeneinteilung nach dieser zurückgezogenen Norm zu verwenden. Sicherlich wird noch für eine Übergangszeit generell die Bestellung von Gussstücken bezüglich der Gütestufe nach DIN 1690-2 erfolgen können.

Die Gütestufe 1 kommt nur für Anschweißenden in Betracht. Im Übrigen werden in der Regel die Gütestufen 2 oder 3 zu wählen sein. Für die innere und äußere Beschaffenheit können neben gleichen Gütestufen auch unterschiedliche Gütestufen vereinbart werden. Beispielsweise würde die normgemäße Bezeichnung „Gütestufe DIN 1690-MS 3-RV 2" für die äußere Beschaffenheit (**S**urface) Stufe 3 bei Magnetpulverprüfung (M) und für die innere Beschaffenheit (**V**olume) Stufe 2 bei Durchstrahlungsprüfung R fordern.

Eine konkrete normative Anforderung an die Gütestufen im Bereich des Stahlbaus ist in DIN 18800-1, Element 423, für Verankerungsköpfe von Zuggliedern enthalten. Vertiefte Informationen zur Anwendung von Stahlguss und Gusseisen im Bauwesen findet man in [M16].

Bescheinigungen 5.1.5

Zu Element 512

⟨512⟩-1 Prüfbescheinigungen nach DIN EN 10204:1995-08

Die DIN EN 10204:1995-08 ist die Nachfolgenorm der bewährten DIN 50049 und regelt die Werkstoffnachweise. Im Januar 2005 erscheint eine neue Ausgabe von DIN EN 10204. Sie ersetzt jedoch im Rahmen der DIN 18800-7 **nicht** die Ausgabe 1995-08, da Letztere datiert zitiert wird. Tabelle 5.5 enthält die nach der gültigen DIN EN 10204:1995-08 möglichen Prüfbescheinigungen. Das wichtigste Unterscheidungskriterium ist die Art der Prüfung gemäß Spalte 3 der Tabelle 5.5: Es wird zwischen der **nichtspezifischen Prüfung** (Prüfung muss **nicht** an der Liefereinheit durchgeführt werden) und der **spezifischen Prüfung** (Prüfung muss an der Liefereinheit durchgeführt werden) unterschieden.

Tabelle 5.5 Zusammenstellung der Prüfbescheinigungen (Tabelle 1 der DIN EN 10204:1995-08)

Norm-Bezeichnung	Bescheinigung	Art der Prüfung	Inhalt der Bescheinigung	Lieferbedingungen	Bestätigung der Bescheinigung durch
2.1	Werksbescheinigung	Nichtspezifisch	Keine Angabe von Prüfergebnissen	Nach den Lieferbedingungen der Bestellung, oder, falls verlangt, auch nach amtlichen Vorschriften und den zugehörigen Technischen Regeln	den Hersteller
2.2	Werkszeugnis		Prüfergebnisse auf der Grundlage nichtspezifischer Prüfung		
2.3	Werksprüfzeugnis	Spezifisch	Prüfergebnisse auf der Grundlage spezifischer Prüfung		
3.1.A	Abnahmeprüfzeugnis 3.1.A			Nach amtlichen Vorschriften und den zugehörigen Technischen Regeln	den in den amtlichen Vorschriften genannten Sachverständigen
3.1.B	Abnahmeprüfzeugnis 3.1.B			Nach den Lieferbedingungen der Bestellung, oder, falls verlangt, auch nach amtlichen Vorschriften und den zugehörigen Technischen Regeln	den vom Hersteller beauftragten, von der Fertigungsabteilung unabhängigen Sachverständigen („Werksachverständigen")
3.1.C	Abnahmeprüfzeugnis 3.1.C			Nach den Lieferbedingungen der Bestellung	den vom Besteller beauftragten Sachverständigen
3.2	Abnahmeprüfprotokoll 3.2				den vom Hersteller beauftragten, von der Fertigungsabteilung unabhängigen Sachverständigen und den vom Besteller beauftragten Sachverständigen

Zu den einzelnen in Tabelle 5.5 aufgeführten Prüfbescheinigungen ist Folgendes anzumerken:

- Werksbescheinigungen 2.1 und Werkszeugnisse 2.2 basieren auf nichtspezifischen Prüfungen. Erstere sind im Stahlbau nicht relevant, Letztere sind nur für Baustähle S235 nach DIN EN 10025:1994-03 verwendbar (siehe zu Element 513).

- Werksprüfzeugnisse 2.3 basieren zwar auf spezifischen Prüfungen, sind aber in Deutschland unüblich.

- Abnahmeprüfzeugnisse 3.1.A, B und C sowie Abnahmeprüfprotokolle 3.2 basieren auf spezifischen Prüfungen, d. h., die mitgeteilten Prüfergebnisse sind an der Liefereinheit durchgeführt worden. Bei den Abnahmeprüfzeugnissen und -protokollen kann eine Wertung wie folgt vorgenommen werden:

    3.1.B → 3.1.C → 3.1.A → 3.2

- Abnahmeprüfzeugnisse 3.1.A finden im Stahlbau sehr selten Anwendung, da der Fall, dass der Fremdabnehmer durch eine amtliche Vorschrift gegeben ist, nur selten auftritt. (Ausnahme ggf. bei allgemeinen bauaufsichtlichen Zulassungen und Zustimmungen im Einzelfall.)
- Abnahmeprüfprotokolle 3.2 werden in der Praxis nur selten gefordert.

In Bild 5.8 ist als Beispiel einer Prüfbescheinigung nach DIN EN 10204:1995-08 ein Abnahmeprüfzeugnis 3.1.B für einen unlegierten Baustahl S355J2G3 nach DIN EN 10025:1994-03 wiedergegeben. Es wird in ⟨513⟩-2 kommentiert.

⟨512⟩-2 Zur Zuverlässigkeit von Prüfbescheinigungen

Zum eingeschränkten Aussagegehalt von nichtspezifischen Werkszeugnissen 2.2 siehe ⟨513⟩-1. Aber auch das Vorliegen von spezifischen Werkstoffnachweisen, formal dokumentiert durch die vorgeschriebenen Prüfbescheinigungen, entbindet den Verarbeiter nach vorliegenden Urteilen von Oberlandesgerichten nicht von der Notwendigkeit, stichprobenhafte **Eingangskontrollen** durchzuführen (z. B. Verwechslungsprüfungen durch Härteprüfungen oder Bestimmung von ausgewählten chemischen Elementen).

Bei Blechen werden häufig die Chargennummer und die Werkstoffgüte und somit der Bezug zu einem Werkstoffnachweis auf der Blechtafel selbst gefunden. Wird die Blechtafel dann zerteilt, wird leider häufig das Übertragen dieser Kennzahlen nicht ordnungsgemäß durchgeführt (siehe zu Element 601). Führt ein verantwortungsbewusster Hersteller aber die durch die Produkthaftung und ggf. durch das Qualitätsmanagement-Handbuch geforderte Eingangskontrolle sorgfältig durch, so sollten trotzdem Werkstoffverwechslungen weitestgehend auszuschließen sein bzw. rechtzeitig entdeckt werden.

Bei dem erheblich angestiegenen Import ausländischer Stähle, vor allem aus Osteuropa, wurde wiederholt festgestellt, dass mitgelieferte Abnahmeprüfzeugnisse 3.1.B nach DIN EN 10204 Angaben über chemische Zusammensetzungen und mechanische Eigenschaften enthielten, die nicht mit den gelieferten Werkstoffen übereinstimmten. Die Differenzen bei den Ergebnissen der nachträglich durchgeführten Werkstoffuntersuchungen lagen häufig weit über dem Differenzwert, der zwischen Schmelzen- und Stückanalysen bei Werkstoffuntersuchungen üblich ist.

⟨512⟩-3 Vorgehen bei Altstahl

Besondere Aufmerksamkeit ist bei der Weiterverwendung von Altstahl bei Um- und Anbauten von Altbauten erforderlich, da in der Regel keine Werkstoffnachweise (Prüfbescheinigungen) mehr vorliegen. Es empfiehlt sich, grundsätzlich eine Bestimmung der vorliegenden Stahlqualität des Altstahls durchzuführen. Für eine genaue Spektralanalyse reicht in der Regel eine Probe von 25 mm Durchmesser bei ca. 5 mm bis 10 mm Dicke aus. Sollten aufgrund der Analyse Zweifel an der Verwendbarkeit entstehen (z. B. bei höheren Phosphor- und/oder Stickstoffgehalten), sind zusätzliche Prüfungen zur Bestimmung der mechanischen Eigenschaften erforderlich (z. B. Bestimmung der Kerbschlagarbeit, Ermittlung der Streckgrenze, der Zugfestigkeit und der Bruchdehnung). Als besonders kritisch haben sich hierbei glatte Rundstähle in Altbauten erwiesen. Diese können aus Sicht der Schweißeignung sein:

- Schweißgeeigneter Baustahl entsprechend S235 oder S355 nach DIN EN 10025:1994-03.
- Schweißgeeigneter glatter Betonstahl mit niedrigem Kohlenstoffgehalt (früher zulässig).
- Hochkohlenstoffhaltiger niedriglegierter Stahl mit eingeschränkter oder mangelhafter Schweißeignung.
- Nicht schweißgeeigneter glatter Betonstahl mit hohem Kohlenstoffgehalt (früher zulässig).

Ohne Durchführung einer Spektralanalyse ist bei derartigen Rundstählen keine Entscheidung über die Schweißeignung möglich. Im Extremfall kann das auch bedeuten, dass diese Grundwerkstoffe gar nicht geschweißt werden können. Dann müssen ggf. Schraubverbindungen oder andere konstruktive Lösungen verwendet werden.

Zu Element 513

⟨513⟩-1 Stähle mit Werkszeugnis 2.2

Für den **unlegierten Baustahl S235** reicht jetzt grundsätzlich ein Werkszeugnis 2.2 aus. Die bisherige Unterscheidung in „S235-Stähle für elastische und S235-Stähle für plastische Berechnungsverfahren" gemäß Herstellungsrichtlinie Stahlbau, basierend auf Element 404 DIN 18800-1 und baurechtlich umgesetzt durch Schaffung zweier Stahltypen E und P in der Bauregelliste, entfällt. Näheres siehe ⟨513⟩-3.

Ein Werkszeugnis 2.2 nach DIN EN 10204:1995-08 ist – wie bereits ausgeführt – ein nichtspezifischer Werkstoffnachweis. Die Angaben auf diesem Werkstoffnachweis können von der Liefereinheit stammen, müssen dies jedoch nicht. Deshalb kann z. B. bei dicken Bauteilen aus Stahl S235, bei denen ggf. ein Vorwärmen für schweißtechnische Prozesse erforderlich wird, die Vorwärmtemperatur nicht aus der chemischen Analyse des Werkszeugnisses bestimmt werden. Sollte bei dicken S235-Bauteilen ein Vorwärmen erforderlich werden, empfiehlt es sich – über die Mindestanforderung von DIN 18800-7 hinausgehend –, einen spezifischen Werkstoffnachweis zu bestellen, z. B. ein Abnahmeprüfzeugnis 3.1.B.

Die in Werkszeugnissen 2.2 ausgewiesenen mechanischen Eigenschaften müssen ebenfalls nicht der Liefereinheit zuzuordnen sein. Es handelt sich um Aufzeichnungen aus den im Stahlwerk im Rahmen der werkseigenen Produktionskontrolle laufend durchgeführten zerstörenden Werkstoffprüfungen. Sie können also z. B. nicht als Istwerte für Versuchsauswertungen im Rahmen eines bauaufsichtlichen Zulassungsverfahrens oder einer Zustimmung im Einzelfall verwendet werden.

Zusammenfassend ist festzuhalten, dass Werkszeugnisse 2.2 nur einen sehr eingeschränkten Aussagegehalt haben. Sie sind jedenfalls nicht relevant für quantitative Bewertungen, z. B. im Zusammenhang mit schweißtechnischen Prozessen oder mit Tragsicherheitsüberlegungen. Man kann sie als eine qualitative Form der Herkunftsbezeichnung verwenden, aber auch das ohne jeglichen verbindlichen Charakter.

⟨513⟩-2 Stähle mit Abnahmeprüfzeugnis 3.1.B

Alle **anderen im Stahlbau einsetzbaren Stähle** müssen mindestens durch ein Abnahmeprüfzeugnis 3.1.B belegt werden. Dieses muss generell enthalten:

- den Lieferzustand (vgl. zu Element 509),
- die mechanischen Kennwerte, die für den betreffenden Werkstoff in der zuständigen Werkstoffnorm gefordert werden,
- die chemische Zusammensetzung nach der Schmelzenanalyse (dabei ist Element 507 zu beachten)
- und das Kohlenstoffäquivalent CEV (dabei ist Element 508 zu beachten).

Bild 5.8 zeigt beispielhaft ein solches Abnahmeprüfzeugnis 3.1.B für einen Baustahl S355. Es enthält unter B04 den Lieferzustand, unter C10-C29 die Ergebnisse des Zugversuches, unter C40-C49 die Ergebnisse des Kerbschlagbiegeversuches, unter C70-C99 die 14er Analyse (vgl. zu Element 507) und unter C94 das Kohlenstoffäquivalent CEV (vgl. zu Element 508). Man erkennt auf Bild 5.7 ferner das Übereinstimmungszeichen „Ü" (vgl. ⟨404⟩-2).

Es sei hier noch einmal darauf hingewiesen, dass es jedem Bauherrn unbenommen ist, über diese Mindestanforderung von DIN 18800-7 hinausgehend, höherwertige Prüfbescheinigungen (z. B. 3.1.C oder 3.2) zu verlangen. Bei der Deutsche Bahn AG ist das die Regel.

⟨513⟩-3 Typen „E" und „P" der warmgewalzten Stahlerzeugnisse nach Bauregelliste A

Im Kommentar ⟨404⟩-2 zu den gesetzlichen Anforderungen an „Bauprodukte" wurde Tabelle 4.1 als Auszug aus der Bauregelliste A Teil 1 gebracht. Dort sind in den ersten beiden Zeilen warmgewalzte I-Träger Typen „E" und „P" beschrieben, die sich nicht technisch, sondern nur im geforderten Übereinstimmungsnachweis unterscheiden (ÜH oder ÜHP). Diese Art der Differenzierung warmgewalzter Stahlerzeugnisse in zwei Typen „E" und „P" zieht sich durch die gesamte Bauregelliste A Teil 1. Sie hat folgende historische Bewandtnis: DIN 18800-1 (mit Anpassungsrichtlinie) schrieb für unlegierten Baustahl S235 eine höherwertige Prüfbescheinigung (siehe zu Element 512) vor, wenn die aus ihm gefertigten Bauteile nach der Plastizitätstheorie bemessen werden sollten. Als Konsequenz daraus schuf man bei Aufstellung der Bauregelliste zwei „S235-Typen" mit unterschiedlicher Anforderung an den Übereinstimmungsnachweis, je nachdem, ob die Bemessung der Bauteile nach der Elastizitätstheorie („E") oder nach der Plastizitätstheorie („P") erfolgen sollte.

Diese Regelung hat sich **überhaupt nicht** bewährt. Sie führt, wenn sie ernst genommen wird, zu unterschiedlichen Lagern bei Herstellern, Händlern und Verarbeitern, und sie verhindert dadurch indirekt die Anwendung wirtschaftlicher plastischer Bemessungsmethoden im Stahlbau. Man bedenke, dass die Art des Berechnungsverfahrens zum Zeitpunkt der Materialbestellung in der Regel weder dem Händler noch dem Verarbeiter bekannt ist! Im Übrigen ist seit Einführung der neuen DIN 18800-7 die Forderung unterschiedlicher Prüfbescheinigungsniveaus für Baustahl S235 in Abhängigkeit vom Berechnungsverfahren entfallen (vgl. zu Element 513), so dass auch der fachliche Auslöser für die „Erschaffung" der beiden S235-Typen nicht mehr existiert: Erzeugnisse aus Baustahl S235 können jetzt aus Sicht der Verfasser dieses Kommentars grundsätzlich als „Typ E" beschafft werden, während alle anderen Stähle dem „Typ P" zuzuordnen sind.

Mittelfristig sollte seitens der Bauaufsicht überlegt werden, ob die Differenzierung nach zwei Stahltypen in der Bauregelliste noch zeitgemäß ist. Der Unterschied zwischen den beiden Übereinstimmungsnachweisverfahren ÜH (für Typ E) und ÜHP (für Typ P) ist nicht so bedeutend, als dass daraus der imaginierte große Qualitätsunterschied hergeleitet werden könnte. Viel wichtiger ist die spezifische Prüfbescheinigung 3.1.B, die jetzt bei allen höherfesten Stählen nach DIN 18800-7 gefordert wird.

Zu Element 514

Werden von dem Stahlerzeugnis besondere Eigenschaften des Grundwerkstoffes verlangt (vgl. zu 5.1.4), so sind diese konsequenterweise gemäß Element 514 auch im Abnahmeprüfzeugnis nachzuweisen. In Frage kommen:

- Angabe einer geforderten Brucheinschnürung in Dickenrichtung nach DIN EN 10164 gemäß Element 504,
- Prüfergebnisse einer Ultraschallprüfung nach DIN EN 10160 für Bleche- und Breitflachstähle gemäß Element 505,
- Prüfergebnisse eines Aufschweißbiegeversuches nach SEP 1390 gemäß Element 506,
- Angabe der geforderten Gütestufe und der durchgeführten Prüfungen bei Gussstücken aus Stahlguss oder Gusseisen mit Kugelgraphit gemäß Element 511.

Das Beispiel-Abnahmeprüfzeugnis in Bild 5.8 enthält unter C69 das Ergebnis zweier durchgeführter Aufschweißbiegeversuche nach SEP 1390 (vgl. zu Element 506) und unter D02 Angaben über durchgeführte US-Prüfungen nach DIN EN 10160 (vgl. zu Element 505).

DILLINGER HÜTTE

Erläuterungen siehe Rückseite/Explications voir au verso/See reverse for explanations (www.dillinger.biz/certificate)

A02			A09 Versandanzeige-Nr. und Datum	A08/ Werksauftrags-/ A03 Bescheinigungs-Nr.	Blatt
ABNAHMEPRUEFZEUGNIS	3.1.B	DIN EN 10204 - EN 10204 - DIN 50049			
CERTIFICAT DE RECEPTION	3.1.B	NF EN 10204			
INSPECTION CERTIFICATE	3.1.B	BS EN 10204 - ISO 10474 MATERIAL TEST REPORT	115072-31.08.03	271054-003	1/...

A05 Aussteller Abnahmeorgan: DH

A06 Besteller: DH-APPARATEBAU — A07.1 Nr.

Empfänger — A07.2 Nr.

B01 Erzeugnis: GROBBLECHE ENTZUNDERT

Überein-stimmungs-zeichen: Ü

B02/ Stahlsorte: S355J2G3

B03 Lieferbedingungen: DIN-EN10025:94

B01-B99 Beschreibung des Erzeugnisses

B09 Pos. Nr.	B10 Stückzahl	B11 Dicke	B12 Breite MM	B13 Länge	B14 Gewicht errechnet KG	B04 Lieferzustand	B08 Schmelzen-Nr.	B07 Walztafel-/ Proben-Nr.	B16 Kundenkennzeichen
02	1	50,00	x 1540	x 16444	9940	N	45239	19336-01	POS:25-32
02	1	50,00	x 1540	x 16444	9940	N	45239	19339-01	POS:25-32
**	2				19880				
03	1	50,00	x 1547	x 16440	9982	N	45240	19322-01	POS:9-16
***	3				29862				

B06 Kennzeichnung

POSITION-NR.: 02-03
STAHLSORTE S355J2G3
SCHMELZEN-NR. / HERSTELLERZEICHEN /WALZTAFEL-NR./PROBEN-NR. / ABNAHMEPRUEFSTEMPEL

C10-C29 Zugversuch

B09 Pos. Nr.	B08 Schmelzen-Nr.	B07 Walztafel-/ Proben-Nr.	B05 Probenbehandlung	C01	C02/ C01	C03 Temp. GR.C	C10	C11 MPA REH	C12 RM	C13	A % L0=5D	C14-C15
02	45239	19337 *		K4	Q	RT		415	562		28,0	
02	45240	19324 *		K4	Q	RT		402	558		30,0	
03	45240	19317 *		F4	Q	RT		402	560		28,5	
03	45240	19320 *		K4	Q	RT		433	565		30,0	

A04 Herstellerzeichen: DH

Z01/Z02 Es wird bestätigt, dass die Lieferung den Vereinbarungen bei der Bestellung entspricht.

QM-System: Zertifiziert nach ISO 9001 seit 14. März 1990

B. MUELLER
Der Werkssachverständige

Abnahmeprüfstempel: AHB

A01 AG der Dillinger Hüttenwerke
Postfach 1580, D-66748 Dillingen/Saar
Abnahme
Datum 01.09.03 KW 1

Bild 5.8a Beispiel eines Abnahmeprüfzeugnisses 3.1.B nach DIN EN 10204:1995-08 für ein Stahlerzeugnis (Blatt 1)

DILLINGER HÜTTE

A02 ABNAHMEPRUEFZEUGNIS 3.1.B DIN EN 10204 - EN 10204 - DIN 50049	A08/ Werksauftrags-/ A03 Bescheinigungs-Nr.
CERTIFICAT DE RECEPTION 3.1.B NF EN 10204	271054-003
INSPECTION CERTIFICATE 3.1.B BS EN 10204 - ISO 10474 MATERIAL TEST REPORT	Blatt 2/...
A05 Aussteller Abnahmeorgan: DH A06 Besteller: DH-APPARATEBAU A07.1 Nr. / Empfänger A07.2 Nr.	A09 Versandanzeige-Nr. und Datum: 115072-31.08.03
B02/ Stahlsorte: S355J2G3	B01 Erzeugnis: GROBBLECHE ENTZUNDERT
B03 Lieferbedingungen: DIN-EN10025:94	Übereinstimmungszeichen

C40-C49 Kerbschlagbiegeversuch

B09 Pos. Nr.	B08 Schmelzen-Nr.	B07 Walztafel-/ Proben-Nr.	B05 Probenbehandlung	C01	C02/ C01	C03 Temp. GR.C	C41 Proben-breite	C40 Proben-form	C44 Prüfverfahren	C46 Energie Joule	C45 C42 Einzelwerte AV=J			C43 Mittelwert
02	45239	19337	*	K4	LO	-20		CHP-V		600	AV 161	150	133	148
02	45240	19324	*	K4	LO	-20		CHP-V		600	AV 205	198	199	201
03	45240	19317	*	F4	LO	-20		CHP-V		600	AV 235	234	217	229
03	45240	19320	*	K4	LO	-20		CHP-V		600	AV 219	242	223	228

C69 Aufschweissbiegeversuch

B09 Pos. Nr.	B08 Schmelzen-Nr.	B07 Walztafel-/ Proben-Nr.	B05 Probenbehandlung	C01	C02/ C01	C03 Temp. GR.C	C69 Prüfnorm					
02	45239	19337	*	K4	Q	RT	SEP1390:96		BESTANDEN			
03	45240	19317	*	F4	Q	RT	SEP1390:96		BESTANDEN			

C70-C99 Chemische Zusammensetzung % - Schmelzenanalyse

B08 Schmelze	C70	C	SI	MN	P	S	N	CU	MO	NI	CR	V	NB	TI	AL-T
45239	Y	0,156	0,510	1,56	0,013	0,0009	0,0047	0,018	0,034	0,053	0,099	0,000	0,025	0,009	0,041
45240	Y	0,160	0,525	1,58	0,016	0,0007	0,0042	0,029	0,013	0,058	0,064	0,001	0,027	0,010	0,046

C94 Schmelzenanalyse C-Äquivalent / Legierungsbegrenzung

B08 Schmelze				
45239	FO-02= 0,45	FO-52= 0,034	FO-55= 0,204	
45240	FO-02= 0,44	FO-52= 0,038	FO-55= 0,164	

C94 Formel C-Äquivalent / Legierungsbegrenzung

FO-02 = C+ (MN/6) + (CR+MO+V) /5+ (NI+CU) /15
FO-52 = V +NB+TI
FO-55 = CU+MO+NI+CR

Z01/Z02 Es wird bestätigt, dass die Lieferung den Vereinbarungen bei der Bestellung entspricht.

QM-System: Zertifiziert nach ISO 9001 seit 14. März 1990

B. MUELLER — Der Werkssachverständige

AG der Dillinger Hüttenwerke
Postfach 1580, D-66748 Dillingen/Saar
Abnahme — Abnahmeprüfstempel — Datum 01.09.03

Bild 5.8b Beispiel eines Abnahmeprüfzeugnisses 3.1.B nach DIN EN 10204:1995-08 für ein Stahlerzeugnis (Blatt 2)

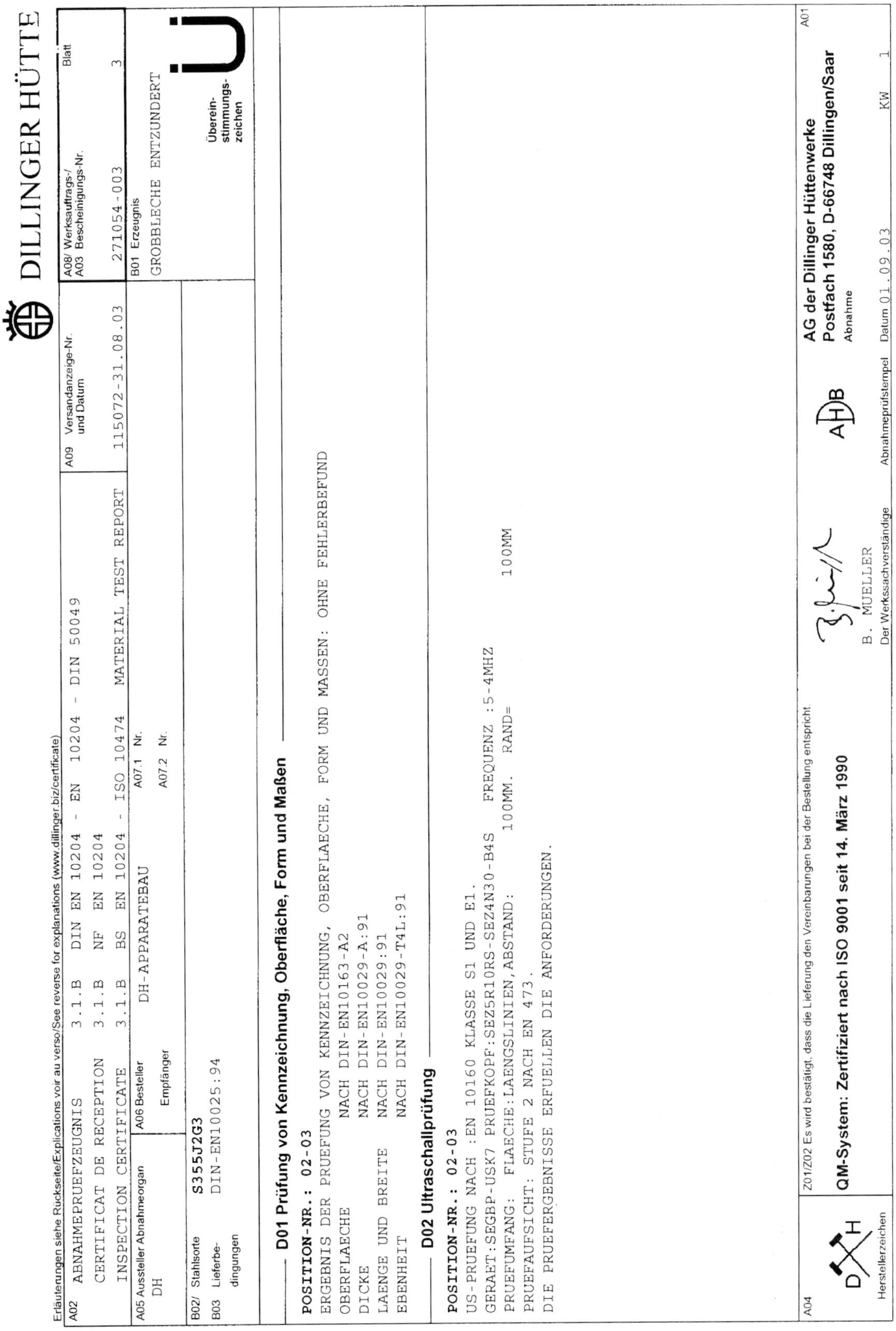

DILLINGER HÜTTE

Blatt 3

A08/ Werksauftrags-/
A03 Beschneinigungs-Nr.   271054-003

B01 Erzeugnis   GROBBLECHE ENTZUNDERT

Übereinstimmungszeichen

Erläuterungen siehe Rückseite/Explanations voir au verso/See reverse for explanations (www.dillinger.biz/certificate)

A02 ABNAHMEPRUEFZEUGNIS   3.1.B   DIN EN 10204 - DIN 50049
    CERTIFICAT DE RECEPTION   3.1.B   NF   EN 10204
    INSPECTION CERTIFICATE   3.1.B   BS   EN 10204 - ISO 10474   MATERIAL TEST REPORT

A09 Versandanzeige-Nr. und Datum   115072-31.08.03

A05 Aussteller Abnahmeorgan   A06 Besteller   DH-APPARATEBAU   A07.1 Nr.
    DH   Empfänger   A07.2 Nr.

B02/ Stahlsorte   S355J2G3
B03 Lieferbedingungen   DIN-EN10025:94

---- D01 Prüfung von Kennzeichnung, Oberfläche, Form und Maßen ----

POSITION-NR.: 02-03
ERGEBNIS DER PRUEFUNG VON KENNZEICHNUNG, OBERFLAECHE, FORM UND MASSEN: OHNE FEHLERBEFUND
OBERFLAECHE   NACH DIN-EN10163-A2
DICKE   NACH DIN-EN10029-A:91
LAENGE UND BREITE NACH DIN-EN10029:91
EBENHEIT   NACH DIN-EN10029-T4L.91

---- D02 Ultraschallprüfung ----

POSITION-NR.: 02-03
US-PRUEFUNG NACH :EN 10160 KLASSE S1 UND E1.
GERAET:SEGBP-USK7 PRUEFKOPF:SEZ5R10RS-SEZ4N30-B4S   FREQUENZ :5-4MHZ
PRUEFUMFANG: FLAECHE:LAENGSLINIEN,ABSTAND: 100MM. RAND=   100MM
PRUEFAUFSICHT: STUFE 2 NACH EN 473.
DIE PRUEFERGEBNISSE ERFUELLEN DIE ANFORDERUNGEN.

A04 Herstellerzeichen   DXH

Z01/Z02 Es wird bestätigt, dass die Lieferung den Vereinbarungen bei der Bestellung entspricht
QM-System: Zertifiziert nach ISO 9001 seit 14. März 1990

B. MUELLER
Der Werkstoffsachverständige

Abnahmeprüfstempel   AHB

A01 AG der Dillinger Hüttenwerke
Postfach 1580, D-66748 Dillingen/Saar
Abnahme   Datum 01.09.03   KW 1

Bild 5.8c Beispiel eines Abnahmeprüfzeugnisses 3.1.B nach DIN EN 10204:1995-08 für ein Stahlerzeugnis (Blatt 3)

5.2 Schweißzusätze

Zu Element 515

Schweißzusätze sind Stab-, Massivdraht-, Fülldrahtelektroden sowie Schweißstäbe und Schweißpulver. Sie gelten als Bauprodukte und sind derzeitig in der Bauregelliste A Teil 1 (zukünftig Bauregelliste B Teil 1) [R120] aufgeführt. Sie müssen deshalb, wie Grundwerkstoffe, Schrauben und andere Verbindungsmittel, über das Übereinstimmungszeichen Ü oder zukünftig über das europäische Konformitätszeichen CE verfügen (vgl. ⟨404⟩-2).

Das Ü-Zeichen wird bei Schweißzusätzen und -hilfsstoffen auf der Verpackung angebracht (im Allgemeinen verkleinert). Bei Drahtspulen kann es auch auf einem Etikett an der Spule zusätzlich angebracht werden. Das Muster eines Ü-Zeichens für das Bauprodukt Drahtelektrode für den Prozess 135 (MAG-Schweißen) nach DIN EN 440 im Übereinstimmungsnachweisverfahren ÜZ ist im Bild 5.9 wiedergegeben.

- Firma Müller hat die Hersteller Code-Nr. 008
- Herstellungsort Köln der Firma Müller hat die Code-Nr. 01

Hersteller Code-Nr. der Firma Müller — Müller Köln 008 01 — Herstellungsort Code-Nr. (Werk Köln der Fa. Müller)

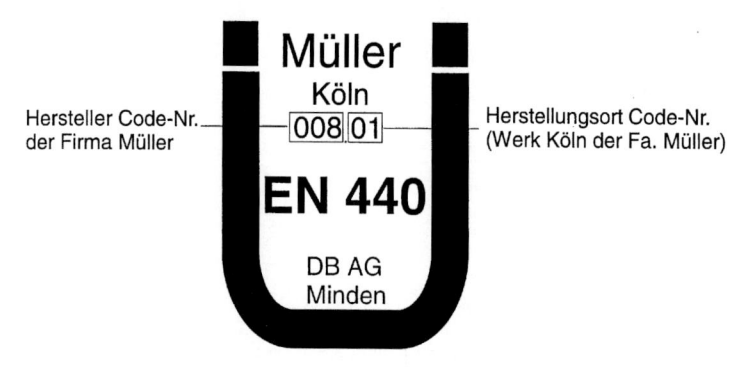

EN 440

DB AG Minden

Bild 5.9 Beispiel eines Ü-Zeichens für einen Schweißzusatz für den Schweißprozess 135 (Übereinstimmungsnachweisverfahren ÜZ)

Schweißzusätze und -hilfsstoffe müssen sowohl aufeinander als auch auf die eingesetzten Schweißverfahren und Schweißprozesse, auf die zu schweißenden Grundwerkstoffe und auf etwa vorhandene Fertigungsbeschichtungen abgestimmt sein. Die Güte des Schweißgutes soll derjenigen der Grundwerkstoffeigenschaften weitgehend entsprechen. Es ist deshalb nicht sinnvoll, Schweißgut mit einer deutlich höheren Festigkeit als der des Grundwerkstoffes zu verwenden. In Einzelfällen – vor allem bei Reparaturschweißungen oder im Wurzelbereich – kann es sogar sinnvoll sein, einen weicheren Schweißzusatz auszuwählen, um durch eine höhere Dehnung im Schweißgut die Rissgefahr auf Grund vorhandener Eigenspannungen zu reduzieren.

Der Nahtaufbau mit verschiedenen Schweißzusätzen ist statthaft, solange diese Schweißzusätze für den Grundwerkstoff zugelassen sind. Ebenso dürfen auch verschiedene Schweißprozesse für eine Schweißnaht eingesetzt werden.

Die Einsetzbarkeit eines Schweißzusatzes sowie die Grenzen seiner Zertifizierung sind im **Kennblatt** des betreffenden Schweißzusatzes enthalten. Zertifizierte Schweißzusätze werden in ein Verzeichnis aufgenommen, welches die Zertifizierungsstelle der Deutsche Bahn AG führt. Das Muster eines derartigen Kennblattes ist in Bild 5.10 wiedergegeben. Jeder Verarbeiter muss gemäß Element 515 die für seine Zusätze maßgebenden Kennblätter besitzen. Er erhält sie vom Hersteller der Schweißzusätze.

Die Bahn **DB**

DB Systemtechnik
Zertifizierungsstelle für Schweißzusätze
32423 Minden

Kennblatt
für
Schweißzusätze und Schweißhilfsstoffe

Hersteller: ESAB AB
Herkulesgatan 72

S-40277 Göteborg

Schweißzusatz:	SG-Drahtelektrode	DB-Kennblatt-Nr.:	42.039.06
Markenbezeichnung:	OK Autrod 12.51	Geltungsdauer:	31.07.2006
Normbezeichnung:	G3Si1 DIN EN 440		

Geltungsbereich aufgrund der nach BN 918 490-01 durchgeführten Eignungsprüfung:

Schutzgase:
1) C1, M2, M3 DIN EN 439
2) M2 DIN EN 439

Werkstoffe:
1) S355J2G3 DIN EN 10 025,
S355N, S355NL DIN EN 10 113-2,
2) S355J2G3 DIN EN 10 025,
S460N, S460NL DIN EN 10 113-2

Schweißverfahren: 135 DIN EN ISO 24 063

Schweißpositionen: PA, PB, PC, PD, PE, PF, PG DIN EN ISO 6947

Stromart und Polung: = (+)

Durchmesserbereich: 0,8 - 1,6 mm

Bemerkungen/Schweißbedingungen: ./.

Minden, den 03.07.2003

(Dipl.-Ing. Büttemeier)
Schweißfachingenieur (EWE)

Erläuterungen zu den mitgeltenden Werkstoffen sind der „Verfahrensanweisung der ÜZ-Stellen für die Durchführung von Prüfungen, Überwachungen und Zertifizierungen von Schweißzusätzen nach der Bauregelliste A Teil 1" zu entnehmen.

4203906 DOC/02.07.03

Bild 5.10 Muster eines Kennblattes für einen Schweißzusatz

5.3 Mechanische Verbindungsmittel

5.3.1 Schrauben, Muttern und Scheiben

Zu Element 516 und Tabelle 1

Im Vergleich zur früheren DIN 18800-1:1981-03, auf die sich die alte DIN 18800-7 bezog, ist heute die Vielfalt an stahlbaulich einsetzbaren (also „genormten") Kombinationen Schraube/Mutter/Scheibe größer. Es war deshalb sinnvoll, diese nach Ausführungsformen der geschraubten Verbindung, nach Produktnormen der eingesetzten Schrauben/Muttern/Scheiben und nach Festigkeitsklassen geordnet übersichtlich in der Tabelle 1 zusammenzustellen.

⟨516⟩-1 **Ausführungsformen der geschraubten Verbindung**

Die Ausführungsformen in Tabelle 1 DIN 18800-7 entsprechen der Einteilungssystematik nach DIN 18800-1. Diese stellt eine Mischung aus ausführungstechnischen Kürzeln (P, V) und solchen Kürzeln (SL, G) dar, die das Tragverhalten einer quer zur Schraubenachse beanspruchten Schraubenverbindung (im Weiteren als „Scherverbindung" bezeichnet) charakterisieren. Alle sechs Ausführungsformen können aber auch zur Übertragung von Kräften parallel zur Schraubenachse (im Weiteren als „Zugverbindung" bezeichnet) eingesetzt werden, was in der Bezeichnungssystematik leider nicht zum Ausdruck kommt. Die Zugbeanspruchung wird nur über Fußnoten quasi als Zusatzbeanspruchung aufgeführt. Angesichts der Bedeutung der Zugbeanspruchung müsste man eigentlich noch Z-, SLZ-, ZV- und SLZV-Verbindungen hinzufügen, um zu einer in sich schlüssigen Einteilung der Schraubenverbindungen zu kommen (vgl. auch [M6]). Die Fußnoten (a) und (f) zu Tabelle 1 machen vor diesem Hintergrund klar, dass **jede Schraubenverbindung** (einzige Ausnahme siehe Element 517) vorwiegend ruhend auf Zug beansprucht werden darf und dass darüber hinaus bei nicht vorwiegend ruhender Zugbeanspruchung grundsätzlich planmäßig vorzuspannen ist.

Man beachte ferner die Fußnote (h) in Tabelle 1: Sie besagt im Umkehrschluss, dass bei nicht vorwiegend ruhender Scherbeanspruchung entweder eine GV-Verbindung oder eine Passverbindung auszubilden ist. Im ersten Falle wird die schwingende Beanspruchung quer zur Schraubenachse vom Reibschluss „abgefangen", erreicht also die Schraube nicht, so dass diese nicht ermüdungsbeansprucht wird. Im zweiten Fall wird die Schraube auf Abscher-Ermüdung beansprucht, wofür es eine Wöhlerlinie im Eurocode (DIN V ENV 1993-1-1) gibt. Nicht-Passverbindungen ohne Reibschluss würden unter schwingender Scherbeanspruchung „schlagen" und dadurch die Abscher-Ermüdung noch ungünstiger machen; sie sind deshalb für nicht vorwiegend ruhende Scherbeanspruchung nicht zulässig. Bei hochgradig dynamisch beanspruchten Scherverbindungen sollte man überlegen, ob man nicht besser (statt entweder GV oder P) von vornherein die beiden Effekte in Form einer GVP-Verbindung zusammenfasst.

⟨516⟩-2 **Produktnormen für Schrauben**

Abgesehen von den nur in Sonderfällen eingesetzten Senkschrauben mit Schlitz nach DIN 7969 (siehe zu Element 808), beschreiben alle in Tabelle 1 DIN 18800-7 aufgeführten Produktnormen Verbindungen mit Sechskantschrauben (Bild 5.11). Die drei wesentlichen geometrischen Parameter dieser Sechskantschrauben sind

- die Gewindelänge b, bezogen auf die Schraubenlänge l bzw. den Gewindedurchmesser d;
- der Schaftdurchmesser d_{Sch}, bezogen auf den Gewindedurchmesser d;
- die Schlüsselweite s (= Kopfgröße), bezogen auf den Gewindedurchmesser d.

Wie sich die sechs für den Stahlbau gemäß Tabelle 1 DIN 18800-7 einsetzbaren Sechskantschraubentypen in diesen geometrischen Parametern unterscheiden, ist in Tabelle 5.6 zusammengestellt.

WERKSTOFFE

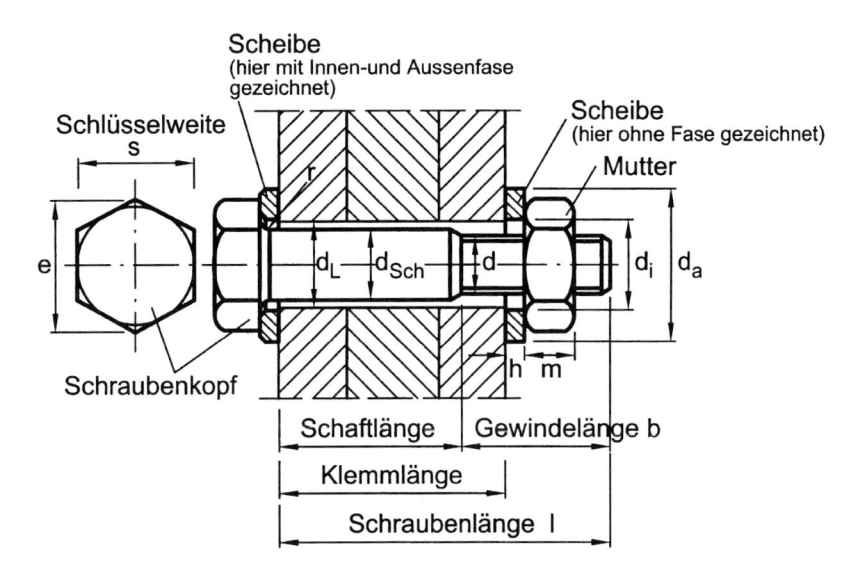

Bild 5.11 Sechskantschrauben – Geometrie und Bezeichnungen (allgemein)

Tabelle 5.6 Im Stahlbau gemäß DIN 18800-7 einsetzbare Sechskantschrauben

Vereinfachte Bezeichnung	Norm	Gewindelänge	Schaftdurchmesser	Schlüsselweite	FK
Stahlbauschrauben	DIN 7990	besonders kurz: $b \approx (1{,}2 \div 1{,}6) \cdot d$	normal: $d_{Sch} = d$	normal: $s \approx (1{,}5 \div 1{,}6) \cdot d$	4.6, 5.6
	DIN 7968	besonders kurz: $b \approx (1{,}2 \div 1{,}5) \cdot d$	Pass-: $d_{Sch} = d + 1$ mm	normal: $s \approx (1{,}5 \div 1{,}6) \cdot d$	5.6
Maschinenbauschrauben	DIN EN ISO 4014	mittellang: $b \approx (2{,}2 \div 2{,}5) \cdot d$	normal: $d_{Sch} = d$	normal: $s \approx (1{,}5 \div 1{,}6) \cdot d$	8.8
	DIN EN ISO 4017	lang: $b \approx l$	normal: $d_{Sch} = d$	normal: $s \approx (1{,}5 \div 1{,}6) \cdot d$	8.8
HV-Schrauben	DIN 6914	kurz: $b \approx (1{,}4 \div 1{,}9) \cdot d$	normal: $d_{Sch} = d$	groß: $s \approx (1{,}6 \div 1{,}7) \cdot d$	10.9
	DIN 7999	besonders kurz: $b \approx (1{,}2 \div 1{,}5) \cdot d$	Pass-: $d_{Sch} = d + 1$ mm	groß: $s \approx (1{,}6 \div 1{,}7) \cdot d$	10.9

Die klassischen „**Maschinenbauschrauben**" mit Schaft (d. h. mit mittellangem Gewinde) nach **DIN EN ISO 4014** (früher DIN 931) bzw. mit Gewinde bis Kopf nach **DIN EN ISO 4017** (früher DIN 933) werden in sämtlichen Technikbereichen einschließlich des gesamten ausländischen Stahlbaus seit über 150 Jahren eingesetzt, waren aber im deutschen Stahlbau vor Einführung der neuen DIN 18800-1:1990-11 für tragende Verbindungen verboten. Man hatte Angst davor gehabt, das Gewinde in die Lochleibung – geschweige denn in die Scherfuge – hineinragen zu lassen und hatte deshalb speziell für den Stahlbau einen Schraubentyp mit besonders kurzem Gewinde entwickelt: die „**rohe Stahlbauschraube**" nach **DIN 7990**.

Der wirtschaftliche Preis für das fast vollständige Freihalten der Lochleibung vom Schraubengewinde bei Einsatz der rohen Stahlbauschraube nach DIN 7990 ist zum einen die erforderliche feine Klemmlängenabstufung in 5-mm-Stufen bei der Ausführungsplanung, Beschaffung und Vorhaltung, zum anderen die Notwendigkeit einer dicken Scheibe (nach DIN 7989) unter der Mutter. Sie wird benötigt, um sicherzustellen, dass die Mutter in jedem Fall „handfest" angezogen werden kann (siehe zu Element 827) – auch wenn unvermeidbar der Gewindeauslauf einmal geringfügig außerhalb der Klemmlänge zu liegen kommt. Bei der größeren Gewindelänge b der Maschinenbauschrauben entfällt dieser Grund für eine Scheibe unter der Mutter (siehe zu Element 812).

Es ist vielleicht nicht allgemein bekannt, dass es die spezielle deutsche Stahlbauschraube als genormtes Verbindungsmittel überhaupt erst seit 1940 gibt [A20]. Sie wurde damals im Beiblatt 1 zu DIN 1050 mit Whitworth-Gewinde und kurz darauf im Beiblatt 2 auch mit metrischem Gewinde als „Sechskantschraube DIN 1050" eingeführt. 1956 wurde Beiblatt 2 durch die eigenständige Produktnorm DIN 7990 ersetzt. Im Einführungserlass des NRW-Ministers für Wiederaufbau für die 1957er Ausgabe der DIN 1050 stand dann unmissverständlich: *„Die Verwendung der im Maschinenbau üblichen Schrauben ist unzulässig."*

Das heißt aber nicht, dass vor 1940 im deutschen Stahlbau nicht geschraubt worden wäre. Schon 1848 wurden z. B. bei der Elbebrücke Magdeburg-Friedrichstadt die sich kreuzenden diagonalen Gitter-Flachstäbe aus Schweißeisen konstruktiv miteinander verschraubt [M17]. Und bei einer 1885 entwickelten Eisenbahn-Gelenkbrücke für den Einsatz in Übersee waren beispielsweise alle Verbindungen als tragende Bolzen- oder Schraubenverbindungen ausgebildet, also auch als Scher-Lochleibungs-Verbindungen in unserem heutigen Sinne [M17]. Wahrscheinlich wurden bei solchen Anwendungen im Brückenbau stets besonders gefertigte Schraubengarnituren im Sinne von Passschrauben genommen. Man sah damals Schrauben nur als notdürftigen Ersatz für Niete an. Das ist zwar für den Stahlbrückenbau nachvollziehbar, wurde aber unbesehen auch auf den Stahlhochbau übertragen. Kersten schreibt noch 1947 in seinem Standardwerk „Der Stahlhochbau" [M11]: *„Die Verbindung mittels Schrauben wird als Ersatz oder anstelle von Vernietung ausnahmsweise zugelassen ... In allen Fällen ist Zustimmung der Baupolizei erforderlich."* (!) Aus diesem vor allem im deutschsprachigen Raum verbreiteten tiefen Misstrauen gegenüber dem Verbindungsmittel Schraube erklärt sich der Wunsch, mit der rohen Stahlbauschraube nach DIN 7990 wenigstens optisch den Niet so gut wie möglich zu imitieren.

Was die mögliche Lage des Gewindes in der Scherfuge betrifft – für SL-Verbindungen mit Maschinenbauschrauben ein wesentliches Charakteristikum –, so schreibt schon Rankine 1862 im damaligen Standardwerk des Bauingenieurwesens im Mutterland des Stahlbaus (England) [M20]: *„If a bolt has to withstand a shearing stress, its diameter is to be determined like that of a cylindrical pin. If it has to withstand tension, its diameter is to be determined by having regard to its tenacity. In either case the effective diameter of the bolt is its least diameter; that is, if it has a screw on it, the diameter of the spindle inside the thread."* Abscheren im Schraubenschaft oder im Schraubengewinde wurden also bereits damals als zwei mögliche Alternativen gesehen, wobei für Abscheren im Gewinde eben der kleinere Querschnitt angesetzt werden musste (damals noch der Kernquerschnitt, heute der Spannungsquerschnitt).

Die vorstehenden kritischen Anmerkungen zur besonders kurzen Gewindelänge der rohen Stahlbauschraube nach DIN 7990 treffen nicht auf die „**Stahlbau-Passschraube**" nach **DIN 7968** zu. Ihr Schaft ist 1 mm dicker als das Gewinde und soll, zusammen mit dem um nicht mehr als $\Delta d = 0{,}3$ mm größeren Lochdurchmesser d_L (siehe zu Element 806), ein praktisch schlupffreies Tragverhalten gewährleisten. Passschrauben werden demzufolge entweder zur Minimierung der Verformungen oder zur Verbesserung der Ermüdungseigenschaften eingesetzt (vgl. ⟨516⟩-1). Deshalb ist es nur konsequent, bei ihnen durch die besonders kurze Gewindelänge ein möglichst vollständiges Ausfüllen des Loches durch den Schaft anzustreben.

Die „**HV-Schrauben**" nach **DIN 6914** sind ebenfalls eine deutsche Sonderentwicklung. Sie wurden in den 50er Jahren gezielt für gleitfeste Schraubenverbindungen (heute GV-Verbindungen) entwickelt. Diese waren Ende der 30er Jahre erstmals in den USA eingesetzt worden [M5]. Die erste Ausgabe der vorläufigen DASt-Richtlinien für gleitfeste Verbindungen [R111] hatte 1953 noch Maschinenbauschrauben nach DIN 931 (heute DIN EN ISO 4014) vorgesehen, allerdings mit Rücksicht auf die Sprödbruchempfindlichkeit des hochfesten Werkstoffes 10K (heute 10.9) bereits mit gegenüber DIN 931 doppelt so großem Ausrundungsradius r zwischen Kopf und Schaft (vgl. Bild 5.11), ähnlich wie er jetzt in DIN 6914 festgeschrieben ist. Die aufzubringenden Vorspannkräfte nutzten im Spannungsquerschnitt nur ca. 58 % der Streckgrenze aus. Um höher vorspannen zu können – wir nutzen heute ca. 70 % der Streckgrenze aus –, musste die Pressungsfläche unter dem Kopf und der Mutter vergrößert werden. Deshalb vergrößerte man in DIN 6914 die Schlüsselweite s auf den jeweils nächsten Nenndurchmesser. Warum man gleichzeitig die Gewindelänge um 25 % bis 35 % gegenüber DIN 931 verkürzte (vgl. Tabelle 5.6), ist schwer nachvollziehbar.

Diese neu entwickelte „Sechskantschraube mit großer Schlüsselweite" (traditionell „HV-Schraube" genannt – von **h**ochfest **v**orgespannt) wurde jedenfalls 1962 in DIN 6914 genormt und 1963 in die zweite Ausgabe der vorläufigen DASt-Richtlinien [R111] übernommen. Sie ist seitdem als qualitativ hochwertiges Verbindungsmittel aus dem deutschen Stahlbau nicht mehr wegzudenken und wird auch im Ausland sehr viel eingesetzt. Um sie im eingebauten Zustand einwandfrei erkennen zu können, müssen HV-Schrauben gemäß DIN 6914 auf dem Kopf das Kennzeichen „HV" tragen.

Zur kurzen Gewindelänge der HV-Schrauben sei dem Verfasser dieses Kommentars ebenfalls eine kritische Anmerkung erlaubt: Mit der Verkürzung der Gewindelänge gegenüber den Maschinenbauschrauben mit Schaft hat man sich als Nachteil eine ähnlich enge Klemmlängenabstufung eingehandelt wie bei den rohen Stahlbauschrauben – mit allen Konsequenzen, von der teureren Lagerhaltung bis zur Fehleranfälligkeit beim Einbau. In [A26/27] wurde darüber hinaus nachgewiesen, dass eine so genannte „HVN-Schraube" (durchgehendes Gewinde, sonst gleiche Geometrie wie DIN 6914) aufgrund ihrer größeren Dehnweichheit und Duktilität für den Stahlbau vom Tragverhalten her sogar günstiger wäre. Man sollte das für die zukünftige Normung im Auge behalten.

Wie bei der Pass-Version der rohen Stahlbauschraube ist auch bei der Pass-Version der HV-Schraube, der „**HV-Passschraube**" nach **DIN 7999**, das besonders kurze Gewinde zweckmäßig. Auch hier gilt: Wenn man schon eine teure Passverbindung herstellt, dann ist es auch sinnvoll, das Loch optimal mit dem Schaft auszufüllen. Um die HV-Passschraube im eingebauten Zustand von der normalen HV-Schraube unterscheiden zu können, muss sie gemäß DIN 7999 auf dem Kopf mit „HVP" gekennzeichnet sein. Die HVP-Schraube hat ferner gegenüber der normalen HV-Schraube noch die Besonderheit, dass aufgrund der Kombination der besonders kurzen Gewindelänge mit dem Stufensprung zwischen Schaft- und Gewindedurchmesser bei manchen Klemmlängen zwei Scheiben verwendet werden müssen (siehe zu Element 813).

Zusammenfassend zur Kommentierung der im Stahlbau einsetzbaren Schraubentypen sei noch einmal auf die Zeilen 4 und 5 in Tabelle 1 DIN 18800-7 hingewiesen. Sie bedeuten, dass – gültig seit Erscheinen der „neuen" DIN 18800-1 im November 1990 – für SL- und SLV-Verbindungen neben den bewährten rohen Stahlbauschrauben nach DIN 7990 und HV-Schrauben nach DIN 6914 auch die beschriebenen Maschinenbauschrauben im deutschen Stahlbau eingesetzt werden dürfen, allerdings nur in der Festigkeitsklasse 8.8. Ihre Vorteile sind die hohe Verfügbarkeit (wegen ihres häufigen Gebrauchs in allen Technikbereichen) und das kleinere Lagersortiment (wegen des Wegfalls der engen 5-mm-Längenabstufung). Bevor die Grundlagen und Hintergründe dieser Erweiterung der Palette stahlbaulicher Schraubenverbindungen etwas eingehender beleuchtet werden, seien zunächst die in Tabelle 1 aufgeführten Mutter- und Scheibentypen kommentiert.

⟨516⟩-3 Produktnormen für Muttern

Die drei in Tabelle 1 DIN 18800-7 aufgeführten Sechskantmuttertypen unterscheiden sich im Wesentlichen in den beiden geometrischen Parametern (Bild 5.11)
- Mutterhöhe m, bezogen auf den Gewindedurchmesser d,
- Schlüsselweite s, bezogen auf den Gewindedurchmesser d,
- und in den zulässigen Form- und Maßabweichungen, definiert durch die Produktklasse. Tabelle 5.7 gibt eine Übersicht über diese Parameter bei den drei Muttertypen.

Tabelle 5.7 Im Stahlbau gemäß DIN 18800-7 einsetzbare Sechskantmuttern

Vereinfachte Bezeichnung	Norm	Mutterhöhe	Schlüsselweite	Produktklasse
Stahlbaumuttern	DIN EN ISO 4034	mittel: $m \approx 0{,}9 \cdot d$	normal: $s \approx (1{,}5 \div 1{,}6) \cdot d$	C
Maschinenbaumuttern	DIN EN ISO 4032	mittel: $m \approx 0{,}9 \cdot d$	normal: $s \approx (1{,}5 \div 1{,}6) \cdot d$	A, B
HV-Muttern	DIN 6915	klein: $m \approx 0{,}8 \cdot d$	groß: $s \approx (1{,}6 \div 1{,}7) \cdot d$	B

Den neuen Muttern nach DIN EN ISO 4034 (Nachfolgenorm von DIN 555) und DIN EN ISO 4032 (Nachfolgenorm von DIN 934) liegt eine längere internationale Diskussion hinsichtlich der **Mutterhöhe** m zugrunde. Im Maschinenbau gilt in der Regel das Konstruktionsprinzip, dass bei Überlastung einer gezogenen Schraubenverbindung die Schraube durch Trennbruch versagen soll. Dazu ist eine bestimmte Mindesthöhe der Mutter erforderlich, da sonst die Gewindepaarung

Schraube/Mutter durch Gewindeabstreifen versagt. Muttern mit $m \approx 0{,}8 \cdot d$, wie z. B. nach den früheren DIN-Normen 555 und 934, neigen – das ist seit langem bekannt – bei passender Festigkeitspaarung (z. B. Schraube FK 8.8 + Mutter FK 8) zum Versagen durch Gewindeabstreifen, bevor die Schraube reißt. Dabei wird aber in aller Regel die genormte Mindestzugtragfähigkeit der Schraube im Spannungsquerschnitt überschritten, so dass die eigentliche Tragfähigkeit der Kombination Schraube/Mutter formal als „normgemäß" eingestuft werden kann.

Welche der beiden Versagensarten für den Stahlbau wünschenswert ist, darüber wird seit langem gestritten. Ein Argument für die Versagensart Schraubentrennbruch ist z. B. die bessere Erkennbarkeit des Bruches im fertigen Tragwerk – eine der beiden Schraubenhälften fällt meist herunter. Ein Argument für die Versagensart Gewindeabstreifen ist z. B. das gutartig-duktile Tragverhalten ohne Totalausfall der Verbindung. In der internationalen Normung für normale Sechskantmuttern hat sich der erste Standpunkt durchgesetzt, weshalb die Muttern nach DIN EN ISO 4032 und DIN EN ISO 4034 jetzt eine Mutterhöhe $m \approx 0{,}9 \cdot d$ aufweisen. Darüber hinaus gibt es sogar noch höhere genormte Sechskantmuttern mit $m \approx 1{,}0 \cdot d$ (DIN EN ISO 4033), die aber im Stahlbau nicht relevant sind.

Die Muttern nach **DIN EN ISO 4034** gehören anwendungstechnisch, d. h. von den gröberen Maß- und Formtoleranzen her (charakterisiert durch die „Produktklasse C" im Titel der Norm) und von den lieferbaren niedrigen Festigkeitsklassen 4 und 5 her, zu den Stahlbauschrauben nach DIN 7968/7969/7990 und werden deshalb hier stark vereinfachend als „**Stahlbaumuttern**" bezeichnet. Man könnte sie auch als „rohe Sechskantmuttern" bezeichnen, wie früher in DIN 555. Sie sind für SL- und SLP-Verbindungen nach Zeilen 1 bis 3 der Tabelle 1 in DIN 18800-7 unter allen zulässigen Beanspruchungen grundsätzlich geeignet.

Die Muttern nach **DIN EN ISO 4032** mit ihren höheren Maßtoleranzansprüchen (Produktklassen A oder B) und höheren Festigkeitsklassen 8 und 10 werden hier – analog zu den Stahlbaumuttern – ebenso stark vereinfachend als „**Maschinenbaumuttern**" bezeichnet. Dass sie in den Zeilen 1 bis 3 der Tabelle 1 DIN 18800-7 alternativ zu den Stahlbauschrauben aufgeführt werden, hat mit ihrer oft größeren Marktverfügbarkeit zu tun. Es kann manchmal wirtschaftlich sein, diese „besseren" Muttern auch für die niedrigfesten SL- und SLP-Verbindungen einzusetzen. Für die SL- und insbesondere SLV-Verbindungen mit hochfesten 8.8-Maschinenbauschrauben nach Zeilen 4 und 5 der Tabelle 1 DIN 18800-7 sind die Maschinenbaumuttern nach DIN EN ISO 4032 dagegen zwingend vorgeschrieben.

Bei den „**HV-Muttern**" nach **DIN 6915** ist die kleine Mutterhöhe $m \approx 0{,}8 \cdot d$ (Tabelle 5.7) gewollt [M8]. Wird die Verbindung beim planmäßigen Vorspannen ungewollt überlastet, so ist der nur allmähliche Abfall des Anziehmomentes beim Abstreifbruch vom Monteur sicherer abzufangen als der schlagartige völlige Ausfall beim Trennbruch. Als Nachteil wird dafür in Kauf genommen, dass zugbeanspruchte HV-Verbindungen nur mit Hilfe von Lockerheitskontrollen zuverlässig auf ihren Zustand überprüft werden können (z. B. bei wiederkehrenden Prüfungen). Es sei bereits hier darauf hingewiesen, dass wegen der kleinen Mutterhöhe bei HV-Muttern der Überstand des Schraubengewindes im angezogenen Zustand um mindestens einen Gewindegang über die Mutter besonders wichtig ist (siehe zu Element 809). Nur so kann sichergestellt werden, dass das Gewindeabstreifen nicht schon unterhalb der genormten Mindestzugtragfähigkeit der Schraube erfolgt.

⟨516⟩-4 Produktnormen für Scheiben

Die Systematik hinter den vielen in Tabelle 1 DIN 18800-7 aufgeführten Scheibentypen wird erst auf den zweiten Blick erkennbar. Betrachtet man zunächst die „normalen", d. h. **runden flachen Scheiben**, so unterscheiden sich diese neben der Härte und der Maßgenauigkeit (charakterisiert durch die Produktklasse) in folgenden vier geometrischen Parametern (vgl. Bild 5.11):

- Dicke h;
- Außendurchmesser d_a, bezogen auf das Sechskant-Eckmaß e;
- Innendurchmesser d_i, bezogen auf den Gewindedurchmesser d;
- Vorhandensein oder Nichtvorhandensein von Fasen auf der dem Schraubenkopf bzw. der Mutter zugewandten Seite.

Wie sich die Unterschiede konkret darstellen, ist in Tabelle 5.8 zusammengestellt.

Tabelle 5.8 Im Stahlbau gemäß DIN 18800-7 einsetzbare runde flache Scheiben

Vereinf. Bez.	Norm	Härte	Prod.kl.	Dicke [1]	Außendurchmesser [1]	Innendurchmesser [1]	Fasen
Stahlbauscheiben	DIN 7989-1	weich	C	dick: $h = 8$ mm		$d_i = d$ +(2 ÷ 3) mm	ohne
Maschinenbauscheiben	DIN EN ISO 7089	mittel od. hart	A	dünn: $h = 2{,}5 \div 5{,}0$ mm	$d_a = e$ + (3 ÷ 5) mm	$d_i = d + 1$ mm	ohne
	DIN EN ISO 7090	mittel od. hart	A				außen
	DIN EN ISO 7091	weich	C				ohne
	DIN 34820 [2]	hart	A				innen + außen
HV-Scheiben	DIN 6916	hart	A	mittel: $h = 3{,}0 \div 6{,}0$ mm	$d_a = \approx e$		innen + außen

[1] Bei Angabe einer Bandbreite: kleinerer Wert: M12, größerer Wert: M36
[2] Siehe Kommentar hierzu im nachfolgenden Text

Die „**rohe Stahlbauscheibe**" nach **DIN 7989-1** wurde seinerzeit gezielt für die spezielle deutsche Stahlbauschraube entwickelt. Ihr wesentliches Kennzeichen ist die große Dicke, die rein geometrisch wegen der besonders kurzen Gewindelänge der Schraube erforderlich ist; vgl. hierzu die Erläuterungen in ⟨516⟩-2. Aus dieser speziellen Funktion folgt, dass an die Maßgenauigkeit und die Härte keine besonderen Anforderungen gestellt werden – die Scheiben dürfen deshalb durch Stanzen gefertigt werden, ihre Dicke darf z. B. um ±1,2 mm von der Solldicke 8 mm abweichen (Produktklasse C), und sie sind „weich" (Härteklasse 100). Muttern dürfen auf diesen Scheiben grundsätzlich nur „handfest" angezogen werden (siehe zu Element 827).

Die Scheibe nach **DIN 7989-2** ist eine maßgenauere Variante (Produktklasse A) zur rohen Stahlbauscheibe, aber mit identischen Sollvorgaben. Sie wird spanend hergestellt und wurde früher als „blanke Stahlbauscheibe" bezeichnet. Sie ist bisweilen besser am Markt verfügbar, weil die Einrichtung des Stanzwerkzeuges für rohe Scheiben sich nur bei größeren Mengen rechnet. Grundsätzlich ist aber die rohe Scheibe nach DIN 7989-1 für alle Verbindungen in den Zeilen 1 bis 3 der Tabelle 1 DIN 18800-7 unter allen zulässigen Beanspruchungen geeignet. Für eine vorzugsweise Verwendung der maßgenaueren Scheibe nach DIN 7989-2 bei SLP-Verbindungen, wie in früheren Ausgaben von DIN 7989 empfohlen, gibt es kein technisches Argument.

Mit den drei ISO-Varianten von „**Maschinenbauscheiben**" verhält es sich im Prinzip ähnlich wie mit den beiden Stahlbauscheibenvarianten: Die einfachste Scheibe nach **DIN EN ISO 7091** (Ersatz für DIN 126) ist grundsätzlich für alle SL-Verbindungen mit 8.8-Maschinenbauschrauben nach Zeile 4 der Tabelle 1 geeignet, aber natürlich können auch die beiden härteren und maßgenaueren Scheiben nach **DIN EN ISO 7089** (Ersatz für DIN 125-1, Form A) oder **DIN EN ISO 7090** (Ersatz für DIN 125-1, Form B) genommen werden. Die Außenfase bei Letzterer (vgl. Tabelle 5.8) ist für den Stahlbau bedeutungslos. Als Empfehlung sei ergänzend angemerkt, dass in hoch zugbeanspruchten (aber nicht planmäßig vorgespannten) Verbindungen mit 8.8-Maschinenbauschrauben die härteren Scheiben (HK 200 oder 300) ein verformungsärmeres Tragverhalten gewährleisten.

Es spricht im Übrigen auch nichts dagegen, Maschinenbauscheiben im 3er- oder 2er-Paket als Ersatz für die dicke Stahlbauscheibe in SL- oder SLP-Verbindungen nach Zeilen 1 bis 3 der Tabelle 1 einzusetzen, z. B. drei Scheiben à 3 mm bei M16 oder zwei Scheiben à 4 mm bei M24.

Die „**HV-Scheiben**" nach **DIN 6916** wurden speziell für planmäßig vorgespannte HV-Verbindungen entwickelt. Ihr Außendurchmesser ist groß genug, um das Sechskant-Eckmaß e der größeren Schlüsselweite abzudecken (vgl. Tabelle 5.8), und sie haben eine relativ große Innenfase für den größeren Kopfausrundungsradius r der HV-Schraube. Die Außenfase dient dazu, im fertigen Zustand zu erkennen, ob die Innenfase richtig, d. h. dem Schraubenkopf zugewandt, eingebaut wurde. Die Härte HK 300 ist erforderlich, weil beim planmäßigen Vorspannen der Verbindung die Mutter auf dieser Scheibe gegen einen wachsenden Reibwiderstand gedreht wird. HVP-Schrauben nach DIN 7999 benötigen unter der Mutter – in Abhängigkeit von der Klemmlänge – manchmal zwei Scheiben nach DIN 6916 (siehe auch zu Element 813).

Als letzter runder Scheibentyp aus Tabelle 1 DIN 18800-7 bleiben die **„vorspannbaren Maschinenbauscheiben"** für SLV-Verbindungen mit 8.8-Maschinenbauschrauben nach Zeile 5 zu erwähnen. Die Vornorm DIN V 18800-7 nannte dafür als Produktnorm noch DIN 125-2, Form B. Diese beschrieb eine harte Maschinenbauscheibe mit Innen- und Außenfase, ähnlich der HV-Scheibe. DIN 125-2 wurde aber inzwischen zurückgezogen, ohne diesen Scheibentyp in DIN EN ISO 7089 oder 7090 zu berücksichtigen; das wurde offenbar schlicht vergessen. Die Formulierung „DIN EN ISO 7089 mit Innenfase" im jetzigen Weißdruck von DIN 18800-7 ist insofern eine formale Notlösung (es hätte im Übrigen besser DIN EN ISO 7090 geheißen – wegen der bereits vorgesehenen Außenfase). Jedenfalls ist eine solche Scheibe auf dem Markt nicht erhältlich.

Die in der Fußnote (g) zu Tabelle 1 angekündigte spezielle Norm liegt inzwischen als **DIN 34820** vor [R26]; die Parameter der dort genormten Scheiben sind in Tabelle 5.8 angegeben. Sie sind ebenso hart wie die (größeren) HV-Scheiben, und sie haben wie jene eine Außen- und eine Innenfase. Die Innenfase ist aber kleiner, weil erstens der Kopfausrundungsradius kleiner ist als bei den HV-Schrauben und weil zweitens eine größere Innenfase zusammen mit der normalen Schlüsselweite eine zu kleine Pressungsfläche unter dem Kopf und der Mutter für die planmäßige Vorspannkraft ergeben würde. Das ist auch der Grund, warum **keinesfalls** HV-Scheiben nach DIN 6916 für planmäßig vorgespannte SLV-Verbindungen mit 8.8-Maschinenbauschrauben verwendet werden dürfen!

Auf der anderen Seite spricht natürlich nichts dagegen, Scheiben nach DIN 34820 auch für reine SL-Verbindungen mit 8.8-Maschinenbauschrauben einzusetzen, so dass sich die Lagerhaltung ggf. vereinfachen würde.

Die restlichen in Tabelle 1 DIN 18800-7 aufgeführten Scheibentypen sind **keilförmige Vierkantscheiben** für den Einbau von Stahlbauschrauben (**DIN 434/435**) bzw. von HV-Schrauben (**DIN 6917/6918**) in Flanschen von U-Profilen und von I-Profilen (heute kaum noch verwendet). Warum diese Scheiben Vierkantform haben, ist unmittelbar einsehbar: damit sie exakt in Richtung der auszugleichenden Flanschneigung eingebaut werden können. Für die planmäßig vorspannbaren 8.8-Maschinenbauschrauben wird es keine genormten Keilscheiben geben, sie müssten ggf. in Anlehnung an die HV-Keilscheiben angefertigt werden.

⟨516⟩-5 Zum Einsatz von 8.8-Maschinenbauschrauben für nicht planmäßig vorgespannte SL-Verbindungen

Wie in ⟨516⟩-2 bereits erwähnt, wurden 8.8-Maschinenbauschrauben 1990 in die deutsche Stahlbau-Grundnorm DIN 18800-1 einbezogen – im Gegensatz zur vorherigen Ausgabe DIN 18800-1:1981-03, aber in Übereinstimmung mit praktisch allen anderen Industrieländern. Das stieß zunächst auf viele Vorbehalte. Diese wurden dadurch begünstigt, dass in DIN 18800-1:1990-11 schlicht vergessen worden war, Produktnormen für diese Schrauben mit aufzuführen. Das wurde aber bereits in der 1. Auflage der Anpassungsrichtlinie 1995 durch Hinweis auf die Normen DIN 931 und 933 (heute DIN EN ISO 4014 und 4017) korrigiert. Die Vorbehalte bezogen sich zum einen auf das Hineinragen des Schraubengewindes in die Lochleibung und in die Scherfuge (bis zum Grenzfall des vollständigen Ausfüllens der Lochleibung durch das Gewinde bei den Schrauben nach DIN EN ISO 4017) und zum anderen auf den generellen Qualitätsstandard des Massenproduktes „Maschinenbauschraube".

Die **Vorbehalte gegen die Gewindelage** waren ingenieurhistorisch begründet und typisch für den deutschsprachigen Stahlbau, wie ausführlich in ⟨516⟩-2 kommentiert. Es sei hier ergänzend hinzugefügt, dass natürlich in SL-Verbindungen sowohl die Abscherverformungen bei Gewindelage in der Scherfuge als auch die Lochleibungsverformungen bei Gewindelage in der Lochleibung etwas größer sind als im jeweiligen Vergleichsfall mit glattem Schaft (Bild 5.12). Die beiden Beanspruchbarkeiten $\tau_{a,Rd}$ und $\sigma_{l,Rd}$ für den Tragsicherheitsnachweis werden aber nicht beeinflusst [A18, 23, 29].

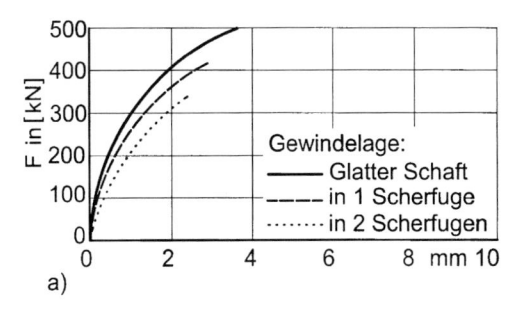

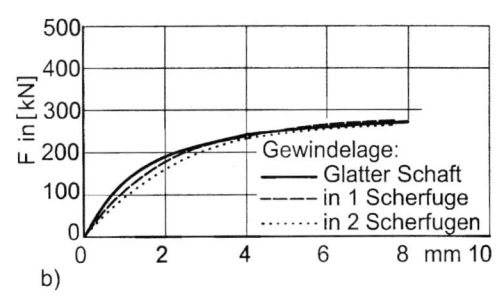

Bild 5.12 Beispiele experimenteller Last-Verschiebungs-Diagramme zweischnittiger SL-Verbindungen mit Laschen S235 und Schrauben M20-10.9 (aus [M8]):
a) Dicke Laschen – überwiegend Abscherverformungen, b) dünne Laschen – überwiegend Lochleibungsverformungen (Lochovalisierung)

Die **Vorbehalte gegenüber dem Qualitätsstandard** wurden mit ihrer großen Verbreitung in vielen Technikbereichen, in denen die Sicherheitsanforderungen niedriger sind als im Stahlbau, begründet. Das habe dazu geführt, dass sie von viel mehr Schraubenherstellern aus aller Welt angeboten würden als z. B. die bewährten HV-Schrauben. Diese Vorbehalte bestätigten sich aber in einer 1990 durchgeführten Essener Untersuchung nicht [A13]. Eine repräsentative Stichprobe von 192 statistisch unabhängigen M16-8.8-Schrauben von 40 verschiedenen Herstellern aus mindestens neun europäischen Ländern lieferte sehr gute statistische Kenndaten (siehe Bild 5.13), und zwar nicht nur für die mechanischen Kennwerte Zugfestigkeit, Scherfestigkeit und Bruchdehnung (Bild 5.13a und b), sondern auch für den Spannungsquerschnitt (Bild 5.13c). Beide Aussagen erhalten besonderes Gewicht im Vergleich zu parallel geprüften 4.6-Schrauben, die für alle Kennwerte wesentlich unbefriedigendere Ergebnisse lieferten. Auch aufgrund dieser Ergebnisse war die Aufnahme der 8.8-Maschinenbauschrauben als SL-Option in Tabelle 1 DIN 18800-7 (Zeile 4) letztlich unstrittig.

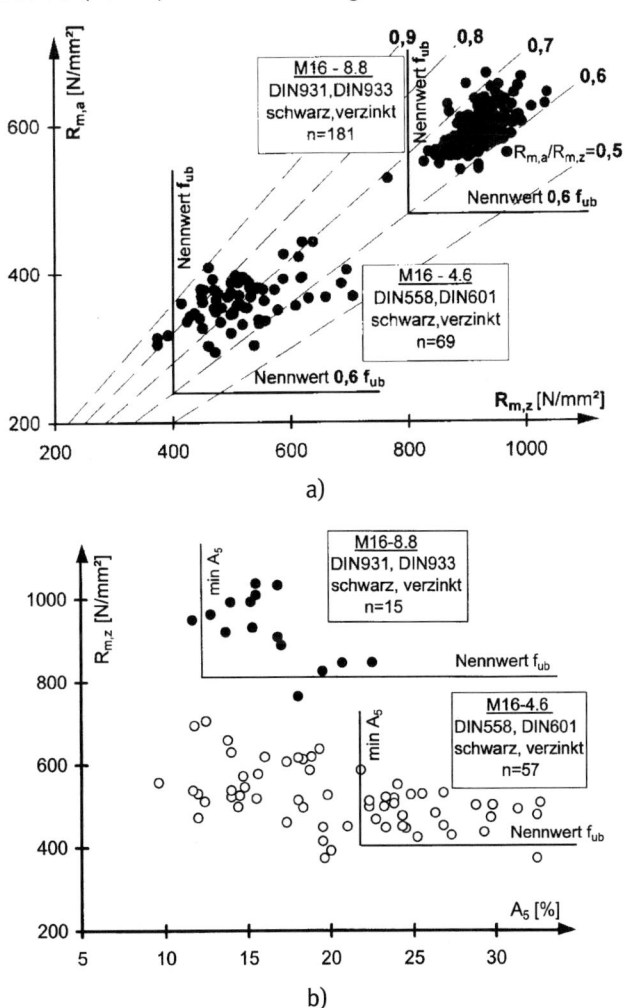

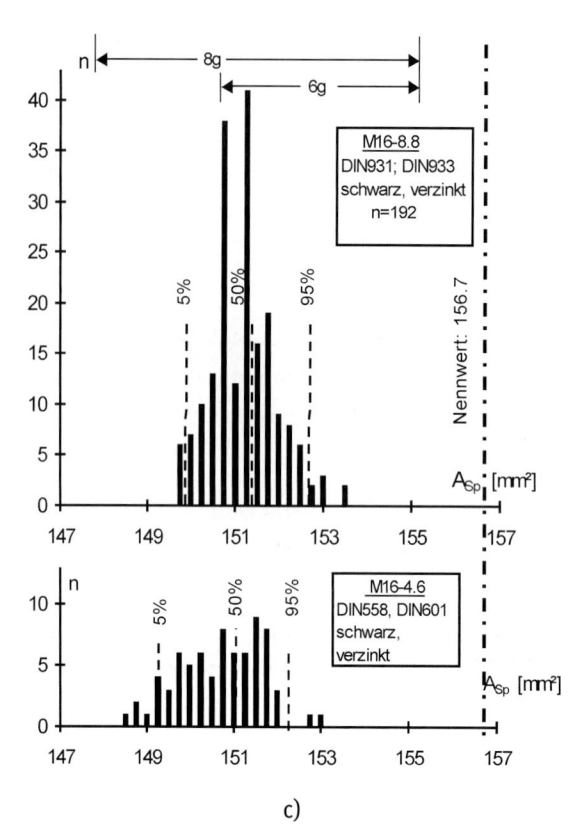

Bild 5.13 „Europäische" Stichproben von Schrauben M16-4.6 und M16-8.8 im Vergleich: a) Ist-Scherfestigkeiten im Gewinde über Ist-Zugfestigkeiten im Gewinde, b) Ist-Zugfestigkeiten im Gewinde über Bruchdehnungen, c) Histogramme der Ist-Spannungsquerschnitte im Vergleich zum Nenn-Spannungsquerschnitt

⟨516⟩-6 **Zum Einsatz von 8.8-Maschinenbauschrauben für planmäßig vorgespannte SLV-Verbindungen**

Wesentlich kontroverser wurde die Verwendung der 8.8-Maschinenbauschrauben als planmäßig vorgespannte SLV-Verbindungen diskutiert. Die Irritationen kamen zum Teil daher, dass in Stahlbaukreisen zunächst die falsche Meinung kursierte, man könne z. B. beliebige 8.8-Schrauben DIN EN ISO 4017 mit beliebigen FK8-Muttern DIN EN ISO 4032 und „irgendwelchen" harten Scheiben zusammen einbauen und vorspannen! Das geht natürlich nicht. Für planmäßig vorspannbare 8.8-Garnituren nach Zeile 5 in Tabelle 1 DIN 18800-7 gelten selbstverständlich dieselben Qualitätsanforderungen wie für die 10.9-HV-Garnituren nach Zeile 6. Das sind:

a) Feuerverzinkung unter Verantwortung des Schraubenherstellers (siehe zu Element 518).

b) Zueinander passende „Garnituren" von ein und demselben Hersteller, der die Passfähigkeit von Bolzen- und Muttergewinde und einheitliches Anziehverhalten garantiert (siehe zu Element 519).

Aus heutiger Sicht sind 8.8-Garnituren nach Zeile 5 der Tabelle 1 DIN 18800-7 eine vereinfachte, zwar deutlich weniger tragfähige, aber dafür werkstofflich unproblematische (Stichwort: Wasserstoffversprödung) Alternative zu den bewährten 10.9-HV-Garnituren nach Zeile 6 – dies vor allem in Fällen, wo die Vorspannung lediglich der Verbesserung der Gebrauchstauglichkeit dient, wie z. B. in vielen Stirnplattenverbindungen des Stahlhochbaus. 8.8-Garnituren der genannten Qualität sind allerdings derzeit auf dem deutschen Markt kaum erhältlich. Es wird sich zeigen, wie weit die Nachfrage aus der Stahlbauindustrie das zu ändern vermag. Erste positive Ansätze sind zu erkennen [A17].

Zu Element 517

Die Begrenzung der auf der Grundlage der Stahlbau-Grundnorm DIN 18800-1 einsetzbaren Schraubendurchmesser auf $\geq$ M6 für tragende Verbindungen generell und auf $\geq$ M12 für tragende Zugverbindungen ist neu. Sie steht gleichlautend in der Ergänzung zur Anpassungsrichtlinie Stahlbau (Ausgabe 2001) und ist damit auch Bestandteil der geltenden Bemessungsnorm.

Die **M6-Grenze** ist im Prinzip gegriffen. Ihr Hintergrund ist, dass Schrauben mit kleineren Durchmessern als M6 eigentlich nur bei dünnwandigen kaltgeformten Bauteilen in Frage kommen. Dabei handelt es sich aber in der Regel nicht um normale Sechskantschrauben mit Muttern, sondern z. B. um gewindeformende Schrauben, für die wegen der anderen Versagensmechanismen besondere Bemessungs- und Konstruktionsregeln gelten (siehe z. B. DASt-Richtlinie 016 oder Zulassung Z-14.1-4 [R126]). Zu beachten ist, dass für Schraubendurchmesser <M12 nur Maschinenbauschrauben DIN EN ISO 4014 und 4017 mit zugehörigen Muttern und Scheiben normmäßig lieferbar sind. Will man diese in einer SL-Verbindung mit einer niedrigeren Festigkeitsklasse als 8.8 einsetzen (z. B. 5.6), so spricht technisch nichts dagegen, obwohl diese Kombination in Tabelle 1 DIN 18800-7 formal nicht aufgeführt ist. Im Silo- und Behälterbau werden solche SL-Verbindungen häufig eingesetzt.

Hintergrund der **M12-Grenze** ist die Problematik des Lochspiels (siehe zu Element 805). Die für die Zugkraftübertragung benötigte rechnerische Pressungsfläche zwischen Schraubenkopf bzw. Mutter und Lochrand ist bei solch kleinen Schrauben so empfindlich gegen exzentrischen Sitz der Schraube im Loch, dass bei üblicher Stahlbaugenauigkeit keine einwandfrei tragsichere Zugverbindung zu gewährleisten ist. Daraus folgt im Umkehrschluss, dass bei entsprechenden Sondervorkehrungen (z. B. hochpräzisen Passlöchern, siehe zu Element 805) auch mit einer Sechskantschraube M8 oder M10 durchaus planmäßig eine Zugkraft übertragen werden kann. Auch bedeutet die M12-Grenze nicht, dass kleinere Schrauben grundsätzlich nicht vorgespannt werden dürften, insbesondere, wenn die Vorspannung nur der Verbesserung der Gebrauchstauglichkeit dient. Ein Beispiel dafür sind Schraubstöße in den Wänden dünnwandiger Flüssigkeitsbehälter oder Rundsilos aus Stahl nach DIN 18914 [R21], die zwar rechnerisch als reine SL-Verbindungen wirken, aber zur Minimierung der Lochleibungsverformungen (Lochaufweitung) und auch aus Dichtigkeitsgründen vorgespannt werden.

Zu Element 518

Der für die drei Komponenten einer Schraubenverbindung gewählte Korrosionsschutz muss nicht nur einheitlich sein (wie in diesem Element gefordert), sondern auch auf den Korrosionsschutz der zu verbindenden Bauteile abgestimmt sein (siehe zu Element 1012). Als Korrosionsschutzsystem wird in Element 518 explizit nur **Feuerverzinkung** erwähnt. Das heißt aber nicht, dass andere Korrosionsschutzsysteme nicht verwendet werden dürfen (siehe auch zu Elementen 1012 bis 1014). Nur sind bei 8.8- und 10.9-Schrauben die einschränkenden Bedingungen nach DIN 18800-1, Element 407, für die Verwendung anderer metallischer Korrosionsschutzüberzüge (z. B. galvanische Verzinkung oder Sherardisierverzinkung) zu beachten. Galvanisch verzinkte 10.9-Schrauben sind sogar gemäß Anpassungsrichtlinie zu DIN 18800-1 für den Einsatz im Stahlbau ausdrücklich verboten.

Dieses Verbot hängt mit den Vorbehalten gegenüber dem Erfolg der Wasserstoffaustreibung bei der galvanischen Verzinkung zusammen. Bekanntlich steigt die Gefahr der Wasserstoffversprödung beim Verzinkungsprozess mit der Festigkeit des Schraubenwerkstoffes – nicht nur bei galvanischer, sondern auch bei Feuerverzinkung (weshalb übrigens 12.9-Schrauben im Stahlbau gar nicht eingesetzt werden dürfen). Während die Wasserstoffaustreibung bei feuerverzinkten 10.9-Schrauben heute von den erfahrenen Schraubenherstellern beherrscht wird, ist sie bei galvanisch verzinkten Schrauben international immer noch umstritten. Trotzdem wird das Verbot immer wieder heftig diskutiert. In [M6] wird die Meinung vertreten, dass baurechtlich der Einsatz galvanisch verzinkter 10.9-Schrauben dann vertretbar sei, wenn von einer unabhängigen Prüfstelle eine Bestätigung sowohl über eine erfolgreiche Wasserstoffaustreibung als auch darüber, dass keine Überfestigkeiten vorhanden sind, vorgelegt wird.

Man beachte, dass feuerverzinkte Schraube/Mutter-Kombinationen auch in den niedrigen Festigkeitsklassen 4.6 und 5.6 von ein und demselben Schraubenhersteller zu beziehen sind. Die in Element 518 als Grund dafür genannte Gewinde-Passfähigkeit meint nicht nur die Leichtgängigkeit beim Aufschrauben der verzinkten Mutter auf die verzinkte Schraube (hieran sind vor allem die Monteure interessiert), sondern auch die statisch wirksame Gewinde-Eingriffstiefe in der verschraubten Verbindung. Da es grundsätzlich zwei Möglichkeiten gibt, die Passfähigkeit fertigungstechnisch zu erreichen – nämlich Unterschneiden des Schraubengewindes oder Überschneiden des Muttergewindes –, soll durch diese Vorschrift u. a. sichergestellt werden, dass nicht eine überschnittene Mutter mit einer unterschnittenen Schraube kombiniert wird.

Hochfeste feuerverzinkte Garnituren Schraube/Mutter/Scheibe müssen darüber hinaus auch unter der Verantwortung des Schraubenherstellers verzinkt worden sein. Diese Vorschrift (schon in DIN 18800-1 enthalten) soll ausreichende Produktsicherheit bei dem Fertigungsziel gewährleisten, Anrisse durch flüssigmetallinduzierte Rissbildung oder wasserstoffinduzierte Versprödung auszuschließen. In der „DSV/GAV-Richtlinie für die Herstellung feuerverzinkter Schrauben" sind die zur Erreichung der Produktsicherheit notwendigen Maßnahmen in den einzelnen Phasen des Feuerverzinkungsprozesses beschrieben.

Zu Element 519

Der Begriff „Garnitur", der auch in DIN 18800-1 verwendet wird, wurde in der Anmerkung zu Element 519 nunmehr präzisiert. Es muss sich demnach nicht um „aufgemuttert" auf die Baustelle gelieferte Schrauben handeln, sondern der Schraubenhersteller soll nur auf der Grundlage seines werkseigenen Qualitätsmanagements zusammenpassende Gewindegeometrie- und Oberflächenpaarungen gewährleisten. Dabei geht es zwar auch um die Passfähigkeit und Zugtragfähigkeit, in erster Linie aber um das so genannte „Anziehverhalten" beim planmäßigen Vorspannen. Darunter versteht man den funktionalen Zusammenhang zwischen dem aufgebrachten Anziehmoment M_A und der in der Schraube durch das Anziehen erzeugten Vorspannkraft F_V (siehe zu Element 832 ff.). Dieses Anziehverhalten ist gemäß Element 519 vom Schraubenhersteller durch „geeignete Schmierung" sicherzustellen (siehe hierzu ⟨830⟩-3).

Man beachte, dass die „Garnitur-Vorschrift" nicht nur für feuerverzinkte, sondern auch für schwarze hochfeste Schrauben gilt, die planmäßig vorgespannt werden sollen.

5.3.2 Sonstige mechanische Verbindungen

Zu Element 520

Gewindebolzen nach DIN 976-1 sind einfache zylindrische Bolzen mit durchgehendem metrischem Gewinde. Sie sind von 5 mm bis 3000 mm Länge lieferbar (ab 500 mm Länge hießen sie früher „Gewindestangen"). Sie sind vielfältig einsetzbar, z. B. als Fundamentanker oder als geschraubte Verbindung mit beiderseits aufgeschraubter Mutter. Für ein mit Mutter versehenes Bolzenende gelten alle Regeln für Schrauben mit Muttern sinngemäß. Gewindebolzen sind in den Festigkeitsklassen 4.8, 5.8, 8.8 und 10.9 gemäß DIN EN ISO 898-1 genormt. Das heißt – lässt man einmal die etwas geringere Duktilität von 4.8 und 5.8 im Vergleich zu 4.6 und 5.6 außer Acht –, dass sich alle Ausführungsformen von Schraubenverbindungen nach DIN 18800-1 (außer den P- und GV-Verbindungen) grundsätzlich auch mit Gewindebolzen realisieren lassen. Allerdings würde bei einer planmäßig vorgespannten Gewindebolzenverbindung eine vorherige Verfahrensprüfung notwendig werden (siehe zu Element 524).

Gewindebolzen nach DIN 976-1 müssen auf einer Stirnfläche mit der Festigkeitsklasse gekennzeichnet sein (siehe zu Element 525). An ihnen darf **nicht** geschweißt werden, auch nicht in der niedrigsten Festigkeitsklasse 4.8. Der Grund dafür ist vor allem der hohe Kohlenstoffgehalt von C = 0,55 %, der für diese Schraubenstähle – bei in der Regel weiterer Legierung mit härtbarkeitssteigernden Elementen – nach DIN EN ISO 898-1 zulässig ist (siehe auch zu Element 522). Bei Feuerverzinkung gilt Element 518 sinngemäß, d. h., die zu verschraubenden verzinkten Bolzen und Muttern müssen vom selben Hersteller stammen.

Zu Element 521

Gemeint sind Bauteile wie Zugstangen mit Außengewinde an den Enden, Schraubmuffen, Spannschlösser, Sacklochverbindungen usw., die zwar keine „Verbindungen mit Schrauben" sind – nur von solchen spricht die DIN 18800-1 unpräziserweise –, wohl aber „Schraubverbindungen" mit metrischem Gewinde. Auf sie können die Bemessungsregeln der DIN 18800-1 für die Schraubentragmodelle „Abscheren" und „Zug" sinngemäß angewendet werden (Näheres siehe [M6]). Deshalb war es folgerichtig, diese Gewindeteile in der Ausführungsnorm DIN 18800-7 explizit zu erwähnen, um klar zu machen, dass es sich um „normgemäßen Stahlbau" handelt. Bei Hammerschrauben sind allerdings besondere Regeln zu beachten, die in der neuen DASt-Richtlinie 018 [R112] niedergelegt sind.

Element 521 lässt ausdrücklich die Fertigung von Gewindeteilen aus warmgewalztem Stabstahl zu, z. B. mit geschnittenem oder aufgerolltem Gewinde. Diese können dann nicht die Schraubenfestigkeitsklassen nach DIN EN ISO 898-1 aufweisen, weil das Ausgangshalbzeug nur in

Baustahl erhältlich ist. Die Vorgabe von Element 521, dass bei Feuerverzinkung Element 518 sinngemäß gelte, dürfte bei vielen „anderen Gewindeteilen" in dieser Strenge kaum realisierbar sein – z. B. wenn ein Hersteller von Zugstangen die zugehörigen Muttern nicht selbst fertigt.

Einige Anmerkungen zu den **genormten Spannschlössern** nach DIN 1478:1975-09 [R5] (rohrförmig geschlossene Form) und nach DIN 1480:1975-09 [R6] (offene geschmiedete Form). Beide Typen werden standardmäßig aus unlegierten Stählen mit Streckgrenzen in der Größenordnung des Baustahls S235 oder sogar weniger gefertigt; die zum Einschrauben vorgesehenen Anschweißenden nach DIN 1480 haben standardmäßig die Festigkeitsklasse 3.6. Die Spannschlösser dürfen durchaus für tragende Bauteile eingesetzt werden (einfache Verbandstäbe, einfache Abspannungen und Abhängungen); sie sind in der Bauregelliste A Teil 1 aufgeführt (vgl. Tabelle 4.1) und unterliegen dem ÜZ-Verfahren (vgl. ⟨404⟩-2). Es ist allerdings davon abzuraten, die Möglichkeit nach DIN 1480 in Anspruch zu nehmen, für die Spannschlösser Stahl mit höherer Festigkeit („nach Vereinbarung") zu bestellen, um Gewindestäbe mit deutlich höherer Festigkeit als 3.6 einschrauben zu können.

Die Beanspruchbarkeit der Spannschlösser müsste streng genommen elementar nach DIN 18800-1 ermittelt werden, da die in den beiden Normen angegebenen „zulässigen Tragkräfte" sich nicht auf das Spannschloss, sondern auf das eingeschraubte Gewindeende beziehen und nach unseren heutigen DIN 18800-1-Regeln konservativ klein sind. Man wird davon ausgehen können, dass auch die nach heutigen DIN-Regeln berechnete höhere Zugbeanspruchbarkeit eines 3.6-Gewindestabes von den Spannschlössern übertragen wird – vielleicht auch mehr. Den Verfassern ist aber keine Untersuchung bekannt, welche dieser (simplen) Frage vernünftig nachgegangen wäre.

Die vor kurzem veröffentlichten Entwürfe für eine Neufassung der beiden Normen DIN 1478 und 1480 [R5/6] sind nicht geeignet, die aus der Sicht des Stahlbaus unbefriedigende Situation zu verbessern. Vermutlich werden sie aufgrund von Einsprüchen dahingehend geändert werden, dass sie keine „Tragfähigkeitswerte" mehr enthalten, damit Irritationen über die für den Stahlbau unzutreffenden Zahlenwerte nicht mehr entstehen. Es ist vorgesehen, dem Stahlbauer in einer Broschüre Tragfähigkeitswerte für die verschiedenen Spannschlösser und Werkstoffe zur Verfügung zu stellen.

Keinesfalls kommen die in DIN 1478 und DIN 1480 genormten Spannschlösser für planmäßig vorgespannte Systeme in Frage. Bei höheren Ansprüchen sei auf die inzwischen zahlreichen allgemein bauaufsichtlich zugelassenen Zugstabsysteme verwiesen (eine Zusammenstellung aller allgemein bauaufsichtlich zugelassenen Metallbauteile und Metallbauarten findet sich in [M6]). Die Spannschlösser bzw. Spannmuffen der zugelassenen Zugstabsysteme bestehen zum Teil aus wesentlich höherfesten Werkstoffen, so dass mit ihnen auch größere Zugkräfte übertragen werden können.

Zu Element 522

Die Formulierung dieses Elementes ist insofern unpräzise, als DIN EN ISO 13918 in der derzeit gültigen Ausgabe 1998-12 nicht nur Kopfbolzen behandelt, sondern allgemein Bolzen, die zum Lichtbogenbolzenschweißen geeignet sind. Alle im Stahlbau verwendeten Schweißbolzentypen müssen also DIN EN ISO 13918 entsprechen, nicht nur Kopfbolzen. Der Oberbegriff „Bolzenschweißen" ist unter der Ordnungsnummer 78 in der DIN EN ISO 4063 [R74] aufgeführt. Im Stahlbau sind derzeit vor allem folgende Bolzenschweißprozesse in Anwendung (siehe auch zu Element 712):
- 783 – Hubzündungsbolzenschweißen mit Keramikring oder Schutzgas,
- 784 – Kurzzeitbolzenschweißen mit Hubzündung.

Tabelle 5.9 enthält einen Auszug aus der Tabelle 1 der DIN EN ISO 13918 mit den Schweißbolzentypen, die im Stahlbau angewendet werden. Die Kopfbolzen in Tabelle 5.9 sind aus Baustahl S235 gefertigt, alle Gewindebolzen und Stifte aus **schweißgeeignetem** unlegierten Stahl der Festigkeitsklasse 4.8, also nicht aus dem Standardschraubenstahl 4.8 nach DIN EN ISO 898-1 mit seinem hohen zulässigen Kohlenstoffgehalt (vgl. zu Element 520). Zusätzlich sind die Festlegungen der Bauregelliste A Teil 1, Ziffer 4.8.17 [R110], zu beachten. Danach müssen die vorgenannten „schwarzen" Bolzen über den Übereinstimmungsnachweis ÜHP verfügen. Werden so genannte „weiße" Bolzen aus nichtrostenden Stählen entsprechend den Festlegungen des Zulassungsbescheides Z-30.3-6 [R128] eingesetzt, so müssen diese über den Übereinstimmungsnachweis ÜZ verfügen (vgl. ⟨404⟩-2). Die Verbindung schwarz–weiß mit weißen Bolzen ist nach diesem Zulassungsbescheid nur mit einem maximalen Durchmesser von 12 mm zulässig.

Um Irritationen zu vermeiden, sei darauf hingewiesen, dass DIN EN ISO 13918 seit 1999 die deutsche Normenreihe DIN 32500 Teile 1 bis 6, die bisher für Schweißbolzen aller Art zuständig war und auch in DIN 18800-1, Tabelle 4, im Zusammenhang mit deren charakteristischen Werkstoffkennwerten zitiert wird, ersetzt hat. In der Ergänzung zur Anpassungsrichtlinie Stahlbau (Ausgabe 2001) ist das versehentlich nicht erwähnt worden.

Tabelle 5.9 Im Stahlbau eingesetzte Schweißbolzen nach DIN EN ISO 13918

Bolzentyp		Kurzzeichen für Bolzen	Kurzzeichen für Keramikringe
Hubzündungsbolzenschweißen mit Keramikring oder Schutzgas	Gewindebolzen	PD	PF
	Gewindebolzen mit reduziertem Schaft	RD	RF
	Stift	DU	UF
	Kopfbolzen	SD	UF
Kurzzeitbolzenschweißen mit Hubzündung	Gewindebolzen mit Flansch	FD	–

Zu Element 523

Produktnormen für die gemäß DIN 18800-1, Element 508, im Stahlbau relevanten Niete sind DIN 124 für Halbrundniete [R1] und DIN 302 für Senkniete [R2]. Die technischen Lieferbedingungen für beide Nietformen findet man in DIN 101. Die Begrenzung des Nenndurchmessers auf ≥ 6 mm ist eine plausible Anpassung an den unteren Grenzdurchmesser für Schrauben (vgl. zu Element 517). Sie ist insofern kein Problem, als die beiden genannten Produktnormen nur Niete ab 10 mm Nenndurchmesser enthalten.

Zu Element 524

Diese Regel besagt **nicht**, dass andere geschraubte Verbindungen mit hochfesten Werkstoffen nicht planmäßig vorgespannt werden dürfen. Nur sind alle in Unterabschnitt 8.6 für das Vorspannen mittels Anziehens wiedergegebenen Regeln ausschließlich für Verbindungen mit kompletten hochfesten Schraubengarnituren nach Tabelle 1 DIN 18800-7 entwickelt worden, weshalb bei anderen geschraubten Verbindungen unbedingt eine sorgfältige Verfahrensprüfung erforderlich ist. Das gilt für Gewindebolzenverbindungen ebenso wie für Senkschraubenverbindungen oder Sacklochverschraubungen (siehe auch zu Elementen 808 und 832). Genormte Spannschlösser nach DIN 1478 oder DIN 1480 dürfen allerdings wegen ihres niedrigfesten Werkstoffes keinesfalls planmäßig vorgespannt werden (vgl. zu Element 521).

5.3.3 Kennzeichnung und Bescheinigungen

Zu Element 525

Die hier festgeschriebene generelle Kennzeichnungspflicht der **Schrauben** folgt auch aus DIN EN ISO 898-1. Danach ist die Angabe des Herstellerkennzeichens und der Festigkeitsklasse obligatorisch für Sechskantschrauben ab M5, also für alle im Stahlbau eingesetzten Schrauben. Die Kennzeichnung soll vorzugsweise auf dem Kopf erfolgen (erhöht oder vertieft), darf aber auch auf einer Schlüsselfläche angebracht werden (nur vertieft). Bild 5.14a zeigt Beispiele für die Kennzeichnung von Schraubenköpfen.

Die Kennzeichnungspflicht der **Muttern** folgt analog zu den Schrauben auch aus DIN EN 20898-2. Danach ist die Angabe des Herstellerkennzeichens und der Festigkeitsklasse ebenfalls obligatorisch, und zwar auf der Auflagefläche oder einer Schlüsselfläche. Bild 5.14b zeigt Beispiele für die Kennzeichnung von Muttern.

Die Kennzeichnungspflicht der **Scheiben** für planmäßig vorgespannte Verbindungen folgt auch aus den entsprechenden Produktnormen DIN 6916 bis 6918 und DIN 34820 [R26]. In beiden Fällen muss das Herstellerzeichen auf der Unterseite angebracht sein, weil es sonst das Anziehverhalten der auf der Scheibe gedrehten Mutter beeinträchtigen würde. Bild 5.14c zeigt Beispiele für die Kennzeichnung einer HV-Scheibe.

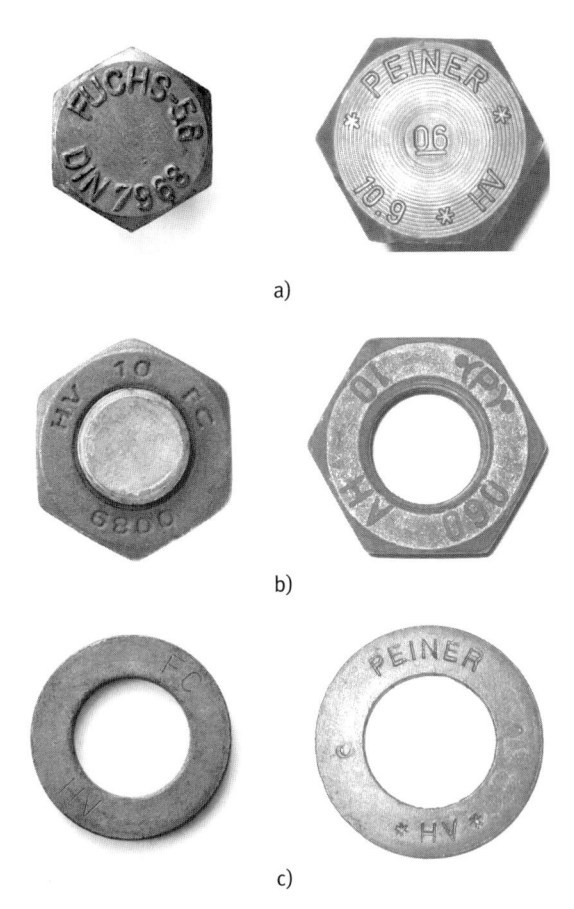

Bild 5.14 Beispiele für ordnungsgemäße Kennzeichnung von
a) Schrauben (Stahlbau-Passschraube DIN 7968/5.6, HV-Schraube DIN 6914/10.9),
b) Muttern (HV-Muttern DIN 6915/10), c) Scheiben (HV-Scheiben DIN 6916)

Die Kennzeichnungspflicht macht eigentlich nur Sinn, wenn man im Falle von Beanstandungen über das Herstellerkennzeichen den Hersteller des Verbindungsmittels ermitteln kann. Leider gibt es nur auf freiwilliger Basis geführte Herstellerlisten, z. B. die folgenden:

- Deutschlandweit: Deutsche Gesellschaft für Warenkennzeichnung GmbH, Berlin: Herkunfts-(Hersteller-)Zeichen für Schrauben, Muttern und andere mechanische Verbindungselemente nach DIN-Normen.
- Europaweit: European Industrial Fasteners Institute, Köln: Fastener Manufacturer Identification Symbols.
- Weltweit: The American Society of Mechanical Engineers, New York: A Guide to the Markings of Fastener Manufacturers.

Wegen der freiwilligen Basis würde bei einer eventuellen gerichtlichen Auseinandersetzung die verbindliche Kennzeichnungspflicht gemäß DIN 18800-7 unter Umständen ins Leere laufen.

Schrauben, Muttern und Scheiben sind – wie Schweißzusätze, vgl. zu Element 515 – Bauprodukte, die über das Ü-Zeichen (nach dem Übereinstimmungsnachweisverfahren ÜZ) oder über das europäische CE-Zeichen verfügen müssen (vgl. ⟨404⟩-2). Das Ü-Zeichen wird auf der Verpackung angebracht. Auf dem in Bild 5.15 dargestellten Abnahmeprüfzeugnis 3.1.B für eine Liefereinheit HV-Garnituren ist das Ü-Zeichen deutlich zu erkennen.

Zu Element 526

Die Festigkeitseigenschaften von 8.8- und 10.9-Schrauben sind – wie bisher nach Herstellungsrichtlinie Stahlbau auch schon – stets durch ein Abnahmeprüfzeugnis 3.1.B zu belegen; Bild 5.15 zeigt ein korrekt ausgefertigtes Muster.

Die ebenfalls in Element 526 postulierte Forderung nach einem 3.1.B-Zeugnis auch bei niedrigfesten Schrauben, sofern das Versagen einer einzigen Schraube das Versagen der gesamten

Tragkonstruktion zur Folge hat, soll dem Gesichtspunkt der „Schadenstoleranz" Rechnung tragen. Dahinter steht die in Fachkreisen immer wieder geführte Diskussion, ob eine „Einschraubenverbindung" nicht wegen der fehlenden inneren Redundanz sicherheitstechnisch anders behandelt werden müsse als eine Mehrschraubenverbindung, bei der im Falle des Versagens einer einzelnen Schraube innere Kraftumlagerungen zwischen den Schrauben stattfinden können. Da sich kein sicherheitstheoretisch-statistisches Argument finden ließ, verzichtete man in DIN 18800-1 auf eine Sonderbehandlung (die einschnittige ungestützte Einschraubenverbindung nach Element 807 DIN 18800-1 ist etwas anderes). Umso wichtiger war es, bei der Ausführungsnorm nun durch einen spezifischen Werkstoffnachweis dafür zu sorgen, dass die rechnerisch angenommenen Festigkeiten in jedem Einzelfall auch tatsächlich vorhanden sind.

Zu Element 527

Die in diesem Element getroffene Erleichterung hinsichtlich des geforderten 3.1.B-Zeugnisses bei hochfesten Schrauben ist neu. Ihr liegt die bereits erwähnte Tatsache zugrunde, dass Schrauben als Bauprodukte grundsätzlich mit Ü-Zeichen auf ÜZ-Niveau geliefert werden müssen (vgl. zu Element 525). Das ÜZ-Zertifikat wird von einer unabhängigen Überwachungsstelle auf der Basis einer Fremdüberwachung des Herstellwerkes ausgestellt (vgl. ⟨404⟩-2). Zusammen mit dem Qualitätsmanagement nach ISO 9000 ff., das bei den Herstellern von hochfesten Schrauben heute selbstverständlich ist, ist damit eine hohe Prozesssicherheit gewährleistet. Die Aussage des Ü-Zeichens ist demnach hinsichtlich der gleichbleibenden Qualität der Schrauben mindestens ebenso hoch zu bewerten wie die Prüfwerte in einer beigefügten 3.1.B-Bescheinigung. Das Definitionskriterium „spezifische Prüfung" einer 3.1.B-Bescheinigung (vgl. zu Element 512) wird dadurch erfüllt, dass im Beanstandungsfall über die Chargenkennzeichnung eine Verbindung zu Prüfdaten hergestellt werden kann, die in der Dokumentation der werkseigenen Produktionskontrolle abgelegt sind und mindestens 15 Jahre aufbewahrt werden [A19].

FRIEDBERG

Friedberg 4.8.55 RWTÜV

DIN EN ISO 9001 : 2000
ISO / TS 16949 : 1999
QA-Nr.: 04111 21028

August Friedberg GmbH Telefon 0209/9132-0
Achternbergstr.38a   Telefax 0209/9132-178
D-45884 Gelsenkirchen   e-mail   info@august-friedberg.de
                        Internet www.august-friedberg.de

Bescheinigung   DIN EN 10204 / 3.1B
Certificate of tests

Fa Mustermann
Musterweg 12
47456 Musterhausen

Auftrags-Nr.: 777777   Seite: 1
Order No.   Page

Bestell-Datum/Zeichen
Date of order / Sign
474747 vom 25.05.2004

Lieferbedingungen DIN EN ISO 898 T.1 DIN 6914/ 6915/ 6916 /267 T.10
Delivery conditions DIN EN 20898 T.2

Umfang der Lieferung
Description of parts

Pos.Nr Item No.	Stück Quantity	Artikel Nr. Article Nr.	Festigkeitsklasse property class	Abmessung Dimension	Werkstoff Material	Schmelze Charge No.	Kennzeichnung Identification marking
1	348	144230512	10.9	M42x305	36MNCRB5	12345	Mustermann HV 10.9 O2
2	348	154200012	10	M42	34CR4	44444	Mustermann HV 10 46
3	696	164400022		Ø44mm	C45	121212	Mustermann HV

Werkstoffanalyse in %
Analysis %

Pos.Nr Item No.	C	Si	Mn	P	S	Al	Cr	B	Ti	Mo	Ni	Pb
1	0,356	0,188	1,41	0,009	0,006	0,0427	1,20	0,0022	0,047			
2	0,30	0,32	0,60	0,008	0,009		0,90					
3	0,482	0,20	0,697	0,014	0,003	0,019						

Pos.-Nr Item No.	Zugversuch tensile-test Festigkeit strength N/mm²	Prüflast Testload KN	Schrägzugversuch Screw-tensile-test Winkel Angle °	Zugfestigkeit tensile-strength N/mm²	Aufweit-versuch Drift tests 6%	Rand-entkohlung De-carburization	Härte Hardness HB	Härte Hardness HV	Härte Hardness HRC	Oberflächen-härte Skin hardness HV 0,3
1	1066-1105						321-333			310-341
2		1188			OK			283-319		
3								321-350		

Pos.-Nr Item No.	Ø mm	Streck-Grenze Yield point N/mm²	Dehnung Elongation %	Bruch-Einschnürung Reduction of area %	Kerbschlagarbeit Impact value Joule ISO-U	ISO-V	Schichtdicke Lay.-thickness in ym
1	24						61-75
2							54-63
3							55-67

Es wird bestätigt, dass die gelieferten Teile geprüft wurden und den Vereinbarungen bei der Bestellannahme entsprechen.
We here with confirm that the delivered parts were quality checked and are according to our confirmation of your order.
Musterhausen den 21.05.04 W.Mustermann (Der Werksachverständigen / Quality Control)
Diese Prüfbescheinigung ist per EDV erstellt und ohne Unterschrift gültig
This certification has been issued by our EDP-System and is valid without any signature.

Bild 5.15   Beispiel für ein Abnahmeprüfzeugnis 3.1.B nach DIN EN 10204:1995-08 für HV-Schrauben

DIN

Wo Pfitzinger draufsteht, ist Qualität drin

Qualität setzt sich durch. Und wer auch morgen konkurrenzfähig sein will, sollte sich schon heute zertifizieren lassen.
Auf diesem Weg gehören die sieben „Pfitzinger-Specials" von Beuth zu den qualifiziertesten Begleitern. Sie geben Ihnen anschauliche, fachkompetente Unterstützung bei der Einführung, Sicherung und Weiterentwicklung Ihres normkonformen QM-Systems.
Pragmatisch – praktisch – Pfitzinger.

Elmar Pfitzinger
**DIN EN ISO 9000:2000
für Dienstleistungsunternehmen**
Mit CD-ROM zur Selbsteinschätzung
2., überarbeitete Aufl. 2001.
122 S. A5. Brosch.
25,30 EUR / 45,00 CHF
ISBN 3-410-14986-4

Elmar Pfitzinger
**DIN EN ISO 9000:2000
im Handwerk**
Mit CD-ROM zur Selbsteinschätzung
und Musterhandbuch
2., überarbeitete Aufl. 2002.
152 S. A5. Brosch.
34,80 EUR / 62,00 CHF
ISBN 3-410-14988-0

Elmar Pfitzinger
Projekt DIN EN ISO 9001:2000
Vorgehensbeschreibung zur
Einführung eines Qualitätsmanagementsystems
1. Aufl. 2001. 130 S. A5. Brosch.
27,60 EUR / 49,00 CHF
ISBN 3-410-14987-2

Elmar Pfitzinger
**Die Weiterentwicklung zur
DIN EN ISO 9000:2000**
2., überarbeitete Aufl. 2001.
84 S. A5. Brosch.
24,30 EUR / 43,00 CHF
ISBN 3-410-15111-7

Elmar Pfitzinger
**Der Weg von DIN EN ISO 9000 ff.
zu Total Quality Management (TQM)**
2. Aufl. 2002. 130 S. A5. Brosch.
24,30 EUR / 43,00 CHF
ISBN 3-410-15401-9

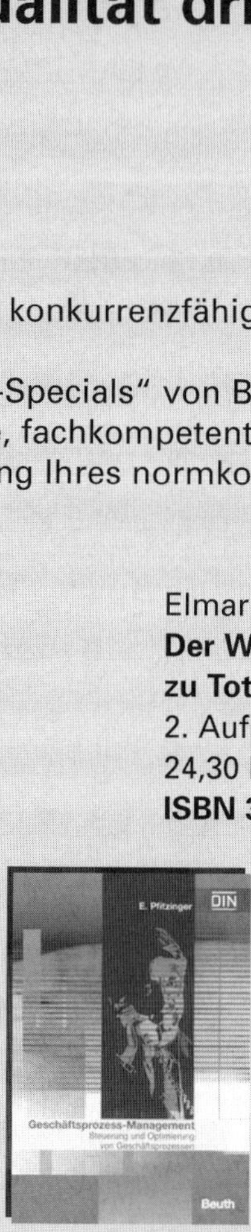

Elmar Pfitzinger
**Geschäftsprozess-
Management**
Steuerung und Optimierung
von Geschäftsprozessen
2., überarbeitete Aufl. 2003.
114 S. A5. Brosch.
22,00 EUR / 39,00 CHF
ISBN 3-410-15610-0

Praxis Qualität
Elmar Pfitzinger
**Qualitätsmanagement
nach DIN EN ISO 9000 ff.
in einer Arztpraxis**
Mit CD zur Selbsteinschätzung
1. Aufl. 2004. 200 S. A5. Brosch.
Preis auf Anfrage
ISBN 3-410-15844-8

Beuth
Berlin · Wien · Zürich

Beuth Verlag GmbH
Burggrafenstraße 6
10787 Berlin
Telefon: 030 2601-2260
Telefax: 030 2601-1260
info@beuth.de
www.beuth.de

Brückenbauwerke im Überblick

Sven Ewert
Brücken
Die Entwicklung
der Spannweiten und Systeme
2002. 249 Seiten,
259 Abbildungen,
36 Tabellen.
Gb., € 49,90* / sFr 75,-
ISBN 3-433-01612-7

Das Werk beschreibt die Entwicklung der wichtigsten Tragstrukturen, zeigt Unterschiede hinsichtlich System, Konstruktion und Montage, geht auf richtungsweisende Schadensfälle ein, verweist auf beteiligte Personen und beschreibt die jeweils am weitesten gespannten Bauwerke mit vielen Bildern, tabellarischen Zusammenstellungen und grafischen Größenvergleichen.

Eine wertvolle, aktuelle Zusammenstellung aller möglichen Brückensysteme, interessant sowohl für Fachleute und für an Brücken interessierte Laien, da das Buch einen aktuellen Überblick über den gesamten Brückenbau gibt.

* Der €-Preis gilt ausschließlich für Deutschland

Ernst & Sohn
Verlag für Architektur und
technische Wissenschaften GmbH & Co. KG

Für Bestellungen und Kundenservice:
Verlag Wiley-VCH
Boschstraße 12
69469 Weinheim
Telefon: (06201) 606-400
Telefax: (06201) 606-184
Email: service@wiley-vch.de

Ernst & Sohn
A Wiley Company

www.ernst-und-sohn.de

Fax-Antwort an +49(0)6201 – 606 - 184

Bitte liefern Sie mir ..... Exemplare
Ewert / **Brücken**, ISBN 3-433-01612-7,
€ 49,90* / sFr 75,-

Name, Vorname		
Firma		
Straße/Nr.		Postfach
Land – PLZ	Ort	

X
Datum/Unterschrift

STAHLWILLE

S|e|n|s|o|t|o|r|k|

Intelligent und sensibel...

...Anzugskräfte kontrollieren und dokumentieren mit
712 R Elektronischer Drehmomentschlüssel
713 R Elektronischer Drehmoment-/ Drehwinkelschlüssel

NEU!

www.stahlwille.de

Auf die Schweißtechnik kommt es an!

Schweißen will gelernt und genormt sein. – Die entsprechenden Technikregeln für die Ausbildung sind beim Beuth Verlag auf zwei CD-ROMs erhältlich:

DIN-DVS-Taschenbuch 361 beschäftigt sich in 20 aktuellen Normen bzw. Norm-Entwürfen mit Begriffen, Qualitätsanforderungen, Schweißerprüfungen, Schweißanweisungen, Schweißverfahrensprüfungen sowie Schweißzusätzen.

DIN-DVS-Taschenbuch 312 behandelt das Thema Widerstandsschweißen; enthalten sind 39 Normen und 6 Norm-Entwürfe für Ausrüstungen, Prüfungen von Schweißverbindungen, Qualitätssicherung und spezielle Verfahrensprüfungen.

DIN-DVS-Taschenbuch 361
Aktuelle schweißtechnische Normen für die Ausbildung, Prüfung und Konformitätsbewertung
Einzelplatzversion
1. Aufl. 2004. 1 CD-ROM.
104,00 EUR / 186,00 CHF
ISBN 3-410-15853-7

DIN-DVS-Taschenbuch 312
Schweißtechnik 9
Auswahl an Normen für die Ausbildung im Bereich Widerstandsschweißen
Einzelplatzversion
1. Aufl. 2004. 1 CD-ROM.
96,00 EUR / 171,00 CHF
ISBN 3-410-15824-3

Die CD-ROMs liefern wir Ihnen auch als Netzwerkversionen.

Beuth Verlag GmbH
Berlin · Wien · Zürich
Burggrafenstraße 6
10787 Berlin
Telefon: 030 2601-2668
Telefax: 030 2601-1268
electronicmedia@beuth.de
www.beuth.de

AuslandsNormen-Service (ANS)

Wir legen Ihnen die ganze Welt der Technik zu Füßen

Normen und andere technische Regeln kommen von überall her, aus aller Herren Länder.

Und Sie alle haben einen Koffer in Berlin: beim **AuslandsNormen-Service (ANS)** des Beuth Verlags.

Der ANS beschafft …

- ASTM · ASME · SAE · API · EIA · IEEE · NEMA · UL 🇺🇸
- NF · UTE 🇫🇷
- SN · SIA 🇨🇭
- BS 🇬🇧
- JIS 🇯🇵
- ÖNORM 🇦🇹

… und alle weiteren Standards aus weltweit über 200 Normungsinstituten sowie die gesamte technische Fachliteratur des Auslands.

Eigenrecherchen unter www.beuth.de sind kostenfrei.

Viele ausländische Dokumente können Sie sich – nach Ihrer Anmeldung unter www.myBeuth.de – sogar direkt auf Ihren PC herunterladen.

Beuth
Berlin · Wien · Zürich

Beuth Verlag GmbH
AuslandsNormen-Service
Burggrafenstraße 6
10787 Berlin
Telefon: 030 2601-2361
Telefax: 030 2601-1801
auslnormen@beuth.de
www.beuth.de

Ein Programm mit System

Transportieren
Sägen
Sägen
Bohren
Ausklinken
Brennen
Stanzen
Scheren

KALTENBACH

HANS KALTENBACH MASCHINENFABRIK GMBH+CO. KG
POSTFACH 1740 · D-79507 LÖRRACH
TELEFON 0 76 21/175-0 · TELEFAX 0 76 21/175-460
WWW.KALTENBACH.DE · SALES@KALTENBACH.DE

6 Fertigung

Vorbemerkung

Die Gliederung dieses Normkapitels folgt im Wesentlichen der europäischen Vornorm ENV 1090-1 [R38]. Nach deutschem Verständnis würden auch die Schweißprozesse und vor allem die Korrosionsschutzmaßnahmen zur Fertigung gehören. Sie werden aber in DIN 18800-7, der ENV 1090-1 folgend, aufgrund ihrer herausragenden Bedeutung gesondert in den Kapiteln 7 und 10 behandelt. Zusammenfassende Abhandlungen zur Fertigung im Stahlbau findet man u. a. in [M14] [M21].

6.1 Identifizierbarkeit von Werkstoffen und Bauteilen

Zu Element 601

Die Forderung nach eindeutiger Identifizierbarkeit aller Bauteile während sämtlicher Fertigungsabschnitte sollte eigentlich eine Selbstverständlichkeit sein. Sie wird umso wichtiger, je mehr unterschiedliche Werkstoffe im Stahlbau eingesetzt werden. Das ist besonders ausgeprägt der Fall, seitdem mit der Änderung und Ergänzung der Anpassungsrichtlinie Stahlbau (Ausgabe Dezember 2001) die Anzahl der stahlbaugeeigneten Werkstoffe erheblich zugenommen hat (vgl. zu Element 501). Deshalb ist es in Zukunft noch mehr als bisher erforderlich, dass alle Stähle und Bauteile während der Fertigung eindeutig identifiziert und ggf. zu den Werkstoffnachweisen rückverfolgt werden können. Auch die schweißtechnische Grundnorm DIN EN 729-3 – diese ist maßgebend für „Standard-Qualitätsanforderungen" bei der Fertigung geschweißter Stahlbauten der Klassen B, C und D (siehe Kap. 13) – weist darauf hin, dass Kennzeichnung und Rückverfolgbarkeit während des gesamten Fertigungsprozesses aufrechtzuerhalten sind.

Sofern ein Betrieb nur **eine** Stahlsorte verwendet – wie dies für Stahlbauten der Klassen A und B häufig der Fall ist –, brauchen selbstverständlich keine besonderen Maßnahmen zur Identifizierbarkeit und Rückverfolgbarkeit der Werkstoffe getroffen zu werden.

Über die Methode der Identifizierbarkeit wurde in Element 601 bewusst keine Aussage gemacht. Dem Betrieb sollen alle Möglichkeiten der Zuordnung und Identifizierbarkeit von Werkstoffen und Bauteilen gestattet werden, so dass er die jeweils für seine Situation effizienteste und kostengünstigste Methode auswählen kann. In Frage kommen Stempelung, Farbbeschriftung (handschriftlich, mit Schablone oder mit Sprühmatrize), Farbmarkierung der verschiedenen Grundwerkstoffe oder nur eines besonderen Werkstoffes (z. B. S355 oder S460). Auch elektronische Hilfsmittel sind ein gangbarer Weg. Bild 6.1 zeigt einige (willkürlich ausgewählte) Beispiele für die vielen Möglichkeiten einer ordnungsgemäßen Kennzeichnung von Stahlhalbzeugen. Die in Bild 6.1d zu sehenden Klebe-Etiketten mit Barcodes, in der Regel im Lager, spätestens jedoch im Zuschnitt angebracht, eignen sich nur als so genannte Fertigungskennzeichnung; spätestens beim Strahlen müssen sie vom Bauteil entfernt werden.

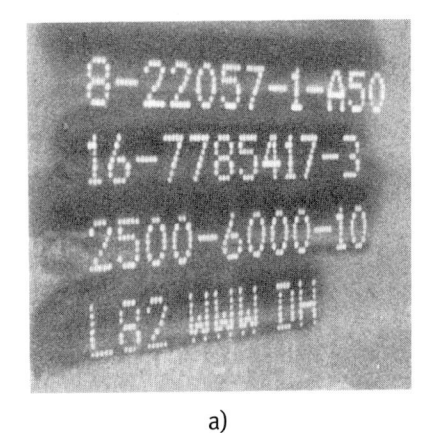

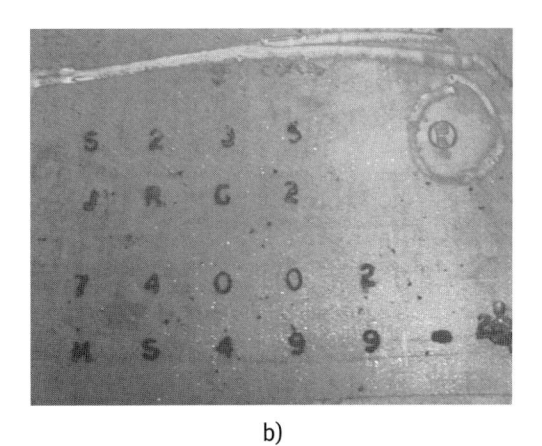

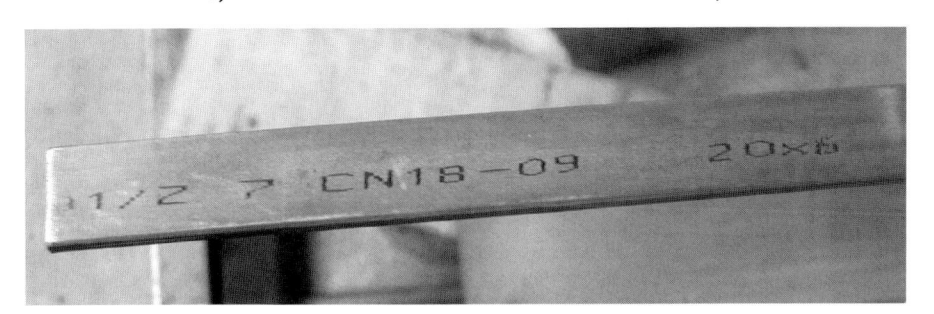

Bild 6.1 Beispiele für die Kennzeichnung von Halbzeugen:
a) Farbbeschriftung einer Blechtafel mit Sprühmatrize, b) Stempelung einer Blechtafel, c) maschinelle Farbbeschriftung eines Flachstahls, d) manuelle Farbbeschriftung und Barcodes an Walzträgern

Es muss an dieser Stelle auf eine Empfehlung im Anhang A1 (2002) zu DIN EN 1011-1, Kapitel 1, hingewiesen werden, wonach **„hartes Stempeln"** vermieden werden sollte. Dort heißt es weiter: *„Wenn es trotzdem angewendet wird, ist der Einsatz in hoch beanspruchten und korrosionsgefährdeten Bauteilen zu vermeiden."* Mit „hoch beansprucht" sind vor allem ermüdungsbeanspruchte Bauteile gemeint. Es sind Schadensfälle bekannt geworden, bei denen ein Ermüdungsriss eindeutig von der durch eine Schlagzahl verursachten Kerbwirkung ausgegangen ist.

Moderne Zuschnittmaschinen mit Prägewerkzeugen haben in der Regel einstellbare Arbeitsdrücke. Die damit erzielte Prägetiefe hat auch etwas mit der späteren „Lesbarkeit" im Zusammenhang mit dem vorgesehenen Korrosionsschutzsystem und dessen Schichtdicke zu tun.

6.2 Schneiden

Zu Element 602

Das Element 602 überlässt dem Hersteller für die Ausführung von Trennschnitten die Entscheidung und die Verantwortung für die Wahl des Schneidverfahrens (z. B. Autogenes Brennschneiden, Plasmastrahlschneiden, Laserstrahlschneiden, Scheren, Stanzen oder Sägen) und für die gewählte Vorgehensweise. Damit sollen die Fertigungskosten minimiert werden. Für die Trennschnitte selbst werden Güteanforderungen definiert, wobei versucht wurde, für die große Zahl vorwiegend ruhend beanspruchter Bauteile Maximalforderungen zu vermeiden, welche die Fertigungskosten unnötig in die Höhe treiben würden. So braucht beispielsweise eine Scher- oder Stanzkante nur „gegebenenfalls" nachgearbeitet zu werden.

⟨602⟩-1 Autogenes Brennschneiden

Das autogene Brennschneiden (Schneiden mit Brenngas und Sauerstoff) ist nach wie vor das im Stahlbau am häufigsten eingesetzte Schneidverfahren. Dabei sind heute neben dem traditionellen manuellen Brennschneiden vor allem halb- und vollautomatische Brennanlagen im Einsatz. Bild 6.2 zeigt einen Brennroboter zum Ausklinken von Walzprofilen.

Bild 6.2 Brennroboter zum Ausklinken von Walzprofilen
(Foto: Kaltenbach Maschinenfabrik, Lörrach)

Für das autogene Brennschneiden sind in Element 602 die Anforderungen der alten DIN 18800-7 übernommen worden. Die vorgeschriebene Mindestgüte II nach DIN EN ISO 9013:1995-05 entspricht der ehemaligen Güte II nach der früheren DIN 2310-3:1987-11 [R10] bzw. DIN 2310-4:1987-09 [R11]. Mit der Formulierung „mindestens" wird deutlich gemacht, dass für bestimmte Anwendungsfälle auch bei vorwiegend ruhender Beanspruchung höhere Güteanforderungen für die Schnittflächen gefordert werden können. Dies muss dann in den Ausführungsunterlagen ausgewiesen werden.

In Tabelle 6.1 ist die Tabelle 2 der DIN EN ISO 9013:1995-05 wiedergegeben, aus der die Einteilung in die Güten I und II der Schnittfläche zu ersehen ist. Die in dieser Tabelle angesprochene Rechtwinkligkeits- und Neigungstoleranz μ sowie zulässige Rautiefe R_{y5} sind den Bildern 6.3 und 6.4 zu entnehmen (Bilder 7 und 8 in DIN EN ISO 9013:1995-05).

Tabelle 6.1 Einteilung der Schnittflächengüte nach DIN EN ISO 9013:1995-05

Güte der Schnittfläche	Rechtwinkligkeits- und Neigungstoleranz μ nach Bild 6.3	Gemittelte Rautiefe R_{y5} nach Bild 6.4
I	Felder 1 und 2	Felder 1 und 2
II	Felder 1 bis 3	Felder 1 bis 3

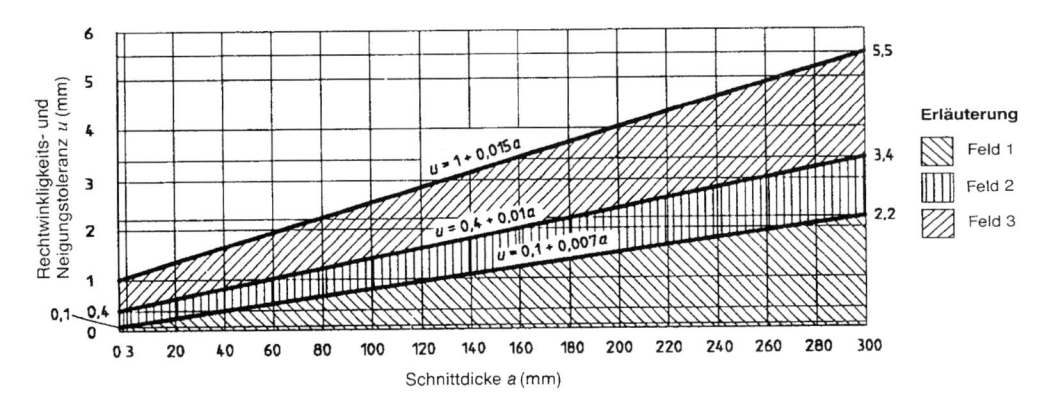

Bild 6.3 Rechtwinkligkeits- und Neigungstoleranz μ nach Bild 7 der DIN EN ISO 9013:1995-05

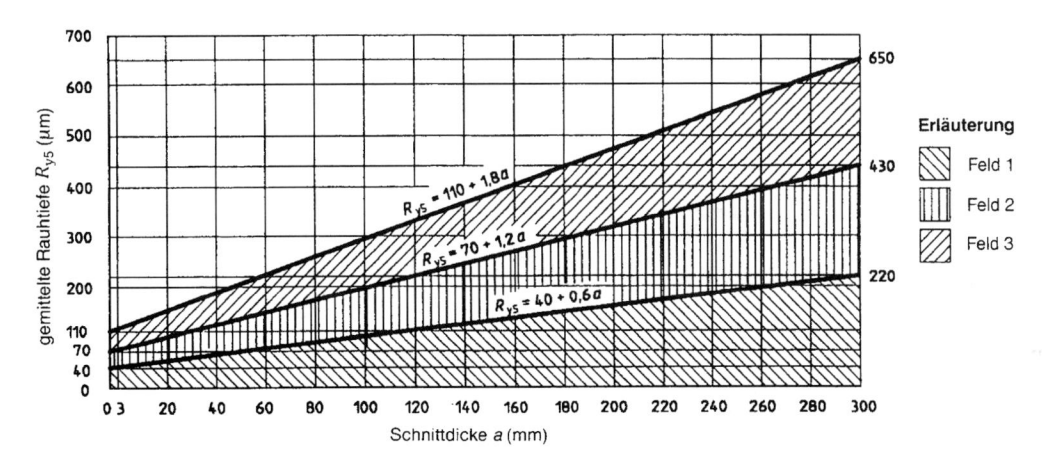

Bild 6.4 Gemittelte Rautiefe R_{y5} nach Bild 8 der DIN EN ISO 9013:1995-05

Die in Element 602 als datierte normative Verweisung (vgl. ⟨201⟩-1) zitierte Ausgabe 1995-05 der DIN EN ISO 9013 ist inzwischen durch die Ausgabe 2003-07 ersetzt worden. Gemäß den Regeln für datierte Verweisungen gelten die Forderungen der Ausgabe 1995-05 zunächst formal weiter. Trotzdem sei hier kurz auf die Unterschiede eingegangen, um Irritationen zu vermeiden. Die neue Ausgabe 2003-07 enthält die Güten I und II nicht mehr explizit. Dafür sind vier Bereiche für die Rechtwinkligkeits- oder Neigungstoleranz μ und fünf Bereiche für die gemittelte Rautiefe R_{z5} (in DIN EN 9013:1995-05 R_{y5} genannt) angegeben, die hier in den Tabellen 6.2 und 6.3 wiedergegeben sind (Tabellen 4 und 5 der neuen DIN EN ISO 9013).

Tabelle 6.2 Rechtwinkligkeits- oder Neigungstoleranz nach DIN EN ISO 9013:2003-07

Bereich	Rechtwinkligkeits- oder Neigungstoleranz μ
1	$0{,}05 + 0{,}003a$
2	$0{,}15 + 0{,}007a$
3	$0{,}40 + 0{,}010a$
4	$0{,}80 + 0{,}020a$
5	$1{,}20 + 0{,}035a$

Tabelle 6.3 Gemittelte Rautiefe R_{z5} nach DIN EN ISO 9013: 2003-07

Bereich	Gemittelte Rautiefe R_{z5} (µm)
1	10 + (0,6a: mm)
2	40 + (0,8a: mm)
3	70 + (1,2a: mm)
4	110 + (1,8a: mm)

Vergleicht man die Tabellen 6.2 und 6.3 einerseits und die Tabelle 6.1 einschließlich der Bilder 6.3 und 6.4 andererseits miteinander, so kann folgender Vergleich gezogen werden (siehe Tabelle 6.4): Die alte Schnittflächengüte I entspricht dem neuen Bereich 3, die alte Güte II dem neuen Bereich 4. In den neuen Bereichen 1 und 2 sind noch schärfere Güteanforderungen definiert worden, die aber für den Stahlbau keine Bedeutung haben.

Tabelle 6.4 Vergleich der Festlegungen zur Schnittflächengüte in der alten und der neuen DIN EN ISO 9013

Güte der Schnittfläche nach DIN EN ISO 9013:1995-05	Bereiche der	
	Rechtwinkligkeits- oder Neigungstoleranz μ	gemittelten Rautiefe R_{z5}
	nach DIN EN ISO 9013:2003-07	
I	1–3	1–3
II	≈ 4	4

⟨602⟩-2 Plasmastrahlschneiden, Laserstrahlschneiden

Element 602 legt für „andere Schneidverfahren" fest, dass sie vergleichbare Gütemerkmale aufweisen müssen. Gemeint waren damit vor allem andere Strahlschneidverfahren, wie das Plasmastrahlschneiden und das Laserstrahlschneiden. Die Festlegung war erforderlich, weil die alte DIN EN ISO 9013:1995-05 nur für das autogene Brennschneiden galt. Die neue DIN EN ISO 9013:2003-07 schließt nun aber zusätzlich zum autogenen Brennschneiden auch die beiden neueren Schneidverfahren mit ein. Deshalb wird der entsprechende Satz des Elementes 602 bei Anwendung der neuen DIN EN ISO 9013:2003-07 überflüssig. Bild 6.5 zeigt eine moderne Plasmaschneidanlage mit Unterwasserschneidkopf (linker Brenner) und konventionellem Schneidkopf (rechter Brenner).

Bild 6.5 Plasmaschneidanlage der Firma Messer Cutting Systems, Groß-Umstadt, mit Schneidköpfen der Firmen Hypertherm und SAF

⟨602⟩-3 **Scheren, Stanzen**

Im Gegensatz zur alten DIN 18800-7 gibt es jetzt keine Forderung mehr hinsichtlich einer maximal zulässigen Blechdicke für gescherte Schnitte und gestanzte Ausklinkungen. Bei entsprechenden Werkzeugen und modernen Maschinen sind heute einwandfreie Scherschnitte und Stanzungen auch über 16 mm Bauteildicke kerb- und rissfrei ausführbar. Sollten jedoch die Schnittflächen Kerben oder Risse aufweisen, müssen sie nachgearbeitet werden, z. B. durch Schleifen. Risse in Schnittflächen sind in der Regel bereits bei einer sorgfältigen Sichtprüfung erkennbar. Bei Zweifeln muss die Sichtprüfung durch eine Oberflächenrissprüfung (Eindringverfahren oder Magnetpulverprüfung) ergänzt werden. Aus Kostengründen empfiehlt es sich, die Werkzeuge von Scheren und Stanzen regelmäßig darauf zu überprüfen, ob die hergestellten Schnitte und Stanzungen noch den Anforderungen entsprechen. Ein manuelles Nacharbeiten der erzeugten Schnittfläche, z. B. durch Schleifen, wird in der Regel unwirtschaftlicher sein als ein rechtzeitiger Werkzeugwechsel oder ein Nacharbeiten des Werkzeuges.

⟨602⟩-4 **Sägen**

Selbstverständlich gehört auch das Sägen zu den für Trennschnitte geeigneten Schneidverfahren. Da es dabei praktisch keine Schnittflächenprobleme gibt, wird es in Element 602 nicht explizit erwähnt. Bild 6.6 zeigt eine klassische robuste Vertikal-Kreissäge im Einsatz.

Bild 6.6 Vertikal-Kreissäge (Foto: Kaltenbach Maschinenfabrik, Lörrach)

Zu Element 603

Wie in der alten 18800-7 gibt es für nicht vorwiegend ruhend beanspruchte Bauteile, mit Rücksicht auf die Ermüdungsgefährdung durch Kerben und Risse, zusätzliche Anforderungen an die Güte der Schnittflächen und an die Nachbearbeitung. Die für autogenes Brennschneiden geforderte Schnittflächengüte I nach DIN EN ISO 9013:1995-05 entspricht – analog zur Güte II (vgl. ⟨602⟩-1) – der ehemaligen Güte I nach DIN 2310-3 bzw. 4. Die Zuordnung der Güte I zur Rechtwinkligkeits- und Neigungstoleranz μ und zur zulässigen Rautiefe R_{y5} kann aus Tabelle 6.1 zusammen mit den Bildern 6.3 und 6.4 ersehen werden. Hinsichtlich der Beziehung zwischen den Ausgaben 1995-05 und 2003-02 der DIN EN ISO 9013 gilt sinngemäß das in ⟨602⟩-1) Gesagte. Daraus folgt auch hier, dass der 2. Satz des 2. Absatzes des Elementes 603 bei Anwendung der neuen DIN EN ISO 9013 überflüssig wird, weil durch sie die „anderen Schneidverfahren" Plasmastrahlschneiden und Laserstrahlschneiden explizit abgedeckt sind.

Die für die Ausführung gescherter Schnitte und gestanzter Ausklinkungen in zugbeanspruchten Bauteilen gewählte Formulierung ist bewusst relativ großzügig gewählt. Mit modernen Werkzeugen und Maschinen ist es durchaus möglich, Schnittflächen herzustellen, die weder beschädigt noch besonders kaltverfestigt sind, wobei dies im Zweifelsfall nachgewiesen werden muss. Werden die Schnittflächen als Nahtfuge für den nachfolgenden Arbeitsgang Schweißen benutzt, kann davon ausgegangen werden, dass mögliche leichte Beschädigungen oder verfestigte Zonen beim Schweißen aufgeschmolzen werden. In diesem Fall ist keine Nacharbeit der gescherten Schnitte vor dem Schweißen erforderlich. Somit müssen vor allem Blechkanten, die nicht Bestandteile einer Nahtfuge sind, sorgfältig hergestellt und ggf. nachgearbeitet werden, da sonst verbleibende Kerben bei nicht vorwiegend ruhend beanspruchten Bauteilen Auslöser von Rissen sein können.

Aus Korrosionsschutzgründen ist es wichtig, dass die Kanten der bearbeiteten Flächen entgratet werden, da sonst eine gleichbleibende Schichtdicke des nachfolgenden Korrosionsschutzes nicht erreicht werden kann. Ebenso wichtig ist es, Schmier- und Kühlstoffe rückstandsfrei zu entfernen.

6.3 Formgebung, Wärmebehandlung und Flammrichten

Zu Element 604

Da – wie zu Element 501 ausgeführt – einerseits die Palette der im Stahlbau einsetzbaren Werkstoffe in DIN 18800-7 vergrößert worden ist, andererseits aber einige der neuen Werkstoffe ihre Festigkeiten durch Mikro-Legierungselemente oder spezielle Techniken beim Walzen erhalten, kommt diesem Element eine besondere Bedeutung zu. Es verbietet nicht generell das Umformen (Kalt- oder Warmumformen), eine Wärmebehandlung oder das Flammrichten. Aber es weist deutlich darauf hin, dass dadurch die Werkstoffeigenschaften nicht **unzulässig** verändert werden dürfen.

Vor allem für die **Warmumformung** (siehe Bild 6.7) und die Wärmebehandlung sind die entsprechenden Vorgaben und Empfehlungen der maßgebenden Werkstoffvorschriften und/oder -richtlinien (z. B. des Herstellers oder der entsprechenden Werkstoffnorm) zu beachten. Es wird explizit auf das Stahl-Eisen-Werkstoffblatt SEW 088 (derzeitige Ausgabe 1993-10) verwiesen. Dieses enthält ausführliche Hinweise für Vorgaben zum Zeit- und Temperaturverlauf beim Spannungsarmglühen sowie Angaben zu den Temperaturen beim Flammrichten und ist deshalb den Normen DIN EN 1011-1 und -2 vorzuziehen, die in ihrer derzeitigen Ausgabe nur allgemeine Angaben enthalten. Das Vorwärmen vor dem Schweißen (siehe zu Element 709) zählt nicht zur Wärmebehandlung im Sinne des Elementes 604.

Bild 6.7 Warmgeformte Rohrprofile (Foto: ZIS Meerane)

Umformen im Blauwärmebereich (250 °C bis 380 °C) und Abschrecken sind gemäß Element 604 generell verboten, weil die Stähle sich in diesem Temperaturbereich relativ spröde verhalten und Risse (bzw. sogar Sprödbrüche) entstehen könnten. Ebenfalls nicht zulässig ist das Warmumformen von Stählen im Lieferzustand M, weil dadurch die durch den thermomechanischen Walzvorgang erzeugte Festigkeit in der Regel verloren gehen würde. Deshalb ist es auch unbedingt erforderlich, dass dem Verarbeiter der Lieferzustand des jeweiligen Grundwerkstoffes bekannt ist (vgl. zu Element 509).

Was das **Flammrichten** betrifft, so kann es heute bei allen ferritischen Werkstoffen, die im Stahlbau eingesetzt werden dürfen, angewendet werden (siehe Bild 6.8). Dabei stellen aber vergütete Feinkornbaustähle ein besonderes Problem dar. Deshalb war es auch richtig, nur die Feinkornbaustähle S460 in den Lieferzuständen N und M in die Anpassungsrichtlinie Stahlbau (Ausgabe 2001) aufzunehmen (vgl. zu Element 501). Stähle im Lieferzustand M können zwar durchaus gerichtet werden, aber nur unter besonderen Bedingungen, die in jedem Fall mit den Herstellervorschriften und Werkstoffnormen abzugleichen sind.

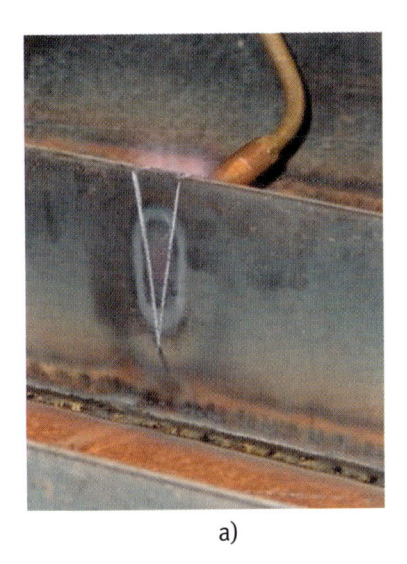

a)   b)   c)

Bild 6.8   Flammrichten eines T-Blechstoßes mit Wärmekeil:
a) Beginn des Anwärmens, b) Anwärmphase, c) Ende des Anwärmens

Lochen   6.4

Zu Element 605 und Tabelle 2

Tabelle 2 enthält klare Aussagen über die Herstellung von Löchern. Dabei gelten als Kriterien die Blech-/Profildicke (≤ 16 mm oder > 16 mm) und die Beanspruchungsart (vorwiegend ruhend oder nicht vorwiegend ruhend, Druck oder Zug).

Aus der Tabelle ist zunächst zu entnehmen, dass **Bohren und maschinelles Brennen** als gleichwertige Verfahren eingestuft werden – vorausgesetzt, beim maschinellen Brennen werden die geforderten Brennschnittgüten nach DIN EN ISO 9013:1995-05 erreicht. Gefordert wird, in Abhängigkeit von den oben genannten Kriterien, Güte I oder II. Zur Definition dieser Güten vgl. ⟨602⟩-1. Bild 6.9 zeigt eine moderne Bohr-Brenn-Maschine („Blechbearbeitungszentrum" für den Stahl- und Anlagenbau) im Brenneinsatz.

Ein **manuelles Brennen** von Löchern ist im Stahlbau grundsätzlich nicht zulässig. Dies muss besonders beachtet werden, wenn bei Baustellenarbeiten Passungenauigkeiten auftreten – eine Situation, in der Monteure bekanntlich schnell mit dem Brenner zur Hand sind.

Das **Stanzen** von Löchern (siehe Bild 6.10) ist, wie man Tabelle 2 DIN 18800-7 entnehmen kann, nur zulässig, wenn die zu erwartende Beanspruchung vorwiegend ruhend ist – bei Bauteildicken $t > 16$ mm mit der zusätzlichen Einschränkung, dass es sich um vorwiegend ruhenden Druck oder Biegedruck handeln muss. Dabei darf der Lochdurchmesser aber nicht kleiner als die Dicke sein, d. h., das Stanzen von Löchern mit $d < t$ ist grundsätzlich unzulässig. Bei nicht vorwiegend ruhender Beanspruchung sowie für Bauteildicken $t > 16$ mm auch bei vorwiegend

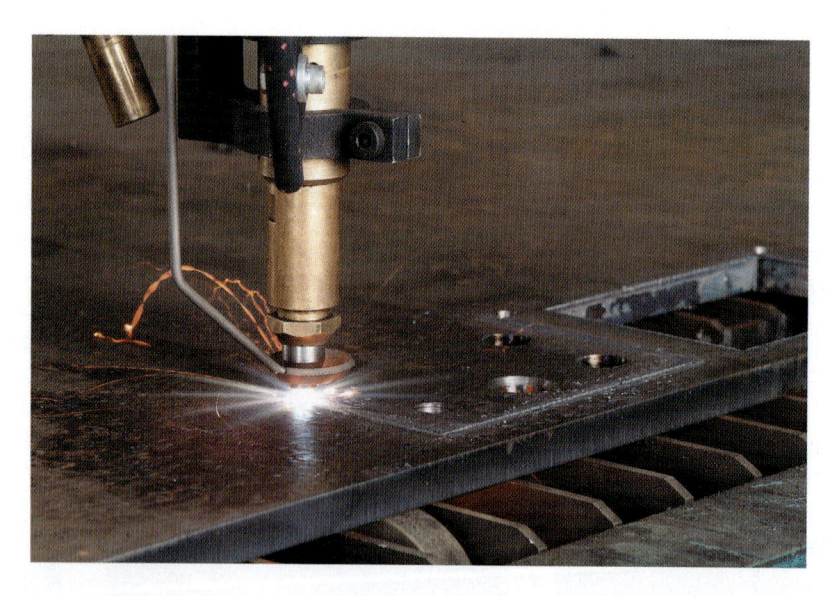

Bild 6.9 Brennaggregat mit automatischer Höhenabtastung an einer Bohr-Brenn-Maschine (Foto: Kaltenbach Maschinenfabrik, Lörrach)

ruhender Zug- oder Biegezugbeanspruchung müssen gestanzte Löcher um mindestens 2 mm aufgerieben werden. Diese Abhängigkeit der Lochherstellung von der Art der Beanspruchung ist erforderlich, weil an einem gestanzten Lochrand stets kleinste Anrisse vorhanden sind, die – zusammen mit der ebenfalls unvermeidbaren örtlichen Werkstoffaufhärtung – zu frühzeitigen Spröd- oder Ermüdungsbrüchen führen können. Der gestörte Bereich um das Stanzloch herum wird durch das Aufreiben entfernt. Das Aufreiben entspricht dem Nacharbeiten gescherter Schnitte und gestanzter Ausklinkungen (vgl. zu Element 603).

Sollen ausnahmsweise Bauteile mit nicht nachträglich aufgeriebenen, gestanzten Löchern als nicht vorwiegend ruhend beanspruchte SLP-Verbindungen eingesetzt werden, und zwar in feuerverzinkter Ausführung, so überlagern sich die ermüdungsschädigenden Wirkungen des Stanzens und des Feuerverzinkens. Nach neueren Untersuchungen [A30] ist in einem solchen Fall unter Umständen eine Verbesserung des Ermüdungsverhaltens dadurch erreichbar, dass man den Werkstoffbereich um den Lochrand herum unter Druckvorspannung in Dickenrichtung bringt (im Sinne einer SLVP-Verbindung); im konkreten Fall wäre das aber durch eine Verfahrensprüfung nachzuweisen.

Bild 6.10 Vertikale Lochstanzeinheit einer Stanz-Scher-Maschine (Foto: Kaltenbach Maschinenfabrik, Lörrach)

Zu Element 606

Das Brechen außenliegender Lochränder ist – obwohl in Element 606 explizit nur für nicht vorwiegend ruhend beanspruchte Bauteile gefordert – vor allem aus Gründen des Korrosionsschutzes erforderlich. An einem Lochrand mit Grat kann sich keine gleichmäßige Schichtdicke ausbilden (Stichwort: „Kantenflucht"). Deshalb müssen Schrauben- und Nietlöcher in nicht vorwiegend ruhend beanspruchten Bauteilen generell gratfrei sein, darüber hinaus aber auch, um ein sattes Anliegen der Bauteile zu ermöglichen und die Verbindungsmittel (Schrauben oder Niete) nicht zu beschädigen. Es muss aber darauf hingewiesen werden, dass das Entgraten so erfolgen muss, dass der Lochrand nach dem Entgraten immer noch relativ scharfkantig ist (Radius $r \leq 1$ mm), um die Tragfähigkeit der Schraubenverbindung voll zu erhalten.

Ausschnitte 6.5

Zu Element 607

Aus Gründen der Kerbfreiheit müssen einspringende Ecken und Ausklinkungen mit einem Radius von mindestens $r = 5$ mm ausgerundet werden. Beispiele für die Detailausbildung einer einspringenden Ecke sind in Bild 6.11 wiedergegeben. Die Form A ist vor allem zu verwenden, wenn der Ausschnitt durch maschinelles Brennschneiden erzeugt werden soll. Beim Einsatz manuellen Brennschneidens für das Herstellen des Ausschnittes verhindert das vorherige Einbringen eines Loches mit dem Durchmesser $2r$ (Form B), dass das Bauteil durch Kerben geschädigt wird, etwa aufgrund eines zu lang geratenen Brennschnittes.

Zu Element 608

Bei nicht vorwiegend ruhend beanspruchten Bauteilen wurde der Mindestradius für einspringende Ecken und Ausklinkungen auf $r = 8$ mm erhöht, um die Gefahr von „Verletzungen" des Bauteils noch zuverlässiger zu vermeiden als bei vorwiegend ruhend beanspruchten Bauteilen nach Element 607. Der größere Radius ist außerdem ein günstigerer ermüdungstechnischer Kerbfall für die Konstruktion.

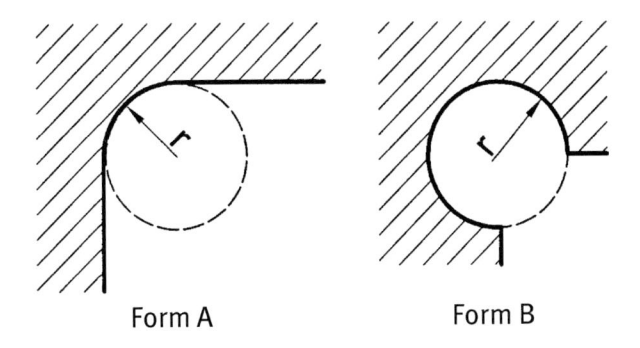

Form A   Form B

Bild 6.11 Einspringende Ecken nach DIN V ENV 1090-1 [R38]

Planen - Bemessen - Ausführen

Bauingenieur-Praxis

Meister, J.
Nachweispraxis Biegeknicken und Biegedrillknicken
Einführung, Bemessungshilfen, 42 Beispiele für Studium und Praxis
Reihe: Bauingenieur-Praxis
2002. XV, 420 Seiten, 203 Abbildungen, 40 Tabellen. Broschur.
€ 55,-* / sFr 81,-
ISBN 3-433-02494-4

Biegeknicken und Biegedrillknicken sind in vielen Fällen die maßgebenden Versagensformen bei der Bemessung von Stäben, Stabzügen und Stabwerken aus dünnwandigen offenen Profilen. Das Buch erklärt die Möglichkeiten und die Art und Weise der Nachweisführung. Mit vollständig durchgerechneten Beispielen!

Kindmann, R. / Stracke, M.
Verbindungen im Stahl- und Verbundbau
Reihe: Bauingenieur-Praxis
2003. XII, 438 Seiten,
325 Abbildungen, 70 Tabellen.
Broschur.
€ 55,-* / sFr 81,-
ISBN 3-433-01596-1

Für die Planungspraxis von Ingenieuren faßt das vorliegende Buch die wichtigsten Verbindungstechniken für den Stahl- und Verbundbau sowie weitere Verbindungsarten des Bauwesens zusammen. Ein einzigartiges, bisher vergeblich gesuchtes Buch in der Baufachliteratur.

Ernst & Sohn
Verlag für Architektur und
technische Wissenschaften GmbH & Co. KG

Für Bestellungen und Kundenservice:
Verlag Wiley-VCH
Boschstraße 12
69469 Weinheim
Telefon: (06201) 606-400
Telefax: (06201) 606-184
Email: service@wiley-vch.de

Ernst & Sohn
A Wiley Company

www.ernst-und-sohn.de

Kalender: aktuell und umfassend

Bergmeister, K. / Wörner, J.-D. (Hrsg.)
Beton-Kalender 2004
2003. 1100 Seiten, 836 Abbildungen, 239 Tabellen. Gebunden.
€ 159,-* / sFr 235,-
Serienpreis: € 139,-* / sFr 205,-
ISBN 3-433-01668-2

Schwerpunktthema 2004: Brücken und Parkhäuser. Begleitend zur Umstellung im Brückenbau auf neue Normen bringt der Beton-Kalender 2004 Grundsätzliches und Neues zum Thema Brückenbau. Das zweite Schwerpunktthema sind Parkhäuser. In einem grundsätzlichen Beitrag werden Bauwerkstypen und Bauweisen sowie deren Ausführung als Tief- oder Hochgaragen vorgestellt. Ein besonderer Beitrag befaßt sich mit dauerhaften Betonen, die auch bei Parkhäusern eine wichtige Rolle spielen.

Kuhlmann U. (Hrsg.)
Stahlbau-Kalender 2004
Reihe: Stahlbau-Kalender (Band 2004)
2004. 802 Seiten,
589 Abbildungen, Gebunden.
€ 129,-* / sFr 190,-
ISBN 3-433-01703-4

Der Stahlbau-Kalender ist ein Wegweiser für die richtige Berechnung und Konstruktion im gesamten Stahlbau mit neuen Themen in jeder Ausgabe. Er dokumentiert und kommentiert verläßlich den aktuellen Stand des deutschen Stahlbau-Regelwerkes. Neben DIN 18800-1 und -2 gibt es in diesem Jahrgang die DASt-Richtlinie 019 "Brandsicherheit von Stahl- und Verbundbauteilen in Büro- und Verwaltungsgebäuden". Schwerpunkt der neuen Ausgabe sind schlanke Tragwerke. Herausragende Autoren vermitteln Grundlagen und geben praktische Hinweise für Konstruktion und Berechnung von schlanken Stabtragwerken, Antennen und Masten, Traggerüsten, Radioteleskopen und Trägern mit profilierten Stegen. Zusammen mit aktuellen Beiträgen über Schweißen und Membrantragwerke komplettiert der neue Jahrgang des Stahlbau-Kalenders die Stahlbau-Handbuchsammlung für jedes Ingenieurbüro. Das aktuelle Rechtsthema: Sicherheitsleistung durch Bürgschaften und ihre Kosten.

Irrtum und Änderungen vorbehalten. * Der €-Preis gilt ausschließlich für Deutschland

KÖCO-Kopfbolzen

- Perfekter Verbund zwischen Stahl und Beton
- Hohe Wirtschaftlichkeit in Konstruktion und Ausführung durch Gewichtsersparnis, schlanke Bauweise, hohen Vorfertigungsgrad
- Erhebliche Verringerung von Bauzeit und Baukosten
- Hohe Tragfähigkeit in beliebigen Richtungen bei Stahleinbauteilen durch formschlüssige Verankerung
- Erhebliche Traglaststeigerung durch zusätzliche Bewehrung

KÖCO-Gewindebolzen

- Vollflächige Verschweißung des Befestigungsmittels mit dem Stahleinbauteil
- Keine Bohr- oder Stanzarbeit
- Kraftübertragung in beliebigen Richtungen
- Viele unterschiedliche Abmessungen und Typen ab Lager lieferbar

KÖCO
KÖSTER & CO

Eigene Bolzenherstellung seit über 50 Jahren

- Sicherheit durch internationale Normung und bauaufsichtliche Zulassung
- Übereinstimmung mit den Anforderungen der Bauregelliste (BRL)
- Perfektes Bolzenschweißen mit innovativen KÖCO-Bolzenschweißgeräten

FORDERN SIE WEITERE INFORMATIONEN AN !

Köster & Co. GmbH
Spreeler Weg 32
D-58256 Ennepetal
Tel   +49 2333 8306-0
Fax +49 2333 830638
koeco@bolzenschweisstechnik.de

NELSON®
BOLZENSCHWEISSEN

Allgemeine bauaufsichtliche
Zulassung Z - 21.5 - 82
Europäische Technische Zulassung
ETA - 03/0041 & ETA - 03/0042

Bolzenschweißen im Stahlverbundbau

**NELSON Bolzenschweiß-Technik
GmbH & Co. KG**

Flurstraße 7 - 19
D-58285 Gevelsberg
Tel.: 02332.661-0
Fax: 02332.661-165
eMail: info@nelson-europe.de
www.nelson-europe.de

Nelson – Kompetenz weltweit:
Großprojekte wie
- das Guggenheimmuseum in Bilbao
- die Öresundbrücke zwischen Schweden und Dänemark
- die Neugestaltung der alten Hafenanlage im Londoner Eastend

stehen für die Qualität und Zuverlässigkeit unserer Produkte.

Management in allen Größen:
QM, UM, XM

Das Qualitätskonzept

Teil A
Anwendungshilfen und Sammlung der übergreifenden Normen zum Qualitätsmanagement und zum Umweltmanagement
- Beschreibung von über 100 branchen- und produktunabhängigen Normen

Teil B/C
Normensammlung Qualitätsmanagement und Zertifizierungsgrundlagen, Normensammlung Statistik
- alle Normen der Reihe DIN EN ISO 9000 ff.

Teil D
Normensammlung Umweltmanagement
- alle Normen der Reihe DIN EN ISO 14001 ff. + Öko-Audit-Verordnung

Teil E
Normensammlung Weitere Managementaspekte
- Normen zur Projektwirtschaft und zum Value Management

Das umfangreiche Loseblattwerk von Klaus Graebig, Autor und „Qualitätsexperte" aus dem Hause DIN, hat sich qualitativ und normgerecht als feste Größe in der Welt der Managementsysteme etabliert.

Die vierteilige Sammlung bietet Ihnen alle grundlegenden **Normen, Kommentare** sowie **viele weitere Hilfen**, die Sie bei der Einführung und Verbesserung Ihres Q-, U- oder X-Managementsystems praxisbezogen unterstützen.

Je nach Interessenlage oder Unternehmensorientierung können Sie aus dem modular aufgebauten, differenzierten Angebot der Teile A, B/C, D und E auswählen.

Sie entscheiden selbst über die Größe – und damit auch den Preis – Ihres Grundwerks, z. B.:

Loseblattwerk
Klaus Graebig
Qualitätsmanagement – Statistik – Umweltmanagement
Teil A, Teil B/C, Teil D und Teil E
Anwendungshilfen und Normensammlungen
Gesamtwerk
2003. 3174 S. A4. 7 Ordner.
Mit CD-ROM:
DIN EN ISO 9000 ff. Qualitätsmanagement – Dokumentensammlung.
259,00 EUR / 461,00 CHF
ISBN 3-410-15545-7

Nur im Abonnement! Es erscheinen ca. 2 Ergänzungslieferungen pro Jahr.

Fordern Sie Ihre ausführliche und kostenlose Produktinformation an:

Telefon: 030 2601-2240
Telefax: 030 2601-1724
werbung@beuth.de

Beuth Verlag GmbH
Burggrafenstraße 6
10787 Berlin
aboservice@beuth.de
www.beuth.de

kompetenter Partner für Überwachungen

- **Schweißen**
- **Beschichten**

- Betriebszulassungen
  - Metallbau
  - Schienenfahrzeugbau
- Beratungen
- Materialprüfung
- akkreditiertes Prüflabor
- Verfahrenstechnik
- Ausbildung
  - theoretische Ausbildung
  - praktische Ausbildung

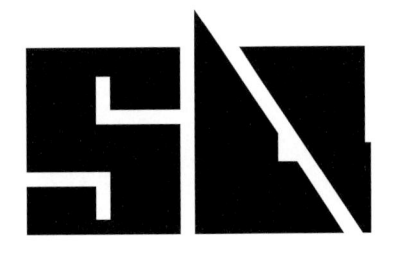

Schweißtechnische
Lehr- und Versuchsanstalt
Mannheim GmbH
Käthe-Kollwitz-Straße 19
68169 Mannheim

Tel.: 0621 – 30 04-0
Fax: 0621 – 30 40 91
E-Mail: info@slv-mannheim.de
Internet: www.slv-mannheim.de

Handbuch und Konstruktionsatlas für das Bauen mit dünnwandigen Profilen aus Stahl und Aluminium

Das Bauen mit dünnwandigen Profilen aus Stahl und Aluminium ist aus dem Wirtschaftshochbau nicht mehr wegzudenken. Entwurf, Konstruktion, Berechnung sowie Montage dieser Bauteile setzen eine genaue Kenntnis der Funktionsweise und der Tragfähigkeit voraus.

Ralf Möller, Hans Pöter, Knut Schwarze
Planen und Bauen mit Trapezprofilen und Sandwichelementen
Band 1: Grundlagen, Bauweisen, Bemessung mit Beispielen
2004. 463 S., 208 Abb.
Gebunden.
€ 89,-* / sFr 131,-
ISBN 3-433-01595-3

Ralf Möller, Hans Pöter, Knut Schwarze
Planen und Bauen mit Trapezprofilen und Sandwichelementen
Band 2: Konstruktionsatlas
2005. Ca. 250 S., ca. 250 Abb.
Gebunden.
Ca. € 79,-* / sFr 116,-
ISBN 3-433-02843-5

Band 1 erläutert die Herstellung und den Aufbau der Bauelemente, die verwendeten Baustoffe und die erforderlichen Berechnungen und Bemessungen. Mit zahlreichen Abbildungen und Beispielen werden die Grundlagen der Bauweise und das für die Planungs- und Ausführungspraxis erforderliche Know-how vermittelt.

Beim Entwurf und der Ausführungsplanung sind die Besonderheiten von Trapezprofilen und Sandwichelementen hinsichtlich Montage, bauphysikalischem Verhalten sowie Tragverhalten zu berücksichtigen. Dieser Konstruktionsatlas gibt mit zahlreichen Detaildarstellungen Planungs- und Qualitätssicherheit, insbesondere hinsichtlich des Wärme- und Feuchteschutzes.

Ernst & Sohn
Verlag für Architektur und technische Wissenschaften GmbH & Co. KG

Für Bestellungen und Kundenservice:
Verlag Wiley-VCH
Boschstraße 12
69469 Weinheim
Telefon: (06201) 606-400
Telefax: (06201) 606-184
Email: service@wiley-vch.de

Ernst & Sohn
A Wiley Company
www.ernst-und-sohn.de

* Der €-Preis gilt ausschließlich für Deutschland
000124016_my Irrtum und Änderungen vorbehalten.

7 Schweißen

Vorbemerkung

Das inzwischen ausgereifte europäische Regelwerk zur Schweißtechnik ermöglichte es, den normativen Text in DIN 18800-7 zum Schweißen, insbesondere zur Vorbereitung und Ausführung der Schweißarbeiten, sehr kurz zu halten – sogar kürzer als in der alten DIN 18800-7! Es wird auf die wesentlichen schweißtechnischen Regelwerke verwiesen, und es wird auf einige Besonderheiten des Stahlbaus, die u. a. mit den schwierigeren Schweißarbeitsbedingungen – insbesondere auf Baustellen – zusammenhängen (siehe Bild 7.1), eingegangen. Die nachfolgende Kommentierung versucht, die wesentlichen Inhalte und Ziele der genannten schweißtechnischen Regelwerke zu skizzieren und so dem Anwender von DIN 18800-7 eine Hilfestellung beim Einstieg in die schweißtechnischen Randbedingungen des Stahlbaus zu geben. Ausführlichere aktuelle Darstellungen zum Schweißen im Stahlbau, insbesondere auch im bauaufsichtlichen Bereich, findet der Leser in [M1] und [M2].

Bild 7.1 Schweißen auf einer Brückenbaustelle

7.1 Voraussetzungen zum Schweißen

7.1.1 Schweißanweisung (WPS)

Zu Element 701 und Tabelle 3

Durch die Aufnahme der Normreihe DIN EN 729 „Schweißtechnische Qualitätsanforderungen" in die Stahlbau-Ausführungsnorm DIN 18800-7 war es erforderlich, auch Regelungen zur Schweißanweisung (**W**elding **P**rocedure **S**pecification – WPS) in die Norm einzuarbeiten. In Deutschland war im Stahlbau in der Vergangenheit eine dokumentierte Schweißanweisung nur beim Vorliegen von Verfahrensprüfungen für vollmechanische oder automatische Schweißverfahren sowie beim Schweißen von Feinkornbaustählen mit Streckgrenzen $R_e > 355$ N/mm² verwendet worden.

Bevor auf Einzelheiten der WPS eingegangen wird, sei zunächst darauf hingewiesen, dass seit Erscheinen der DIN 18800-7 die dort undatiert aufgeführte achtteilige Normreihe DIN EN 288-1 bis -8 durch die neue Normreihe DIN EN ISO 15607 bis 15614 [R84-96] ersetzt wurde. Nach den Regeln für undatierte Verweisungen (vgl. ⟨201⟩-1) ist also jetzt im Anwendungsbereich von DIN 18800-7 überall dort, wo auf einen Teil der DIN EN 288 verwiesen wird, die entsprechende neue DIN EN ISO 156.. anzuwenden. Der gesamte nachfolgende Kommentartext berücksichtigt bereits die neue Normreihe.

⟨701⟩-1 Zweck, Form und Inhalt einer Schweißanweisung (WPS)

Nach den Festlegungen der neuen DIN EN ISO 15607 [R84] muss die Schweißanweisung (WPS) in dokumentierter Form (schriftlich oder elektronisch) vorliegen. Bild 7.2 zeigt das Muster einer Schweißanweisung (WPS). Die WPS muss am Arbeitsplatz des Schweißers vorhanden sein, damit er sich über die erforderlichen Schweißparameter und sonstigen Anforderungen informieren kann. Eine WPS kann jeweils für einen bestimmten festgelegten Dickenbereich gelten. Es ist auch möglich, darüber hinaus noch detailliertere Arbeitsanweisungen für jede Blechdicke eines Bauteils zu erstellen. Dies ist jedoch bei den Schweißprozessen, die üblicherweise im Stahlbau eingesetzt werden, in der Regel nicht erforderlich.

Schweißanweisung (WPS) Nr.: 2003 007-1

Ort: **Duisburg**
Beleg Nr: **0236 / 007**
WPAR Nr: **2003 007**
Schweißprozess: **111, Lichtbogenhandschweißen**
Nahtart: **BW (Stumpfnaht)**

Schweißverfahren des Herstellers: **Fa. Mustermann**
Art der Vorbereitung und Reinigung: **mechan. trennen und schleifen**
Spezifikation des Grundwerkstoffs: **S235JRG2 nach DIN EN 10025**
Werkstückdicke: **10 mm**
Außendurchmesser: - - - - -
Schweißposition: **PA**

Einzelheiten der Fugenvorbereitung (Zeichnung) *):

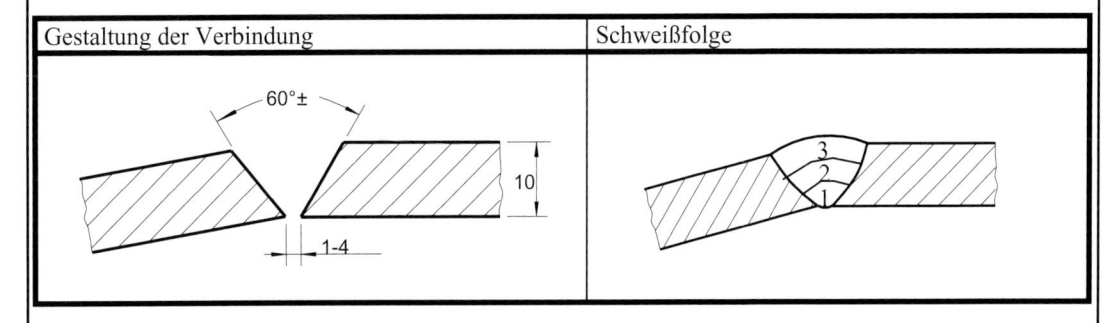

Gestaltung der Verbindung	Schweißfolge

Einzelheiten für das Schweißen:

Schweiß-raupe	Prozess	Durchmesser des Zusatz-werkstoffes	Strom-stärke (A)	Spannung (V)	Stromart/ Polung	Draht-vorschub (m/min)	Vorschub-geschw.	Wärmeein-bringung
1	111	2,5	65 - 75	22-25	= / +	--	--	--
2	111	3,25	90 – 110	27-30	= / +	--	--	--
3	111	3,25	90 – 110	27-30	= / +	--	--	--

Schweißzusatz:
    -Bezeichnung und Markenname: **EN 499 – E 38 2 RB 12**
Sondervorschriften für Trocknung: ----
Schutzgas/Schweißpulver
    -Schutzgas: ----
    -Wurzelschutz: - ----
Gasdurchflußmenge
    -Schutzgas: ----
    -Wurzelschutz: - ----
Wolframelektrodenart/Durchmesser: ----
Einzelheiten über Ausfugen/Schweißbadsicherung:
Vorwärmtemperatur: RT
Zwischenlagentemperatur: 250°C

Weitere Informationen*):
    z.B. Pendeln (maximale Raupenbreite) ----
    Pendeln: Amplitude, Frequenz ----

    Einzelheiten für das Pulsschweißen ----
    Kontaktdüsenabstand / Werkstück ----
    Einzelheiten für das Plasmaschweißen ----
    Brenneranstellwinkel ----

Wärmenachbehandlung und/oder Aushärten:
Zeit, Temperatur, Verfahren: ----
Erwärmungs- und Abkühlrate: ----

Hersteller
Karl Mustermann , 01.12.2003
Name, Datum und Unterschrift

Bild 7.2 Muster einer Schweißanweisung (WPS)

Eine WPS, die auf der Basis einer der in ⟨701⟩-3 genannten Möglichkeiten der Qualifizierung erstellt wurde, kann für alle Aufträge verwendet werden, für die sie geeignet ist. Sie muss also nicht bei jedem Auftrag neu erstellt werden.

⟨701⟩-2 Qualifizierung einer vorläufigen Schweißanweisung (pWPS)

Eine vorläufige Schweißanweisung (**p**reliminary **W**elding **P**rocedure **S**pecification – pWPS) ist eine Schweißanweisung, von welcher der Benutzer annimmt, dass mit den in ihr enthaltenen schweißtechnischen Angaben die geforderten Anforderungen für die Schweißverbindung erfüllt werden können. Die pWPS muss nach bestimmten Verfahren qualifiziert und zur endgültigen WPS weiterentwickelt werden. Die Philosophie der neuen Normreihe DIN EN ISO 15607 bis 15614 für diesen Qualifizierungsprozess ist in der Tabelle B.1 im Anhang B der DIN EN ISO 15607 enthalten; diese ist hier als Tabelle 7.1 wiedergegeben.

Tabelle 7.1 Verschiedene Stufen für die Qualifizierung von Schweißverfahren (Tabelle B.1 der DIN EN ISO 15607)

Tätigkeit	Ergebnis	Beteiligte Partner
Entwicklung des Verfahrens	pWPS	Hersteller
Qualifizierung durch ein Verfahren	WPQR[1]) einschließlich des Gültigkeitsbereiches der entsprechenden Norm für die Qualifizierung	Hersteller und, wenn zutreffend, Prüfer/Prüfstelle
Endgültige Festlegung des Verfahrens	WPS aufgrund dieses WPQR [1])	Hersteller
Freigabe für die Fertigung	Kopie der WPS oder Arbeitsanweisung	Hersteller
[1]) Abkürzung WPQR siehe ⟨701⟩-5		

Die Norm DIN EN ISO 15607 kennt fünf Möglichkeiten der Qualifizierung (früher als „Anerkennung" bezeichnet, siehe ⟨701⟩-3) von vorläufigen Schweißanweisungen (pWPS):

- Qualifizierung aufgrund des Einsatzes geprüfter Schweißzusätze
  nach DIN EN ISO 15610 (ehemals DIN EN 288-5),
- Qualifizierung aufgrund vorliegender schweißtechnischer Erfahrung
  nach DIN EN ISO 15611 (ehemals DIN EN 288-6),
- Qualifizierung aufgrund eines Standardschweißverfahrens
  nach DIN EN ISO 15612 (ehemals DIN EN 288-7),
- Qualifizierung aufgrund einer vorgezogenen Arbeitsprüfung
  nach DIN EN ISO 15613 (ehemals DIN EN 288-8),
- Qualifizierung aufgrund einer Schweißverfahrensprüfung
  nach DIN EN ISO 15614-1 (ehemals DIN EN 288-3).

Im informativen Anhang C der DIN EN ISO 15607 ist ein Flussdiagramm für die Entwicklung und Qualifizierung einer vorläufigen Schweißanweisung (pWPS) enthalten, in dem die vorgenannten fünf Qualifizierungsmöglichkeiten ebenfalls aufgeführt sind; es ist hier als Bild 7.3 wiedergegeben.

Anhang C
(informativ)

Flussdiagramm für die Entwicklung und Qualifizierung einer WPS

```
                    Anwendung der        nein
                    WPS gefordert?  ─────────►  Kein weiteres Vorgehen
                         │
                       ja▼
                                         ja
                    Ist eine anwendbare  ─────────────────────┐
                    WPS verfügbar?                            │
                         │                                    │
                       nein▼                                  │
                                                              │
                    Entwicklung einer pWPS                    │
                         │                                    │
                         ▼                                    │
          Qualifizierung der pWPS entsprechend den Anforderungen
```

Qualifizierung aufgrund geprüfter Schweißzusätze	Qualifizierung aufgrund vorliegender schweißtechnischer Erfahrung	Qualifizierung durch Einsatz eines Standardschweißverfahrens	Qualifizierung aufgrund einer vorgezogenen Arbeitsprüfung	Qualifizierung aufgrund einer Schweißverfahrensprüfung
EN ISO 15610	EN ISO 15611	EN ISO 15612	EN ISO 15613	Anwendbarer Teil von prEN ISO 15614 oder EN ISO 15614, EN ISO 14555, EN ISO 15620

WPQR durch den Hersteller oder, wenn zutreffend, durch den Prüfer/die Prüfstelle?

Erstellung der WPS durch den Hersteller

Freigabe für die Fertigung: vom Hersteller erstellte WPS oder Arbeitsanweisung (falls notwendig)

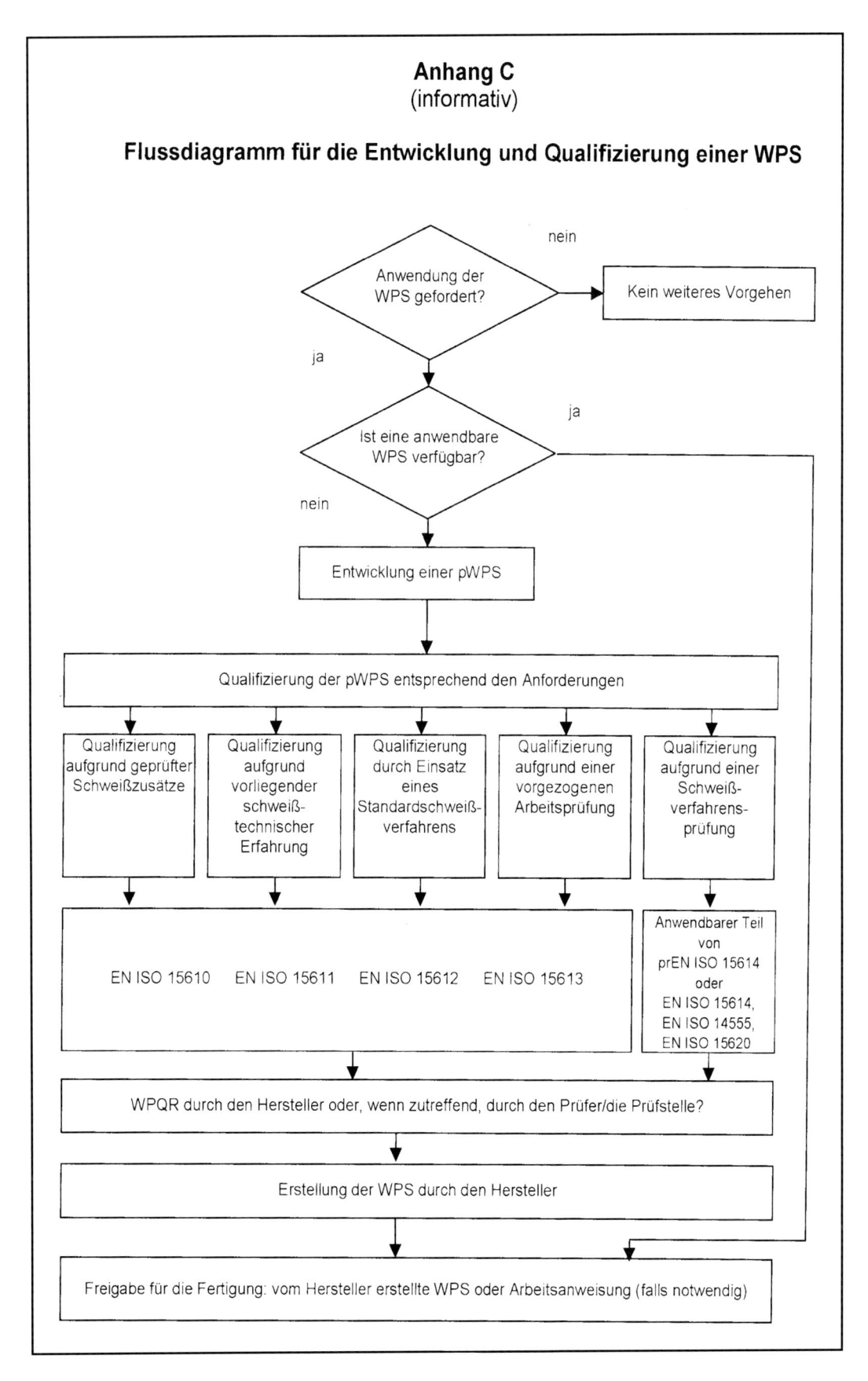

Bild 7.3 Flussdiagramm für die Entwicklung und Qualifizierung einer pWPS (Anhang C von DIN EN 15607 [R84])

⟨701⟩-3 **Methoden der Qualifizierung einer pWPS für das Lichtbogenschweißen**

Aus Tabelle 7.1 und Bild 7.3 lässt sich ableiten, dass die Art der Qualifizierung einer pWPS zu einer für die Fertigung verbindlichen WPS durch die jeweils maßgebende **Anwendungsnorm** oder die **Ausführungsunterlagen** festgelegt wird. Dem ist die Stahlbaunorm DIN 18800-7 mit ihrer Tabelle 3 gefolgt. Formal ist dabei zu beachten, dass der Begriff „Anerkennung", der in Element 701 der Norm DIN 18800-7 verwendet wird, sich auf die inzwischen ersetzte Normreihe DIN EN 288 bezieht (vgl. einleitenden Kommentar zu Element 701), aber in der neuesten schweißtechnischen Normung nicht mehr verwendet wird. Grund dafür ist, dass der englische Begriff „Approval" (für „Anerkennung") impliziert, dass der Anerkennende auch Verantwortung für seine Tätigkeit übernehmen muss. Der Begriff „Approval" ist deshalb in der schweißtechnischen Normung durch den Begriff „Qualification" (Qualifizierung) ersetzt worden.

Man muss also gedanklich die Überschrift der Tabelle 3 DIN 18800-7 ergänzen zu „Methoden der Anerkennung (Qualifizierung) von vorläufigen Schweißanweisungen für das Lichtbogenschweißen". Die Tabelle bezieht sich auf die fünf in ⟨701⟩-2 genannten Möglichkeiten der Qualifizierung, aber eben noch unter Hinweis auf die inzwischen ersetzte Normreihe DIN EN 288:

DIN EN 288-3 (jetzt DIN EN ISO 15614-1),

DIN EN 288-5 (jetzt DIN EN ISO 15610),

DIN EN 288-6 (jetzt DIN EN ISO 15611),

DIN EN 288-7 (jetzt DIN EN ISO 15612),

DIN EN 288-8 (jetzt DIN EN ISO 15613).

Die Tabelle 3 DIN 18800-7 berücksichtigt als Kriterien für die Auswahl der Qualifizierungsmethode die Streckgrenze der zu schweißenden Werkstoffe und den Mechanisierungsgrad der Schweißprozesse (dieser ist in DIN ISO 857-1:2002-11 [R102] definiert). Für manuelle und teilmechanische Schweißverfahren ist bei Werkstoffen bis zu einer Streckgrenze $R_e \leq 355$ N/mm² eine Qualifizierung der pWPS durch eine Schweißverfahrensprüfung nach DIN EN ISO 15614-1 (ehemals DIN EN 288-3) **nicht** erforderlich. Es können also auch die – weniger aufwändigen – Methoden nach DIN EN ISO 15610 (ehemals DIN EN 288-5), DIN EN ISO 15611 (ehemals DIN EN 288-6), DIN EN ISO 15612 (ehemals DIN EN 288-7) und DIN EN ISO 15613 (ehemals DIN EN 288-8) gewählt werden. Vor allem die erstgenannten beiden Methoden sind hier aus Kostengründen zu empfehlen.

⟨701⟩-4 **Zur Möglichkeit der Qualifizierung einer pWPS für das Lichtbogenschweißen durch den Einsatz geprüfter Schweißzusätze**

Bei der Erarbeitung der Tabelle 3 DIN 18800-7 wurde bewusst auch für den **Werkstoff S355** die Möglichkeit der Qualifizierung einer pWPS aufgrund des Einsatzes geprüfter Schweißzusätze gemäß DIN EN ISO 15610 (ehemals DIN EN 288-5) aufgenommen, obwohl die Norm diese Methode der Qualifizierung einer pWPS für S355 **nicht** explizit vorsieht. Diese Qualifizierungsmethode ist dort nur für Stähle der Gruppe 1.1 nach DIN V 1738 [R9] bzw. ISO/TR 15608:2000-04 [R85] vorgesehen – also nur für Stähle mit einer Streckgrenze $R_e \leq 275$ N/mm² –, weil die in der Fertigung gewählten Schweißparameter in Abhängigkeit von der vorliegenden Blechdicke die Werte der erreichbaren Kerbschlagarbeiten sehr stark beeinflussen. Nach dem Geltungsbereich der DIN EN ISO 15610 soll diese Methode der Qualifizierung aber nicht angewendet werden, wenn Anforderungen hinsichtlich Härte, Kerbschlagarbeit, Vorwärmung, kontrollierter Wärmeeinbringung, Einhaltung von Zwischenlagen-Temperaturen oder Wärmenachbehandlung für die Schweißverbindung bestehen.

Der Arbeitsausschuss für die neue DIN 18800-7 hat diese Methode dennoch in Tabelle 3 aufgenommen, um vor allem von den Betrieben mit Herstellerqualifikation für geschweißte Stahlbauten der Klassen B und C (siehe Tabellen 10 und 11) bei Verarbeitung der Werkstoffe S235 und S275 keine Verfahrensprüfung zur Qualifizierung der vorläufigen Schweißanweisung (pWPS) verlangen zu müssen und auch die bisherige bewährte Festlegung, den Werkstoff S355 bei manuellen und teilmechanischen Schweißprozessen ohne die Notwendigkeit einer Verfahrensprüfung schweißen zu dürfen, aufrechtzuerhalten. Dies wird in einer zukünftigen europäischen Regelung so aber höchstwahrscheinlich nicht übernommen werden!

⟨701⟩-5 Durchführung der Qualifizierung einer pWPS

Die Richtlinie DVS 1704 sieht vor, dass die Schweißaufsichtsperson(en) des Betriebes die Qualifizierung einer vorläufigen Schweißanweisung (pWPS) beim Einsatz manueller oder teilmechanischer Schweißverfahren für die unlegierten Baustähle S235, S275 und S355 nach DIN EN 10025:1994-03 eigenständig vornehmen darf (dürfen), also ohne Beisein der anerkannten Stelle.

Bei vollmechanischen oder automatischen Schweißverfahren für Stähle mit Streckgrenzen $R_e \leq 355$ N/mm² und bei **allen** Mechanisierungsgraden (also auch bei manuellen und teilmechanischen Schweißverfahren) für Stähle mit Streckgrenzen $R_e > 355$ N/mm² kann die Qualifizierung (Anerkennung) der pWPS nur nach DIN EN 15614-1 (ehemals DIN EN 288-3) oder nach DIN EN ISO 15613 (ehemals DIN EN 288-8) erreicht werden.

Über die Qualifizierung (Anerkennung) eines Schweißverfahrens muss ein Bericht erstellt werden, ein „**W**elding **P**rocedure **Q**ualification **R**eport" – **WPQR** (bzw. ehemals ein „**W**elding **P**rocedure **A**pproval **R**eport" – **WPAR**, vgl. ⟨701⟩-3). Das Muster eines Vordrucks für einen WPAR ist in Bild 7.4 wiedergegeben.

Die Forderung in Tabelle 3, dass bei Qualifizierung nach DIN EN ISO 15614-1 (ehemals DIN EN 288-3) und DIN EN ISO 15613 (ehemals DIN EN 288-8) die zusätzlichen Festlegungen der Richtlinie DVS 1702 beachtet werden müssen, bezieht sich auf das Schweißen des Kehlnahtprüfstückes, das nach dieser Richtlinie als Kreuzstoß geschweißt werden muss. Außerdem weicht der Prüfumfang bei den Kehlnähten in der Richtlinie DVS 1702 von den Vorgaben der DIN EN ISO 15614-1 ab. Da Letztere vorwiegend von Anwendern des Druck- und Rohrleitungsbaus erstellt worden ist, wo die Stumpfnaht in der Regel die Kehlnaht einschließt, wird die Kehlnaht in dieser Norm etwas „stiefmütterlich" behandelt.

Anerkennung eines Schweißverfahrens (WPAR)	
Anerkennung eines Schweißverfahrens – Prüfungsbescheinigung	

Schweißverfahrensprüfung des Herstellers	Mustermann GmbH	Prüfer oder Prüfstelle:	GSI SLV Duisburg mbH
Beleg-Nr.:	VP 2	Beleg-Nr.:	2003 701 0000 VP X
Hersteller:	Mustermann GmbH		
Anschrift:	Am Weg 22, 12345 Musterdorf		
Regel/Prüfnorm:	DIN EN 288-3		
Datum der Schweißung:	01.12.2003		
Prüfumfang:	gemäß DIN EN 288-3		
Schweißprozess:	111 Lichtbogenhandschweißen		
Nahtart:	BW (Stumpfnaht)		
Grundwerkstoff(e):	S235JRG2 nach DIN EN 10025		Härtegrad:
Dicke des Grundwerkstoffes (mm):	10,0 mm		
Außendurchmesser (mm):	---		
Art des Zusatzwerkstoffes:	DIN EN 499 – E 38 2 RB 12		
Schutzgas/Pulver:	----		
Stromart:	DC +-		
Schweißposition:	PA		
Vorwärmung:	RT		
Wärmebehandlung und/oder Aushärtung:	------		
Sonstige Angaben:	- keine		

Hiermit wird bestätigt, dass die Prüfungsschweißung in Übereinstimmung mit den Bedingungen der vorbezeichneten Regeln bzw. Prüfnorm zufriedenstellend vorbereitet, geschweißt und geprüft wurden.

Duisburg	SLV Duisburg, NL der GSI mbH
Ort	Prüfer oder Prüfstelle
12.12.2003	Karl Prüfer, 12.12.2003
Datum der Ausstellung	Name, Datum, Unterschrift

Bild 7.4 Muster eines WPAR (zukünftig WPQR)

⟨701⟩-6 **Aufrechterhalten der Qualifizierung einer pWPS**

Die Qualifizierung einer pWPS gilt nach den Vorgaben der DIN EN ISO 15607 zeitlich unbegrenzt, soweit in der Fertigung nicht von den Schweißparametern des WPQR erheblich abgewichen wird. Richtlinie DVS 1702 verlangt aber einschränkend zum Aufrechterhalten der Qualifizierung einer vorläufigen Schweißanweisung und somit zur Gültigkeit der Verfahrensprüfung mindestens jährlich eine Arbeitsprobe (Arbeitsprüfung). Dies gilt aber nur für Werkstoffe mit $R_e > 355$ N/mm² bei allen Mechanisierungsgraden und für Werkstoffe mit $R_e \leq 355$ N/mm² nur beim Einsatz vollmechanischer oder automatischer Schweißverfahren.

Bei einer Arbeitsprüfung nach Richtlinie DVS 1702 sind mindestens die nachfolgenden Prüfungen durchzuführen:

- Sichtprüfung nach DIN EN 970.
- Zerstörungsfreie Prüfung:
  - Bei Stumpfnähten Durchstrahlungsprüfung oder – bei Werkstoffdicken ≥ 8 mm – Ultraschallprüfung;
  - bei Kehlnähten Oberflächenrissprüfung (Magnetpulver- oder Eindringprüfung).
- Zerstörende Prüfung:
  - Bei Stumpfnähten mindestens ein Makroschliff und eine Härtereihe HV 10 aus dem Bereich der niedrigsten Wärmeeinbringung;
  - bei Kehlnähten mindestens ein Makroschliff, eine Härtereihe HV 10 aus dem Bereich der niedrigsten Wärmeeinbringung und eine Bruchprobe.

Die ermittelten Härtewerte müssen die Bedingungen der DIN EN ISO 15614-1 (ehemals DIN EN 288-3) erfüllen. Härteprüfungen brauchen nur an Werkstoffen mit einer Streckgrenze $R_e > 275$ N/mm² durchgeführt zu werden.

Bei Verwendung von manuellen und teilmechanischen Schweißprozessen für Werkstoffe mit einer Streckgrenze $R_e > 355$ N/mm² empfiehlt es sich, diese Arbeitsprüfung in Kombination mit einer Schweißerprüfung nach DIN EN 287-1 durchzuführen, wobei die zusätzlichen Proben nach Richtlinie DVS 1702 ebenfalls aus dem Prüfstück der Schweißerprüfung zu entnehmen und zu prüfen sind. Bei der Festlegung der Abmessungen des Prüfstücks ist dies zu berücksichtigen.

Zu Element 702

⟨702⟩-1 **Laserstrahlschweißen – WPS und Qualifizierung von pWPS**

Durch die Änderung des Elementes 834 der DIN 18800-1 in der Anpassungsrichtlinie (Ausgabe Dezember 2001) ist jetzt das Laserstrahlschweißen (Prozess Nr. 52 nach DIN EN ISO 4063 [R74]) für Stahlbauteile unter vorwiegend ruhender Beanspruchung für die Nahtarten 1, 2 und 4 nach Tabelle 19 DIN 18800-1 zugelassen. Deshalb mussten in DIN 18800-7 auch Angaben für die Schweißanweisungen (WPS) und für die Qualifizierung von vorläufigen Schweißanweisungen (pWPS) für den Laserstrahlschweißprozess aufgenommen werden.

Element 702 verweist für das Erstellen von WPS für das Laserstrahlschweißen auf den Entwurf der DIN EN ISO 15609-4 [R89]. Inzwischen ist die bisherige DIN EN ISO 9956-11 [R82] in die DIN EN ISO 15609-4 [R89] überführt worden. Für die Qualifizierung von pWPS für das Laserstrahlschweißen verweist Element 702 auf Tabelle 1 des Entwurfes der DIN EN ISO 15614-11. Inzwischen ist diese Norm als DIN EN 15614-11:2002-10 erschienen [R96] und damit anstelle des Entwurfes maßgebend, denn der Verweis in Element 702 ist undatiert (vgl. ⟨201⟩-1).

⟨702⟩-2 **Weitere Schweißverfahren – WPS und Qualifizierung von pWPS**

Im Abschnitt 8.4.2 „Andere Schweißverfahren" der DIN 18800-1 werden neben dem Laserstrahlschweißen noch weitere Schweißprozesse aufgeführt, für die in DIN 18800-7 keine Angaben zu den erforderlichen Qualifizierungsmethoden gemacht werden. In Tabelle 1 der Richtlinie DVS 1704 finden sich solche Angaben. Diese Tabelle wird hier als Tabelle 7.2 wiedergegeben.

Tabelle 7.2 Grundlage und Verfahren der Qualifizierung eines Schweißverfahrens in Abhängigkeit vom eingesetzten Schweißprozess (in Anlehnung an Tabelle 1 der Richtlinie DVS 1704)

Prozessbezeichnung Prozess-Nr. nach DIN EN ISO 4063		Grundlage der Qualifizierung	Verfahren der Qualifizierung
111 114 121 122 131 135 136 137 141 15	Lichtbogenschweißen	Element 701 DIN 18800-7:2002-09	In Abhängigkeit von der Mindeststreckgrenze des verwendeten Grundwerkstoffes und der Art des Mechanisierungsgrades, siehe Tabelle 3 von DIN 18800-7:2002-09
311	Gasschweißen mit Sauerstoff-Acetylen-Flamme	Element 701 DIN 18800-7:2002-09	In Anlehnung an Tabelle 3 DIN 18800-7:2002-09
21	Widerstandspunktschweißen		Verfahrensprüfung nach DIN EN ISO 15614-12
22	Rollennahtschweißen		
23	Buckelschweißen		
24	Abbrennstumpfschweißen	Element 834 DIN 18800-1	Verfahrensprüfung nach E DIN EN ISO 15614-13
42	Reibschweißen		Verfahrensprüfung nach DIN EN ISO 15620
52	Laserstrahlschweißen	Element 702 DIN 18800-7:2002-09	Verfahrensprüfung nach DIN EN ISO 15614-11
783	Hubzündungsbolzenschweißen mit Keramikring oder Schutzgas	Element 712 DIN 18800-7:2002-09	Verfahrensprüfung nach DIN EN ISO 14555
784	Kurzzeit-Bolzenschweißen mit Hubzündung		

7.1.2 Schweißverfahrensprüfungen und vorgezogene Arbeitsprüfung

Zu Element 703

Schweißverfahrensprüfungen nach DIN EN ISO 15614-1 [R95] (ehemals DIN EN 288-3) und vorgezogene Arbeitsprüfungen nach DIN EN ISO 15613 [R94] (ehemals Schweißprüfungen vor Fertigungsbeginn nach DIN EN 288-8) gehören zu den fünf in Tabelle 3 DIN 18800-7 aufgeführten alternativen Methoden der Qualifizierung (Anerkennung) eines Schweißverfahrens bzw. einer vorläufigen Schweißanweisung (pWPS), vgl. zu Element 701, dort insbesondere ⟨701⟩-2 und ⟨701⟩-3. In Element 703 wird nun darauf hingewiesen, dass die Dokumentationen über diese Prüfungen **vor** Fertigungsbeginn vorliegen müssen. Bei der Planung der zeitlichen Durchführung dieser Verfahrensprüfungen oder vorgezogenen Arbeitsprüfungen sollte deshalb darauf geachtet werden, dass eine ausreichende Zeit für eventuelle Ersatzprüfungen berücksichtigt wird, falls das Prüfergebnis bei der erstmaligen Prüfung nicht die gestellten Anforderungen erfüllt.

Wenn bei Auftragsübernahme erkennbar ist, dass eine der beiden vorgenannten Qualifizierungsmethoden für eine pWPS in der betreffenden Anwendungsnorm oder in den Fertigungsunterlagen verlangt wird, sollte nach DIN EN 729-2 oder -3 (zukünftig DIN EN ISO 3834-2 oder -3 [R70/71]) sofort geprüft werden, ob eine verwendbare Schweißverfahrensprüfung oder eine vorgezogene Arbeitsprüfung für die einzusetzenden Schweißprozesse und Grundwerkstoffe bereits vorliegt.

Es sei hier noch einmal daran erinnert, dass der Begriff „Anerkennung" bzw. „Approval" in der neuesten schweißtechnischen Normung nicht mehr verwendet wird; vgl. ⟨701⟩-3. Von den beiden in Element 703 genannten Formen für den Bericht zur Qualifizierung eines Schweißverfahrens (WPAR und WPQR) kommt also nur noch Letzterer in Frage.

Schweißplan 7.2

Zu Element 704

Eine Definition des Begriffes „Schweißplan" ist in DIN ISO 857-1:2002-11 [R102] im Abschnitt 5.4.6 enthalten. Sie lautet: „*Plan, der das gesamte Schweißverfahren festlegt (z. B. Schweißfolgeplan, Schweißbedingungen, Schweißparameter).*" Der Schweißplan ist somit der Oberbegriff für alle schweißtechnischen Fertigungspläne. Er kann die Fertigungspläne Heftfolgeplan, Schweißfolgeplan und Schweißanweisung sowie den Prüfplan (die Prüfanweisung) enthalten oder aus einzelnen Fertigungsplänen bestehen. Einzelheiten zum Inhalt und Aufbau von Schweißplänen und Schweißfolgeplänen findet man in dem Merkblatt DVS 1610:1997-03 [A4]. Wie der Titel dieses DVS-Merkblattes bereits sagt, stammt es zwar aus dem Schienenfahrzeugbau; Inhalt und Aufbau der in diesem Merkblatt beschriebenen Schweißpläne und Schweißfolgepläne können jedoch auch für das Schweißen im Stahlbau verwendet werden.

DIN 18800-7 verlangt in Element 704 einen Schweißplan nur für Konstruktionen unter nicht vorwiegend ruhender Beanspruchung. Es kann aber durchaus sinnvoll sein, auch für kompakte Bauteile des Stahlhochbaus, z. B. große Industriehallen-Hohlkastenstützen, oder für komplexe Dachkonstruktionen von Veranstaltungshallen Schweißpläne und Schweißfolgepläne zu erstellen. Die Bilder 7.5 und 7.6 geben beispielhaft den Schweißplan und den Schweißfolgeplan für Baustellenschweißungen an einer Stahlbrücke wieder.

Unabhängig davon, ob ein Schweißplan erstellt wird oder nicht, sind Schweißanweisungen – sie wären Bestandteil eines Schweißplans – gemäß Element 701 im Stahlbau in jedem Falle obligatorisch (vgl. zu Element 701).

![rimo LEIPZIG]	Schweißplan	QAA 07/07/01F01

Schweißplan Nr.:	06/04/244
Vorhaben:	Amelsbürener Brücke Nr. 62
Kostenträgernummer:	04/1134/01
Schweißüberwachungsperson:	Herr Hellmuth
Bediener- und Schweißerqualifikation:	Bedienerqualifikation nach DIN EN 1418 Schweißerqualifikation nach DIN EN 287:1992 + A1:1997: DIN EN 287-1 – 111 P BW W01 B t14 PE bs gg DIN EN 287-1 – 111 P FW W01 B t14 PD DIN EN 287-1 – 136 P BW W01 wm t14 PE bs gg DIN EN 287-1 – 136 P FW W01 wm t14 PD
Schweißprozesse:	111 – Lichtbogenhandschweißen 121 – Unterpulverschweißen mit Drahtelektrode 136 – MAG- mit Fülldrahtelektrode
Grundwerkstoff:	DIN EN 10025–S355J2G3
Zusatzwerkstoff:	DIN EN 499 – E 42 4 B42 H5 – ESAB OK 48.00 DIN EN 756 – S2 – ESAB OK Autrod 12.20 DIN EN 758 – T 42 3 M M 1 – ESAB OK Tubrod 14.12 DIN EN 758 – T 46 2 P M 2 H10 – ESAB OK Tubrod 15.14 DIN EN 760 – SA AB 1 67 AC H5 – ESAB OK Flux 10.71
Bewertungsgruppe DIN EN 25817:	B

Trocknung der Zusatzwerkstoffe:
Das Rücktrocknen der Zusatzwerkstoffe erfolgt nach den Angaben des Herstellers. Dabei gilt für die basischen Stabelektroden eine Mindestdauer von 2 Stunden bei einer Mindesttemperatur von 300°C. Am Arbeitsplatz sind die basischen Stabelektroden aus beheiztem Elektrodenköcher (>100 °C) zu verschweißen.
UP-Schweißpulver ist bei 300 °C 2 h im Trockenofen zu trocknen und bei >150 °C zu lagern.
Den Fülldraht nach Schichtende aus dem Drahtvorschubgerät entnehmen und im Zusatzwerkstoffcontainer in der Originalverpackung lagern!

Vorbereitung:
Die Enden von Stumpfnähten bei >12 mm Materialdicke sind mit Endkraterblechen in der planmäßigen Nahtform zu versehen. Das Anschweißen der Endkraterbleche erfolgt immer in der Nahtfuge. Die Mindestlänge der Endkraterbleche beträgt 40 mm
Die Schweißnahtbereiche sind vor dem Schweißen von Rost, Zunder und anderen Verunreinigungen zu säubern. Reste von Schweißnahtabklebungen sowie Rückstände von Ölen und Fetten sind mittels eines nicht rückfettenden Lösungsmittels oder auf eine andere geeignete Art zu entfernen, z.B. durch Bürsten oder Schleifen.

Vorwärmen:
Der Nahtbereich ist vor dem Schweißen mindestens schwitzwasserfrei zu trocknen. Das Vorwärmen erfolgt mittels Propan oder einem Propan/Sauerstoff-Gemisch bei Einstellung einer weichen Flamme. Durch einen ausreichenden Brennerabstand sind Anschmelzungen des Grundwerkstoffes zu vermeiden. Die Mindestausdehnung des zu erwärmenden Bereiches beträgt – ausgehend von der Nahtmitte – ≥ 100 mm oder bei Materialdicken bis 25 mm das 4fache der Materialdicke ($4 \times t$).
Die Kontrolle der Vorwärmtemperatur (T_V) erfolgt mit einem Anlegethermometer.
Für das Schweißen bei Temperaturen < 5 °C gilt die QAA 07/07/04 „Schweißen bei tiefen Temperaturen".
Die Anweisungen zum Vorwärmen gelten auch für das Heftschweißen, insbesondere beim Heften von Stumpfnahtwurzeln und Kehlnähten ist eine ausreichende Wärmemenge einzubringen.
Das Anschweißen von Montagehilfen und Auslaufblechen an eine Konstruktion ist sinngemäß zu behandeln.

Grundwerkstoff	Materialdicke [mm]	Vorwärmtemperatur [°C]
DIN EN 10025 – S355J2G3	$3 \leq t \leq 20$ $t > 20$	$80 \leq T_V \leq 100$ °C $T_V \leq 120$ °C

Bearbeitet: Abt. 202 27.12.2002	Revision: 05/12/2002	Seite 1 von 3

Bild 7.5a   Beispiel für einen Schweißplan (Blatt 1)

fimo LEIPZIG	Schweißplan	QAA 07/07/01F01

Heftschweißen:
Das Heftschweißen erfolgt in der Schweißnahtfuge. Der Abstand und die Länge der Heftschweißungen wird durch die Spannungen im Bauteil und von dessen Geometrie bestimmt. Die Heftschweißnahtlänge beträgt das 3- bis 5-fache der Blech- oder Wanddicke (4 × t), mindestens jedoch 40 mm. Zündstellen sind stets in die Schweißfuge zu legen.
Bei Schweißnahtlängen > 1000 mm ist von der Mitte nach außen bzw. vom kleinen zum großen Stegabstand zu heften, ansonsten richtet sich die Heftfolge z.B. nach dem einzustellenden Stegabstand. Heftstellen an hervorspringenden oder innenliegenden Ecken sind nicht zulässig (Kehlnähte). Vor dem Überschweißen sind die Heftschweißungen einer Sichtprüfung zu unterziehen. Gerissene Heftschweißungen sind auszuarbeiten, z. B. durch Fugen oder Schleifen. Nahtanfänge und -enden von Heftstellen werden vor dem Überschweißen angeschliffen.
Für die Ausführung von Heftschweißungen sind folgende Mindestqualifikationen gefordert:

DIN EN 287-1 – 136 P FW W01 wm t14 PB
DIN EN 287-1 – 136 P FW W01 wm t14 PF

Montagehilfen:
Schweißverbindungen zum Befestigen von Montagehilfen, wie z. B. Knaggen zum Ausrichten von Bauteilen, werden mindestens zweilagig ausgeführt. Es gelten die Festlegungen zum Vorwärmen. Sofern nicht anders festgelegt, sind für das Schweißen von Montagehilfen die Aussagen zu den Heftschweißungen sinngemäß anzuwenden. Das Entfernen von Montagehilfen erfolgt durch Einschleifen der Kehlnaht und blechebenes Beschleifen der am Bauteil verbleibenden Nahtreste in Beanspruchungsrichtung. Das Abschlagen von Montagehilfen ohne Einschleifen ist nicht zulässig. Die Festlegungen gelten auch für das Entfernen von Kraterblechen.
Wenn gefordert, sind die Bereiche der technologischen Anschweißungen nach dem Schleifen einer PT-Prüfung zu unterziehen, das Ergebnis der Prüfung ist zu dokumentieren.
Die Verwendung von Anschweißknaggen im Bereich der Bogentotalstöße (Fenster im Obergurt) ist zu genehmigen.

Schweißen:
Die Schweißarbeiten dürfen nur von qualifizierten Schweißern nach den jeweilig zutreffenden Schweißanweisungen ausgeführt werden. Vor dem Schweißen muß der Schweißnahtbereich frei von Verunreinigungen und von Feuchtigkeit sein.
Der Schweißfolgeplan ist grundsätzlich einzuhalten. Seine Einhaltung überwacht die Schweißüberwachungsperson.
Werden Änderungen an der Schweißfolge notwendig, sind diese mit der Schweißaufsicht abzustimmen.
Reparaturschweißungen erfolgen grundsätzlich nach der Abstimmung mit der Schweißaufsicht.
Zündstellen außerhalb des Schweißnahtbereiches sind nicht zulässig!
Fehlstellen sind durch Schleifen in Kraftlinienrichtung zu beseitigen. Endkrater in den einzelnen Lagen sind mit dem Abstand von mindestens einer Materialdicke versetzt auszuführen.
Bei Schweißarbeiten in der Position PE mit dem Prozeß 111 sind Zündstellen vor dem Überschweißen zu beseitigen. Nach dem Abschluß der Schweißarbeiten ist eine 100%ige visuelle Prüfung vom Schweißer vorzunehmen.
Fehler sind fachgerecht zu beseitigen. Werden unzulässige Fehler durch die ZfP ermittelt, ist vor der Fehlerbeseitigung die Lagebestimmung der Fehler zwischen Prüfer und Schweißer vorzunehmen.
Grundsätzlich sind an einem Bauteil Stumpfnähte vor Kehlnähten zu schweißen.
Die Schweißarbeiten sind durch die Schweißüberwachungsperson zu dokumentieren.
Werden Bauteile durch Doppelkehlnähte miteinander verbunden, sind die Bauteile vollständig zu umschweißen (Nahtanfänge, Nahtenden). Ansatzstellen oder Endkrater werden nicht an hervorspringenden oder innenliegenden Ecken ausgeführt.
Ansatzstellen bzw. Endkrater sind im Abstand von mindestens einer Blechdicke (1 × t) voneinander entfernt anzuordnen.
Als grundsätzliche Schweißfolge bei Doppel-T-förmigen Bauteilen gilt Untergurt, Obergurt, Steg unter Beachtung der speziellen Hinweise in den Schweißfolgeplänen.
Die max. Pendelbreite mit dem Prozeß 111 beträgt 4 × Kerndrahtdurchmesser in der Pos. PA, in den anderen Positionen ≤15 mm. Bei Anwendung des Prozesses 136 ist eine Pendelbreite von ≤15 mm einzuhalten.

Nacharbeiten:
Zündstellen außerhalb des Schweißnahtbereiches sind nicht zulässig und werden durch Beschleifen in Beanspruchungsrichtung beseitigt. Rückstände von Schweißrauchen sowie anhaftende Schweißspritzer werden nach dem Schweißen entfernt.

Bearbeitet: Abt. 202 27.12.2002	Revision: 05/12/2002	Seite 2 von 3

Bild 7.5b Beispiel für einen Schweißplan (Blatt 2)

SCHWEISSEN

rimo LEIPZIG	Schweißplan	QAA 07/07/01F01

Mitgeltende Unterlagen:

QAA 07/07/01 „Schweißarbeiten"
QAA 07/07/01A01 „Berufungsschreiben zur SÜP"
QAA 07/07/04 „Schweißen bei tiefen Temperaturen"
QAA 07/07/01F05 „Schweißerliste"
QAA 07/07/06F01 „Schweißfolgeplan"
Zeichnungen
Stücklisten
Schweißnahtprüfplan Montage

Schweißaufsichtsperson

....
Name, Unterschrift, Stempel

Leipzig, den

ENDE Schweißplan – Änderung Vorbehalten

| Bearbeitet: Abt. 202 27.12.2002 | Revision: 05/12/2002 | Seite 3 von 3 |

Bild 7.5c   Beispiel für einen Schweißplan (Blatt 3)

	Schweißfolgeplan			QAA 07/07/07F01	
Plan Nr.:	13/04/244				
Objekt:	Amelsbürener Brücke Nr. 62, Längsträger mit innenliegender orthotroper Platte				
Kostenträgernummer:	04/1134/01				

Nr.	Arbeitsfolge	Schweißfolge	Prozess	Position	Nahtart	Bemerkung
01	Wareneingangskontrolle					Kontrolle der Nahtvorbereitung und Maßhaltigkeit der Bauteile. Treten Abweichungen vom Sollzustand auf, sind diese in der „Mängelrüge" QAA 08/02/01F01 zu protokollieren
02	Bauteile entsprechend Geometrieplan und Nahtgeometrie ausrichten.					Stegabstände im Schweißjournal dokumentieren
03	Entscheidend für das Auslegen der Bauteile ist die Nahtgeometrie der Versteifungsträger; die Nahtgeometrie der orthotropen Platte ist während des Schweißens der Versteifungsträger zu beobachten! Durch die Querschrumpfung der Versteifungsträger schrumpft auch die Stumpfnaht der orthotropen Platte. Beträgt der Wurzelspalt in der orthotropen Platte weniger als 6 mm, muß mit Nachschneiden derselben im ungeschweißten Zustand gerechnet werden. Die orthotrope Platte wird lediglich mit Schlitzblechen und Keilen angerichtet und nicht geheftet.					Achtung, bei Notwendigkeit Nachschneiden ist Mehraufwand beim Kunden anzuzeigen.
04	Nähte 1 (Untergurt) und 2 (Obergurt) mit Endkraterblechen versehen.	In der Nahtfuge heften.	111 alt. 136	PF	I-Naht	

Bearbeitet: Abt. 202 18.10.2004   Revision: 05/10/2004   Seite 1 von 3

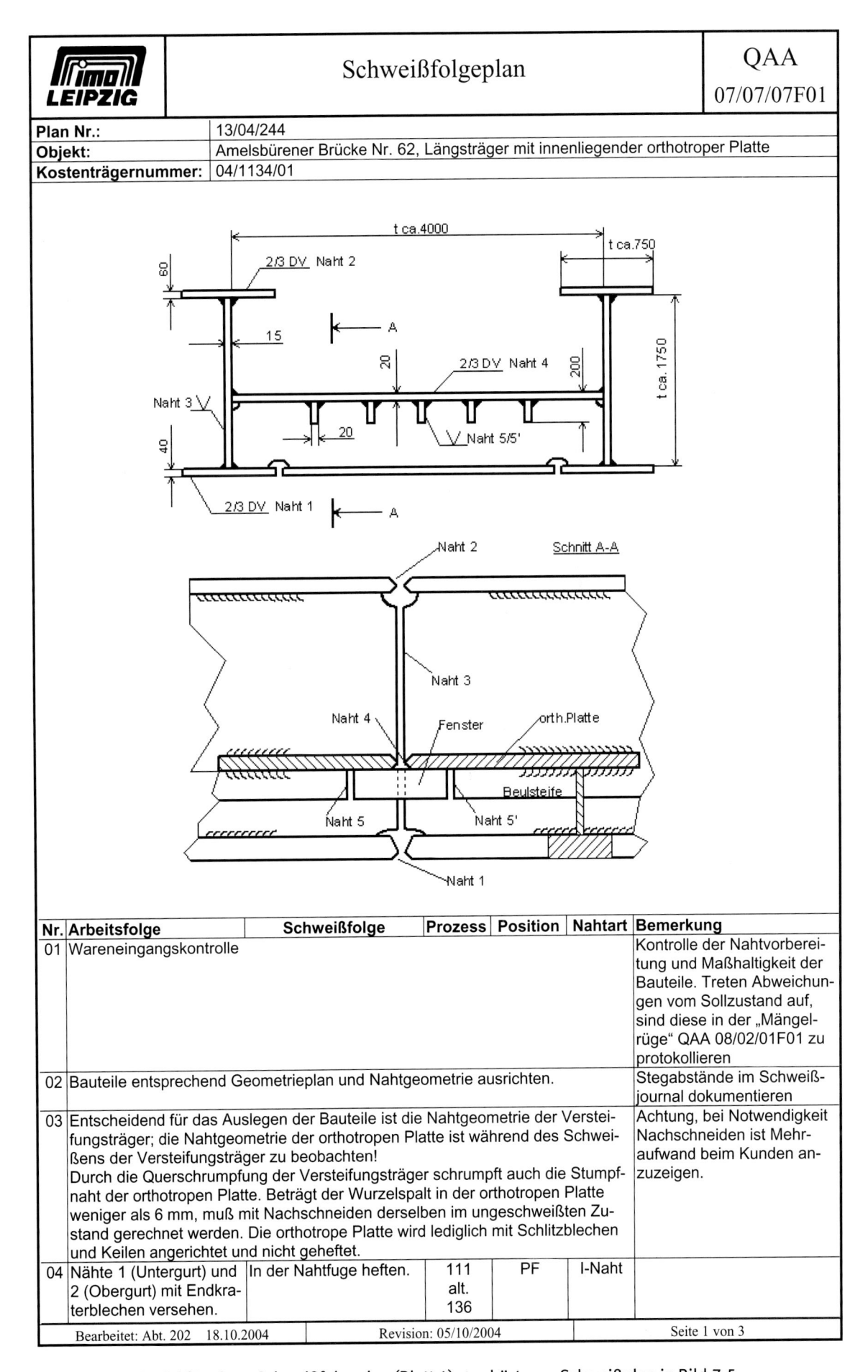

Bild 7.6a Beispiel für einen Schweißfolgeplan (Blatt 1) – gehört zum Schweißplan in Bild 7.5

	Schweißfolgeplan				QAA 07/07/07F01
05	Schweißen der Naht 1 (Untergurt) bis 2/3 von der PA-Seite.	Schweißrichtung lagenweise wechseln.	111 alt. 136	PA	2/3-DV-Naht	Wurzel und erste Fülllage auf Rundkeramik (nur im Verfahren 136). ZW 111: OK 48.00 ZW 136: OK Tubrod 14.13
06	Schweißen der Naht 2 (Obergurt) bis 2/3 von der PA-Seite.	Schweißrichtung lagenweise wechseln.	111 alt. 136	PA	2/3-DV-Naht	Wurzel und erste Fülllage auf Rundkeramik (nur im Verfahren 136). ZW 136: OK Tubrod 14.13
07	Ausfugen der Wurzellagen der Nähte 1 (Untergurt) und 2 (Obergurt).					Ausfugen mittels Kohlelichtbogen-Fugenhobeln
08	Schweißen der Kapplagen und Fülllagen der Nähte 1 (Untergurt) und 2 (Obergurt). Letzte Fülllage und Decklage bleiben offen.	Schweißrichtung lagenweise wechseln.	111 alt. 136	PE	2/3-DV-Naht	ZW 111: OK 48.00 ZW 136: OK Tubrod 15.14
09	Schweißen Nähte 1 (Untergurt) und 2 (Obergurt) von der PA-Seite.	Schweißrichtung lagenweise wechseln.	111 alt. 136	PA	2/3-DV-Naht	Siehe Pkt. 6.
10	Schweißen der Naht 3 (Steg).	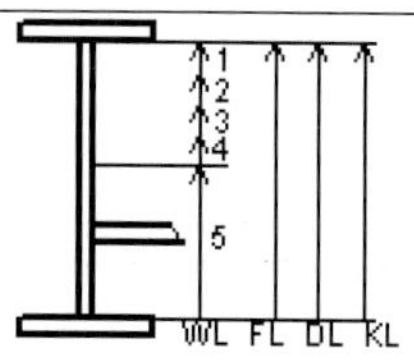	111 alt. 136	PF	V-Naht	Wurzel auf Flachkeramik oder Rundkeramik (nur im Verfahren 136), bei Wurzelspalten kleiner 6 mm Rundkeramik verwenden. ZW 111: OK 48.00 ZW 136: OK Tubrod 15.14
11	Naht 4 (orth. Platte) bei Wurzelspalten kleiner 6 mm mittels mechanisierten Brennschneidgerät und Schiene (Geradschneidgerät) nachschneiden oder Wurzel ohne Keramik in die Luft schweißen.					
12	Schweißen der Naht 4 (orth. Platte) von der PA-Seite.	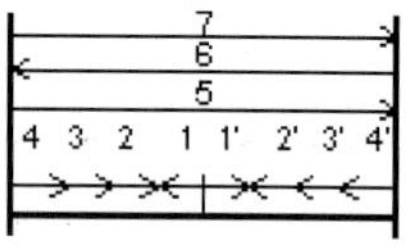	136 und 121	PA	2/3-DV-Naht	Wurzel von der Mitte nach Außen auf Rundkeramik heften und Schweißen. ZW 136: OK Tubrod 14.13 ZW 121: OK Autrod 12.20/OK Flux 10.71 Achtung, vor der UP-Schweißung sind die Wurzel und mind. eine Fülllage MAG zu schweißen.
13	Ausfugen der Wurzel der Naht 4 (orth. Platte).					Ausfugen mittels Kohlelichtbogen-Fugenhobeln
14	Schweißen der Kapplage der Naht 4 (orth. Platte) in der Pos. PE.	Schweißrichtung lagenweise wechseln.	111 alt. 136	PE	2/3-DV-Naht	ZW 111: OK 48.00 ZW 136: OK Tubrod 15.14
15	Fertigschweißen der Naht 1 (Untergurt) in der Pos. PE.	Schweißrichtung lagenweise wechseln.	111 alt. 136	PE	2/3-DV-Naht	ZW 111: OK 48.00 ZW 136: OK Tubrod 15.14
16	Zuschnitt der Beulsteifenpaßstücke.	Paßstückmaß = lichte Weite minus 10 mm				
17	Einpassen der Beulsteifenpaßstücke, Endkraterbleche anbringen und Schweißen der Naht 5, incl. Ausfugen und Gegenschweißen.	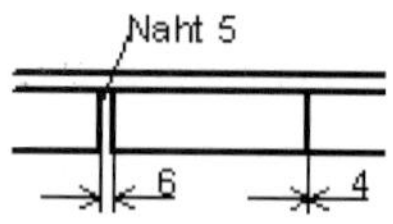	111 alt 136	PF	V-Naht	ZW 111: OK 48.00 ZW 136: OK Tubrod 15.14
18	Naht 5' Endkraterbleche anschweißen und Schweißen, incl. Ausfugen und Gegenschweißen.	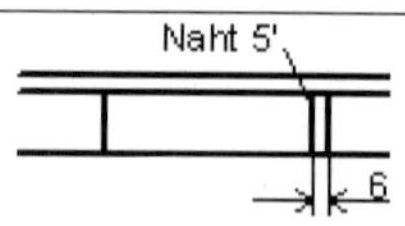	111 alt 136	PF	V-Naht	ZW 111: OK 48.00 ZW 136: OK Tubrod 15.14

Bearbeitet: Abt. 202   18.10.2004   Revision: 05/10/2004   Seite 2 von 3

Bild 7.6b   Beispiel für einen Schweißfolgeplan (Blatt 2) – gehört zum Schweißplan in Bild 7.5

[imo LEIPZIG]	Schweißfolgeplan	QAA 07/07/07F01

19	Schweißen der Beulsteifenhalsnähte.	Schweißrichtung seitenweise wechseln.	111 alt. 136	PD	Kehlnaht	ZW 111: OK 48.00 ZW 136: OK Tubrod 15.14
20	Zerstörungsfreie Prüfung entsprechend Schweißnahtprüfplan Montage.					
21	Schweißen der Halsnähte am Versteifungsträger-UG und Versteifungsträgersteg/orth. Platte.	Schweißrichtung seitenweise wechseln.	111 alt 136	PB, PD	Kehlnaht	ZW 111: OK 48.00 ZW 136: OK Tubrod 15.14
22	Sichtprüfung aller Schweißnähte.					100 %
23	Entfernen der Endkraterbleche.					Brennschnitt oder Kohlelichtbogen-Fugenhobeln, kerbfreies Beschleifen der Schnittstellen in Kraftflußrichtung, Blechkanten leicht brechen.

Werden Änderungen an der Schweißfolge notwendig, sind diese mit der Schweißaufsicht abzustimmen.

Schweißaufsicht:

Unterschrift   Leipzig, den 6. Dezember 2004

Ende Schweißfolgeplan

Bearbeitet: Abt. 202 18.10.2004	Revision: 05/10/2004	Seite 3 von 3

Bild 7.6c Beispiel für einen Schweißfolgeplan (Blatt 3) – gehört zum Schweißplan in Bild 7.5

7.3 Vorbereitung der Schweißarbeiten

7.3.1 Allgemeines

Zu Element 705

Oberflächen, die nicht trocken oder nicht frei von Rost, Korrosionsschutz und anderen Verunreinigungen (z. B. Öl oder Bohremulsion) sind, beeinträchtigen das Ergebnis der Schweißung. Beim Korrosionsschutz sind die Fertigungsbeschichtungen ausgenommen, die nach DASt-Richtlinie 006 aufgetragen werden dürfen, sofern auch die sonstigen Anforderungen dieser Richtlinie erfüllt werden (siehe auch zu Element 1004).

Die **Schweißnahtvorbereitung** ist von dem Grundwerkstoff, der Dicke des Bauteils, dem eingesetzten Schweißprozess sowie der Schweißposition abhängig. Sie sollte den Empfehlungen der DIN EN ISO 9692-1:2004-03 bzw. -2:1999-09 [R78/79] entsprechen, wobei aber Abweichungen von diesen Empfehlungen bei entsprechender Erfahrung des ausführenden Betriebes durchaus zulässig sind. Die Empfehlungen der beiden genannten Normen betreffen z. B. den Öffnungswinkel, den Stegabstand und die Steghöhe in Abhängigkeit vom Schweißprozess und der Bauteildicke. Die Ausführungszeichnungen und/oder die Fertigungsunterlagen müssen in jedem Fall klare Angaben über die auszuführende Schweißnahtvorbereitung enthalten (vgl. ⟨402⟩-2-h).

Vor allem bei beigestellten Zeichnungen muss von der Schweißaufsichtsperson (oder der Arbeitsvorbereitung) geprüft werden, ob die auf den Zeichnungen vorgesehene Schweißnahtvorbereitung für die im Ausführungsbetrieb eingesetzten Schweißprozesse geeignet ist. Dies gilt vor allem dann, wenn die Zeichnungen eine D-Y-Nahtvorbereitung für den Schweißprozess 121 enthalten. Dieser Prozess ist in der Lage, Stege von 6–8 mm durchzuschweißen, was bei den Prozessen 111 oder 135 nicht der Fall ist.

In den nachfolgenden Abschnitten 7.3.2 bis 7.4.6 bringt DIN 18800-7 einige weitere wesentliche Festlegungen zur Vorbereitung und Ausführung der Schweißarbeiten. Zusätzlich sollten die in den Normen DIN EN 1011-1 und -2 enthaltenen Empfehlungen beachtet werden. Sie betreffen z. B. allgemeine Angaben zur Fertigung sowie spezielle Ausführungen zur Bestimmung von Vorwärmtemperaturen.

7.3.2 Lagerung und Handhabung von Schweißzusätzen

Zu Element 706

Der Hersteller von Schweißzusätzen muss für seine Produkte nur haften, wenn die Schweißzusätze ordnungsgemäß gelagert worden sind. Die Lagerbedingungen müssen so gewählt sein, dass die vom Hersteller gewährleisteten Eigenschaften erhalten bleiben. Es darf z. B. keine Taupunktunterschreitung im Lagerraum (Feuchtigkeitsaufnahme) auftreten. Dazu dienen die Empfehlungen des Herstellers der Schweißzusätze und die Empfehlungen, die im Merkblatt DVS 0504:1988-04 [A3] enthalten sind (wird im zweiten Halbjahr 2004 durch Merkblatt DVS 0957 ersetzt werden). Vereinfacht kann gesagt werden, dass eine Taupunktunterschreitung im Lagerraum sicher vermieden werden kann, wenn folgende Bedingungen eingehalten werden:

Mindesttemperatur: $\geq 18\ °C$,

Maximale Luftfeuchtigkeit: $\leq 60\ \%$.

Das Übereinstimmungs-Zertifikat und das DB-Kennblatt des eingesetzten Schweißzusatzes müssen gemäß Element 706 in der Fertigungsstätte vorliegen. Aus dem DB-Kennblatt ist ersichtlich, für welche Werkstoffe und ggf. für welche Positionen bzw. Grundwerkstoffdicken die Schweißzusätze zertifiziert und somit einsetzbar sind (vgl. zu Element 515; dort ist im Bild 5.10 auch ein Beispiel für ein DB-Kennblatt wiedergegeben).

Beschädigte oder überlagerte Schweißzusätze oder solche mit offensichtlich sichtbaren Qualitätsminderungen (z. B. abgeplatzten Umhüllungen oder korrodierten Elektroden) dürfen an tragenden Bauteilen, die der DIN 18800-7 unterliegen, nicht eingesetzt werden. Für untergeordnete Schweißarbeiten oder für Ausbildungszwecke können derartige Schweißzusätze nach Überprüfung ggf. noch verwendet werden.

Witterungsschutz 7.3.3
Zu Element 707

Die Vorschrift in Element 707 zielt vor allem auf Schweißarbeiten bei der Montage. Auch dort müssen das qualitätssichere Schweißen und die Reproduzierbarkeit der Schweißprozesse im Vordergrund stehen. Zu diesem Zweck muss auf Baustellen nicht nur der Werkstoff, sondern vor allem auch der Mensch (Schweißer und Bediener) gegen direkte Witterungseinflüsse – Kälte, Wind, Regen, Schnee – geschützt werden. Selbstverständlich ist es möglich, auch bei tiefen Temperaturen zu schweißen (siehe Pipeline-Bau in Alaska oder Sibirien). Nur müssen dann die geeigneten Maßnahmen zum Schutz des Menschen und des Werkstoffes getroffen werden. Dazu gehören z. B. das Einhausen des Arbeitsbereiches (Beispiele siehe Bild 7.7), das Vorwärmen des Grundwerkstoffes – auch wenn die vorhandene Werkstoffdicke normalerweise kein Vorwärmen erfordern würde – und die Wahl eines geeigneten Schweißzusatzes. Stabelektroden mit zelluloser, saurer oder rutiler Umhüllung sind für einen Einsatz bei Temperaturen unter 0 °C nicht geeignet.

Bild 7.7   Beispiele für die Einhausung von Schweißarbeitsplätzen:
a), b) im Brückenbau, c) im Behälterbau

Die in der Norm genannte 0 °C-Grenze ist eine Empfehlung. Im Einzelfall kann es auch bereits bei höheren Temperaturen, z. B. bei +5 °C, notwendig werden, Maßnahmen zum Schutz des Menschen und des Werkstoffes zu treffen. Andererseits kann es in besonderen Fällen durchaus möglich sein, auch unter 0 °C, ohne besondere Maßnahmen zu schweißen. Dies ist jedoch im Einzelfall in Abhängigkeit vom Grundwerkstoff und Schweißzusatz zu überprüfen.

Ausführung von Schweißarbeiten 7.4
Allgemeines 7.4.1
Zu Element 708

Da die Oberflächen- und Schweißnahtvorbereitung im weiteren Sinne auch zur Ausführung von Schweißarbeiten gehören, verweist Element 708 noch einmal ausdrücklich auf Abschnitt 7.3.1 (Element 705). Das bedeutet, dass auch hier neben den in den Abschnitten 7.4.2 bis 7.4.6 zur

Ausführung von Schweißarbeiten gegebenen Regeln und Anforderungen zusätzlich die Empfehlungen der DIN EN 1011-1 und -2 beachtet werden sollten. Sie betreffen beispielsweise die Verwendung von An- und Auslaufblechen – in DIN EN 1011-1 An- und Auslaufstücke genannt –, die Behandlung der Schweißzusätze, die Verwendung von Transporthilfen und das Ausbessern von mangelhaften Schweißnähten.

7.4.2 Vorwärmen

Zu Element 709

⟨709⟩-1 Gründe für ein Vorwärmen, Mindestvorwärmtemperaturen

Vorwärmen wird in der Schweißtechnik aus drei Hauptgründen angewendet:

- Vermeiden von Kaltrissen/wasserstoffinduzierten Rissen (abhängig von der chemischen Zusammensetzung des Grundwerkstoffes, der Erzeugnisdicke, des eingebrachten Wasserstoffes beim Schweißen, der eingebrachten Wärmemenge beim Schweißen und von den zu erwartenden Eigenspannungen),
- Vermeiden von Härterissen (bei zu hoher Abkühlgeschwindigkeit und ungünstiger chemischer Zusammensetzung des Grundwerkstoffes),
- Vermeiden von Schrumpfrissen (bei zu hohen Eigenspannungen oder Schrumpfbehinderung); hierauf zielt die Anmerkung in Element 709.

Eigenspannungen können bei Beanspruchung in Bauteil-Dickenrichtung zu Terrassenbrüchen führen (vgl. zu Element 504). Dies gilt für T- oder Kreuzstöße, wenn der Grundwerkstoff aufgrund des Vorhandenseins von nichtmetallischen Verunreinigungen zu Terrassenbrüchen neigt. Bei Stumpfstößen sind Terrassenbrüche bisher nicht bekannt geworden. Bei Beachtung der Empfehlungen der DASt-Richtlinie 014 (dazu gehört u. a. auch das Vorwärmen) und Vorhandensein der notwendigen Mindest-Brucheinschnürung Z_D in Blechdickenrichtung (ggf. Stahl mit Z-Güte) können Terrassenbrüche sicher vermieden werden.

In der Vergangenheit gab es in Deutschland die Richtlinie DVS 1703. Bei Anwendung dieser Richtlinie lag der Verwender hinsichtlich der Mindestvorwärmtemperatur zur Vermeidung von Kaltrissen und Härterissen immer auf der sicheren, u. U. jedoch nicht immer auf der wirtschaftlichen Seite. Diese Richtlinie wurde deshalb zurückgezogen, soll aber ggf. zu einem späteren Zeitpunkt wieder neu erarbeitet werden, um dem Verarbeiter eine relativ einfache Art der Bestimmung der Vorwärmtemperatur beim Werkstoff S355 zur Verfügung zu stellen. Die in dem Stahl-Eisen-Werkstoffblatt 088 – es wird im vorliegenden Element 709 explizit erwähnt – gemachten Empfehlungen für die Bestimmung der Mindestvorwärmtemperaturen sollten beachtet werden. Zu den Methoden der Bestimmung von Vorwärmtemperaturen siehe auch ⟨710⟩-1. Bild 7.8 zeigt einen zum induktiven Vorwärmen mittels Glühgürtel vorbereiteten Baustellen-Schweißstoß zwischen einer Rohrstütze aus S355 und einem Baumverzweigungs-Gussknoten aus GS 20 Mn 5V.

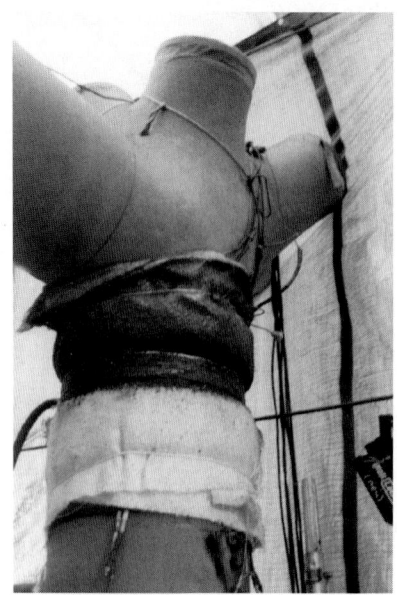

Bild 7.8 Induktives Vorwärmen eines Rohr-Schweißstoßes

⟨709⟩-2 Messung von Temperaturen vor und während des Schweißens

Element 709 verweist hierzu empfehlend auf DIN EN ISO 13916. Dort sind die Definitionen und die Grundlagen für das Messen der beim Schweißen wichtigen Temperaturen enthalten. Diese Norm legt die Anforderungen für die Messung der Temperaturen beim Schmelzschweißen fest. Soweit geeignet, kann sie auch für andere Schweißprozesse angewendet werden. Die Norm bezieht sich **nicht** auf die Temperaturmessung bei der Wärmenachbehandlung.

In DIN EN ISO 13916 sind u. a. folgende Definitionen für die Temperaturen enthalten:

- Vorwärmtemperatur (T_p): Die Temperatur im Schweißbereich des Werkstückes unmittelbar vor jedem Schweißvorgang. Sie wird im Normalfall als untere Grenze angegeben und gleicht üblicherweise der niedrigsten Zwischenlagentemperatur.
- Zwischenlagentemperatur (T_i): Die Temperatur in einer Mehrlagenschweißung und im angrenzenden Grundwerkstoff wird unmittelbar vor dem Schweißen der nächsten Raupe gemessen. Sie wird im Normalfall als höchste Temperatur angegeben.
- Haltetemperatur (T_m): Die niedrigste Temperatur im Schweißbereich, die auch einzuhalten ist, wenn die Schweißung unterbrochen wird.

Die Art der Messung, die Ermittlung der Messpunkte und die Messmittel sind aus DIN EN ISO 13916 zu entnehmen. Die dortige Vorgabe für die Lage der Messpunkte bezogen auf die Naht ist hier als Bild 7.9 wiedergegeben.

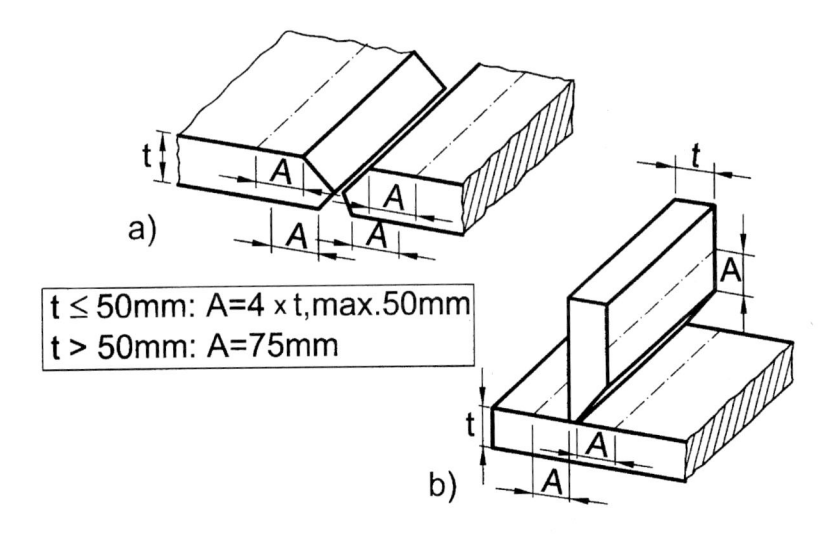

Bild 7.9 Maximale Abstände der Temperaturmesspunkte von der Naht
(Bild 1 aus DIN EN ISO 13916)

Die für die Temperaturmessung zu benutzenden Einrichtungen sollten in der Schweißanweisung festgelegt werden. Dies können sein:
- Temperaturempfindliche Mittel (TS), z. B. Stifte oder Farben,
- Kontaktthermometer (CT),
- Thermoelemente (TE),
- berührungslos messende optische oder elektrische Geräte (TB).

Kontaktthermometer (dazu gehören auch die „Sekundenthermometer") oder berührungslos messende optische oder elektrische Geräte sollten bei Verfahrens- oder Arbeitsprüfungen von den Schweißaufsichtspersonen benutzt werden. Bei der Auswahl von „Sekundenthermometern" ist vor allem darauf zu achten, dass der Fühler schnell die Messtemperatur erfasst.

Schweißer, die an Werkstoffen eingesetzt werden, für die eine definierte Vorwärm- und/oder Zwischenlagentemperatur vorgeschrieben ist, müssen mindestens zwei Messstifte am Arbeitsplatz zur Anwendung haben, nämlich
- den Stift der minimalen Vorwärmtemperatur und
- den Stift der maximalen Zwischenlagentemperatur.

Geschweißt werden darf, wenn die Stiftfarbe der minimalen Vorwärmtemperatur umschlägt und die Stiftfarbe der maximalen Zwischenlagentemperatur nicht umschlägt.

Zu Element 710

Bei den in Element 710 angesprochenen Wasserstoffrissen handelt es sich um die im Kommentar ⟨709⟩-1 als erster technischer Grund für Vorwärmmaßnahmen aufgeführten „Kaltrisse". Die gemäß Element 710 verbindlich zu beachtenden Empfehlungen nach DIN EN 1011-2, Anhang C3, Methode B, betreffen die Ermittlung der zur Vermeidung dieser Wasserstoffrisse erforderlichen Vorwärmtemperaturen. Bevor diese Empfehlungen konkret kommentiert werden, seien zunächst die gegenwärtig international in der Diskussion befindlichen Methoden der Bestimmung von Vorwärmtemperaturen betrachtet.

⟨710⟩-1 Methoden der Bestimmung von Vorwärmtemperaturen

Es gibt weltweit ca. 100 verschiedene Formeln zur Bestimmung eines Kohlenstoffäquivalentes. Eine von ihnen ist z. B. die in der europäischen Baustahlnormung verwendete Formel für CEV (vgl. zu Element 508, Gl. (5.1)). Nur wenige Formeln sind jedoch zur Bestimmung einer geeigneten Vorwärmtemperatur zur Vermeidung von Wasserstoffrissen geeignet.

In DIN EN 1011-2 sind im Anhang C zwei Methoden zur Bestimmung der geeigneten Vorwärmtemperatur enthalten:

- C2 – Methode A (Englische Methode nach British Standard),
- C3 – Methode B (Deutsche Methode, basierend auf SEW 088).

Der CEN/ISO-Bericht ISO/TR 17844 [R135] enthält sogar vier(!) verschiedene Methoden zur Bestimmung der Vorwärmtemperatur:

- Britische Methode auf der Basis CEV (identisch mit Methode A (C2) des Anhangs C von DIN EN 1011-2),
- Deutsche Methode auf der Basis CET (identisch mit Methode B (C3) des Anhangs C von DIN EN 1011-2),
- Japanische Methode CEN nach JIS B8285,
- Amerikanische Methode PCM nach AWS D1-96.

Diese vier Methoden sollen „in Konkurrenz" angewendet und erprobt werden, um zu einem späteren Zeitpunkt entscheiden zu können, für welche Sorten von Stählen welche Methode die geeignetste ist, d. h. die kostengünstigste Methode, die trotzdem sicher gegen Härte- oder Wasserstoffrisse ist.

⟨710⟩-2 Vermeidung von Wasserstoffrissen nach Anhang C3 der DIN EN 1011-2, Methode B

Im Anhang C.3 von DIN EN 1011-2 „Methode B zur Vermeidung von Wasserstoffrissen in unlegierten Stählen, Feinkornbaustählen und niedrig legierten Stählen" sind die Empfehlungen zur Vermeidung von Wasserstoffrissen des Stahl-Eisen-Werkstoffblattes SEW 088 weitgehend übernommen worden. Nur einige wenige notwendige Korrekturen wurden gegenüber SEW 088 vorgenommen (vor allem bei der graphischen Methode).

Die Mindestvorwärmtemperatur ist in SEW 088, Beiblatt 1, und bei Methode B des Anhangs C3 von DIN EN 1011-2 abhängig von

- der chemischen Zusammensetzung (Kohlenstoffäquivalent CET) des Grundwerkstoffes,
- der Erzeugnisdicke d,
- dem Wasserstoffgehalt HD nach DIN EN ISO 3690 [R68] (Nachfolgenorm von DIN 8572),
- der Wärmeeinbringung Q (vom eingesetzten Schweißprozess abhängig),
- dem Eigenspannungszustand (meist nicht messbar und somit rechnerisch nicht zu berücksichtigen).

Die Formel zur Ermittlung des für die Bestimmung der Vorwärmtemperatur nach SEW 088 und DIN EN 1011-2, Anhang C.3, Methode B, benötigten Kohlenstoffäquivalentes CET lautet:

$$CET = C + \frac{Mn + Mo}{10} + \frac{Cr + Cu}{20} + \frac{Ni}{40} \quad \text{in [\%]} \tag{7.1}$$

Dieses Kohlenstoffäquivalent weicht von dem in den europäischen Stahlnormen verwendeten Kohlenstoffäquivalent CEV nach Gl. (5.1) (IIW-Formel) ab und muss in Abhängigkeit von der vorliegenden chemischen Analyse des Grundwerkstoffes bestimmt werden (vgl. zu Element 507). Unter anderem ist deshalb für alle Stähle außer S235 ein Abnahmeprüfzeugnis 3.1.B unverzichtbar (vgl. zu Element 513). Sie muss natürlich, um diesen Zweck erfüllen zu können, zum Zeitpunkt der Ermittlung der Vorwärmtemperatur auch wirklich vorliegen – eine Voraussetzung, die in der Praxis leider oft nicht eingehalten wird. In solchen Fällen muss die Vorwärmtemperatur zunächst anhand der Werkstoffgüte geschätzt und nachträglich (nach Vorliegen der 3.1.B-Bescheinigung) bestätigt werden.

Die im Anhang C.2 der DIN EN 1011-2 enthaltene Methode A nach British Standard darf für Stahlbauten nach DIN 18800-7 **nicht** angewendet werden, da sie nach deutscher Meinung vor allem beim Schweißen der Stähle S355 und der Feinkornbaustähle mit $R_e > 355$ N/mm² auf der unsicheren Seite liegt.

Zusammenbauhilfen 7.4.3

Zu Element 711

Bei komplexen Bauteilen des Stahlbaus ist es unumgänglich, Zusammenbauhilfen zu verwenden. Dazu gehören u. a. Montageösen und Transporthilfen, aber auch die An- und Auslaufbleche bei Stumpfnähten (siehe Bild 7.10). Diese Zusammenbauhilfen können durch Schweißnähte (in der Regel sind das relativ dünne und kurze Heftnähte) oder durch Schraubverbindungen (vorwiegend bei Montageösen oder Transporthilfen) hergestellt werden. Beim Anschweißen von Zusammenbauhilfen muss unbedingt geprüft werden, ob eine Vorwärmung des Grundwerkstoffes erforderlich ist (vgl. zu Elementen 709 und 710). Dabei muss beachtet werden, dass in der Regel bei den Zusammenbauhilfen durch die meist relativ kurzen und dünnen Nähte die Wärmeableitung besonders hoch ist.

Bild 7.10 An- und Auslaufbleche für eine Stumpfnaht

In der Regel müssen Zusammenbauhilfen nach Beendigung der Schweißarbeiten oder nach dem Einbau des Bauteils beseitigt werden. Geschraubte Zusammenbauhilfen haben den Vorteil, dass sie in der Regel das Bauteil im Tragverhalten nicht beeinflussen – sieht man einmal vom eventuellen (moderaten) Ermüdungseinfluss der in der Konstruktion verbleibenden Schraubenlöcher ab. Anders bei geschweißten Zusammenbauhilfen: Hier können bei unsachgemäßer Beseitigung Risse/Mikrorisse in der Konstruktion verbleiben, die oft mit bloßem Auge nicht zu erkennen sind.

Deshalb fordert Element 711 bei Bauteilen mit nicht vorwiegend ruhender Beanspruchung die Durchführung angemessener Prüfungen auf Oberflächenrisse nach dem Entfernen der Zusammenbauhilfen. Dabei muss sichergestellt werden, dass der Grundwerkstoff im Oberflächenbereich nicht durch Risse geschädigt wurde. Dies kann durch Sichtprüfung (ggf. mit Lupe) oder durch eine Oberflächenrissprüfung mit einem der in Element 1209 in der Anmerkung 1 genannten Prüfverfahren – Eindringprüfung oder Magnetpulverprüfung – erfolgen. Es muss daran erinnert werden, dass in der Vergangenheit durch derartige Anrisse, die beim Schweißen von Zusammenbauhilfen im Grundwerkstoff entstanden und nach dem Entfernen nicht bemerkt worden sind, schon große Schäden entstanden sind, z. B. Risse im Speisewasserbehälter des Kernkraftwerkes Biblis A unterhalb einer Transporthilfe.

Eine Zusammenbauhilfe sollte bei gefährdeter Stahlsorte ($R_e \geq 355$ N/mm²) ca. 3 mm oberhalb des Grundwerkstoffes abgetrennt werden (z. B. durch Brennschneiden) und anschließend bis auf die Blechoberfläche abgeschliffen werden. Wird die Blechoberfläche beschliffen, und eine anschließende Oberflächenrissprüfung ergibt keine unzulässige Anzeige, dann ist davon auszugehen, dass keine unzulässigen Härtewerte und keine Rissansätze mehr vorhanden sind. Ein „Abschlagen" von Zusammenbauhilfen mit dem Hammer sollte allein aus „erzieherischen Gründen" selbst bei dem unkritischen Werkstoff S235 unterbleiben!

7.4.4 Bolzenschweißen

Zu Element 712

Bolzenschweißen wird im modernen Stahlbau vor allem wegen der im Verbundbau eingesetzten Kopfbolzendübel immer wichtiger (siehe Bild 7.11). Aber nicht nur als Kopfbolzen, sondern auch als Gewindebolzen erfreuen sich Schweißbolzen wachsender Beliebtheit (vgl. zu Element 522). Bolzenschweißungen dürfen nur von Betrieben mit einer Bescheinigung über eine Herstellerqualifikation ab Bauteilklasse C durchgeführt werden (siehe Element 1313). Wie bereits im Kommentar zu Element 522 ausgeführt, werden im Stahlbau überwiegend die beiden Bolzenschweißprozesse

- 783 – Hubzündungs-Bolzenschweißen mit Keramikring oder Schutzgas (vor allem für Kopfbolzen bis 25 mm Durchmesser) und
- 784 – Kurzzeit-Bolzenschweißen mit Hubzündung (vor allem für Durchmesser ≤ 12 mm)

eingesetzt (Ordnungsnummern nach DIN EN ISO 4063 [R74]).

Die in Element 712 genannte DIN EN ISO 14555 hat die Nachfolge der bewährten früheren DIN 8563-10 übernommen. Deshalb müssen jetzt die darin formulierten Bedingungen hinsichtlich Verfahrens- und Arbeitsprüfungen eingehalten werden.

Bild 7.11 Kopfbolzendübel in einer Verbundbrücke

⟨712⟩-1 **Verfahrensprüfungen beim Bolzenschweißen**

Nach DIN EN ISO 14555 müssen Schweißanweisungen für das Bolzenschweißen vor Fertigungsbeginn anerkannt (qualifiziert) sein (vgl. zu Element 701). Im bauaufsichtlichen Bereich ist hierzu eine Verfahrensprüfung erforderlich. Diese Verfahrensprüfung kann im Rahmen der Betriebsprüfung für die Herstellerqualifikation (siehe zu den Elementen 1304 und 1312) oder unabhängig davon projektorientiert durchgeführt werden. Bei der Verfahrensprüfung müssen mindestens die nachfolgend genannte Anzahl von Bolzen geschweißt werden:

- Hubzündungs-Bolzenschweißen mit Keramikring oder Schutzgas:
  12 Bolzen (Bolzendurchmesser ≤ 12 mm),
  17 Bolzen (Bolzendurchmesser > 12 mm).
- Kurzzeit-Bolzenschweißen mit Hubzündung:
  12 Bolzen.

Es wird empfohlen, für Einstellversuche und Ersatzproben eine ausreichende Anzahl zusätzlicher Bolzen an den Prüfstücken vorzusehen.

Der verwendete Grund- und Bolzenwerkstoff muss mindestens mit einem Abnahmeprüfzeugnis 3.1.B nach DIN EN 10204:1995-08 belegt werden. Liegt diese Bescheinigung nicht vor, müssen für Grund- und Bolzenwerkstoff zusätzliche Werkstoffprüfungen vor der Verfahrensprüfung durchgeführt werden. Dazu muss genügend Grund- und Bolzenmaterial der gleichen Chargen verfügbar sein, aus denen auch das Material für die Verfahrensprüfung stammt.

Bei der Verfahrensprüfung müssen die zerstörungsfreien und zerstörenden Prüfungen gemäß Tabelle 7.3 durchgeführt werden (sie entspricht Tabelle 10 der DIN EN ISO 14555). Die Fußnote 1 in Tabelle 7.3 bezieht sich nur auf Bolzenverbindungen aus nichtrostenden („weißen") Bolzen auf Bauteilen aus („schwarzem") Baustahl. Diese „Weiß-Schwarz-Verbindungen" gehören nicht zum Geltungsbereich der DIN 18800-7, sondern sind in der Zulassung Z-30.3-6 [R128] geregelt. Für die „Schwarz-Schwarz-Verbindungen" der DIN 18800-7 sind bei Bolzen $d \leq 12$ mm, wie Tabelle 7.3 zu entnehmen ist, keine Zugversuche erforderlich; bei Bolzen $d > 12$ mm sind, sofern keine Durchstrahlungsprüfung durchgeführt wird, fünf Zugversuche erforderlich.

Tabelle 7.3 Untersuchung und Prüfung der Prüfstücke bei der Verfahrensprüfung zum Bolzenschweißen (in Anlehnung an Tabelle 10 der DIN EN ISO 14555)

Prozesse	Art der Prüfung		
	Kraftübertragung		Wärmeübertragung
	$d \leq 12$ mm	$d > 12$ mm	alle Durchmesser (d)
Hubzündungs-Bolzenschweißen mit Keramikring oder Schutzgas und Kurzzeit-Bolzenschweißen mit Hubzündung	Sichtprüfung → alle Bolzen		
	Biegeprüfung → 60° → 10 Bolzen (siehe Bilder 8a), 8b) oder 8c)) [2]		Biegeprüfung mit Drehmomentenschlüssel → 10 Bolzen (siehe Bilder 4a), 4b)) [2]
	Zugprüfung → [1] (siehe Bilder 5, 6 oder 7) [2]	Zugprüfung (siehe Bilder 5, 6 oder 7) [2] **oder** Durchstrahlungsprüfung → 5 Bolzen	–
	Makroschliff → 2 Bolzen (90° versetzt durch Bolzenmitte)		
Kondensatorentladungs-Bolzenschweißen mit Spitzenzündung und Kondensatorentladungs-Bolzenschweißen mit Hubzündung	Sichtprüfung → alle Bolzen		
	Zugprüfung → 10 Bolzen (siehe Bilder 5, 6 oder 7) [2]		
	Biegeprüfung → 30° → 20 Bolzen (siehe Bilder 8a), 8b) oder 8c)) [2]		

[1] Bei Schweißungen zwischen Bolzenwerkstoff der Gruppe 9 nach EN 288-3 und Grundmaterial der Gruppen 1 oder 2 nach EN 288-3 ist eine Zugprüfung an mindestens 10 Bolzen erforderlich.
[2] Alle in der Tabelle angezogenen Bilder beziehen sich auf DIN EN ISO 14555

Bild 7.12 zeigt Makroschliffe einer fehlerfreien und einer fehlerhaften Bolzenschweißung. Die in Bild 7.12b wiedergegebene fehlerhafte Bolzenschweißung weist u. a. einen Lunkerriss aufgrund einer zu geringen Hubeinstellung auf – einer der häufigsten Fehler beim Bolzenschweißen. Von besonderer Bedeutung für die Fertigungsüberwachung (siehe ⟨712⟩-2) ist die Biegeprüfung. Sie ist als einfache Arbeitsprobe zur überschlägigen Kontrolle der gewählten Schweißdaten gedacht. Bei ihr muss ein gewisser plastischer Biegewinkel ohne Risse in der Schweißzone ertragen werden. Bild 7.13 zeigt einen „umgebogenen" Kopfbolzen, der die Biegeprüfung bestanden hat (fast 90° Biegewinkel).

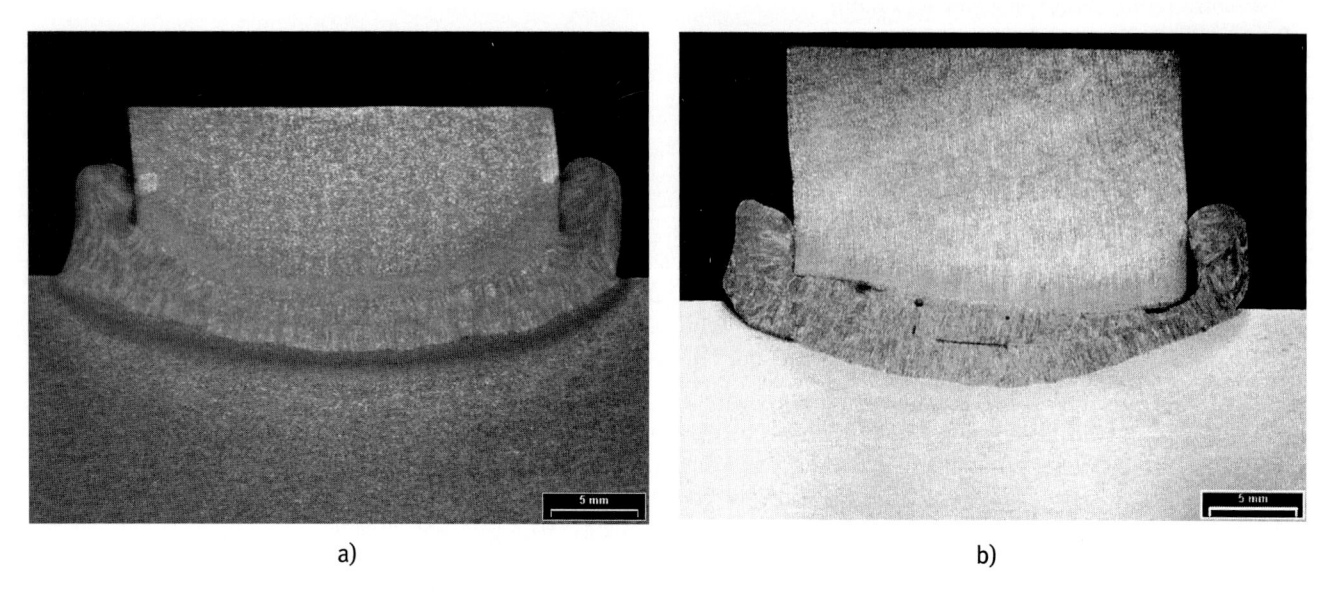

Bild 7.12 Makroschliffe durch die Bolzenmitte geschweißter Bolzen:
a) fehlerfreie Schweißung, b) fehlerhafte Schweißung

Bild 7.13 Geschweißter Kopfbolzen, der die Biegeprobe nach DIN EN ISO 14555 bestanden hat

Erfüllt bei der Verfahrensprüfung **ein** Bolzen (von allen Bolzen) nicht die Anforderungen der DIN EN ISO 14555, so dürfen zwei gleichartige Ersatzbolzen aus dem zugehörigen Prüfstück entnommen werden. Ist dies nicht möglich, sind entsprechende Bolzen nachzuschweißen. Erfüllt mehr als ein Bolzen oder einer der beiden Ersatzbolzen nicht die Anforderungen, so gilt die Prüfung als nicht bestanden.

⟨712⟩-2 **Fertigungsüberwachung beim Bolzenschweißen**

Zur Fertigungsüberwachung unterscheidet DIN EN ISO 14555 folgende drei Möglichkeiten:
- normale Arbeitsprüfung,
- vereinfachte Arbeitsprüfung,
- laufende Fertigungsüberwachung.

Alle Prüfungen im Rahmen der Fertigungsüberwachung können an Teilen der tatsächlichen Fertigung oder an besonderen Prüfstücken durchgeführt werden. Die Prüfstücke müssen den Bedingungen der Fertigung entsprechen.

Die **normale Arbeitsprüfung** ist im Allgemeinen durch den Hersteller **vor Beginn der Schweißarbeiten** an einer Konstruktion oder an einer Gruppe gleichartiger Konstruktionen und/oder nach einer bestimmten Anzahl von Schweißungen durchzuführen. Die normale Arbeitsprüfung beschränkt sich auf den verwendeten Bolzendurchmesser, den Grundwerkstoff und den Gerätetyp. Die Anzahl ist in der Liefervereinbarung festzulegen oder aus der zutreffenden Anwendungsnorm zu entnehmen. Beim Hubzündungs-Bolzenschweißen mit Keramikring oder Schutzgas und beim Kurzzeit-Bolzenschweißen mit Hubzündung sind aber in jedem Falle mindestens 10 Bolzen zu schweißen. Für Einstellversuche und ggf. Ersatzproben wird wie bei der Verfahrensprüfung empfohlen, eine ausreichende Anzahl zusätzlicher Bolzen vorzusehen. Es werden folgende Prüfungen durchgeführt:
- Sichtprüfung aller Bolzen;
- Biegeprüfung an fünf Bolzen (vgl. Bild 7.13);
- Makroschliffe an zwei verschiedenen Bolzen, jeweils um 90° versetzt durch die Bolzenmitte (vgl. Bild 7.12).

Erfüllt bei einer normalen Arbeitsprüfung **ein** Bolzen von allen Bolzen nicht die Anforderungen, so dürfen zwei gleichartige Bolzen aus dem zugehörigen Prüfstück entnommen werden. Ist dies nicht möglich, sind entsprechende Bolzen zusätzlich zu schweißen. Es wird deshalb dringend empfohlen, bei der normalen Arbeitsprüfung eine ausreichende Anzahl zusätzlicher Bolzen einzuplanen. Die Ergebnisse der normalen Arbeitsprüfung sind zu dokumentieren und sollten den Qualitätsunterlagen beigefügt werden.

Die **vereinfachte Arbeitsprüfung** dient zur Kontrolle der richtigen Geräteeinstellung und der richtigen Arbeitsweise. Zu diesem Zweck sind **vor Schichtbeginn** drei Bolzen zu schweißen. Diese Prüfung kann auch nach einer bestimmten Anzahl von Schweißungen gefordert werden. Die Anzahl ist in der Liefervereinbarung festzulegen oder aus der zutreffenden Anwendungsnorm zu entnehmen. Die vereinfachte Arbeitsprüfung umfasst mindestens folgende Prüfungen und Untersuchungen:
- Sichtprüfung der drei Bolzen;
- Biegeprüfung der drei Bolzen (vgl. Bild 7.13).

Erfüllt bei einer vereinfachten Arbeitsprüfung **einer** der drei Bolzen nicht die Anforderungen, so ist nach Beseitigung der Fehlerursache die Arbeitsprüfung zu wiederholen. Die Ergebnisse der vereinfachten Arbeitsprüfung sind ebenfalls zu dokumentieren und sollten ebenfalls den Qualitätsunterlagen beigefügt werden.

Als **laufende Fertigungsüberwachung** genügt in der Regel die Sichtprüfung aller Schweißungen und die laufende Kontrolle der wichtigen Schweißparameter. Ein ringsum geschlossener Schweißwulst und das Erreichen der Nennlänge des Bolzens (diese wird erst nach dem Abschmelzen beim Schweißvorgang erreicht) gelten als Indizien für eine ausreichende Schweißqualität.

Besteht bei der laufenden Fertigungsüberwachung Verdacht auf mangelhafte Schweißung (z. B. Porenbildung, nicht geschlossener Wulst oder ungleichmäßiger Wulst, zu geringe Abschmelzlänge einzelner Bolzen im Vergleich zu anderen), so sind entweder Korrekturmaßnahmen erforderlich, oder es ist eine Biegeprüfung mit verringertem Biegewinkel (15°) oder ein Zugversuch mit begrenzter Belastung durchzuführen. Erfüllt die Bolzenschweißung dabei nicht die Anforderungen, so sind drei Schweißungen, die vor und ggf. nach der mangelhaften Schweißung hergestellt wurden, ebenfalls der Biege- oder Zugprüfung zu unterziehen. Wenn einer dieser Bolzen ebenfalls nicht die Anforderungen erfüllt, müssen Korrekturmaßnahmen an allen Bolzen am gleichen Bauteil durchgeführt werden.

Die Ergebnisse der laufenden Fertigungsüberwachung sind in einem Fertigungsbuch aufzuzeichnen. Ein Muster ist im informativen Anhang G der DIN EN ISO 14555 enthalten. In diesem Fertigungsbuch sind auch die Ergebnisse der normalen Arbeitsprüfung und der vereinfachten Arbeitsprüfung festzuhalten. Je Bolzenschweißprozess ist ein gesondertes Fertigungsbuch vom Hersteller zu führen.

Ausführlichere Informationen über Bolzenschweißen im Stahlbau findet man in [M1] und [M2]. In [A28] werden einige Hinweise aus der Sicht der Praxis gegeben.

⟨712⟩-3 Zulässige Fehler beim Bolzenschweißen

Die Qualitätsanforderungen beim Bolzenschweißen nach DIN EN ISO 14555 sind in Tabelle A.1 des Anhangs A der Norm zusammengestellt. Diese ist hier als Tabelle 7.4 wiedergegeben. Man entnimmt ihr, dass bei kraftübertragenden Bolzen mit 100%iger Ausnutzung der zulässigen Last und bei Kopfbolzen für Verbundbrücken generell „Umfassende Qualitätsanforderungen" nach DIN EN 729-2 einzuhalten sind.

Tabelle 7.4 Qualitätsanforderungen beim Bolzenschweißen
(Tabelle A.1 der DIN EN ISO 14555, wobei die zitierten Abschnitte sich auf diese Norm beziehen)

Geforderte Teile von EN 729	Umfassende Qualitätsanforderungen nach EN 729-2	Standard-Qualitätsanforderungen nach EN 729-3	Elementare Qualitätsanforderungen nach EN 729-4
Typische Anwendungsgebiete	Kraftübertragung mit 100%iger Ausnutzung der zulässigen Last oder Kopfbolzen für Verbundbrücken	Kraft- und Wärmeübertragung ohne volle Ausnutzung der zulässigen Last	sehr einfache Schweißungen ohne definierte Kraft- oder Wärmeübertragung
Verfahren	Hubzündungs-Bolzenschweißen mit Keramikring oder Schutzgas und Kurzzeit-Bolzenschweißen mit Hubzündung	alle Bolzenschweißverfahren	
Bediener	Geprüft nach 9.1		
Fachwissen der Schweißaufsicht	Grundlagenkenntnisse nach 9.2		9.2 gilt nicht
Qualitätsberichte	Fertigungsbuch nach 10.6		10.6 gilt nicht
Verfahren der Anerkennung der WPS	Verfahrenprüfung nach 7.2 oder Prüfung vor Fertigungsbeginn nach 7.4		vorliegende Erfahrung nach 7.5
Kalibrierung der Mess- und Prüfgeräte	Verfahren müssen nach 10.8 verfügbar sein	10.8 gilt nicht	
Untersuchung und Prüfung während der Fertigung	normale Arbeitsprüfung nach 10.2; vereinfachte Arbeitsprüfung nach 10.3; laufende Fertigungsüberwachung nach 10.5		vereinfachte Arbeitsprüfung nach 10.3
Mangelnde Übereinstimmung	nach 10.7		

Diese „Umfassenden Qualitätsanforderungen" erlauben u. a. nur 5 % Fehlerfläche. Die Fehlerfläche bezieht sich dabei auf den Zugversuch am aufgeschweißten Bolzen (er wird bei der Verfahrensprüfung durchgeführt, vgl. Tabelle 7.3) und die nach dem Bruch in der Schweißzone festgestellte Gesamtfehlerfläche (Poren, Bindefehler, Risse, Lunker, Einschlüsse), bezogen auf die Bolzenquerschnittsfläche.

Die vorgenannte Forderung würde nun bedeuten, dass z. B. auch bei Verbundkonstruktionen mit vorwiegend ruhender Beanspruchung (d. h. Verbundhochbauten) – sofern die Kopfbolzendübel voll ausgenutzt würden – nur maximal 5 % Fehlerfläche vorhanden sein dürften. Untersuchungen haben jedoch gezeigt, dass dies eine unbegründet scharfe Forderung für vorwiegend ruhend beanspruchte Bauteile wäre. Deshalb ist in Element 712 der DIN 18800-7 für Bauteile der Klassen C und D (siehe Tabellen 11 und 12 DIN 18800-7) die zulässige Fehlerfläche auf 10 % angehoben worden. Dies ist der bei „Standard-Qualitätsanforderungen" nach Tabelle 7.4

geforderte Wert. Deutschland wird bei der Überarbeitung der DIN EN ISO 14555 einen entsprechenden Antrag auf Übernahme dieser DIN 18800-7-Regelung einbringen. Für nicht vorwiegend ruhend beanspruchte Verbundkonstruktionen, die in die Bauteilklasse E (siehe Tabelle 13) eingeordnet werden, bleibt es gemäß Element 712 aber bei der nach DIN EN ISO 14555 zulässigen Fehlerfläche von 5 %.

⟨712⟩-4 Korrekturmaßnahmen beim Bolzenschweißen

Der Abschnitt 10.7 der DIN EN ISO 14555 behandelt die „mangelnde Übereinstimmung und Korrekturmaßnahmen" bei fehlerhaften Bolzenschweißungen. Der Abschnitt basiert auf den Arbeiten der SLV München und der SLV Duisburg [A32]. Danach dürfen fehlerhafte Bolzenschweißungen durch teilweises Nachschweißen mit den Schweißprozessen 111, 135 oder anderen geeigneten Prozessen nach DIN EN ISO 4063 [R74] repariert werden (Schließen eines unvollständigen oder fehlerhaften Wulstes).

⟨712⟩-5 Manuelles Anschweißen von Schweißbolzen erlaubt?

Diese Frage taucht in der Praxis immer wieder auf [A28], beispielsweise wenn in einem Bauwerk das Bolzenschweißgerät bei einzelnen Bolzen von der Schweißposition her nicht angesetzt werden kann oder wenn ein kleinerer Betrieb, dem in seiner Bescheinigung über die Herstellerqualifikation (siehe zu Element 1312) der Zusatz für das Bolzenschweißen fehlt, eine kleine Anzahl von Bolzen schweißen muss, z. B. an einzubetonierenden Ankerplatten. Es wird dann argumentiert, da der Bolzen ja aus schweißgeeignetem Werkstoff bestehe (vgl. zu Element 522), müsse man ihn doch auch von Hand mit einer umlaufenden Kehlnaht anschweißen können, deren Nahtdicke man vorher rechnerisch ermittelt habe.

Generell ist dazu zu sagen, dass DIN EN ISO 14555 das Anschweißen von Bolzen mit einem anderen als den beiden hier ausführlich kommentierten automatischen Hubzündungsverfahren nur „in Einzelfällen" erlaubt. Als geeignete Schweißprozesse werden die bereits in ⟨712⟩-4 im Zusammenhang mit der Reparatur erwähnten Prozesse 111 und 135 explizit genannt. In Abhängigkeit vom Bolzendurchmesser ist dabei eine rechnerisch zu bestimmende Kehlnahtdicke a zu erreichen. Das eingesetzte Schweißverfahren muss qualifiziert sein. Es muss also eine Schweißanweisung für die Reparaturschweißung bzw. die manuelle oder teilmechanische Schweißung vorliegen. Die eingesetzten Schweißer müssen über eine gültige Schweißer-Prüfungsbescheinigung nach DIN EN 287-1 verfügen, welche die vorgesehenen Parameter (Grundwerkstoff, Nahtart, Schweißposition, Schweißzusatz usw.) einschließt.

Daraus folgt, dass solche Kehlnahtschweißungen an Bolzen die absolute (und gut begründete) Ausnahme bleiben sollten. Es ist auch zu beachten, dass infolge der längeren Wärmeeinbringung beim manuellen Schweißen der kaltverfestigte Bolzenwerkstoff sich entfesten kann [A28]. Es ist also zu empfehlen, für kehlnahtverschweißte Bolzen als rechnerische Streckgrenze nur 235 N/mm^2 einzusetzen (statt des Nennwertes 350 N/mm^2 nach DIN 18800-1, Tabelle 4).

Schweißen von Betonstahl 7.4.5

Zu Element 713

Im August 2003 ist DIN 4099:1985-11 durch die Folgeausgabe 2003-08 Teile 1 und 2 ersetzt worden. Da DIN 4099 als undatierte Verweisung in DIN 18800-7 zitiert wird (vgl. ⟨201⟩-1), ist nach Aufnahme in die Liste der Technischen Baubestimmungen die letztgenannte Ausgabe maßgebend. Derzeitig wird im europäischen Arbeitsausschuss CEN/TC 121/WG 16 eine weltweit geltende Norm für das Schweißen von Betonstahl auf der Basis der neuen DIN 4099 erarbeitet; sie soll die Nummer DIN EN ISO 17660 erhalten, soll aus zwei Teilen bestehen (Teil 1 – tragende Verbindungen, Teil 2 – nichttragende Verbindungen) und wird wahrscheinlich Ende 2005 vorliegen und dann DIN 4099 ersetzen.

Der Eignungsnachweis für das Schweißen von Betonstahl nach DIN 4099 ist **unabhängig** von den allgemeinen Herstellerqualifikationen für die Bauteilklassen B bis E der DIN 18800-7 (siehe 13.5) und muss vom ausführenden Betrieb separat als eigene Bescheinigung erbracht werden. Die anerkannten Stellen zur Erteilung des Eignungsnachweises nach DIN 4099 sind aus dem Teil IV des Verzeichnisses der Prüf-, Überwachungs- und Zertifizierungsstellen nach den Landesbauordnungen [R124] ersichtlich.

7.4.6 Zusätzliche Anforderungen

Zu Element 714

Anforderungen an das Bauteil und an die Schweißnähte nach dem Schweißen, die über die Festlegungen der jeweils geforderten Bewertungsgruppe nach DIN EN 25817 (ersetzt durch DIN EN ISO 5817 [R76]) (siehe Elemente 1204 und 1205) hinausgehen, sind gemäß Element 714 in den Ausführungsunterlagen (Ausführungszeichnungen) anzugeben. Die zentrale Bedeutung der Ausführungsunterlagen sei hier noch einmal hervorgehoben (vgl. ⟨401⟩-1). Nicht tragsicherheitsrelevante zusätzliche Anforderungen können selbstverständlich auch in die Fertigungspläne eingetragen werden, sofern solche über die Ausführungszeichnungen hinaus erstellt werden. Zusätzliche Anforderungen können z. B. sein (vgl. ⟨402⟩-2, zu h):

- Ausführung von Hohlkehlnähten,
- Einebnen von Schweißnahtüberhöhungen,
- kerbfreies Beschleifen der Nahtübergänge,
- sonstige Nacharbeitung von fertig gestellten Nähten (z. B. „Hämmern" zum Abbau von Eigenspannungen, wenn eine Spannungsarmglühung aufgrund der Bauteilabmessungen oder aus anderen Gründen nicht durchführbar ist, vor allem bei Reparaturen auf Baustellen oder in fertigen Gebäuden).

Außerdem wird in diesem Element nochmals auf die Empfehlungen zum Vermeiden von Terrassenbrüchen in DASt-Richtlinie 014 und in DIN EN 1011-2, Anhang F, hingewiesen (vgl. zu Element 504). Es sei hier aber noch einmal festgehalten, dass seit dem Erscheinen der DASt-Richtlinie 014 aufgrund der in Mitteleuropa geänderten Massenstahlherstellung (z. B. Nachschaltung von Entschwefelungs-Anlagen) die Häufigkeit von Terrassenbrüchen in geschweißten Bauteilen drastisch reduziert werden konnte. Zu den verschiedenen Möglichkeiten, wie ein herstellender Betrieb ggf. Terrassenbrüche vermeiden kann, vgl. den ausführlichen Kommentar ⟨504⟩-2.

Fachzeitschrift STAHLBAU

STAHLBAU
Chefredakteur:
Dr.-Ing. Karl-Eugen Kurrer
Erscheint monatlich.
Jahresabonnement 2005
€ 318,– / sFr 588,–
Studentenabonnement 2005
€ 114,– / sFr 214,–
Preise zzgl. MwSt.,
inkl. Versandkosten

Alles über Stahl-, Verbund- und Leichtmetallkonstruktionen – gebündelt in einer Fachzeitschrift, die seit über 75 Jahren den gesamten Stahlbau maßgeblich begleitet.
In der Zeitschrift *STAHLBAU* finden sich praxisorientierte Berichte über sämtliche Themen des Stahlbaus wieder. Von der Planung und Ausführung von Bauten bis hin zu Forschungsvorhaben und Ergebnissen. Aktuelle Informationen zu: Normung und Rechtsfragen, Entwicklungen in Sanierungs-, Montage- und Rückbautechnologien, Buchbesprechungen, Seminare, Messen und Tagungen und last but not least über Persönlichkeiten.

Artikel-Recherche-Online
In den Jahrgängen 1971 bis heute nach Stichwort / Autor / Beitrag recherchieren.
www.ernst-und-sohn.de

STAHLBAU online lesen
www.interscience.wiley.com ist die Einstiegsseite des Online-Dienstes Wiley InterScience.
Über diesen ist der Zugriff auf Artikel im PDF Format der Fachzeitschrift *STAHLBAU*, aber auch auf alle anderen Zeitschriften aus dem Verlag Ernst & Sohn, möglich.

Ernst & Sohn
A Wiley Company
www.ernst-und-sohn.de

Telefon: +49(0)6201 606-400
Telefax: +49(0)6201 606-184
E-Mail: service@wiley-vch.de

Wiley-VCH
Boschstraße 12
69469 Weinheim

006414116_my Irrtum und Änderungen vorbehalten. (Stahlbauten 3-433-01818-9)

Fax-Antwort an +49(0)6201 – 606 - 184

❏ Ich interessiere mich für ein Abonnement, bitte senden Sie mir weitere Informationen.
❏ Ich möchte die Zeitschrift online lesen, bitte senden Sie mir weitere Informationen.
❏ Ich wünsche ein Probeheft.

Name, Vorname		
Firma		
Straße/Nr.		E-Mail
Land	PLZ	Ort

X
Datum/Unterschrift

Über 2 Millionen Besucher.

35.000 tragende Verbindungen.

Ein Bauwerk als Symbol: der Gasometer Oberhausen ist der Besuchermagnet im Ruhrgebiet. Für Stabilität von oben bis unten sorgen 35.000 hochwertige Friedberg Verbindungselemente.

Da stehen Millionen drauf!

○ Hoch- und Stahlbau
○ Brücken- und Tunnelbau
○ Tragwerksbau
○ Sonderkonstruktionen

Das **KOMPENDIUM TECHNIK**

Unverzichtbar!

jetzt anfordern unter:
august-friedberg.de

August Friedberg GmbH
Achternbergstraße 38 A
45884 Gelsenkirchen
Tel.: +49(0)209-9132-0
Fax: +49(0)209-9132-178
E-Mail: info@august-friedberg.de

AF® FRIEDBERG
Wir halten zusammen.

Umfassende Werke über Spannbeton

Wolfgang Rossner /
Carl-Alexander Graubner
Spannbetonbauwerke Teil 3
2005. Ca. 750 Seiten,
ca. 180 Abbildungen.
Gb., ca. € 209,–* / sFr 309,–
ISBN 3-433-02831-1

Das vorliegende Werk stellt den 3. Teil des Handbuchs Spannbetonbauwerke dar. Wie schon die ersten beiden Teile umfasst es eine Beispielsammlung zur Bemessung von Spannbetonbauwerken. Die behandelten Beispiele stammen aus den Bereichen des Straßen- und Eisenbahnbrückenbaus sowie des Hoch- und Industriebaus und decken hinsichtlich Vorspanngrad und Verbundart das gesamte Gebiet des Spannbetons ab. Das Werk basiert auf Grundlage der neuen DIN 1045, Teile 1 bis 4 und berücksichtigt weiterhin sämtliche bisher erschienen nationalen Anwendungsdokumente.

Günter Rombach
Spannbetonbau
2003. 552 Seiten,
400 Abbildungen.
Gb., € 119,–* / sFr 176,–
ISBN 3-433-02535-5

Bei der Bemessung und Konstruktion von Spannbetonbauwerken wurde in den letzten Jahren einiges verändert: mit der DIN 1045-1 wurden einheitliche Bemessungsverfahren für Stahl- und Spannbetonkonstruktionen beliebiger Vorspanngrade eingeführt. Die externe und verbundlose Vorspannung hat in manchen Bereichen die klassische Verbundvorspannung verdrängt. Die Vorspannung wird neben dem Brückenbau zunehmend im Hochbau eingesetzt. Diese Neuerungen wurden zum Anlass genommen, den Spannbeton in diesem Werk umfassend darzustellen. Ausgehend von den zeitlosen Grundlagen werden die Hintergründe der neuen Bemessungsverfahren erläutert. Weiterhin wird auf Probleme bei der Konstruktion und Ausführung von Spannbetonkonstruktionen eingegangen.

Fax-Antwort an +49(0)6201 – 606 - 184

..... Exemplar/e Spannbetonbauwerke Teil 3, ISBN 3-433-02831-1, ca. € 209,–* / sFr 309,–
..... Exemplar/e Spannbetonbau, ISBN 3-433-02535-5, € 119,–* / sFr 176,–

☐ Privatadresse ☐ Geschäftsadresse

Name/Vorname

Firma

Straße/Nr. Postfach

Land — PLZ Ort

X
Datum/Unterschrift (Stahlbauten 3-433-01818-9)

Ernst & Sohn
Verlag für Architektur und
technische Wissenschaften GmbH & Co. KG

Für Bestellungen und Kundenservice:
Verlag Wiley-VCH
Boschstraße 12
69469 Weinheim
Telefon: (06201) 606-400
Telefax: (06201) 606-184
Email: service@wiley-vch.de

Ernst & Sohn
A Wiley Company
www.ernst-und-sohn.de

* Der €-Preis gilt ausschließlich für Deutschland. Irrtum und Änderungen vorbehalten.

PLARAD® Verschraubungstechnologie

Weltneuheiten - Produktweiterentwicklung zu Ihrem Nutzen!

Schneller als andere – Vorbild für alle. Testen Sie uns bei einer Demonstration vor Ort oder fordern Sie unseren technisch detaillierten Prospekt an.

Seit über 40 Jahren entwickeln, fertigen und verkaufen wir unter dem Markennamen PLARAD weltweit Verschraubungsgeräte, im Standardprogramm oder als kundenspezifische Premiumanfertigung – Ihre Wünsche in bezug auf Wirtschaftlichkeit und Geschwindigkeit im Fokus. Unsere PLARAD®-Verschraubungssysteme werden immer dann eingesetzt, wenn höchste Anforderungen an Sicherheitsstandard und Präzision für die Schraubverbindung sowie für die Geräte selbst gestellt werden. **Unser Sortiment umfasst ein intelligentes Komplettprogramm im niedrigen, mittleren und hohen Drehmomentbereich.** Neben elektrischen und pneumatischen Drehschraubern stellen wir darüber hinaus hydraulische Nuss- sowie Flanschgeräte her. Elektrische und pneumatische ein- oder mehrstufige Aggregate sowie verschiedene Geräte der Messtechnik, eine Vielzahl von Zubehör sowie manuelle Geräte runden unser Portfolio ab.

Elektrische und pneumatische Drehschrauber
300 – 6.000 Nm
- Mit Sicherheitsgriff und Sicherheitsdrehgelenk
- Auch mit automatischer Geschwindigkeitsregulierung
- Hohe Präzision
- Universell einsetzbar
- Leichte Handhabung

Hydraulische Nussgeräte
500 – 65.000 Nm
- Integrierter Hochdruck-Sicherheitszylinder
- Extrem leichtes und robustes Aluminium-Gehäuse
- Auswechselbarer Vierkantadapter mit Schnellverschluss

Hydraulische Flanschgeräte
2.000 – 150.000 Nm
- Integrierter Hochdruck-Sicherheitszylinder
- Extrem leichtes und robustes Aluminium-Gehäuse
- Wechselbare Schlüsselweiten
- Integriertes automatisches Sicherheitskupplungssystem

Elektrische und pneumatische Aggregate
- Automatikaggregat (VAX)
- Mikroprozessor gesteuert
- gleichbleibende Temperatur durch high-speed Kühlung
- Abschaltautomatik
- Dauereinsatzfähig
- Hohe Leistungsfähigkeit

Als Weltneuheit präsentieren wir unseren Kunden unsere PLARAD Geräte jetzt mit **D**rehmoment – **D**rehwinkelfunktion – **D**okumentation. Mit der neuen Technik können Sie das Drehmoment und den Drehwinkel erstmals im Gerät selbst exakt einstellen. Unabhängig davon ob es sich um einen harten oder weichen Schraubfall handelt – der Drehschrauber zieht drehmomentgenau an und dokumentiert, dass die Schraubverbindung sicher und präzise angezogen ist.
Ganz egal welcher Schraubfall, wie sich die Platzverhältnisse vor Ort gestalten, welche Sicherheitsnormen einzuhalten sind oder welches Budget Sie zur Verfügung haben – unsere Produktvielfalt garantiert Ihnen Lösungen für *jede* technische sowie kaufmännische Anforderung - **immer und zu jeder Zeit**.

Maschinenfabrik Wagner GmbH & Co KG   D-53804 Much-Birrenbachshöhe   E-Mail: wagner@plarad.de   Internet: www.plarad.de

Erfahrung statt Routine im Stahlbrückenbau

Wolfram Schleicher
Modellierung und Berechnung von Stahlbrücken
Reihe: Bauingenieur-Praxis
2003. 209 Seiten.
Broschur.
€ 55,- / sFr 81,-
ISBN 3-433-02846-X

* Der €-Preis gilt ausschließlich für Deutschland

Ernst & Sohn
Verlag für Architektur und
technische Wissenschaften GmbH & Co. KG

Für Bestellungen und Kundenservice:
Verlag Wiley-VCH
Boschstraße 12
69469 Weinheim
Telefon: (06201) 606-400
Telefax: (06201) 606-184
Email: service@wiley-vch.de

Ernst & Sohn
A Wiley Company

www.ernst-und-sohn.de

Der Alltag des Bauingenieurs ist durch die ständige Anwendung von Rechenprogrammen geprägt. Insbesondere für solche ausgedehnten und komplexen Tragwerke wie Brücken liegen der Vorteil der Zeitersparnis und der Nachteil der vielfältigen Fehlerquellen dicht beieinander.

Das Buch gibt allgemeine Hinweise für die Datenbearbeitung zur effizienten Eingabegenerierung und Ergebnisauswertung sowie zur Modellierung der realen Konstruktion und Lasteinleitung unter Montage- und Betriebsbedingungen. Dabei wird die Spezifik der Stahl- und Stahlverbundbrücken anhand zahlreicher beispielhafter Anwendungen und Sonderkonstruktionen, statischer und dynamischer Belastungen verdeutlicht.

Über den Autor:

Dr.-Ing. Wolfram Schleicher studierte und promovierte an der TU Dresden. Er war bei der Ingenieurgesellschaft Krebs und Kiefer mehrere Jahre für die Prüfung und Ausführungsplanung von Stahlbrücken zuständig, jetzt betreibt er ein eigenes Büro. Der "schnelle Nachweis" der Tragfähigkeit für unvorhergesehene Einflüsse und der Fingerzeig auf häufige Fehlerquellen sind die Stärke des Autors.

Alles im Toleranzbereich

Mit den Fachpublikationen des Beuth Verlags bleiben Sie gut in **Form** und sind stets Herr der **Lage**. Der Kommentar von Georg Henzold bringt Sie technisch auf den internationalen Stand der **Tolerierung**.

Beuth-Kommentare
G. Henzold
Form und Lage
2. Aufl. 1999. 320 S. A5. Brosch.
81,80 EUR / 146,00 CHF
ISBN 3-410-14289-4

Die wichtigsten **161 Normen zur Längenprüftechnik** sind Inhalt der gleichnamigen DIN-Taschenbücher.

DIN-Taschenbuch 303
Längenprüftechnik 1
Grundnormen
1. Aufl. 2000. 448 S. A5. Brosch.
83,60 EUR / 149,00 CHF
ISBN 3-410-14876-0

DIN-Taschenbuch 197
Längenprüftechnik 2
Lehren
5. Aufl. 2002. 408 S. A5. Brosch.
77,50 EUR / 138,00 CHF
ISBN 3-410-15264-4

DIN-Taschenbuch 11
Längenprüftechnik 3
Messgeräte, Messverfahren
10. Aufl. 2000. 440 S. A5. Brosch.
80,80 EUR / 144,00 CHF
ISBN 3-410-14839-6

Beuth Berlin · Wien · Zürich

Beuth Verlag GmbH
Burggrafenstraße 6
10787 Berlin
Telefon: 030 2601-2260
Telefax: 030 2601-1260
info@beuth.de
www.beuth.de

Schrauben- und Nietverbindungen   8

Allgemeines   8.1

Die Ausführungsregeln für Schraubenverbindungen wurden zum Teil aus der alten DIN 18800-7 in die neue Norm übernommen, jedoch in vielen Einzelheiten präzisiert. Der große Umfang der Regelungen zu Schraubenverbindungen (zusammen mit Unterabschnitt 5.3 sind es 10 von den insgesamt 43 Textseiten der Norm) im Vergleich zu den anderen beiden wichtigen stahlbauspezifischen Herstellteilbereichen Schweißen und Korrosionsschutzmaßnahmen (je zwei Textseiten) erweckt beim Normanwender möglicherweise den falschen Eindruck, Verschrauben sei der wichtigste Vorgang im Stahlbau. Die Erklärung ist ganz einfach: Für das ordnungsgemäße Herstellen von geschraubten Verbindungen in Stahlbauten gibt es kein eigenständiges ausgefeiltes Normenwerk (weder national noch europäisch) wie für die anderen beiden Herstellteilbereiche.

Zu Element 801

Der Hinweis auf die Elemente 506 bis 513 der DIN 18800-1 ist eher formal zu sehen. Alle dort enthaltenen direkten Ausführungsregelungen wurden in die neue DIN 18800-7 übernommen und dabei teilweise präzisiert. Einige in DIN 18800-1 noch enthaltene indirekte Ausführungsregelungen im Schnittbereich zwischen Bemessung und Ausführung (Elemente 510–512 DIN 18800-1) behandeln heute nur noch selten ausgeführte Nietkonstruktionen; vgl. hierzu auch die Kommentierung dieser Elemente in [M6].

Zu Element 802

Die „Dickenunterschied-Regel" wurde sinngemäß aus ENV 1090-1 [R38] übernommen, wo zur Erläuterung zusätzlich die hier als Bild 8.1 wiedergegebene Skizze enthalten ist. Aus ihr geht eindeutig hervor, dass dort scherbeanspruchte Laschenverbindungen gemeint sind (also keine zugbeanspruchten Verbindungen), obwohl der Text in ENV 1090-1 allgemeiner gehalten war. Der wissenschaftliche Hintergrund der Zahlenwerte für den zulässigen Dickenunterschied ist den Verfassern dieses Kommentars nicht bekannt. Wahrscheinlich handelt es sich eher um empirische Erfahrungswerte aus der Praxis. Der Wert 2 mm für vorwiegend ruhende Scherbeanspruchung erscheint dabei für **SL-, SLP-, SLV- und SLVP-Verbindungen** plausibel, denn die durch einen Spalt dieser Größenordnung entstehende zusätzliche Biegebeanspruchung der scherbeanspruchten Schrauben ist vernachlässigbar.

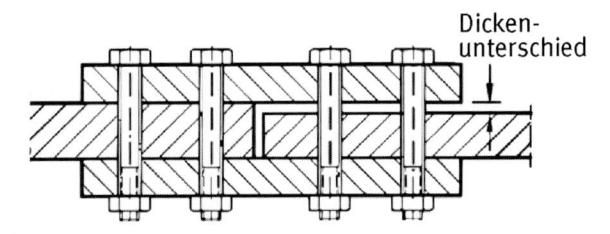

Bild 8.1 Erläuterndes Bild zum „Dickenunterschied von Teilen in der gleichen Lage" aus ENV 1090-1

Der Wert 1 mm bei nicht vorwiegend ruhender Scherbeanspruchung kann sich nur auf Pass-Verbindungen (**SLP- oder SLVP-Verbindungen**) beziehen, denn einfache SL- oder SLV-Verbindungen dürfen nicht planmäßig dynamisch scherbeansprucht werden (vgl. ⟨516⟩-1). Der Wert erscheint ähnlich plausibel wie der obige Wert 2 mm.

Für **GV- oder GVP-Verbindungen** gelten die in Element 802 gegebenen pauschalen Grenzmaße für den Dickenunterschied **nicht**. Es ist von den Steifigkeitsverhältnissen abhängig, ob ein herstellungsbedingter Luftspalt sich durch das Vorspannen der Schrauben zuziehen lässt und ob dabei noch genügend Druckpressung in der Kontaktfläche entsteht, um eine einwandfreie Reibkraftübertragung zu gewährleisten. Das muss im Einzelfall geprüft und entschieden werden; pauschale Angaben dafür sind nicht möglich.

Hinweise zum Vorbinden bei mehr als drei Futterblechen findet man in DIN 18800-1, Element 512.

Zu Element 803

Mit dieser „Unterlegblech-Regel" – ebenfalls sinngemäß aus ENV 1090-1 übernommen – ist nicht gemeint, dass man zum Längenausgleich einer nicht passenden Schraube unbesehen Stahlplättchen zwischen Scheibe und Bauteil einlegen darf, sofern sie mindestens 4 mm dick sind (zum Ausgleich der Klemmlänge siehe Element 813). Unterlegbleche aus Stahl werden im Stahlbau für vielerlei Zwecke benötigt (Bild 8.2).

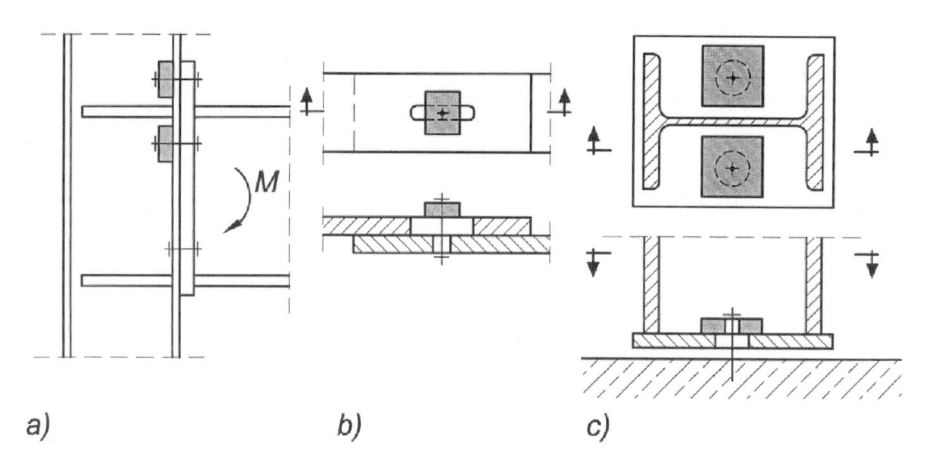

Bild 8.2 Beispiele für Unterlegbleche im Stahlbau:
a) Versteifung eines zu dünnen Stützenflansches in einer ausgesteiften biegesteifen Rahmenecke, b) Auflagefläche für die Scheiben bzw. für den Schraubenkopf und die Mutter in einem Langloch, c) Überbrückung eines aus Montagetoleranzgründen übergroß gebohrten Loches in einer Stützenfußplatte

Das Dickenmaß 4 mm stellt eine praktikable untere Grenze dar. Für die meisten der in Frage kommenden Zwecke reichen aber einfache 4-mm-Plättchen statisch bei weitem nicht aus – es wird dringend empfohlen, die Forderung der Norm nach einem statischen Nachweis ernst zu nehmen. Bild 8.3 zeigt ein 5-mm-Unterlegblech aus Baustahl S235 in einer Stützenfußkonstruktion gemäß Bild 8.2c, durch dessen planmäßig „übergroß gebohrtes" 50-mm-Loch beim Montageeinsturz einer Halle die M24-Mutter (Schlüsselweite 36 mm!) der Fundamentankerschraube hindurchgezogen wurde, ohne dass die Schraube oder das Gewinde versagte. Ein solches Schadensbild würden wohl die meisten Tragwerksplaner von der Anschauung her nicht für möglich halten; es lässt sich aber leicht nachrechnen.

Bild 8.3 Unzureichend bemessenes Unterlegblech gemäß Beispiel Bild 8.2c nach einem Montageeinsturz

Zu Element 804

Für Verbindungen, die planmäßig (d. h. gemäß Tragwerksplanung) nicht vorwiegend ruhende (dynamische) Scherkräfte übertragen sollen, kommen nur SLP-Verbindungen oder GV-Verbindungen oder (als Kombination der beiden) GVP-Verbindungen in Frage (vgl. auch ⟨516⟩-1). Bei den letzteren beiden darf man im Stahlbau davon ausgehen, dass die Muttern – sofern die

Verbindung auf die volle Regelvorspannkraft planmäßig vorgespannt und ein eventueller Vorspannkraftverlust infolge Setzens durch Nachziehen kompensiert wurde (siehe ⟨823⟩-2) – sich infolge des inneren Reibungswiderstandes nicht selbsttätig losdrehen; das wird durch die Anmerkung im Element 804 noch einmal ausdrücklich bekräftigt.

⟨804⟩-1 Planmäßig dynamisch beanspruchte SLP-Verbindungen

Bei planmäßig dynamisch scherbeanspruchten SLP-Verbindungen muss man, da sie nicht planmäßig vorgespannt sind, davon ausgehen, dass die Muttern sich mit der Zeit selbsttätig in kleinen Inkrementen losdrehen. Das Losdrehen wird dadurch ausgelöst, dass trotz des geringen Lochspiels unvermeidbar gewisse Gleitbewegungen quer zur Schraubenachse in den Kontaktflächen zwischen Bauteil und Kopf bzw. Mutter stattfinden, die den tangentialen Reibungswiderstand gegen Drehen der Mutter (der bei einer handfest angezogenen Schraubenverbindung nicht sehr groß ist) abbauen bzw. sogar aufheben [M8]. Deshalb sind konstruktive Maßnahmen gegen das selbsttätige Losdrehen der Muttern erforderlich. Infrage kommende Methoden werden in ⟨804⟩-3 beschrieben und diskutiert. Noch besser wäre es allerdings, hochfeste Passschrauben zu verwenden und diese planmäßig im Sinne einer SLVP-Verbindung vorzuspannen. Das Problem des selbsttätigen Losdrehens der Mutter würde sich dann nicht stellen.

⟨804⟩-2 Unplanmäßig dynamisch beanspruchte SL-Verbindungen

Ein in der Praxis hin und wieder auftretendes Problem sind SL-Verbindungen, die zwar gemäß Tragwerksplanung keine nicht vorwiegend ruhenden Scherkräfte oder Zugkräfte zu übertragen haben, die aber trotzdem unvermeidbar von der Gesamtkonstellation des Tragwerkes her ständigen leichten Vibrationen quer zur Schraubenachse ausgesetzt sind. Beispiele sind konstruktive, d. h. nicht-tragende SL-Verbindungen (Stabilisierungsbauteile, Lagerfixierungen usw.) an Kranbahnen, Freizeitbahnen und ähnlichen Stahlbauten, aber auch tragende SL-Verbindungen in nominell vorwiegend ruhend beanspruchten Tragwerken, z. B. in Industriebauten mit schweren Maschinen oder in Rauchgaskanälen. Solche Verbindungen brauchen nicht als SLP-Verbindungen ausgeführt zu werden, ihre Muttern also formal auch nicht gesichert zu werden. Es ist aber dringend zu empfehlen, im Einzelfall zu prüfen, ob eine Losdrehsicherung der Muttern angezeigt ist.

⟨804⟩-3 Mögliche konstruktive Maßnahmen gegen Lösen von Muttern

In der allgemeinen Verschraubungstechnik unterscheidet man bei der Sicherung von Schraubenverbindungen zwischen dem Sichern gegen Lockern, dem Sichern gegen Losdrehen und dem Sichern gegen Verlieren [M24]. Hier ist nur der zweite Fall angesprochen. Damit scheiden alle federnden Sicherungselemente aus, die beim Verschrauben mitverspannt werden (Federringe, Federscheiben, Fächerscheiben, Zahnscheiben, Spannscheiben usw.), da sie in erster Linie Vorspannkraftverluste von vorgespannten Verbindungen kompensieren sollen (Sicherung gegen Lockern). Formschlüssige und klemmende Elemente (Kronenmuttern, Muttern mit Kunststoffeinsatz usw.) sind ebenfalls für die vorliegende Aufgabe nur bedingt wirksam.

Geeignet sind dagegen alle **sperrenden** und alle **klebenden** Sicherungselemente. Geht man davon aus, dass spezielle Muttern (z. B. Sperrzahnmuttern) im Stahlbau weniger in Frage kommen, weil sie bereits bei der Planung vorgesehen werden müssten, so bleiben für die Sicherung von normalen Sechskantmuttern folgende Maßnahmen:

- Zusätzliche Sicherungsmuttern DIN 7967 (Palmuttern [R134]); diese benötigen allerdings zum Aufschrauben mindestens 2,5 Gewindegänge Überstand des Schraubenendes über die Sechskantmutter, was bei Stahlbauschrauben wegen der kurzen Gewindelänge (vgl. ⟨516⟩-2) ein Problem sein kann.
- Ungangbarmachen des Gewindes durch einen Körnerschlag; der Nachteil dieser klassischen handwerklichen Vorgehensweise ist die schwierige Demontierbarkeit.
- Flüssig aufgetragener Spezialgewindeklebstoff (z. B. Loctite); es empfiehlt sich, mittelfeste Kleber zu verwenden, so dass die Verbindungen mit normalem Werkzeug demontiert werden können.

Vom häufig vorgenommenen Heftschweißen der Muttern ist abzuraten, sofern nicht ihre Schweißeignung speziell nachgewiesen wurde (siehe zu Element 818).

8.2 Maße der Löcher

Zu Element 805

Abweichend von DIN 18800-1 darf jetzt für Schrauben $\geq$ M27 das Nennlochspiel maximal 3 mm betragen. Das stellt eine Anpassung an den Eurocode (DIN V ENV 1993-1-1) dar und ist plausibel, denn eine (zumindest grobe) Abhängigkeit des zulässigen Lochspiels vom Schraubendurchmesser erscheint logisch. Im Eurocode ist allerdings außerdem für kleine Schraubendurchmesser $\leq$ M14 das Nennlochspiel auf 1 mm begrenzt, was ebenfalls logisch ist. Man betrachte beispielsweise eine zugbeanspruchte Stahlbau- oder Maschinenbauschraube M12 in einem Loch mit $\varnothing$ 14 mm; sie weist bei Ausnutzung der Exzentrizität von 2 mm eine sehr unsymmetrische tragende Pressungsfläche der Scheibe auf dem Lochrand auf, die eine einwandfreie Übertragung der Zugkraft in Frage stellt.

Diese schärfere Begrenzung des Lochspiels für kleine Schraubendurchmesser wurde auch in die neueste Ausgabe der Anpassungsrichtlinie Stahlbau (Ausgabe 12/2001) übernommen und ist damit jetzt gültige Bemessungsregel (vgl. [M6]). Sie wurde aber gleichzeitig in der letzten Einspruchssitzung zu DIN 18800-7 aufgrund vehementen Widerstandes der Stahl- und Metallbaufirmen (vor allem der kleineren) unter Hinweis auf die jahrzehntelange Ausführungspraxis nicht in die Ausführungsnorm übernommen. Es wurde argumentiert, „einfacher Stahlbau" mit feuerverzinkten M12-Schrauben in 13er-Löchern einer ebenfalls feuerverzinkten Stahlkonstruktion sei nicht praktikabel. Die jetzt vorhandene Diskrepanz zwischen Bemessungs- und Ausführungsnorm ist bedauerlich, aber momentan nicht zu ändern. Gleichwohl ist dringend zu empfehlen, bei zugbeanspruchten Schrauben $\leq$ M14 das nach DIN 18800-7 formal zulässige Lochspiel von $\Delta d = 2$ mm bei der Ausführung nicht in Anspruch zu nehmen. Das gilt insbesondere für Maschinenbauschrauben DIN EN ISO 4014 und 4017 mit ihrem normal großen Kopf bei gleichzeitig dünner Scheibe (vgl. Tabellen 5.6 und 5.8).

Zu Element 806

Die Regeln in diesem Element für das Herstellen von Pass-Verbindungen (SLP, SLVP, GVP) sind selbsterklärend. Die Begrenzung des Lochspiels auf $\Delta d \leq 0{,}3$ mm steht gleichlautend in DIN 18800-1, Tabelle 6. Dieses Maß stellt für größere Schraubendurchmesser (z. B. M27) eine plausibel scharfe Forderung zur Erreichung des für eine Passverbindung angestrebten „schlupflosen Sitzes" dar. Bei kleinen Schraubendurchmessern (z. B. M12) kann sich dasselbe Maß $\Delta d \leq 0{,}3$ mm aber als etwas zu großzügig herausstellen. Tatsächlich sahen frühere Regelungen für die Ausführung von Stahlbauten eine Abhängigkeit vom Schraubendurchmesser vor [M5]:

$$d \geq M20 \quad \rightarrow \quad \Delta d \leq 0{,}3 \text{ mm},$$
$$d < M20 \quad \rightarrow \quad \Delta d \leq 0{,}3 \cdot d/20 \text{ [mm]}. \tag{8.1}$$

Bei besonders hohen Anforderungen an die Schlupffreiheit einer Passverbindung mit kleinen Schraubendurchmessern bleibt es dem Bauherrn überlassen, ob er im Sinne von Gl. (8.1) eine über die Mindestanforderung nach DIN 18800-7 hinausgehende Passgenauigkeit verlangt.

Zu Element 807

⟨807⟩-1 Langlöcher

Stahlhochbau ohne Langlöcher ist nicht denkbar. Sie erleichtern die Montage und ermöglichen Verschiebungsfreiheitsgrade in statischen Tragwerkssystemen. Es ist daher ein gravierender Mangel von DIN 18800-1, dass dort die Bemessung von Langlochanschlüssen nicht geregelt ist. Nach einer im Auftrag des DASt angefertigten Studie [A8] lässt sich die Lochleibungsbeanspruchbarkeit in SL-Langlochverbindungen auf einfache Weise abschätzen, wie nachfolgend dargestellt.

Langlochverbindungen dürfen in Loch**längs**richtung als SL-Verbindung rechnerisch voll in Anspruch genommen werden, sofern die Schraube am Lochende anliegt. Ob das ein bemessungsrelevanter Zustand ist, hängt vom Einzelfall ab. Bei SL-Beanspruchung in Loch**quer**richtung muss die Lochleibungsbeanspruchbarkeit $V_{l,Rd}$ mit dem Faktor

$$C_{l,\text{quer}} = 1 - 0{,}15 \frac{d_{\text{längs}}}{d_{\text{quer}}} \tag{8.2}$$

reduziert werden. Hierin sind $d_{\text{längs}}$ und d_{quer} die Abmessungen des Langloches. Ein Langloch, das dreimal so lang wie breit ist, darf also auf Lochleibung in Lochquerrichtung nur mit 55 % der normalen Beanspruchbarkeit in Rechnung gestellt werden.

Es wird empfohlen, für die Abmessung d_{quer} (Breite) von Langlöchern nicht das volle zulässige Nennlochspiel Δd gemäß Element 805 in Anspruch zu nehmen, d. h. beispielsweise für eine M20 die Lochbreite zu $d_{\text{quer}} = 21$ mm zu wählen (statt 20 + 2 = 22 mm). Will man das nicht, so sind in jedem Falle beidseitig Scheiben anzuordnen. Diese Empfehlungen werden unmittelbar klar, wenn man Bild 8.4 betrachtet.

a) b)

Bild 8.4 Beispiele ausgeführter SL-Langlochverbindungen:
a) Ausführung sachgemäß, b) Ausführung nicht sachgemäß

Soll eine Langlochverbindung planmäßig auf Schraubenzug beansprucht werden, so müssen beidseitig zusätzlich zu den normgemäßen Scheiben (siehe Element 812) speziell bemessene Unterlegbleche vorgesehen werden, denn die Rest-Auflagefläche der normalen Scheiben oder gar des Schraubenkopfes und der Mutter auf dem Lochrand reicht zur Übertragung einer planmäßigen Zugkraft keinesfalls aus. Bild 8.2b zeigt ein solches langlochüberbrückendes Unterlegblech. Im vorliegenden Element 807 wird noch einmal darauf hingewiesen, dass es nur nach Angaben des Tragwerksplaners (Entwurfsverfassers) ausgeführt werden darf.

Auch eine planmäßige Vorspannung darf nur mit solchen Unterlegblechen auf eine Langlochverbindung aufgebracht werden. Allerdings macht das nur Sinn, wenn der Zweck des Langloches darin bestand, Montageungenauigkeiten auszugleichen. Wenn das Langloch eine Verschieblichkeit beim Betrieb des Bauwerkes gewährleisten soll, darf man im Gegenteil die Schraube nur ganz leicht anziehen.

⟨807⟩-2 Übergroß gebohrte Löcher

Wie bereits in Element 803, werden auch hier übergroß gebohrte Löcher im gleichen Atemzug erwähnt wie Langlöcher. Für eine planmäßige Zugbeanspruchung der Schraube in einem übergroß gebohrten Loch (vgl. Bild 8.2c) gilt sinngemäß das für Langlöcher Gesagte. Es sei noch einmal auf die notwendige Mitwirkung des Tragwerksplaners (Entwurfsverfassers) hingewiesen. Dass eine Schraube in einem übergroß gebohrten Loch keine SL-Beanspruchung übertragen kann, ist trivial. Soll über eine solche Verbindung, wenn das übergroß gebohrte Loch zum Ausgleich von Montageungenauigkeiten vorgesehen war, beim späteren Betrieb des Bauwerkes eine Kraft quer zur Schraubenachse übertragen werden, so müssen die Unterlegbleche nachträglich angeschweißt werden. Ggf. muss dann aber zusätzlich zur SL-Beanspruchung auch die Biegebeanspruchung der Schraube beachtet werden.

Zu Element 808

Die in Element 808 niedergelegte Regel ist eigentlich trivial – Senkverbindungen haben nur Sinn, wenn die Köpfe auch wirklich versenkt sind. Bei Senkschrauben setzt das ein sorgfältiges Herstellen des Senkloches voraus. Nachträgliches Beischleifen überstehender Senkköpfe in größerem Umfange sollte vermieden werden.

Senkschrauben mit Sechskantmuttern für den Stahlbau sind in DIN 18800-7 für SL-Verbindungen als 4.6-Schrauben nach DIN 7969 genormt (vgl. Tabelle 1 DIN 18800-7), allerdings nur bis M24. Sie haben im Kopf einen Schlitz zum Gegenhalten beim Anziehen der Mutter. Auf der Seite des Senkkopfes ist die verminderte Lochleibungsbeanspruchbarkeit zu beachten (siehe DIN 18800-1, Element 806). Höherfeste Senkschrauben wären aus technischer Sicht als SL-Verbindungen durchaus einsetzbar, sind aber in DIN 7969 als Regelfall nicht vorgesehen. Als auftragsbezogen gefertigte Sonderlösung sind jedoch Senkschrauben DIN 7969 in der Festigkeitsklasse 8.8 schon eingesetzt worden.

Es ist in Ausnahmefällen auch denkbar, Senkschrauben mit Innensechskant nach DIN EN ISO 10642 [R83] – sie sind bis M20 in den Festigkeitsklassen 8.8 und 10.9 lieferbar – als SL-Verbindungen einzusetzen. Im Fassadenbau sind solche Anwendungen bekannt. Dabei ist aber zu beachten, dass ihre Senkkopfform flacher ist als die nach DIN 7969. Für eine planmäßige Zugbeanspruchung kommen sie deshalb nur sehr eingeschränkt in Frage.

Planmäßiges Vorspannen von Senkschrauben ist in jedem Falle unzulässig – es sei denn, die Eignung wird mittels Verfahrensprüfung nachgewiesen (vgl. zu Element 524).

Senkniete für den Stahlbau sind in DIN 302 [R2] genormt (vgl. zu Element 523).

8.3 Einsatz von Schraubenverbindungen

Zu Element 809

Die in diesem Element gegebene verbindliche Definition, wie der Gewindeeingriff zwischen Schraube und Mutter im angezogenen Zustand auszusehen hat, dürfte hilfreich für das Verhältnis zwischen Monteuren und Prüfinstanz sein. Diese Frage ist vor allem bei den Schraubentypen mit kurzem oder sehr kurzem Gewinde wegen der engen Klemmlängenabstufung ein häufiges Thema bei der Bauüberwachung. Auf die diesbezüglichen kritischen Anmerkungen zur kurzen Gewindelänge im Kommentar ⟨516⟩-2 sei hier noch einmal hingewiesen. Der für planmäßig vorgespannte und/oder planmäßig zugbeanspruchte Verbindungen vorgeschriebene Mindestüberstand von einem Gewindegang ist bei HV-Muttern wegen ihrer niedrigen Höhe (vgl. ⟨516⟩-3) für die Tragsicherheit besonders wichtig [A16].

Zu Element 810

Diese Regel zur Drehbarkeit der Mutter auf der Schraube betrifft vor allem feuerverzinkte Verbindungsmittel. Werden normgemäß verzinkte Schrauben und verzinkte Muttern ein und desselben Schraubenherstellers eingesetzt (vgl. zu Element 518), darf die freie Drehbarkeit spätestens beim zweiten Aufschrauben kein Problem sein. Handelt es sich um planmäßig mit dem Drehmomentverfahren vorzuspannende Garnituren, darf auch beim ersten Aufschrauben der Mutter mit einem Montagewerkzeug (z. B. Schraubenschlüssel) keine größere Gewalt erforderlich sein, da sonst das Anziehverhalten der geschmierten Mutter unzulässig verändert würde (siehe auch zu Element 815).

Zu Element 811

Die in diesem Element postulierte generelle Forderung einer Scheibe unter der Mutter auch bei niedrigfesten Schrauben steht im Gegensatz zur europäischen Vornorm ENV 1090-1 (und auch zur derzeitigen Handhabung in anderen europäischen Ländern). Dort sind Unterlegscheiben für „nicht-vorgespannte Schrauben in ‚normalen‘ runden Löchern nicht erforderlich". Die unterschiedliche Einschätzung hat die in den Kommentaren ⟨516⟩-2 und ⟨516⟩-4 ausführlich dargestellten historischen Gründe: Bei unserer deutschen „Stahlbauschraube" DIN 7990 ist in der Tat unter der Mutter eine Scheibe DIN 7989 erforderlich – aber nicht wegen des Drehens der Mutter auf der Scheibe, sondern zur Kompensation der besonders kurzen Gewindelänge dieser Schraube. Deshalb darf auch nicht ersatzweise eine dünnere Scheibe genommen werden. Bei

Schrauben mit längerem Gewinde, wie bei unseren europäischen Nachbarn üblich, entfällt der genannte Grund – deshalb die scheinbar großzügigere europäische Regelung in ENV 1090-1.

Auf die Empfehlungen zu Scheiben bei Langlöchern im Kommentar ⟨807⟩-1 sei hier noch einmal hingewiesen.

Zu Element 812

Es gibt, wie sich aus den Ausführungen zum vorhergehenden Element ergibt, kein technisches Argument dagegen, reine SL-Verbindungen mit 8.8-Maschinenbauschrauben nach Zeile 4 Tabelle 1 DIN 18800-7 gänzlich ohne Unterlegscheibe auszuführen. Beide infrage kommenden Schraubentypen (DIN EN ISO 4014 und 4017) haben genügend lange Gewinde, so dass der Grund für die dicke „Stahlbauscheibe" nach DIN 7989 entfällt (vgl. ⟨516⟩-4). Dass nun trotzdem in Element 812 die generelle Forderung nach einer Scheibe unter der Mutter bei allen hochfesten Schraubenverbindungen eingeführt wird, soll Unsicherheiten und Verwechslungsgefahren bei den Ausführenden vermeiden. Das Argument ist allerdings nicht sehr stichhaltig, wenn man bedenkt, dass bei denselben hochfesten Schraubenverbindungen, sofern sie nicht planmäßig vorgespannt werden, auf die Scheibe unter dem Kopf verzichtet werden darf – das aber nur bei **maximalem** Nennlochspiel. Letztere Einschränkung (zunächst möglicherweise schwer verständlich) hat durchaus einen technischen Grund: Die Ausrundung zwischen Schraubenschaft und Schraubenkopf würde anderenfalls auf dem Lochrand aufsitzen (vgl. Bild 5.11, dort Radius „r").

Bei planmäßig vorgespannten hochfesten Schrauben (Zeilen 5 bis 7 in Tabelle 1) sind in jedem Falle gehärtete Scheiben auf beiden Seiten einzubauen (vgl. ⟨516⟩-4). Sie haben folgende Funktionen:

- Begrenzung der Druckpressung auf dem Bauteil (nahe am Lochrand!) auf eine vertretbare Größe.
- Zusätzlich mutterseitig: Gewährleistung einwandfreien Drehens mit Hilfe der Härte der Scheibe; auf dem weicheren Bauteil würde die Mutter „fressen".
- Zusätzlich kopfseitig: Verhindern des Aufsitzens der Kopfausrundung auf dem Lochrand mit Hilfe der Innenfase der Scheibe. Deshalb ist die Scheibe so einzubauen, dass diese Fase zum Kopf hin weist, und damit man das im eingebauten Zustand überprüfen kann, hat die Scheibe auch außen eine Fase (vgl. ⟨516⟩-4).

Zu Element 813

Die in diesem Element gegebene „Klemmlängenausgleich-Regel" ist plausibel: Auf der nicht gedrehten Seite (also in der Regel unter dem Kopf) schadet ein kleiner „Scheibenstapel" nicht. Die Begrenzung auf einerseits drei Scheiben und andererseits 12 mm sind empirische Erfahrungswerte (drei Stahlbauscheiben DIN 7989 wären zusammen 24 mm dick!). Der Hinweis für GVP-Verbindungen im letzten Satz von Element 813 bezieht sich auf die Tatsache, dass bei HV-Passschrauben DIN 7999 infolge der besonders kurzen Gewindelänge bei manchen Klemmlängen unter der Mutter ausnahmsweise zwei Scheiben angeordnet werden müssen (vgl. ⟨516⟩-2).

Zu Element 814

Nach DIN 18800-1, Element 507, dürfen die Auflageflächen am Bauteil **planmäßig** (d. h. konstruktionsbedingt) nicht mehr als 2 % gegen die Auflageflächen von Schraubenkopf und Mutter geneigt sein. Hält man diese Grenzneigung bei der Ausführung infolge unvermeidbar hinzukommender Herstellungsungenauigkeiten nicht ein, so ist guter Rat teuer; denn die flachsten lieferbaren einfachen Keilscheiben sind jene für U-Profile nach DIN 434 bzw. DIN 6918. Sie haben Neigungen von 8 % (für <M24) bzw. 5 % (für ≥M24). Man darf also davon ausgehen, dass die 2-%-Vorschrift in der Ausführungspraxis bisher nicht sehr ernst genommen wurde. Hierauf wurde nunmehr reagiert, indem gemäß dem vorliegenden Element 814 von DIN 18800-7 bei **vorwiegend ruhender** Beanspruchung die Summe aus **planmäßiger plus herstellbedingter** Neigung bis zu **4 %** betragen darf. Überschreitet man diesen Wert, so lässt sich mit Hilfe der genannten keilförmigen Scheiben in der Tat die verbleibende Neigung auf unter 4 % bringen. Die Berechtigung für diese Entschärfung leitet sich aus der bekannten experimentellen Erkenntnis her, dass selbst bei hochfesten Schrauben die durch eine schräge Auflagefläche eingeprägte lokale Biegebeanspruchung bei Annäherung an den Traglastzustand „herausfließt", so dass ihre Grenzzugkraft nicht beeinträchtigt wird [A16].

Völlig anders stellt sich der Sachverhalt bei **nicht vorwiegend ruhend** beanspruchten Verbindungen dar. Hier ist eigentlich bereits der Wert 2 % bedenklich, darf also vom Istwert aus planmäßiger plus herstellbedingter Neigung keinesfalls überschritten werden. Deshalb wurde in der Ergänzung (12/2001) zur Anpassungsrichtlinie Stahlbau die zulässige planmäßige Neigung der Auflageflächen bei nicht vorwiegend ruhender Beanspruchung auf null reduziert. Hält man nun die Grenzneigung von 2 % bei der Ausführung nicht ein, führt kein Weg an speziell anzufertigenden gehärteten Keilscheiben vorbei. Bei der Sanierung imperfekter (d. h. vor dem Vorspannen klaffender) Flanschstöße in Rohrtürmen von Windenergieanlagen (WEA) – diese sind besonders ermüdungsgefährdet, siehe ⟨907⟩-4 – wurde das bereits realisiert. Allerdings sollte gerade bei diesem Problem, das in letzter Zeit häufiger auftrat, beachtet werden, dass die Grenzneigung erst im fertig vorgespannten Zustand eingehalten sein muss. Klafft z. B. ein L-Flanschstoß vor dem Vorspannen um mehr als 2×2 %, wird aber dann beim Vorspannen bis unter die Grenzneigung zusammengezogen, so ist das unbedenklich.

Eine bei Rohrtürmen von WEA ebenfalls bereits eingesetzte Lösung stellen Kugelscheiben mit Kegelpfannen nach DIN 6319 [R13] dar (Bild 8.5a). Sie sind allerdings insofern etwas problematisch, als die Kraftübertragung über eine ringförmige „Hertz'sche Pressung" erfolgt. Deren üblicherweise zugelassener Grenzwert wird beim planmäßigen Vorspannen überschritten. Besser wären Kugelpfannen anstelle der Kegelpfannen, so dass die Kraftübertragung flächig zwischen konvexer Kugelkalotte und konkaver Kugelkalotte erfolgt. Bild 8.5b zeigt ein solches Spezialscheibenpaar für HV-Schrauben M36, ebenfalls bereits im WEA-Bau eingesetzt.

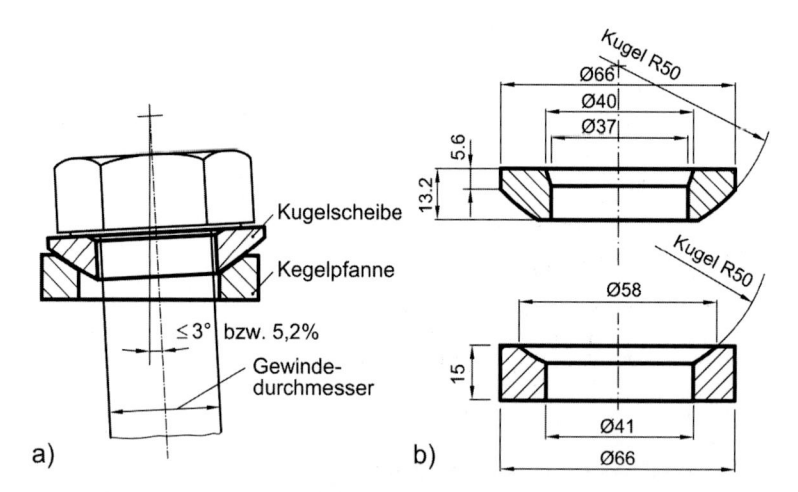

Bild 8.5 Ausgleich einer unzulässig großen Neigung zwischen den Auflageflächen des Bauteils und des Schraubenkopfes bzw. der Mutter mit Hilfe von Spezialscheibenpaaren:
a) Kugelscheibe mit Kegelpfanne nach DIN 6319,
b) Kugelscheibe mit Kugelpfanne (August Friedberg GmbH, Gelsenkirchen)

Zu Element 815

Diese Regel ist weitgehend selbsterklärend. Betont sei hier nur, dass die Sichtprüfung selbstverständlich **vor** dem Einbau stattfinden muss.

Zu Element 816

Säurehaltige Schmiermittel würden in der Regel sowohl bei schwarzen als auch bei feuerverzinkten Schrauben zu verstärkter Korrosion führen. Allerdings gibt es Ausnahmen – z. B. Korrosionsschutzwachse, die eine hohe Säurezahl aufweisen, also säurehaltig sind, aber trotzdem einen sehr guten Korrosionsschutz bieten. Element 816 will also nur dazu anhalten, Schrauben nicht unbedacht mit „irgendeinem" Schmiermittel zu behandeln. Man hätte statt des Verbotes säurehaltiger Schmiermittel besser vorschreiben sollen, dass nur Schmiermittel mit korrosionsschützender Wirkung zum Einsatz kommen dürfen.

Die von den Herstellern vorspannbarer Schraubengarnituren für das Schmieren der Mutter im Werk (vgl. Element 519) eingesetzten Molybdänsulfid-Schmierstoffe („Molykote") sind in jedem Falle säurefrei und haben eine korrosionsschützende Wirkung.

Zu Element 817

Die Regelung, dass das Gewinde in die Scherfuge hineinragen darf, tritt an die Stelle der überholten Forderung in der alten DIN 18800-7, wonach das Gewinde nur so weit in das zu verbindende Bauteil hineinragen durfte, dass vom Schraubenschaft noch mindestens das 0,4-fache des Durchmessers im Bauteil verblieb (der Schaft lag damit automatisch in der Scherfuge). Angesichts der jetzt zulässigen Schrauben mit fast bis zum Kopf durchgehendem Gewinde nach DIN EN ISO 4017 ist diese alte Forderung gegenstandslos. Selbstverständlich setzt das voraus, dass bei der Bemessung der SL-Verbindung tatsächlich der Spannungsquerschnitt des Gewindes (und nicht der Schaftquerschnitt) in den Nachweis auf Abscheren eingesetzt wird; vgl. hierzu auch den Kommentar ⟨516⟩-5.

Die neue großzügigere Regelung darf allerdings nicht auf Passschrauben angewendet werden. Das bedurfte aber keiner besonderen Erwähnung in Element 817, weil die einzigen nach Tabelle 1 DIN 18800-7 infrage kommenden Passschraubentypen DIN 7968 und DIN 7999 sowieso nur kurze Gewinde haben (vgl. ⟨516⟩-2).

Zu Element 818

Hier wird eine heikle Frage aus der Stahlbaupraxis angesprochen. Dabei ist das **Schweißen an Schrauben** weniger relevant als das Schweißen an Muttern. Ersteres ist in einer logisch durchdachten Konstruktion eigentlich immer vermeidbar und sollte daher grundsätzlich ausgeschlossen werden. Der Grund für das Schweißverbot ist vor allem der für die Schraubenwerkstoffe nach DIN EN ISO 898-1 zulässige hohe Kohlenstoffgehalt; er liegt z. B. für die Festigkeitsklassen 4.6 und 5.6 bei C ≤ 0,55 % und damit außerhalb jeglicher Schweißeignung. Deshalb werden Gewinde-Schweißbolzen nach DIN EN ISO 13918 ja auch aus „schweißgeeignetem" unlegierten Stahl der Festigkeitsklasse 4.8 (C ≤ 0,18 %) gefertigt (vgl. zu Element 522). Mit der Formulierung „nur mit speziellem Nachweis" in Element 818 ist gemeint, dass ein Schweißexperte für das konkretes Lieferlos auf der Grundlage der tatsächlichen chemischen Analyse (3.1.B-Zeugnis oder eigene Prüfung) und unter Beachtung der vorliegenden Ausführungs-Randbedingungen die Schweißeignung bestätigen muss (allerdings auch nur für 4.6- oder 5.6-Schrauben).

Was das **Schweißen an Muttern** betrifft, so ist zunächst anzumerken, dass der Hinweis in Element 818 auf die „Schweißmuttern" nach DIN 929 und DIN 977 wenig hilfreich ist. Erstens gibt es diese nur bis M16, und zweitens müssen sie wegen ihrer speziellen Geometrie (Schweißwarzen usw.) schon bei der konstruktiven Detailplanung berücksichtigt werden. Interessant ist aber auch hier, dass der Werkstoff für diese Schweißmuttern maximal C = 0,25 % Kohlenstoffgehalt haben darf, während der Grenzwert für normale Muttern nach DIN EN 20898-2 für die Festigkeitsklassen 4 bis 6 C = 0,50 % und für die Festigkeitsklassen 8 und 10 sogar C = 0,58 % beträgt.

Das **Anheften von Muttern** in Schraubenverbindungen, deren Rückseite beim Anziehen nicht mehr zugänglich ist, wird von Stahlbau-Konstrukteuren hin und wieder vorgesehen. Dazu lässt sich Folgendes sagen: Bei Muttern der Festigkeitsklassen 8 und 10 generell sowie bei Muttern der Festigkeitsklassen 4 und 5 in zugbeanspruchten Verbindungen und in nicht vorwiegend ruhend scherbeanspruchten Verbindungen ist das absolut unzulässig. Ob in vorwiegend ruhend beanspruchten reinen SL-Verbindungen, für die keine Schweißmuttern verfügbar sind, Muttern der Festigkeitsklassen 4 oder 5 ausnahmsweise angeheftet werden dürfen, muss im Einzelfall entschieden werden. Ggf. müsste ein spezieller Nachweis, wie oben für die Schrauben skizziert, geführt werden.

Für geschraubte Verbindungen an Hohlprofilen und anderen rückseitig schwer zugänglichen Konstruktionen gibt es übrigens seit kurzem eine elegante, allgemein bauaufsichtlich zugelassene Lösung in Form der so genannten „Hollo-Bolts" [R127].

Zu Element 819

Die Vorschrift von Element 518, dass feuerverzinkte Schrauben und Muttern von ein und demselben Hersteller zu beziehen sind, der dann automatisch für die Abstimmung verantwortlich ist, greift beim Einschrauben industriell gefertigter und verzinkter Schrauben in einzeln gefertigte Sacklochgewinde (schwarz oder verzinkt) aus nachvollziehbaren Gründen nicht. Deshalb wird hier auf das Thema Gewindepassfähigkeit und Anziehverhalten und die Notwendigkeit, diese zwischen Schraubenhersteller und Stahlbauwerkstatt bzw. Verzinkereibetrieb abzustimmen, noch einmal explizit hingewiesen.

Zu Element 820

Diese in der Vornorm noch nicht enthaltene Regelung zu Sacklochverschraubungen in Gussbauteilen wurde aufgrund schlechter Erfahrungen mit der Gütesicherung bei ausgeführten Stahlgusskonstruktionen in die Norm aufgenommen. Hintergrund ist die Regelung in Element 511, wonach für Gussstücke die Gütestufen (Güteklassen) vom Tragwerksplaner (Entwurfsverfasser) vorzugeben sind. Wie im Kommentar zu Element 511 erläutert, sind durch die Einstufung in Güteklassen die zulässigen Inhomogenitäten in den Gussstücken definiert. Im Gewindebereich eines Sackloches in einem Gussstück muss nun sichergestellt sein, dass keine Fehlstellen vorhanden sind, durch welche die rechnerische Tragfähigkeit der Schraubenverbindung reduziert würde. Zumindest in dem Bereich, in den das Sacklochgewinde eingeschnitten wird, ist in der Regel mindestens die Gütestufe 2 erforderlich.

Die Tiefe des Gewindes ist in Abhängigkeit von der notwendigen Einschraubtiefe sowie den Toleranzen und planmäßigen Verstellwegen vom Tragwerksplaner vorzugeben. Die Einschraubtiefe ist abhängig von den Werkstoffeigenschaften des Gussstücks und der Schraube und wird im Verhältnis zum Schraubendurchmesser bestimmt. Ggf. kann in Fällen von festgestellten Inhomogenitäten im Gewindebereich in Abstimmung mit dem Tragwerksplaner ein der jeweiligen Beanspruchung entsprechend reduzierter fehlerfreier Gewindebereich akzeptiert werden.

Der Nachweis der erforderlichen Gütestufe für den Sacklochbereich muss – wie generell für Gussstücke – durch eine Ultraschall- oder Durchstrahlungsprüfung erbracht werden und ist gemäß Element 527 durch ein Abnahmeprüfzeugnis zu bestätigen.

Zu Element 821

⟨821⟩-1   **Zum Einbau von Muttern**

Die Vorschrift des Elementes 821, Muttern so einzubauen, dass ihr Herstellerkennzeichen sichtbar bleibt, hat rein pragmatische Gründe aus der Sicht der Qualitätskontrolle und Bauüberwachung. Bild 5.14b/links zeigt eine ordnungsgemäß aufgeschraubte Mutter.

⟨821⟩-2   **Zum Einbau von Schrauben**

Zum Einbau (konkret: zur Einsteckrichtung) der Schrauben enthält DIN 18800-7 keine Vorgaben. Traditionell gilt im Stahlbau die handwerkliche Regel, **vertikal angeordnete Schrauben** von oben nach unten einzustecken. Damit soll erreicht werden, dass bei unbeabsichtigtem Lösen der Mutter die Schraube immer noch eine notdürftige horizontale Scherverbindung darstellt. Wenn kein anderes wichtigeres Kriterium dagegen spricht, sollte man dieser Regel folgen. Ein wichtigeres Kriterium kann z. B. bei planmäßig vorgespannten Verbindungen das einfachere Ansetzen des Anziehgerätes sein; in Ringflanschverbindungen von WEA-Rohrtürmen werden beispielsweise die (meist sehr großen) Schrauben von unten nach oben eingesteckt, weil das Handling des schweren Anziehgerätes von oben wesentlich einfacher ist als von unten.

Für **horizontal angeordnete Schrauben** gibt es keine ähnlich begründete Regel. Von der Arbeitssicherheit her wird aber oft in Arbeitsanweisungen vorgeschrieben, bei der Montage möglichst die Schrauben „von fest auf lose" einzustecken, d. h. vom bereits fixierten zum anzuschließenden Bauteil (siehe Beispiel für eine Ausführungsanweisung in Bild 8.7).

8.4   Vorbereitung der Kontaktflächen für Schraubenverbindungen

Zu Element 822

Kontaktflächen für Schraubenverbindungen sind gemäß diesem Element grundsätzlich mit einem Mindestkorrosionsschutz zu versehen. Mit dieser aus der alten DIN 18800-7 übernommenen verbindlichen Regel soll der Gefahr von Spaltkorrosion entgegengewirkt werden, die bei geschraubten Stahlkonstruktionen vor allem in elementaren SL-Verbindungen immer wieder zu gravierenden Rostschäden führt. Deshalb ist mindestens eine unbeschädigte Fertigungsbeschichtung oder eine Grundbeschichtung erforderlich. Auch Feuerverzinkung – in Element 822 nicht explizit erwähnt – ist natürlich als Mindestkorrosionsschutz für Kontaktflächen geeignet. Man beachte, dass bei SLV- und SLVP-Verbindungen, deren Vorspannung explizit für die Tragsicherheit benötigt wird, wegen der Gefahr von Vorspannkraftverlusten infolge Kriechens nicht alle Grundbeschichtungen aus DIN EN ISO 12944-5 unbesehen genommen werden dürfen (siehe zu Element 823).

Dass auch die Oberflächen von Futterblechen Kontaktflächen im vorstehenden Sinne darstellen, sollte eigentlich selbstverständlich sein. Die Anmerkung zu Element 822 macht das unmissverständlich klar.

Zu Element 823 und Tabelle 4

⟨823⟩-1 Vorspannkraftverluste – Ursachen und Größenordnung

Es ist seit langem bekannt, dass in einem vorgespannten „schwarzen" (d. h. unbeschichteten) Blechpaket die Vorspannung innerhalb der ersten zwei bis drei Stunden geringfügig abfällt. Man nennt das „Setzen" der Verbindung und schreibt es im Wesentlichen dem Einebnen von Oberflächenrauigkeiten in allen Druckkontaktfugen zu (Kontaktflächen der Verbindung, Gewindeflanken, Schraubenkopf- und Mutterauflageflächen). Sind die Kontaktflächen beschichtet, so verstärkt sich der Vorspannkraftabfall infolge Kriechens des zusammengedrückten Beschichtungsstoffes erheblich, und es dauert vor allem länger, bis der endgültige Kriechabfall erreicht ist. Bei Polymerbeschichtungen mit einem endgültigen Kriechabfall von ca. 10 % dauert es ca. drei Tage, bei Polymerbeschichtungen mit einem endgültigen Kriechabfall von ca. 30 % mindestens 14 Tage [A11].

In Element 823, zusammen mit Tabelle 4, wird erstmals in einer Stahlbaunorm auf diese Vorspannkraftverluste in planmäßig vorgespannten Verbindungen infolge Kriechens der beschichteten Druckkontaktflächen und auf die Abhängigkeit von der Beschichtung aufmerksam gemacht. Aus dem Text der alten DIN 18800-7 konnte man fälschlicherweise vermuten, dass nur bei GV-Verbindungen Einschränkungen für die Art der Beschichtung mit Rücksicht auf die Reibbeiwerte bestehen, dass dagegen bei Nicht-Inanspruchnahme der Reibübertragung, also bei SLV- und SLVP-Verbindungen, die Art der Beschichtung beliebig sei.

Nunmehr wird zunächst klar gesagt, dass mit Rücksicht auf die potenziellen Vorspannkraftverluste generell die zulässigen **Höchstwerte für die Schichtdicken** einzuhalten sind. Ferner werden PVC-basierte Beschichtungssysteme als grundsätzlich ungeeignet für SLV- und SLVP-Verbindungen deklariert, weil sie zu stark kriechen. Für Alkydharz- und Acrylharz-basierte Beschichtungssysteme (AK- und AY-Beschichtungen) wird die Schichtdicke auf 120 µm begrenzt. In Tabelle 4 werden dann gängige stahlbautypische Beschichtungen in zwei Klassen mit zu erwartenden Vorspannkraftverlusten von nicht mehr als 10 % und 30 % eingeteilt. Diese Angaben gelten für den Fall, dass die Vorspannkraftverluste **nicht** durch Nachziehen kompensiert werden. Die Angaben gehen auf [A11] zurück.

Falls die beschichteten Kontaktflächen später in GV- oder GVP-Verbindungen eingesetzt werden sollen, ist Element 826 zu beachten.

Auf eine konstruktive „Unsitte" bei manchen planmäßig vorgespannten Schraubenverbindungen unter erhöhtem Feuchtigkeitsangriff (z. B. Ringflanschstöße in Schornsteinen oder WEA-Rohrtürmen) muss hier noch hingewiesen werden: Es handelt sich um „Dichtstreifen", die vor dem Vorspannen eingelegt werden, um eine absolut wasserdichte Verbindung zu erreichen. Davon ist dringend abzuraten, da sie unvermeidbar größere Vorspannkraftverluste verursachen.

⟨823⟩-2 Kompensation des Vorspannkraftverlustes durch Nachziehen der Verbindungen

Will man den Vorspannkraftverlust kleiner halten als in Tabelle 4 angegeben, oder will man „andere geeignete" Beschichtungsstoffe einsetzen, oder will man Klemmpakete mit mehr als zwei beschichteten Kontaktflächen zusammenspannen und deshalb von der in Element 823 genannten Möglichkeit des Nachziehens Gebrauch machen, so darf das aufgrund des oben beschriebenen zeitlichen Ablaufs des Vorspannkraftabfalls frühestens nach ca. einer Woche, besser nach zwei Wochen erfolgen. Ein Nachziehen der Verbindungen im Rahmen eines verlängerten Montagevorganges, d. h. nach wenigen Stunden oder am nächsten Tag, kann den Vorspannkraftverlust in der Regel **nicht** ausgleichen.

Auf der anderen Seite darf man – sofern mit dem Nachziehen eine im Sinne des Drehmoment-Vorspannverfahrens (siehe Element 835) definierte Mindestvorspannkraft erreicht werden soll – auch nicht zu lange warten. Nach Aussage der Schraubenhersteller bleibt ohne unmittelbare Bewitterung der geschmierten Mutter (z. B. durch Regen) das Anziehverhalten zwar zunächst über mehrere Wochen unverändert, wird dann aber infolge Alterung, Verschmutzung und Mikrokorrosion im Gewinde allmählich schlechter. Das bedeutet, dass mit demselben Anziehmoment wegen der höheren Reibung zunehmend kleinere Vorspannkräfte erzeugt werden. In der neuen

Richtlinie für WEA [R113] hat man daraus folgende Konsequenz gezogen: Einerseits wird das Nachziehen noch bis zu sechs Monaten nach Montage erlaubt (mit Rücksicht auf Wartungsrhythmen); andererseits dürfen aber für den Ermüdungssicherheitsnachweis der geschraubten Verbindung grundsätzlich nur 90 % der planmäßigen Vorspannkraft in Rechnung gestellt werden.

Aus den vorstehenden Überlegungen folgt, dass das Nachziehen von planmäßig vorgespannten Schraubenverbindungen noch nach Jahren (z. B. im Rahmen von Wartungsprozessen) aus quantitativer Sicht sehr kritisch gesehen werden muss. Allerdings bedeutet es ohne Zweifel eine zumindest qualitative Verbesserung, denn schlechter kann die ursprünglich aufgebrachte Vorspannung auch bei hohem Reibungswiderstand nicht werden.

⟨823⟩-3 Vorspannkraftverluste bei feuerverzinkten Kontaktflächen

Feuerverzinkte Kontaktflächen werden in Element 823 leider nicht erwähnt. Unzweifelhaft kriechen sie unter Vorspannung ebenfalls. Es gibt bisher außer einigen Tastversuchen (z. B. [A22]) noch keine systematischen wissenschaftlichen Untersuchungen dazu. Es ist aber, wenn man die bekannten rheologischen Unterschiede zwischen metallischen und polymeren Werkstoffen bedenkt, davon auszugehen, dass das Kriechen bei Zinküberzügen schneller abklingt als bei Polymerbeschichtungen und dass die Vorspannkraftverluste bei normalen Zinkschichtdicken nicht größer als 10 % sein werden. Man kann feuerverzinkte Kontaktflächen demnach in grober Näherung ähnlich einordnen wie die ASI- oder die EP-Zinkstaub-Beschichtungen nach Zeilen 1 und 2 der Tabelle 4, sofern die Zinkschichtdicke nicht erheblich über den geforderten Mindestwerten nach DIN EN ISO 1461 liegt, d. h. nicht erheblich über ca. 100 µm (siehe Kap. 10). In Zweifelsfällen sollte der Zinküberzug wie ein „anderer geeigneter Beschichtungsstoff" im Sinne des Elementes 823 behandelt werden, d. h., es muss entweder nachgezogen werden, oder der Kriechverlust muss durch eine Verfahrensprüfung ermittelt und bei der Bemessung berücksichtigt werden.

Zu Element 824

Die Regeln zur Vorbereitung der Kontaktflächen für GV- und GVP-Verbindungen (Entgraten und Säubern) sind geblieben wie in der alten DIN 18800-7. Zur Problematik der Entfernung silikonhaltiger Rückstände auf den Kontaktflächen siehe zu Element 1003.

Zu Element 825

Auch die Regeln zur weiteren Behandlung der Kontaktflächen für GV- und GVP-Verbindungen (Strahlen mit Sa 2 ½, Abbürsten vor dem Zusammenbau oder dem Beschichten) sind ebenfalls unverändert wie in der alten DIN 18800-7.

Zu Element 826

Unbeschichtet (d. h. metallisch blank nach dem Strahlen) zusammengebaute GV- oder GVP-Verbindungen werden heute nur noch selten eingesetzt. In aller Regel werden reibfeste Verbindungen mit beschichteten Kontaktflächen ausgeführt. Als geeignete Beschichtungsstoffe dafür gelten seit langem Zink-Silikat-Systeme, für die aber trotzdem die erforderliche Reibungszahl $\mu \geq 0{,}5$ nach BN 918 300 Blatt 85 durch ein 3.1.B-Abnahmeprüfzeugnis nachgewiesen werden muss. Nach derzeitigem Kenntnisstand kommen sowohl Alkalisilikat(ASI)-Zinkstaub-Beschichtungen als auch Äthylsilikat(ESI)-Zinkstaub-Beschichtungen in Frage.

Wird die Zink-Silikat-Beschichtung nicht auf die gestrahlte Stahloberfläche, sondern in Form eines **Duplex-Systems** auf eine feuerverzinkte Oberfläche aufgebracht, so ist **nicht** von vornherein der in Element 826 geforderte Reibbeiwert $\mu \geq 0{,}5$ gewährleistet. Zwar haben mehrere Untersuchungen gezeigt [M8][A22], dass sich durchaus Reibbeiwerte dieser Größenordnung erzielen lassen, insbesondere wenn der Zinküberzug vor dem Beschichten „gesweept" wird (siehe zu Element 1008). Jedoch sind sie in dieser Höhe ggf. nur für Kurzzeitbelastungen voll nutzbar, weil ein solches Beschichtungssystem bei Zinkschichtdicken über ca. 100 µm unter Dauerlast zum „Kriechgleiten" neigt. Außerdem tritt gleichzeitig der Vorspannkraftverlust auf (vgl. zu Element 823). In einem konkreten Anwendungsfall muss also das Duplex-System wie eine „andere Beschichtung" gemäß letztem Satz in Element 826 behandelt werden, d. h., der Reibbeiwert $\mu \geq 0{,}5$ muss mittels Verfahrensprüfung nachgewiesen werden.

SCHRAUBEN- UND NIETVERBINDUNGEN

Konkrete Vorgaben über diese **Verfahrensprüfungen** bestehen – anders als beim Schweißen – nicht. Der Hersteller ist damit aufgefordert, durch Versuche bei einer fachlich geeigneten Stelle, z. B. einer für die Fremdüberwachung der Schraubengarnituren nach Bauregelliste A Teil 1 [R110], lfd. Nr. 4.8.55 bis 4.8.58, zugelassenen Stelle oder einem Hochschulinstitut, den Reibbeiwert ermitteln zu lassen. Die Versuche müssen den Beanspruchungen bei dem vorgesehenen Einsatz des Bauteils entsprechen, d. h., bei nicht vorwiegend ruhend beanspruchten GV-Verbindungen sind Dauerschwingversuche durchzuführen. Dies trifft z. B. für die Stabanschlüsse bei Gittermasten für WEA [R113] zu. Bei der Herstellung der Kontaktflächen ist dann sicherzustellen, dass immer eine den Versuchskörpern entsprechende Ausführung, insbesondere auch hinsichtlich der Schichtdicken, erreicht wird. Die Inanspruchnahme eines größeren Reibbeiwertes als $\mu = 0{,}5$ ist in den Nachweisregeln in DIN 18800-1, Element 812, vorgesehen und kann ebenfalls durch derartige Verfahrensprüfungen belegt werden.

Bei ausschließlich **feuerverzinkten Kontaktflächen** liegen die erreichbaren Reibbeiwerte gemäß den veröffentlichten Untersuchungen [M8][A22] nur in der Größenordnung von 0,20 und unterliegen außerdem unter Dauerlast verstärkt der Kriechgleitgefahr. Ein planmäßiger Einsatz als Regel-GV-Verbindung im Sinne von DIN 18800 ist also nicht möglich.

Sowohl bei ausschließlich feuerverzinkten als auch bei Duplex-beschichteten Kontaktflächen, für welche die starre Forderung $\mu \geq 0{,}5$ aus DIN 18800 nicht erreicht wird, besteht selbstverständlich die Möglichkeit, für spezielle Konstruktionen über eine Verfahrensprüfung, ggf. mit Zustimmung der Genehmigungsbehörde, auch kleinere Reibbeiwerte in die Bemessung einzuführen, sofern sie bei der Ausführung zuverlässig gewährleistet werden können. Die Fußgängerbrücke in Bild 8.9 ist ein Beispiel dafür.

Anziehen von nicht planmäßig vorgespannten Schraubenverbindungen 8.5

Zu Element 827

Der traditionelle Begriff „handfest angezogen" wurde bewusst gewählt, obwohl er unvermeidbar unscharf ist. Die ENV 1090-1 [R38] versucht ihn zwar in Form einer „Person mit einem Schraubenschlüssel normaler Größe ohne Verlängerung" zu definieren, was aber kaum weniger unscharf ist, denn ein kräftiger Monteur kann z. B. eine Schraube M12-10.9 oder M16-8.8 auf diese Weise durchaus überbelasten.

Um das „handfeste" Anziehen mit Hilfe einer objektiven Drehmomentkontrolle quantifizieren und damit in eine Arbeitsanweisung umsetzen zu können, sollten – sofern der Schraubenhersteller nicht selbst Anziehmomente empfiehlt – die „Handfest-Anziehmomente" nach Tabelle 8.1 verwendet werden. Sie erzeugen in leicht geölten schwarzen Schrauben etwa 10 % der Regel-Vorspannkraft für eine 10.9-HV-Schraube nach Tabelle 6 DIN 18800-7, wodurch die niedrigstfeste Schraube (4.6) im Spannungsquerschnitt des Gewindes mit ca. 25 % der Streckgrenze beansprucht wird. Eine Überbeanspruchung der Schrauben ist damit ausgeschlossen. Das Vorgehen entspricht dem (als grobe Montagehilfe gedachten) Hinweis im 2. Absatz des Elementes 827 auf das Voranziehmoment nach Spalte 6 der Tabelle 6.

Tabelle 8.1 Empfohlene „Handfest-Anziehmomente"

Schraube	M12	M16	M20	M22	M24	M27	M30	M36
$M_{A,\text{handfest}}$ [Nm]	15	35	60	90	110	165	220	350

Zu Element 828

Das in diesem Element genannte Kriterium „**weitgehend flächige Anlage**" der verbundenen Teile ist unvermeidbar ähnlich unscharf wie das „handfeste Anziehen" im vorherigen Element. Man muss hier im Grunde genommen auf die Erfahrung der eingesetzten Monteure bzw. der Aufsichtsperson vertrauen. Das Kriterium ist eher handwerklich-optisch zu verstehen als tragsicherheits- oder gebrauchstauglichkeitsorientiert. Gewarnt werden muss in jedem Falle davor, aus der Formulierung „weitgehend flächig" die zu strenge Forderung herzuleiten, dass eine nicht planmäßig vorgespannte SL- oder SLP-Verbindung nach dem Verschrauben praktisch spaltfrei sein müsse.

Ein moderater Restspalt beeinträchtigt in einer solchen Verbindung weder die statische Zugtragfähigkeit noch die statische SL-Tragfähigkeit, und die Korrosionsgefahr ist bei einem sehr kleinen Spalt (z. B. 0,3 mm) eher größer (Stichwort: Spaltkorrosion) als bei einem größeren Spalt (z. B. 3 mm). Der in Element 823 für alle Kontaktflächen generell geforderte Mindestkorrosionsschutz kann jedenfalls durch Minimierung der Spaltbreite nicht entbehrlich gemacht werden. Es bietet sich also an, die in Element 802 für Laschenstöße als tolerierbar angesehene **Spaltbreite von 2 mm** als generell zulässig anzusehen, sofern nicht zwischen Auftraggeber und Hersteller etwas anderes vereinbart wurde (siehe auch zu Element 907). Bild 8.6 zeigt je einen geschraubten Anschluss mit tolerierbarem und nicht tolerierbarem Spalt. Weitere Beispiele mit nicht tolerierbaren Spaltbreiten sind in Bild 9.12 zu sehen. Inwieweit tolerierte Restspalte gegen unmittelbaren Feuchtigkeitsandrang mit dauerelastischem Material verschlossen werden müssen, ist im Einzelfall zu entscheiden (siehe auch zu Element 1010).

a)

b)

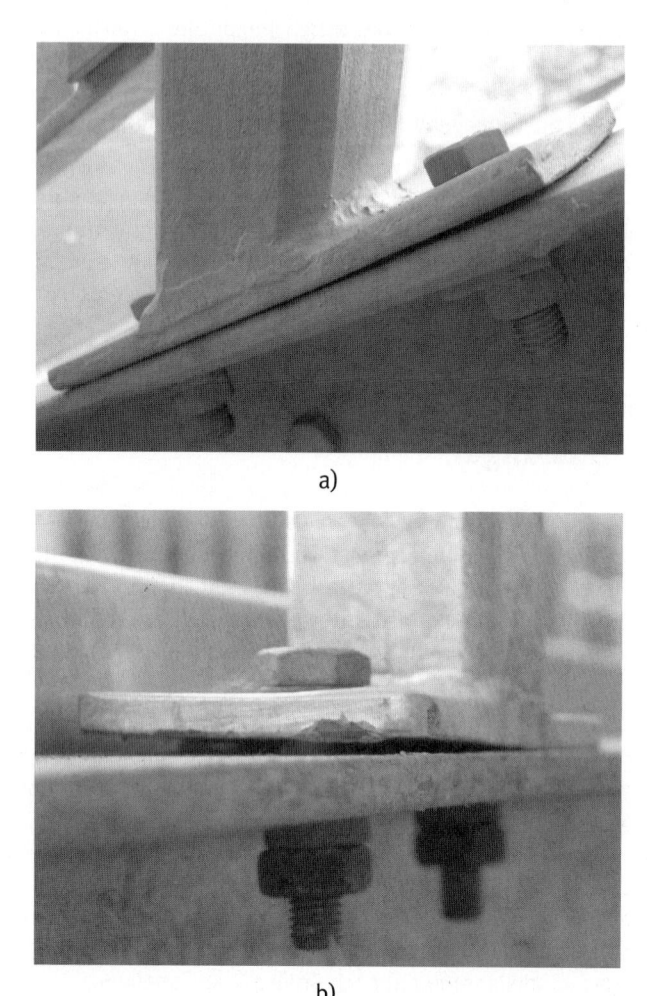

Bild 8.6 Beispiele ausgeführter Schraubenverbindungen (nicht planmäßig vorgespannt):
a) Restspalt gerade noch tolerierbar, b) Restspalt nicht mehr tolerierbar

Die Warnung in Element 828 vor einer Überbelastung der Schrauben bei dem Versuch, Spalte „zuzuziehen", sollte ernst genommen werden. Im Zweifelsfall muss durch Einsatz eines Drehmomentschlüssels sichergestellt werden, dass die Schrauben nicht unzulässig plastisch verformt werden. Für niedrigfeste Schrauben 4.6 und 5.6 können dabei die Handfest-Anziehmomente in Tabelle 8.1 als Anhalt dienen: Man sollte sie nicht mit mehr als dem Dreifachen dieser Werte anziehen. Für hochfeste Schrauben 8.8 und 10.9 dürfen die Anziehmomente des Drehmoment-Vorspannverfahrens nach den Tabellen 5 und 6 DIN 18800-7 nicht überschritten werden.

Die Empfehlung in Element 828, größere Anschlüsse „von der Mitte nach außen fortschreitend" anzuziehen, soll eine möglichst gleichmäßige flächige Anlage des Anschlusses ohne innere lokale Zwängungen gewährleisten. Würde man beispielsweise bei einer leicht konvex gewölbten größeren Lasche zuerst die außenliegenden Schrauben anziehen, so würde beim anschließenden Anziehen der innenliegenden Schrauben die Lasche gegen die außenliegenden Schrauben schieben und so eine innere Zwängung erzeugen (siehe auch zu Element 831).

Anziehen von planmäßig vorgespannten Schraubenverbindungen 8.6

Vorbemerkung

Leider (nach Meinung der Verfasser dieses Kommentars) wurde bei der Erarbeitung der neuen DIN 18800-7 versäumt, innerhalb der planmäßig vorgespannten Verbindungen nach der Sicherheitsrelevanz der jeweiligen Zielsetzung des planmäßigen Vorspannens zu differenzieren – konkret: den Aufwand bei der Herstellung und den späteren Prüfumfang und die Prüfschärfe davon abhängig zu machen (siehe auch zu 12.2.2). Man kann hinsichtlich der Ziele planmäßigen Vorspannens im Wesentlichen die drei folgenden **Verbindungskategorien** unterscheiden:

(A) In nicht vorwiegend ruhend scherbeanspruchten GV- oder GVP-Verbindungen soll durch das Vorspannen die erforderliche Klemmkraft für die planmäßige **Übertragung von Reibkräften** erzeugt werden. In diesem Fall ist die Vorspannung unmittelbar sicherheitsrelevant. Sie ist deshalb sorgfältig zu kontrollieren, es ist ggf. nachzuspannen, und es sind wiederkehrende Prüfungen während der gesamten Lebensdauer erforderlich. Gleitfest vorgespannte Montageverbindungen in Brücken oder in Kranen oder in WEA-Gittermasten gehören beispielsweise zu dieser Kategorie.

(B) In nicht vorwiegend ruhend zugbeanspruchten SLV- oder SLVP-Verbindungen soll durch das Vorspannen die erforderliche Druckpressung im Klemmpaket zur Verbesserung der **Schraubenbetriebsfestigkeit (-ermüdungsfestigkeit)** erzeugt werden. In diesem Fall ist die Vorspannung ebenfalls unmittelbar sicherheitsrelevant und deshalb sorgfältig zu kontrollieren, ggf. durch Nachspannen zu verbessern und wiederkehrenden Prüfungen während der gesamten Lebensdauer zu unterziehen. Ringflanschverbindungen in Schornsteinen, Masten und WEA-Rohrtürmen gehören beispielsweise zu dieser Kategorie.

(C) In vorwiegend ruhend beanspruchten SLV- oder SLVP-Verbindungen soll durch das Vorspannen das Anliegen der verschraubten Teile verbessert werden (Stichworte: Klaffungen, Spaltkorrosion) und/oder das Verformungsverhalten der Struktur verbessert werden (Stichworte: Schlupffreiheit, Verformungssteifigkeit). Es handelt sich also im Wesentlichen darum, die **Gebrauchstauglichkeit** zu verbessern – wenn man einmal von den seltenen Fällen absieht, in denen durch die größere Verformungssteifigkeit ein negativer statischer Theorie-2. Ordnung-Effekt signifikant reduziert wird. Außer in letzterem Sonderfall ist die Vorspannung nur mittelbar sicherheitsrelevant. Sie muss natürlich auch ordentlich aufgebracht und kontrolliert werden; aber von der Sache her würden ein geringerer Umfang und eine geringere Schärfe der Kontrolle genügen, verglichen mit den beiden anderen Zielsetzungen. Und es sind keine wiederkehrenden Prüfungen erforderlich, sofern eine geeignete Beschichtung im Sinne von Element 823 verwendet wurde und deshalb der Vorspannkraftverlust tolerierbar bleiben wird. Zu dieser Kategorie gehört ein großer Teil der SLV-Verbindungen im Hochbau, beispielsweise die meisten biegefesten Rahmenecken und ähnliche Anschlüsse.

Im Zuge der Einspruchsverhandlungen ist die in der Vornorm DIN V 18800-7 noch vorgesehene Forderung, dass bei planmäßig vorgespannten Verbindungen (zumindest der vorgenannten Kategorien A und B) die Verschraubungsarbeiten von einem Meister, Richtmeister, Techniker oder Ingenieur mit speziellen Kenntnissen in der Verschraubungstechnik zu beaufsichtigen seien, in der Einspruchsphase wieder entfallen, da derartige Anforderungen üblicherweise nicht in eine technische Regel gehören. Im bauaufsichtlichen Bereich fehlt dazu die Rechtsgrundlage, die nur für die Schweißarbeiten gegeben ist (siehe Vorbemerkung zum Kommentar zu 13.4). Auch besteht kein spezielles Anforderungsprofil für den „Verschraubungsfachmann".

Allgemeines 8.6.1

Zu Element 829

Die in diesem Element für planmäßig vorgespannte Schraubenverbindungen geforderte schriftliche Ausführungsanweisung ist, obschon in qualitätsbewussten Betrieben bereits angewendet, als Normforderung neu. Sie soll – quasi als „Schraubanweisung" in Analogie zur Schweißanweisung – ein Beitrag zur Gütesicherung bei der Stahlbaumontage sein. Das wird noch dadurch unterstrichen, dass ihre Einhaltung schriftlich dokumentiert werden muss, dass also das Verschraubungsprotokoll zu den Nachweisunterlagen gemäß Element 404 genommen werden muss. Hintergrund dieser verschärften Normforderung ist, dass auf heutigen Baustellen (Stichworte: Subunternehmer, Leiharbeiter usw.) die Versuchung groß ist, ungelernte Arbeitskräfte mit Verschraubungsarbeiten zu betrauen – „schließlich hat jeder Mann schon einmal einen Schraubenschlüssel in der Hand gehabt". (Bei Schweißarbeiten würde das niemandem einfallen.)

Die schriftliche Ausführungsanweisung soll sicherstellen, dass eine Fachperson sich **vorher** Gedanken darüber macht, welche besonderen Randbedingungen möglicherweise zu beachten sind. Bild 8.7 zeigt, wie die Ausführungsanweisung für die planmäßig vorzuspannenden Schraubanschlüsse und -stöße eines Hallenrahmens aussehen könnte.

imo LEIPZIG	Ausführungsanweisung für Schraubarbeiten nach DIN 18800-7	QAA 07/06/01A02

Grundlagen: Für die Schraubarbeiten an Stahlbauten gilt bei IMO Leipzig die allgemeine Arbeitsanweisung QAA07/06/01 „Schraubarbeiten im Stahlbau". Die vorliegende Ausführungsanweisung ist ein projektbezogener Auszug daraus.

Projekt: PH Süd Treppenhaus 18 bis E1 Bahnhof Berlin Papestraße

Bauteil/Anschlussdetail: Rahmenecke am Hauptrahmen   Zeichnungs-Nr. 1606/04 Pos.-Nr. 27/32

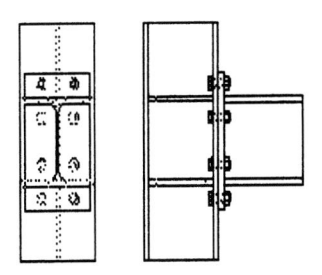

Verbindungsmittel:
HV-Schraubengarnitur M24 x 60 10.9-10-C45 DIN 6914/15/16 fvz (Schraubengarnitur von einem Hersteller, Mutter geschmiert, feuerverzinkt).

Vorbereitung:
Verschmutzungen auf den Kontaktflächen und an den Schraubengarnituren sind zu entfernen.
Bereits verwendete, beschädigte oder angerostete Schraubengarnituren dürfen nicht verwendet werden.
Schraubenlöcher werksseitig mit Durchmesser d_L = 26mm bohren, Lochränder entgraten.
Kontaktflächen Sa 2 ½ entrosten und mit EP-Zinkstaub (Stoff-Nr. 687.03) Schichtdicke 40-60 μm beschichten.

Kontrollen vor dem Verschrauben:
- Sichtprüfung der Bohrungen auf Maßeinhaltung, Freiheit von Grat und Rattermarken.
- Sichtprüfung der Kontaktflächen auf Unversehrtheit der Beschichtung, Schichtdicke.

Grundsätze beim Verschrauben:
- Einsteckrichtung von Stütze zum Querträger.
- Schrauben nicht einschlagen oder beschädigen.
- Je eine Scheibe kopf- und mutterseitig, Scheibe mit Fase und Mutter mit Kennzeichen nach außen.
- Das Anziehen erfolgt an der Mutter.
- Zulässiger Restspalt zwischen den Kontaktflächen nach dem Vorspannen < 2 mm.

Werkzeug:
Es ist ein kalibrierter Schrauber (elektrisch, hydraulisch oder Drehmomentschlüssel) für das Anziehen zu verwenden. Die Kalibrierung ist ein Jahr gültig.

Aufbringen der Vorspannung:
Das Anziehen der Schraubengarnituren erfolgt wechselseitig von der Mitte nach oben und unten.
Anziehmoment M_A = 800 Nm für das Erreichen der Vorspannkraft

Kontrollen nach dem Vorspannen:
- <u>Schraubenüberstand</u>: Die Schrauben müssen mindestens einen Gewindegang über die Mutter ragen.
- <u>Vorspannung</u>: ≥ 5 % der Schrauben mit 1,10-fachem Anziehmoment M_A kontrollieren, Drehmomentschlüssel mit Kraftvervielfältiger verwenden.
- <u>Vorgehensweise</u>: Kennzeichnung der Stellung Mutter zur Schraube, Ermittlung des Weiterdrehwinkels, Vergleich mit Tabelle 10 DIN18800-7.

Dokumentation: Es ist ein Verschraubprotokoll QAA07/06/01F02 zu erstellen.

Bild 8.7 Muster für eine Ausführungsanweisung für Verschraubungsarbeiten an planmäßig vorgespannten Verbindungen einer Rahmenkonstruktion

Zu Element 830 und zu den Tabellen 5 und 6

Tabelle 6 DIN 18800-7 entspricht weitgehend der entsprechenden Tabelle in der alten DIN 18800-7; sie bezieht sich auf 10.9-Vorspanngarnituren nach Tabelle 1, Zeilen 6 und 7, also auf die bewährten HV-Garnituren. Tabelle 5 enthält die analogen Informationen für die neu hinzugekommenen 8.8-Vorspanngarnituren nach Tabelle 1, Zeile 5. In beiden Tabellen wurde der frühere Begriff „erforderliche Vorspannkraft" unter Beibehaltung der Definition $F_V = 0{,}7 \cdot f_{y,b,k} \cdot A_{Sp}$ durch den neuen Begriff „Regel-Vorspannkraft" ersetzt. Dahinter verbirgt sich die nachfolgende Überlegung.

⟨830⟩-1 Regel-Vorspannkraft

Der Begriff „planmäßig vorgespannt" in DIN 18800-1 bedeutete von der Absicht her eigentlich nicht, dass nur ein einziger Zahlenwert für die Vorspannkraft infrage kommt, sondern dass eine definierte, für den jeweiligen Zweck geeignete Vorspannkraft planmäßig aufgebracht wird. Die in der alten DIN 18800-7 angegebenen Vorspannkräfte F_V mussten nur deshalb als „erforderlich" bezeichnet werden, weil nach dem damaligen Sicherheitskonzept die zulässigen Lochleibungsspannungen und GV-Scherkräfte von ihnen abhingen. Die Bezeichnung „erforderliche Vorspannkraft" hat aber bisweilen bei der bautechnischen Prüfung und Bauüberwachung zu zweierlei Irritationen geführt:

- Zum einen wurden hin und wieder SLV-Verbindungen in ausländischen Bausystemen abgelehnt, weil sie beispielsweise eine Vorspannkraft in Höhe von nur ca. 90 % unserer F_V-Werte vorsahen. Dafür gibt es aber keinen technischen Grund, sofern der kleinere Wert korrekt in der Bemessung berücksichtigt wird (wenn er überhaupt in die Bemessung eingeht, vgl. Vorbemerkung zum Kommentar zum vorliegenden Abschnitt 8.6).

- Zum anderen bestand ein Hang dazu, eher zu „überspannen" als zu „unterspannen". Beim Drehmomentverfahren können aber größere Anziehmomente als die in DIN 18800-7 angegebenen M_A-Werte wegen des „statistischen Reibungsfensters" (siehe ⟨835⟩-1) durchaus Vorspannkräfte erzeugen, die zu unkontrolliertem Fließen im Spannungsquerschnitt führen. Das ist nicht erwünscht.

Als Konsequenz aus diesen Überlegungen wurde in der neuen DIN 18800-7 der Begriff „Regel-Vorspannkraft" eingeführt. Die Anziehmomente M_A in den Spalten 3 und 4 der Tabellen 5 und 6 beziehen sich auf die in Spalte 2 angegebenen Regel-Vorspannkräfte F_V. Will man kleinere Vorspannkräfte (aber mindestens 50 %) planmäßig aufbringen, so kann man näherungsweise von einem linearen Zusammenhang $F_V = f(M_A)$ ausgehen (siehe ⟨835⟩-1). In DIN 18914 [R21] sind 50-%-Vorspannkräfte zur Erzielung größerer Grenzlochleibungsspannungen vorgesehen. Größere planmäßige Vorspannkräfte als die Regel-Vorspannkraft sind grundsätzlich nicht zulässig.

⟨830⟩-2 Andere Schraubendurchmesser

Man beachte, dass gemäß Element 830 die Definition der Regel-Vorspannkraft ($F_V = 0{,}7 \cdot f_{y,b,k} \cdot A_{Sp}$) auch für andere Schraubendurchmesser gilt als die in Spalte 1 der Tabellen 5 und 6 angegebenen, und zwar sowohl für kleinere als auch für größere. Die Einstellwerte für das Vorspannen (Anziehmomente, Weiterdrehwinkel) dürfen in solchen Fällen allerdings nicht ohne weiteres nach unten oder nach oben extrapoliert werden, sondern müssen ggf. über eine Verfahrensprüfung bestimmt werden (siehe Element 832).

Für **Maschinenbauschrauben mit kleineren Durchmessern** gibt DIN 18914 [R21] die in Tabelle 8.2 wiedergegebenen Anziehmomente M_A an. Solche Schrauben werden dort vor allem aus Gebrauchstauglichkeitsgründen vorgespannt, vgl. zu Element 517. Vergleicht man den Wert $M_A = 120$ Nm für M12-10.9 mit Tabelle 6 DIN 18800-7, so erkennt man, dass die Anziehmomente in Tabelle 8.2 sich offenbar auf leicht geölte schwarze Schraubengarnituren beziehen sollen. Ein Vergleich mit den in der VDI-Richtlinie 2230 [R123] empfohlenen Anziehmomenten bestätigt das insofern, als die M_A-Werte der Tabelle 8.2 dort für Reibbeiwerte von ca. 0,12 unter der Mutter und im Gewinde empfohlen werden. Man entnimmt den dortigen Angaben allerdings auch, dass mit diesen Anziehmomenten wegen der Reibung im Gewinde und der dadurch erzeugten Torsionsbeanspruchung in der Schraube die in Tabelle 8.2 angegebenen Regel-Vorspannkräfte F_V wohl nicht immer erreicht werden. Spielen sie bei der Bemessung eine quantitative Rolle, sollten sie um 10 % kleiner angesetzt werden.

Bei feuerverzinkten Schrauben und molykotisierten feuerverzinkten Muttern sind die M_A-Werte der Tabelle 8.2 um 20 % zu reduzieren, um die Schrauben nicht zu überbeanspruchen. Dass in Tabelle 8.2 auch 5.6-Schrauben aufgeführt sind, hängt mit der Tradition im Behälterbau zusammen. Da es sich um eine Gebrauchstauglichkeitsvorspannung handelt, bestehen aus Sicht der DIN 18800 keine Bedenken gegen eine planmäßige Vorspannung dieser niedrigfesten Schrauben.

Tabelle 8.2 Regel-Vorspannkräfte und zugehörige Anziehmomente für kleinere Schraubendurchmesser nach DIN 18914 (schwarz und leicht geölt)

Maße	A_{Sp} [mm²]	A_{Sch} [mm²]	Festigkeitsklasse					
			5.6		8.8		10.9	
			F_V [kN]	M_A [Nm]	F_V [kN]	M_A [Nm]	F_V [kN]	M_A [Nm]
M8	36,6	50,3	8	12	17	26	24	37
M10	58,0	78,5	13	24	27	50	35	70
M12	84,3	113	18	42	40	90	50	120

Für **HV-Schraubengarnituren mit größeren Durchmessern**, d. h. Sechskantschrauben mit großer Schlüsselweite in Anlehnung an DIN 6914 in der Festigkeitsklasse 10.9 (vgl. ⟨516⟩-2) mit zugehörigen Muttern und Scheiben in Anlehnung an DIN 6915/16, sind Abmessungen, Querschnittsflächen und Vorspannkennwerte in Tabelle 8.3 zusammengestellt. Sie wurden vor allem für den Einsatz in WEA-Rohrtürmen entwickelt [A1] und zunächst – abgestimmt zwischen den führenden Schraubenherstellern – in Werksnormen fixiert [R125]. Die vier Durchmesser M42, M48, M56 und M64 sollen in Kürze in Form einer DASt-Richtlinie 021 „bauaufsichtlich einführbar" gemacht werden. Die in Tabelle 8.3 genannten Anziehmomente M_A wurden zunächst theoretisch mit Hilfe von DIN 946 [R3] unter Zugrundelegung der Reibbeiwerte der bewährten HV-Schrauben M12 bis M36 ermittelt und sind deshalb in Klammern gesetzt. Inzwischen wurde der Wert für Durchmesser M42 durch umfangreiche Versuchsreihen bestätigt.

Tabelle 8.3 Hauptabmessungen und Vorspannkennwerte von HV-Garnituren M39 – M64 (nach Werksnormen [R125])

Maße	Abmessungen					Querschnitt		Vorspannkennwerte	
	s	e	m	h	d_a	A_{Sch}	A_{Sp}	F_V	M_A [^1]
	[mm]					[mm²]		[kN]	[Nm]
M39	65	71,3	31	6	72	1 195	976	610	(3 500)
M42	70	77,0	34	8	78	1 385	1 121	710	4 500
M45	75	82,6	36	8	85	1 590	1 306	820	(5 500)
M48	80	88,3	38	8	92	1 810	1 473	930	(6 500)
M56	90	99,2	45	10	105	2 463	2 030	1 280	(10 000)
M64	100	110,5	51	10	115	3 217	2 676	1 680	(15 000)

[^1]: feuerverzinkt, Mutter mit Molybdändisulfid geschmiert

⟨830⟩-3 Zur Schmierung von vorzuspannenden Schraubengarnituren

Gemäß Element 519 müssen die Muttern von Schraubengarnituren, die planmäßig vorgespannt werden sollen (Zeilen 5 bis 7 der Tabelle 1 DIN 1880-7), eine bereits vom Schraubenhersteller aufgebrachte „geeignete Schmierung" aufweisen (vgl. zu Element 519). Diese besteht zurzeit in den weitaus meisten Fällen aus einer Molybdändisulfid-Schicht („Molykote"-Schicht), die in einem firmenspezifischen Prozess (chemische Vorbehandlung, Tauchbad usw.) auf die feuerverzinkte Mutter aufgebracht wird. Das Muttergewinde wird vor dem „Molykotisieren" (aber nach dem Verzinken!) sogar noch nachgeschnitten, um die geforderte Passfähigkeit und Reproduzierbarkeit des Anziehverhaltens zu erreichen. Das ist nach DIN EN ISO 1461 zulässig, da im zusammengebauten Zustand der Zinküberzug des Schraubengewindes auf elektrochemischem Wege auch das zinküberzugsfreie Muttergewinde schützt. Die kürzlich erschienene DIN EN ISO 10684 [R138] schreibt das Schneiden der Innengewinde **nach** dem Feuerverzinken sogar verbindlich vor. Derart geschmierte feuerverzinkte Muttern sehen dunkel aus, lassen also den Zinküberzug unter der Schmierung nicht erkennen und können bei oberflächlicher Betrachtung leicht mit einer schwarzen Mutter verwechselt werden (siehe Bild 8.8b). Man fühlt jedoch die Schmierung deutlich beim Anfassen der Mutter; außerdem würde eine schwarze Mutter wegen der fehlenden Unterschneidung ihres Gewindes (vgl. zu Element 518) sich nicht auf eine verzinkte Schraube aufschrauben lassen.

Für diese industriell „molykotisierten" Muttern, aufgeschraubt auf eine feuerverzinkte, aber ungeschmierte Schraube desselben Herstellers und beim Anziehen gedreht auf einer feuerverzinkten, aber ungeschmierten Scheibe desselben Herstellers, gewährleisten die Schraubenhersteller, dass mit den Anziehmomenten M_A in Spalte 3 der Tabellen 5 und 6 DIN 18800-7 die Regel-Vorspannkräfte F_V in Spalte 2 der Tabellen mit der erforderlichen statistischen Zuverlässigkeit erreicht werden. Dies ist für das Drehmoment-Vorspannverfahren wichtig (siehe ⟨835⟩-1).

Ähnlich verhält es sich im Prinzip mit den in Spalte 4 der Tabelle 6 für 10.9-HV-Garnituren angegebenen Anziehmomenten M_A für den Oberflächenzustand „wie hergestellt und leicht geölt". Mit „wie hergestellt" sind schwarze Schrauben/Muttern/Scheiben gemeint, die in der Regel von der Fertigung her einen mehr oder weniger dünnen Ölfilm haben. Dieser sollte jedoch nicht unbesehen als „geeignete" Schmierungsvariante „leicht geölt" im Sinne der strengen Forderung von Element 519 und Tabelle 6 angesehen werden. Will man planmäßig vorgespannte Verbindungen mit schwarzen HV-Garnituren nach Tabelle 1, Zeilen 6 und 7, ausführen, die dieselbe Qualität erreichen wie die vorbeschriebenen feuerverzinkten Verbindungen mit molykotisierten Muttern, so sollte man die Garnituren am besten als „leicht geölt für die Anwendung von DIN 18800-7, Tabelle 6, Spalte 4" bestellen. Die Ölschmierung wird dann in einem vergleichbar industrialisierten Prozess auf die Mutter aufgebracht. Allerdings versichern führende deutsche Schraubenhersteller, dass sie schwarze HV-Garnituren (sowieso selten nachgefragt) vorsichtshalber grundsätzlich „leicht geölt" im Sinne von DIN 18800-7 ausliefern (siehe Bild 8.8a).

Bild 8.8 Planmäßig vorspannbare HV-Garnituren M 24:
a) „wie hergestellt (schwarz) und leicht geölt", b) „feuerverzinkt und (mit Molybdändisulfid) geschmiert"

Für beide Schmierungsvarianten stellt sich die baupraktische Frage, ob man die Schmierung auch nachträglich vor Ort realisieren kann, d. h. entweder verzinkte Muttern nachträglich manuell mit Molykote besprühen/bestreichen oder schwarze Muttern nachträglich einölen. Als Argument dafür wird hin und wieder angeführt, dass das in den Anfängen des planmäßigen Vorspannens in den 50er Jahren (vgl. ⟨516⟩-2) die Regel gewesen sei; herstellerseits molykotisierte oder geölte Muttern gebe es erst seit den 60er Jahren. Die Frage ist wie folgt zu beantworten: Wenn eine ursprünglich als SL- oder SLP-Verbindung geplante Schraubengarnitur vor Ort manuell geschmiert und dann mit dem Anziehmoment M_A nach Tabelle 5 bzw. 6 angezogen wird, so bedeutet das zweifelsohne eine qualitative Verbesserung der Verbindung – sofern die Schraube nicht infolge zu starker Schmierung und deshalb zu geringer Reibung überbeansprucht wird! **Keinesfalls** ist eine solche Verbindung aber eine planmäßig vorgespannte Schraubenverbindung nach DIN 18800-7 mit ihren quantitativen Qualitätsmerkmalen.

Im Übrigen sei darauf hingewiesen, dass die Schmierung nur für das Drehmoment-Vorspannverfahren die vorstehend beschriebene dominante Rolle spielt. Beim Drehimpuls-Vorspannverfahren spielt sie nur dann eine ähnlich wichtige Rolle, wenn der Schrauber über das Nachziehdrehmoment eingestellt wird (siehe ⟨836⟩-1). Wird er direkt auf die Vorspannkraft eingestellt, muss das Anziehverhalten nur innerhalb des Fertigungsloses, für das der Schrauber eingestellt wurde, reproduzierbar sein. Bei den beiden drehwinkelgesteuerten Vorspannverfahren muss nur sichergestellt sein, dass die Mutter ausreichend geschmiert ist, um nicht zu „fressen".

Zu Element 831

Für das Voranziehen planmäßig vorzuspannender Schraubenverbindungen gilt sinngemäß dasselbe, wie zu den Elementen 827 und 828 für nicht planmäßig vorgespannte Verbindungen ausgeführt. Mit dem vorgeschriebenen weiteren Vorspannen „von der Mitte des Anschlusses nach außen fortschreitend" soll (wie bereits zu Element 828 ausgeführt) eine möglichst gleichmäßige flächige Anlage ohne innere lokale Zwängungen und damit auch eine gleiche Vorspannung aller Garnituren des Anschlusses erreicht werden.

Gibt es keine definierte „Mitte des Anschlusses" (wie z. B. bei Ringflanschstößen), ist eine geeignete Vorspannreihenfolge festzulegen, die derselben Zielsetzung dient. Bei Ringflanschstößen wäre es z. B. **keine** geeignete Vorspannreihenfolge, an einem Punkt zu beginnen und dann in einer Richtung entlang des Umfanges fortschreitend vorzuspannen; die letzten Schrauben müssten dabei unter Umständen gegen erhebliche innere Zwängungskräfte vorgespannt werden und würden so nicht die mit dem Vorspannen angestrebte Druckvorspannung der Kontaktflächen in ihrer jeweils engeren Umgebung erzeugen (siehe hierzu auch ⟨907⟩-4). Geeigneter wäre es, von einem Punkt aus in beiden Umfangsrichtungen synchron fortschreitend vorzuspannen oder sogar an zwei oder drei Punkten zu beginnen.

Es sollte bei größeren Schraubenbildern außerdem beachtet werden, dass bereits vorgespannte Garnituren unvermeidbar durch das Vorspannen weiterer Garnituren, insbesondere der benachbarten, in ihrem Vorspannzustand beeinflusst werden. In Zweifelsfällen ist dringend zu empfehlen, nach Abschluss des Vorspannens eines Anschlusses alle Garnituren noch einmal zu überprüfen und ggf. die Vorspannung zu korrigieren – oder aber von vornherein in zwei oder drei Stufen vorzuspannen.

Zu Element 832

Die drei in der alten DIN 18800-7 genormten Vorspannverfahren mittels drehmoment- bzw. drehwinkelgesteuerten Anziehens wurden im Prinzip in die neue Norm übernommen – mit folgenden Modifizierungen (vgl. Tabellen 5 und 6 DIN 18800-7):

- Das Drehwinkel-Vorspannverfahren wurde in seiner Verwendungsmöglichkeit insofern deutlich eingeschränkt, als die Tabelle mit den „genormten" Weiterdrehwinkeln aus der alten DIN 18800-7 nicht übernommen wurde; Begründung dafür siehe Kommentar zu den Elementen 837 bis 841. Deshalb darf es in seiner ursprünglichen Form für 10.9-Garnituren nur noch mit Verfahrensprüfung eingesetzt werden. Für 8.8-Garnituren ist es gar nicht zulässig.
- Stattdessen wurde das „Kombinierte Vorspannverfahren" neu in DIN 18800-7 aufgenommen, allerdings auch nur für 10.9-Garnituren.

Der Passus zu „**anderen Verfahren und Maßen**" in Element 832 beinhaltet im Umkehrschluss die wichtige Aussage, dass DIN 18800-7 auch solche planmäßig vorgespannten geschraubten Verbindungen abdeckt,

- deren Schraubendurchmesser nicht den acht Durchmessern der Tabellen 5 und 6 entsprechen (vgl. ⟨830⟩-2) und/oder
- deren Schrauben/Gewindeteile nicht den vorspannbaren Garnituren gemäß Zeilen 5 bis 7 der Tabelle 1 DIN 18800-7 entsprechen (vgl. auch zu Element 524) und/oder
- die mit einem anderen als den vier „genormten" Verfahren vorgespannt werden.

Bedingung hinsichtlich der „**anderen Maße**" ist, dass die Schrauben/Gewindeteile ein metrisches Gewinde (einschließlich Feingewinde) oder ein vergleichbares Gewinde (z. B. das in den USA verbreitete Whitworth-Gewinde) haben und dass sie aus einem der hochfesten Werkstoffe 8.8 oder 10.9 gefertigt wurden. Siehe zu dieser Thematik auch die Anmerkungen von *H. Eggert* an verschiedenen Stellen in [M6] zu der Frage, wann eine „wesentliche Abweichung" von der Technischen Regel DIN 18800-1 vorliegt.

Bedingung hinsichtlich eines „**anderen Vorspannverfahrens**" ist, dass mit ihm auf eine reproduzierbare Weise eine definierte planmäßige Vorspannkraft in die Schraubenverbindung eingebracht werden kann. Ein solches Verfahren wäre z. B. das torsionsfreie Vorspannen mit Hilfe einer hydraulischen Vorrichtung (z. B. Stützhülse + Ringzylinder + Ringkolben), welche die Schraube mit Hilfe einer zweiten Mutter oder eines Spezialgewindeteils dehnt, so dass die eigentliche Mutter ohne Drehwiderstand angezogen werden kann [M24]. Die Schraube müsste dafür allerdings ein längeres Gewinde haben als die HV-Schrauben nach DIN 6914, und es müsste darüber hinaus der elastische Rückfederungsbetrag bekannt sein, um den die Schraube zunächst über die angestrebte planmäßige Vorspannkraft hinaus zu dehnen wäre. Im Schwermaschinenbau ist dieses „direkte" Vorspannverfahren weit verbreitet. Ein „anderes Vorspannverfahren" wäre auch das ebenfalls im Maschinenbau eingesetzte streckgrenzengesteuerte Anziehen [M24].

Für alle diese „anderen Maße" und „anderen Verfahren" müssen die Einstellwerte am jeweiligen Gerät zum Erreichen der angestrebten planmäßigen Vorspannkraft F_V mit der erforderlichen statistischen Zuverlässigkeit mindestens mit Hilfe einer Verfahrensprüfung vorab ermittelt werden. Inwieweit ggf. eine bauaufsichtliche Zustimmung im Einzelfall oder eine allgemeine bauaufsichtliche Zulassung erforderlich ist, muss im Einzelfall geprüft werden.

Zu Element 833

In diesem Element wird ein Problem angesprochen, das vor allem im modernen Architekturstahlbau hin und wieder auftaucht. Wenn in einer planmäßig vorzuspannenden Verbindung die Mutter einerseits aus gestalterischen Gründen nicht außen liegen soll, andererseits aber in ihrer Innenlage für das Anziehen nicht zugänglich ist (siehe Bild 8.9), muss die Verbindung durch Drehen des Kopfes vorgespannt werden.

Bild 8.9 Beispiel für eine planmäßig durch Drehen des Schraubenkopfes vorgespannte geschraubte Verbindung: a) Detail Klemmverbindung, b) Gesamtansicht des Bauwerks (Fußgängerbrücke Mechtenbergpark in Gelsenkirchen, Architekt: Frei Otto)

Das Vorspannen durch Drehen des Schraubenkopfes war nach alter und ist auch nach neuer DIN 18800-7 grundsätzlich zulässig. Allerdings muss in diesem Fall zusätzlich zur Mutter auch die kopfseitige Scheibe geschmiert werden. Dafür gelten aber nicht automatisch die genormten Anziehmomente M_A des Drehmomentverfahrens nach Tabellen 5 und 6, weil das Drehreibverhalten des ungeschmierten Kopfes auf der geschmierten Scheibe anders sein kann als das der geschmierten Mutter auf der ungeschmierten Scheibe (Basisfall für die Werte in den Tabellen).

Bei größeren Stückzahlen empfiehlt es sich, die Schraubengarnituren von vornherein beim Schraubenhersteller projektspezifisch mit geschmierter Scheibe zu bestellen, und zwar einschließlich der in Element 833 geforderten Verfahrensprüfung für das Anziehverhalten vom Kopf her, die dann vom unabhängigen Werkssachverständigen durchzuführen ist. Bild 8.10 zeigt Anziehdiagramme einer solchen Verfahrensprüfung für HV-Garnituren M36. Auf der horizontalen Achse ist das Anziehmoment M_A (nach rechts beim Vorwärtsdrehen, nach links beim Rückwärtsdrehen) aufgetragen, auf der vertikalen Achse die Vorspannkraft F_V. Man erkennt deutlich die Streuung der mit demselben Anziehmoment (hier 2 800 Nm) erreichten Vorspannkräfte, wobei aber die kleinste noch über der Regel-Vorspannkraft nach Tabelle 6 DIN 18800-7 liegt (510 kN für M36); siehe auch ⟨835⟩-1. Man erkennt aus Bild 8.10 ferner die bekannte

Tatsache, dass das Losdrehmoment infolge der entgegengesetzten Gewindeflankenneigung deutlich kleiner ist als das Anziehmoment.

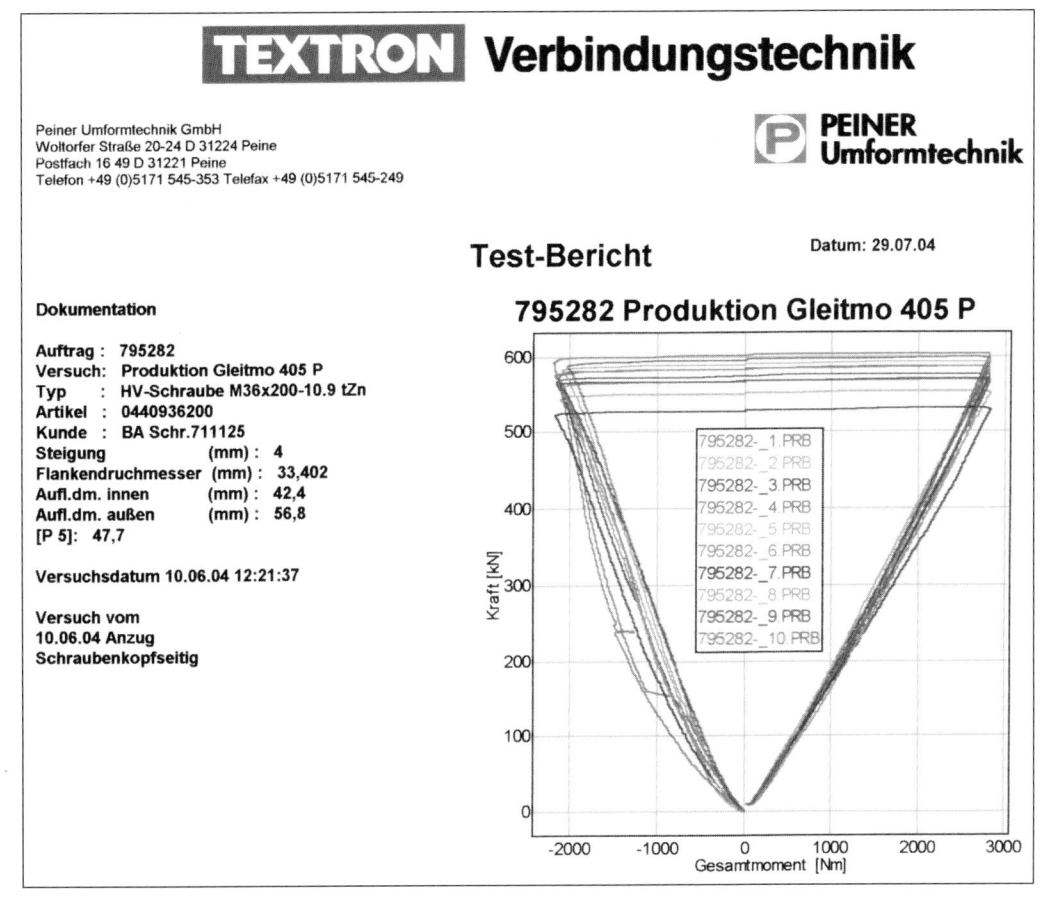

Bild 8.10 Anziehdiagramme für eine Stichprobe ($n = 10$) aus einer Lieferung HV-Garnituren M36 zum Vorspannen durch Anziehen vom Kopf her, d. h. mit geschmierter Scheibe

Zu Element 834

Element 834 schließt die Wiederverwendung von Schraubengarnituren, die bereits einmal nach Abschnitt 8.6.4 oder 8.6.5 vorgespannt wurden, grundsätzlich aus, weil sie dabei mit Hilfe der definierten Weiterdrehwinkel planmäßig in den plastischen Bereich hinein beansprucht wurden (siehe zu Element 841). Für nach Abschnitt 8.6.2 oder 8.6.3 vorgespannte Garnituren, bei denen das nicht der Fall ist, lässt sich die Frage der Wiederverwendung wie folgt präzisieren: Wenn die Schraube nicht sichtbar verbogen ist und wenn die Mutter sich noch von Hand auf die gesamte Gewindelänge aufdrehen lässt, kann in der Regel von „nicht bleibender Schädigung" der Schraube im Sinne des Elementes 834 ausgegangen werden. Die Mutter darf allerdings trotzdem nicht wiederverwendet werden, weil ihre Schmierung und damit das Anziehverhalten nicht mehr einwandfrei sind.

Drehmoment-Vorspannverfahren 8.6.2

Zu Element 835

⟨835⟩-1 Zum Verfahren

Die Verfahrensanweisung zum Drehmoment-Vorspannverfahren in Element 835 ist selbsterklärend und außerdem von der alten DIN 18800-7 her bekannt. Für die Anziehmomente M_A wurden für die 10.9-Garnituren die bewährten Zahlenwerte übernommen (Spalten 3 und 4 in Tabelle 6 DIN 18800-7). Für die neu hinzugekommenen 8.8-Garnituren wurden für den Standard-Lieferzustand (feuerverzinkt und mit Molybdänisulfid geschmiert) Zahlenwerte für das Anziehmoment M_A eingeführt (Spalte 3 in Tabelle 5 DIN 18800-7), die eigens ermittelt worden waren [M8]. Sie entsprechen von der Größenordnung her ca. 70 % der 10.9-Anziehmomente – entsprechend dem Verhältnis der Streckgrenzen von 8.8- und 10.9-Werkstoff und demzufolge auch der Regel-Vorspannkräfte. Das konnte aber nicht von vornherein ohne sorgfältige Überprüfung einfach angenommen werden, denn der Reibungsdurchmesser der gedrehten Mutter auf der Scheibe ist für die normalgroße Sechskantmutter der Maschinenbauschrauben theoretisch kleiner als für die übergroße HV-Mutter.

Um die in den Tabellen 5 und 6 genormten Wertepaare M_A–F_V richtig einschätzen zu können, sollte man Folgendes wissen: Zieht man eine größere Anzahl nominell identischer Schraubengarnituren desselben Herstellers mit qualitativ hochwertig (d. h. in einem industriell optimierten Prozess) geschmierter Mutter sorgfältigst mit dem genormten Anziehmoment M_A an, so streuen die in den Schrauben erzeugten Vorspannkräfte F_V trotzdem beträchtlich (Größenordnung: ±10 % bis 15 % [M24]). Ursache dafür sind eine Reihe unvermeidbarer Fehlereinflüsse, insbesondere die streuenden Reibungsverhältnisse im Gewindeeingriff zwischen Schraube und Mutter und in der Kontaktfläche zwischen Mutter und Scheibe (vgl. auch Bild 8.10). Der genormte F_V-Wert stellt den Mindestwert (sicherheitstheoretisch präziser formuliert: den charakteristischen unteren Fraktilwert) dieses Streubandes dar. Die mit M_A tatsächlich erzeugten Vorspannkräfte sind also im Mittel größer als die Regel-Vorspannkraft und können am oberen Rand des Streubandes ungünstigenfalls bereits zu Mikroplastizierungen im Gewinde geführt haben. Dieser Sachverhalt ist mit dem in ⟨830⟩-1 angesprochenen „statistischen Reibungsfenster" gemeint.

Für planmäßig kleinere Vorspannkräfte darf man gemäß Element 835 näherungsweise von einer linearen Anziehfunktion $F_V = f(M_A)$ ausgehen. Das lässt sich aufgrund der typischen Anziehdiagramme vertreten (vgl. Bild 8.10).

In der Anmerkung von Element 835 wird auf einige wichtige Vorteile des Drehmoment-Vorspannverfahrens hingewiesen: Das **stufenweise Vorspannen** bietet sich bei komplexen Anschlüssen und Stößen an, um den Aufbau innerer Zwängungen zu minimieren (vgl. zu Element 831). Das **Nachziehen** nach wenigen Tagen (besser: nach ein oder zwei Wochen) stellt die einzige Möglichkeit dar, Vorspannkraftverluste infolge ungeeigneter oder zu dicker Beschichtungen auf den zusammengespannten Kontaktflächen auszugleichen (vgl. ⟨823⟩-2).

⟨835⟩-2 Drehmoment-Anziehgeräte

Geeignete Drehmoment-Anziehgeräte sind **motorisch betriebene Drehschrauber** (elektrisch, hydraulisch, pneumatisch) oder die altbewährten **Drehmomentschlüssel** („manuell betriebene Drehschrauber"), Letztere entweder beim Soll-Anziehmoment ausrastend oder mit ablesbarer Drehmomentanzeige sowie bei größeren Schraubendurchmessern mit passendem Kraftvervielfältiger. Allen Drehschraubern gemeinsam ist, dass sie die Verbindung durch kontinuierliches Drehen bis zum gewählten Soll-Anziehmoment anziehen. Die in Element 835 geforderte „Unsicherheit von weniger als 5 %" bezieht sich auf die Reproduzierbarkeit des vom Anziehgerät aufgebrachten Drehmomentes – nicht auf die in den Schrauben erzeugten Vorspannkräfte, die unvermeidbar viel stärker streuen (vgl. ⟨835⟩-1).

Bei den motorischen Drehschraubern gibt es eine Vielzahl von Ausführungen, wobei allerdings pneumatisch betriebene auf Stahlbaustellen heute kaum noch anzutreffen sind; sie erfordern bei der geforderten Genauigkeit zu viel Aufwand (Stichwort: „saubere Luft"). Die Schrauber unterscheiden sich nicht nur im motorischen Antrieb, sondern auch in der Kupplungsart (Klauen-, Rutsch-, Automatikkupplung) und in der Messung des abgegebenen Drehmomentes (siehe weiter unten). Vor dem Kauf eines motorischen Schraubers sollte man sich fachkundig beraten lassen und das Gerät gezielt für den jeweiligen Anwendungsfall auswählen.

Elektrische Drehschrauber werden vorwiegend für kleine und mittlere Schraubendurchmesser eingesetzt, wobei aber die lieferbaren Leistungsbereiche durchaus das Anziehen von HV-Schrauben bis M42 ermöglichen. Sie sind schneller als Hydraulikschrauber und einfacher zu handhaben, benötigen allerdings Platz zum Ansetzen. Bild 8.11a zeigt einen klassischen elektrischen Drehschrauber im Einsatz auf einer Stahlbaustelle. Für beengtere räumliche Verhältnisse gibt es Winkelschrauber, mit denen man „um die Ecke" schrauben kann.

Hydraulische Drehschrauber kommen vorwiegend bei großen Durchmessern zum Einsatz, außerdem auch bei sehr beengten räumlichen Verhältnissen am Ort der Schraube – das eigentliche hydraulische Schraubwerkzeug ist kleiner als ein Elektroschrauber. Bild 8.11b zeigt einen Hydraulikschrauber im Einsatz an einer solchen schwierigen Stelle.

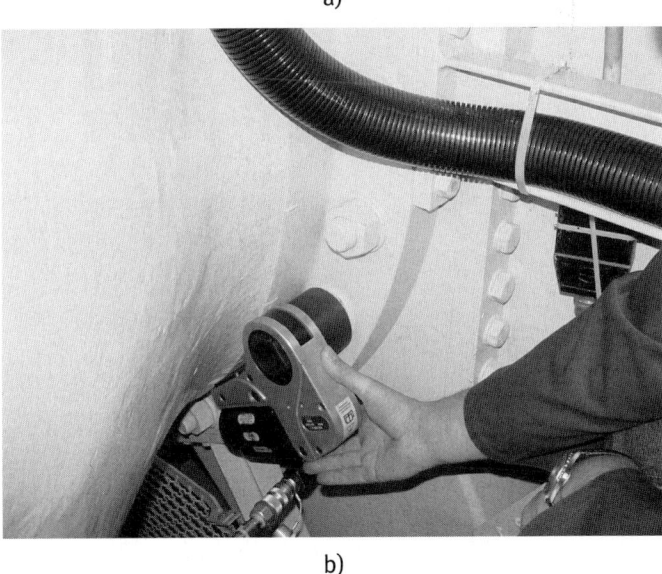

Bild 8.11 Motorisch betriebene Drehschrauber: a) Elektroschrauber, b) Hydraulikschrauber
(Fotos: Maschinenfabrik Wagner, Much)

Die Messung des Drehmomentes (Anziehmomentes) erfolgt bei den klassischen Drehschraubern über die Stromaufnahme (Elektroschrauber) bzw. über den Öldruck (Hydraulikschrauber). Die beiden in Bild 8.11 dargestellten Schrauber gehören zu diesen Typen. Die geforderte Genauigkeit von 5 % (vgl. weiter oben) stellt für diese Geräte kein Problem dar.

Wenn aber die genaue Aufbringung des Anziehmomentes besonders wichtig ist (z. B. bei Verbindungen der Kategorien A und B gemäß Vorbemerkung zum Kommentar des vorliegenden Abschnittes 8.6), sollten möglichst „kalibrierfähige" Drehschrauber eingesetzt werden. Die Kalibrierung erfolgt nach ISO 5393 [R108]. Sie wird durch einen Messwertaufnehmer-Vorsatz möglich, der präzise entweder nur das Drehmoment oder zusätzlich auch den Drehwinkel misst. Bild 8.12a zeigt einen elektrischen Drehschrauber mit einem solchen Vorsatz. Er benötigt zusätzlich zum Antriebskabel noch ein Messkabel, das zum Messverstärker führt. Für einen raueren Baustellenbetrieb kann das störend sein.

In jüngster Zeit wurden deshalb Schrauber mit integrierter direkter Messausstattung (Drehmoment und Drehwinkel) entwickelt, die baustellengerecht ohne Sensortechnik (also ohne Messkabel und Messverstärker) auskommen, aber trotzdem eine vergleichbare Messgenauigkeit erreichen. Sie sind zwar im strengen Sinn nicht „kalibrierfähig", aber durch vergleichende Maschinenfunktionsuntersuchungen ähnlich präzise einstellbar. Bild 9.12b zeigt ein solches Gerät im Einsatz.

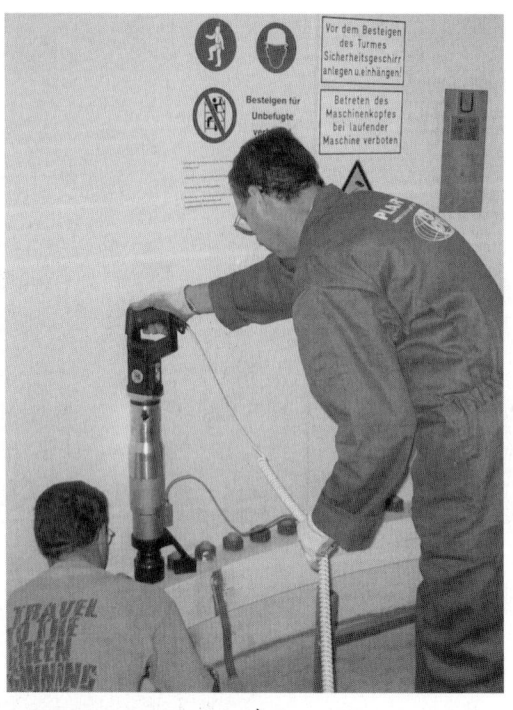

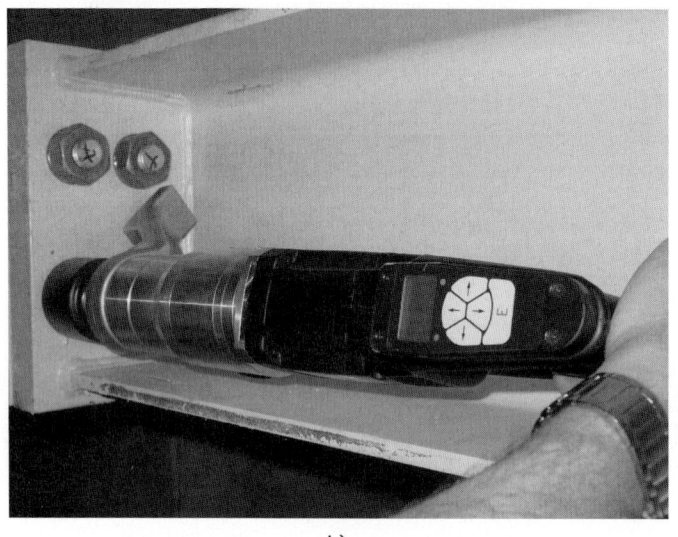

Bild 8.12 Elektrische Mess-Drehschrauber: a) mit Messwertaufnehmer-Vorsatz (kalibrierfähig), b) mit integrierter Messausstattung und Datenausgabe für Dokumentation (Fotos: Maschinenfabrik Wagner, Much)

Die in Element 835 vorgeschriebene „regelmäßige" Überprüfung der Messgenauigkeit des Anziehgerätes sollte – auch wenn der Gerätehersteller größere Zeiträume angibt – in Intervallen von möglichst nicht mehr als sechs Monaten erfolgen. Auch nach Nichtbenutzung über einen längeren Zeitraum muss das Gerät überprüft werden, da es z. B. auch durch Staubeinwirkung ungenau geworden sein kann.

8.6.3 Drehimpuls-Vorspannverfahren

Zu Element 836

⟨836⟩-1 Zum Verfahren

Das Drehimpuls-Vorspannverfahren gehört wie das Drehmoment-Vorspannverfahren zu den Verfahren mit drehmomentgesteuertem Anziehen. Im Gegensatz zum kontinuierlichen (stetigen) Drehen beim Drehmomentverfahren wird aber beim Drehimpulsverfahren die Verbindung durch eine Folge inkrementeller Drehimpulse diskontinuierlich (ruckweise) bis zum eingestellten Auslösemoment angezogen. Da durch die drehdynamischen Einflüsse keine vergleichbar präzise Anziehfunktion $F_V = f(M_A)$ existiert wie beim stetigen Anziehen, fordert DIN 18800-7 im Element 836, dass der Schrauber „auf geeignete Weise" unmittelbar auf die zu erreichende Vorspannkraft (z. B. die Regel-Vorspannkraft F_V) eingestellt werden müsse. Dabei ist – wie auch bisher in der alten DIN 18800-7 – die am Schrauber einzustellende Vorspannkraft $F_{V,DI}$ ca. 10 % größer als die angestrebte Vorspannkraft F_V (siehe Spalte 5 in den Tabellen 5 und 6 DIN 18800-7). Der Grund dafür ist wieder die in ⟨835⟩-1 beschriebene unvermeidbare Streubreite im Anziehverhalten $F_V = f(M_A)$. Es soll sichergestellt werden, dass in einer größeren Anzahl vorzuspannender Schraubengarnituren die Regel-Vorspannkraft auf jeden Fall als charakteristischer unterer Fraktilwert erreicht wird.

Das Kernproblem dieses an sich sehr kostengünstigen Vorspannverfahrens (siehe ⟨836⟩-2) ist die **Einstellung des Schraubers**. Die DIN 18800-7 hat sich mit der Formulierung „auf geeignete Weise" elegant aus der Affäre gezogen. Gemäß einschlägigem Schrifttum [M24] gibt es nur zwei praxistaugliche Einstellmethoden: die Nachziehmethode und die Längenmessmethode. Beide müssen angesichts des dynamischen Einflusses des zusammenzuspannenden Klemmpaketes (hart oder weich) möglichst an der Originalverschraubung durchgeführt werden – was oft schwierig ist. Wenn die Einstellung an einem simulierten Klemmpaket („Schraubfallsimulator") erfolgt, muss dieses sorgfältig geplant sein. Beide Methoden sind iterativ.

Bei der Nachziehmethode wird die Schraube zunächst mit dem einzustellenden Schrauber angezogen und dann mit einem Präzisionsdrehmomentschlüssel nachgezogen. Dabei ist der Nachziehfaktor zu berücksichtigen, um den das Nachziehmoment größer ist als das in der Verbindung vorhandene Anziehmoment. Der Nachziehfaktor beträgt nach [M24] bei Drehschraubern 1,10 bis 1,20, bei Drehschlagschraubern 1,00 bis 1,30 – je nach Schraubzeit, wobei der größere Wert für sehr kurze Schraubzeiten gilt (z. B. 2 s). Der Nachteil der Nachziehmethode ist, dass letztlich doch wieder nur indirekt über die Hilfsgröße Anziehmoment vorgespannt wird, so dass sich die Streuung des Drehmomentverfahrens der verfahrenseigenen Drehimpulsstreuung noch überlagert.

Bei der Längenmessmethode wird die durch das Anziehen mit dem Drehimpuls-Anziehgerät verursachte Verlängerung der Schraube mit einem Messbügel gemessen, wobei die Verlängerung ihrerseits vorher in einem Schraubenprüfstand kalibriert worden sein muss. Diese Methode stellt zwar eine direkte Einstellung des Schraubers auf die Vorspannkraft dar, ist aber – abgesehen davon, dass sie nur bei mittellangen und langen Schrauben genau genug ist – wohl nicht wirklich baustellengeeignet. Eine Verbesserung ließe sich erzielen, wenn die Längenänderung der Schraube effizienter gemessen werden könnte, z. B. schalltechnisch (Ultraschall, Schallemission o. Ä.); es gab bereits Ansätze in dieser Richtung.

Die in Element 836 geforderte „Unsicherheit von weniger als 5 %" bezieht sich auch hier nicht auf die in den Schrauben erzeugten Vorspannkräfte – die streuen unvermeidbar viel stärker, siehe ⟨836⟩-2 –, sondern wieder auf die Reproduzierbarkeit des vom Anziehgerät aufgebrachten Drehmomentes bzw. der aufgebrachten Drehimpulssumme.

Als „geeignetes Einstellgerät" ist übrigens das einigen älteren Kollegen vielleicht noch vertraute „Schraubentensimeter" der Fa. Stahlwille nach heutigem Kenntnisstand abzulehnen, weil seine dynamische Federsteifigkeit anders ist als die der real zu verschraubenden Klemmpakete.

⟨836⟩-2 Drehimpuls-Anziehgeräte

Die beiden in Element 836 explizit genannten Anziehgeräte für das Drehimpulsverfahren unterscheiden sich durch die Art und Weise, wie die Drehimpulse erzeugt werden. Beim Schlagschrauber (korrekte Bezeichnung: Drehschlagschrauber) geschieht das mechanisch mit Hilfe von Kupplungsklauen und „Schlagnüssen" (also wie mit einem auf einen Amboss einschlagenden Hammer), beim Impulsschrauber hydraulisch mit Hilfe eines Ölumlaufschlagwerkes.

Impulsschrauber sind das wesentlich genauere der beiden Drehimpuls-Anziehgeräte. Sie werden in der industriellen Montagetechnik (z. B. im Fahrzeugbau) vielfach eingesetzt, haben aber für den Stahlbau einen elementaren Nachteil: Es gibt sie bisher nur bis zu Drehmomenten von ca. 50 Nm, und damit kann man bestenfalls eine HV-Schraube M12 planmäßig vorspannen! Insofern war ihre Nennung in DIN 18800-7 quasi ein Vorgriff auf eine erhoffte Weiterentwicklung für größere Drehmomente.

Es bleiben also für das Drehimpuls-Vorspannverfahren derzeit nur die seit vielen Jahrzehnten im Stahlbau verbreiteten **Drehschlagschrauber**. Sie werden heute kaum noch mit Druckluft betrieben, sondern fast ausschließlich in Form von Elektro-Schlagschraubern eingesetzt. Ihre Vorteile gegenüber den motorischen Drehschraubern sind kürzere Schraubzeiten, ein viel geringeres Motordrehmoment (infolge des ruckweisen Vorspannens kann das maximale Motordrehmoment deutlich kleiner sein als das durch die aufsummierten Drehimpulse aufzubringende Anziehmoment) und als Folge davon auch ein geringeres Gewicht. Ihr großer Nachteil ist – neben dem Problem der richtigen Einstellung auf die erzeugte Vorspannkraft (vgl. ⟨836⟩-1) – ihre große Ungenauigkeit. *Wiegand et al.* [M24] geben für pneumatisch betriebene Schlagschrauber selbst bei Einstellung am zutreffenden Verschraubungsfall mit Hilfe des Nachziehverfahrens eine Unsicherheit von bis zu ±40 % (!) in den erreichten Vorspannkräften an.

Daraus folgt, dass dringend davon abgeraten werden muss, das Drehimpulsverfahren mit Hilfe von Schlagschraubern für planmäßig vorgespannte Schraubenverbindungen einzusetzen. Zumindest für Verbindungen der Kategorien A und B gemäß Vorbemerkung zum Kommentar des vorliegenden Abschnittes 8.6 wäre das nicht zu verantworten. Selbstverständlich spricht nichts dagegen, Schlagschrauber zum Anziehen von nicht planmäßig vorgespannten Verbindungen oder zum Montage-Anziehen planmäßig vorgespannter Verbindungen einzusetzen. Aber auch dafür sollten sie mit der Nachziehmethode so eingestellt werden, dass eine Überbeanspruchung der Schrauben ausgeschlossen ist.

8.6.4 Drehwinkel-Vorspannverfahren

Zu Element 837

Die hier postulierte Voraussetzung des flächigen Anliegens der zu verschraubenden Teile bereits **vor** dem Vorspannen ist bei geschweißten Stahlkonstruktionen infolge der unvermeidbaren Schweißverformungen sehr oft nicht eingehalten. Das ist der Grund dafür, dass das einfache **Drehwinkel-Vorspannverfahren** gegenüber der alten DIN 18800-7 in seiner Anwendungsmöglichkeit stark eingeschränkt werden musste (vgl. zu Element 832). Das Voranziehmoment $M_{VA,DW}$ hat sich als zu niedrig erwiesen, um auch bei ungünstigen Bedingungen das flächige Anliegen der zu verbindenden Teile, wie es den seinerzeitigen Weiterdrehwinkeln in der alten DIN 18800-7 zugrunde lag, zu erreichen.

Zu Elementen 838 und 839

Die Verfahrensanweisung zum Drehwinkelverfahren wurde praktisch unverändert aus der alten DIN 18800-7 übernommen, aber präzisiert. Zum verschraubungstechnischen Hintergrund des drehwinkelgesteuerten Anziehens siehe zu Element 841.

Zu Element 840

Die Tabelle der Weiterdrehwinkel aus der alten DIN 18800-7 konnte aus den beschriebenen Gründen nicht übernommen werden. Es blieb deshalb nichts anderes übrig, als für die erforderlichen Weiterdrehwinkel in jedem Einzelfall eine Verfahrensprüfung vorzuschreiben. Dieser relativ große Aufwand dürfte sich nur für größere Bauvorhaben mit einer großen Anzahl untereinander ähnlicher Anschlüsse lohnen. Für die vorspannbaren 8.8-Garnituren (Zeile 5 in Tabelle 1 DIN 18800-7) wurde angesichts dieser eingeschränkten Praxisrelevanz darauf verzichtet, das Drehwinkelverfahren als mögliches Vorspannverfahren in Tabelle 5 DIN 18800-7 aufzunehmen.

Zu Element 841

Das **drehwinkelgesteuerte Anziehen** ist das einfachere von zwei in der allgemeinen Verschraubungstechnik [M24] verwendeten verformungsgesteuerten Vorspannverfahren; das andere – das streckgrenzengesteuerte Anziehen – wurde offenbar als nicht ausreichend tauglich für den rauen Baustellenbetrieb des Stahlbaus angesehen. Beim drehwinkelgesteuerten Anziehen wird, vorausgesetzt die zu verbindenden Bauteile liegen bei Beginn des abschließend aufgebrachten Weiterdrehwinkels ausreichend flächig aneinander, ein besonders zuverlässiger fester Sitz erreicht, weil die Schraube kontrolliert in den plastischen Bereich hinein gezogen wird – kontrolliert insofern, als die Schraube wegen des flachen Verlaufes der Verformungskennlinie im überelastischen Bereich auch bei zu großem Weiterdrehwinkel nicht gravierend überbeansprucht werden kann (im Gegensatz zur Situation bei einem zu großen Anziehmoment beim drehmomentgesteuerten Anziehen!). Es gibt eine Reihe von Anwendungen (z. B. im Bereich dynamisch beanspruchter Konstruktionen), bei denen der mit drehwinkelgesteuertem Anziehen erreichte besonders feste Sitz erwünscht ist. Für solche Fälle ist das so genannte Kombinierte Vorspannverfahren entwickelt und neu in DIN 18800-7 aufgenommen worden.

Kombiniertes Vorspannverfahren 8.6.5

Zu Element 842

Das **Kombinierte Vorspannverfahren** ist eine niederländische Weiterentwicklung des Drehwinkelverfahrens [M8] mit dem Ziel, vor dem Aufbringen des zu messenden Weiterdrehwinkels ein möglichst optimales flächiges Anliegen aller Kontaktflächen zu erreichen. Es vermeidet den vorbeschriebenen Nachteil des ursprünglichen Drehwinkelverfahrens mit Hilfe wesentlich größerer Voranziehmomente (auch Fügemomente genannt) $M_{VA,KV}$; sie betragen 75 % der Regelwerte des Drehmomentverfahrens. Dass zunächst diese relativ großen Voranziehmomente drehmomentgeregelt (also z. B. mit Drehmomentschlüssel) aufgebracht werden müssen, stellt zwar vordergründig einen gewissen arbeitstechnischen Nachteil gegenüber dem ursprünglichen Drehwinkelverfahren dar, dessen kleine Voranziehmomente sich wesentlich einfacher aufbringen lassen. Im Prinzip ist aber das „Kombinierte Verfahren" das **bessere Drehwinkelverfahren**; man hätte es konsequenterweise so nennen und das Verfahren nach Abschnitt 8.6.4 ganz aus der Norm herausnehmen sollen.

Als Anziehgeräte kommen alle Drehmoment-Anziehgeräte in Frage (vgl. ⟨835⟩-2). Besonders vorteilhaft ist aber der Einsatz des Kombinierten Vorspannverfahrens zusammen mit modernen motorischen Drehschraubern, die sowohl mit Drehmomentmessung als auch mit Drehwinkelmessung ausgestattet sind und die ohne Absetzen von drehmomentgesteuertem Anziehen (bis zum Fügemoment) auf drehwinkelgesteuertes Anziehen (bis zum spezifizierten Weiterdrehwinkel) umgeschaltet werden können bzw. selbst automatisch umschalten. Mit dem in Bild 8.12b gezeigten Gerät ist ein solches kombiniertes Anziehen möglich.

Das kombinierte Verfahren wird von den Schraubenherstellern favorisiert und dürfte sich zukünftig auch im Stahlbau durchsetzen – zumindest bei Anwendungen mit hoher Sicherheitsrelevanz der planmäßig vorgespannten Verbindung, also bei Verbindungen der Kategorien A und B gemäß Vorbemerkung zum Kommentar des vorliegenden Abschnittes 8.6.

Zu Element 843 und Tabelle 7

Wegen des besseren Anliegens der zu verbindenden Bauteile konnten auch wieder genormte Weiterdrehwinkel angegeben werden (siehe Tabelle 7 DIN18800-7), die allerdings viel kleiner sind als die alten Werte des klassischen Drehwinkelverfahrens in der alten DIN 18800-7. Sie sind jetzt auch – strukturmechanisch konsequent – von der Klemmlänge l_k abhängig. Erarbeitet wurden sie speziell für die neue DIN 18800-7 [A2].

Zu Element 844

Wie bereits im Kommentar zu Element 840 ausgeführt, dürfte sich der relativ große Aufwand einer Verfahrensprüfung nur für größere Bauvorhaben mit einer großen Anzahl untereinander ähnlicher Anschlüsse lohnen. Man steht auf jeden Fall wieder vor der grundsätzlichen Aufgabe, an der Originalverschraubung (also an dem im Bauwerk real zu verschraubenden Klemmpaket) die Schraubenkraft in der fertig vorgespannten Verbindung zu messen (vgl. ⟨836⟩-1). Bei Bauteilen, die sich selbst mit dem großen Voranziehmoment des Kombinierten Verfahrens nicht flächig zusammenziehen lassen – das kann eigentlich nur bei Verbindungen der Kategorie C gemäß Vorbemerkung zum Kommentar des vorliegenden Abschnittes 8.6 toleriert werden –, sollte, sofern sich nicht die Fertigungsabläufe (Schweißfolge, Schrumpfvorgaben usw.) so optimieren lassen, dass die Kontaktflächen ebener werden, vom drehwinkelgesteuerten Anziehen ganz Abstand genommen werden.

Einbau von Nieten 8.7

Zu Element 845

Die Nietverbindung war lange Zeit fast völlig aus dem Stahl- und Metallbau verschwunden, verdrängt durch die wirtschaftlicheren Verfahren des Schweißens und Schraubens. Bei der

Sanierung von älteren, vor allem denkmalgeschützten Bauwerken aus Stahl gewann diese Verbindungsart aber in letzter Zeit wieder verstärkt an Bedeutung. Man erwartet zukünftig einen zwar kleinen, aber stabilen Anwendungsbereich. Deshalb erschien es sinnvoll, auch in die neue DIN 18800-7 einige Grundregeln für Nietverbindungen aufzunehmen.

Analog zur geschraubten Verbindung (vgl. Element 828) muss auch eine qualitätsgerecht hergestellte Nietverbindung weitgehend flächigen Kontakt aufweisen, u. a. mit Rücksicht auf den Korrosionsschutz. Da die Niete aber ihre Klemmwirkung erst beim Erkalten entwickeln (siehe zu Element 846), müssen – im Gegensatz zur geschraubten Verbindung – sekundäre Hilfsmittel eingesetzt werden, um die zu verbindenden Teile zusammenzuziehen und während des Nietvorganges zusammenzuhalten. Element 845 weist in der Anmerkung explizit auf die Möglichkeit hin, zu diesem Zweck Montageschrauben einzusetzen.

Zu Element 846

Niete müssen in der Rotglut verarbeitet werden, damit das Abkühlen erst im fertig geformten Zustand erfolgt. Der Niet verkürzt sich dabei und klemmt die Verbindung zusammen. Dabei entsteht eine gewisse Vorspannung, die einer der Hauptgründe für die positiven Trageigenschaften der „guten alten" Nietverbindung ist. Lange Niete neigen dazu, während des Nietvorganges im Loch zu knicken. Dies kann zur Folge haben, dass kein komplettes Ausfüllen des Loches und damit nicht die volle Klemmwirkung erreicht wird. Die in Element 846 zusammengestellten elementaren Be- und Verarbeitungshinweise sollten deshalb unbedingt eingehalten werden.

Zu Element 847

Mit den hier genannten „Maschinen des Dauerdrucktyps" sind vor allem hydraulisch arbeitende Geräte gemeint. Bild 8.13a zeigt eine solche moderne Nietmaschine. Sie wurde bei den Erneuerungsarbeiten für die Stahlkonstruktion der Wuppertaler Schwebebahn eingesetzt, wo aus Denkmalschutzgründen viele Bauteile genietet werden mussten (Bild 8.13b). Eine reine Handnietung oder die Nietung mit pneumatischen Nietklammern wird so gut wie überhaupt nicht mehr angewandt.

a)   b)

Bild 8.13 Nietarbeiten für die Erneuerung der Wuppertaler Schwebebahn: a) Hydraulische Nietmaschine des Dauerdrucktyps im Einsatz, b) frisch gesetzte Niete (Fotos: Hollandia B. V., Krimpen/Niederlande)

Montage 9

Vorbemerkung

Dieses Kapitel stellt, im Vergleich zur alten DIN 18800-7 und ihren Vorgängernormen, ein Novum dar. Die Montage in der vorliegenden Form in eine Ausführungsnorm für Stahlbauten aufzunehmen, ist aber – abgesehen davon, dass auch die europäische Vornorm ENV 1090-1 [R38] detaillierte Anweisungen zur Montage enthält – eine logische Konsequenz des Gesamtprozesses „Ausführung von Stahlbauten", wie er im Element 301 definiert wurde. Um auch die Schlussphase der Ausführung durch organisatorische Hilfestellung qualitätserhaltend zu sichern, werden für die Bedingungen der Arbeiten auf der Baustelle Mindestanforderungen formuliert. Zum Teil handelt es sich um Vorgehensweisen, die in Deutschland seit langem bei Montagen im bauaufsichtlich geregelten Bereich praktiziert werden.

Es versteht sich von selbst, dass die Montage als letztes Glied in der Ausführung von Stahlbauten nicht alle Unzulänglichkeiten aus Planung und Fertigung kompensieren kann. Neben dem Faktor „Zeit" und der damit in Zusammenhang stehenden so genannten „baubegleitenden Planung" führt auch der hohe Grad an Arbeitsteilung in den vorgelagerten Prozessen nicht selten dazu, dass Bauteile bereits auf dem Weg zur Baustelle sind, während dafür benötigte Hilfskonstruktionen noch technisch bearbeitet werden. Daraus folgt als dringende Forderung, dass die Montage, integriert in den Gesamtablauf, als gleichberechtigter Partner bei der Ausführung von Stahlbauten zur Wirkung kommen muss. Wird dieser Grundsatz verlassen – Negativbeispiele gibt es genug –, so besteht die Gefahr, dass viele der folgenden Forderungen und Empfehlungen nur unverbindliche Hinweise bleiben.

Montageanweisung 9.1

Zu Element 901

Präzise schriftliche Anweisungen für die Montage, wie sie dieses Element in Form einer „Montageanweisung" fordert, sind unabdingbar – alle Fachleute dürften sich darin einig sein. Eine solche Montageanweisung gehört zu den Ausführungsunterlagen und ggf. auch zu den Nachweisunterlagen im Sinne von Kap. 4. Aus der Tatsache, dass Element 901 nur aus einem einzigen Satz besteht, darf keinesfalls auf eine untergeordnete Bedeutung der Montageanweisung geschlossen werden. Deshalb werden nachfolgend Erläuterungen zu den Zielen und Inhalten einer Montageanweisung gegeben.

⟨901⟩-1 Ziele einer Montageanweisung

Die Notwendigkeit, eine schriftliche Montageanweisung zu erstellen, wird erkennbar, wenn man sich ihre vier wesentlichen Zielsetzungen vor Augen hält:

- Organisatorische Fixierung des Montageablaufs,
- Sicherstellung der Standsicherheit während aller Montagezwischenzustände,
- Sicherstellung der Gebrauchstauglichkeit des fertigen Bauwerks,
- Einhaltung aller gesetzlichen Regelungen zur Arbeitssicherheit.

Die **organisatorische Fixierung des Montageablaufs** als erste Zielsetzung der Montageanweisung liegt auf der Hand. Die Montageanweisung muss alle wichtigen Informationen, die für den Ablauf der Montage erforderlich sind, enthalten. Sie ergänzt quasi die Ausführungszeichnungen und Fertigungspläne im Hinblick auf die Ergebnisse der Montageplanung und alle dabei erarbeiteten technischen Überlegungen. Die Anweisung muss die Abläufe unter Berücksichtigung der konkreten Baustellenbedingungen vorgeben. Nachfolgend sind beispielhaft Punkte aufgelistet, die in der Montageanweisung angesprochen werden sollten, sofern sie relevant sind:

- Maßnahmen für die Zugänglichkeit der Baustelle, für die Zwischenlagerung von Montage-Einzelteilen, für den Vorzusammenbau von Einzelteilen zu Montageeinheiten;
- Anlieferungszyklus der Montage-Einzelteile;
- Montagehilfsmittel und -einrichtungen, Hebezeuge, Lastaufnahmemittel, Rüstungen;
- Montagehilfskonstruktionen, d. h. Bauteile, die nur im Verlauf von Montagezuständen erforderlich sind und später wieder demontiert werden;
- zeitlich begrenzte Korrosionsschutzmaßnahmen, deren Aufwand oft wesentlich geringer gehalten werden kann als der für den endgültigen Korrosionsschutz;

- Maßnahmen für das Arbeiten unter Witterungseinfluss (z. B. Einhausungen o. Ä.);
- Maßnahmen zur Einhaltung des Arbeitsschutzes und der Arbeitssicherheit.

Produkt- oder baustellenspezifische Besonderheiten sind zu beachten und mit einzubeziehen. Die bei komplizierteren Montagen entstehenden Vorgänge und die dafür notwendigen Unterlagen (Ausführungs- und Nachweisunterlagen) und Produkte sind als zusätzliche Arbeitsaufträge zu behandeln. Nicht selten werden diese mit anderen Partnern realisiert, z. B. Montagefirmen, Transportfirmen, Vermessungsbüros, Planungsbüros. Für die Abwicklung solcher „Aufträge im Auftrag" gelten selbstredend alle anderen Forderungen dieser Ausführungsnorm, z. B. hinsichtlich der Dokumentation, voll inhaltlich.

Die Montageanweisung bietet auch die Möglichkeit, Zwischenschritte und „Haltepunkte" im Montageablauf zu definieren, an denen erst aufgrund eines Soll-Ist-Vergleichs die weitere Montagefreigabe erfolgen darf (vgl. zu Element 304).

Die **Sicherstellung der Standsicherheit während aller Montagezwischenzustände** als weitere Zielsetzung der Montageanweisung ist eine baurechtliche Forderung. Nicht selten sind die Montagezustände, die sich aus dem geplanten Montageablauf ergeben, völlig eigenständig, unter Umständen sogar komplizierter oder zumindest aufwändiger als der Endzustand des „Produktes Tragwerk". Als solche sind die Montagezustände aus der Sicht der Tragsicherheit, ergänzend zur statischen Hauptberechnung, gesondert zu planen, zu bemessen und nachzuweisen. Dann umfassen die erforderlichen Montageunterlagen viel mehr als eine einfache „Anweisung". Der Begriff „Montageanweisung" ist insofern als Synonym für die Gesamtheit aller Unterlagen zu verstehen, die für eine sachgerechte und sichere Montage erforderlich sind. Nur im einfachsten Fall ist das eine simple „Anweisung".

Gefährdungen der Standsicherheit während der Montage entstehen laut [M19] besonders häufig beim Heben und Ziehen von Lasten (siehe Bild 9.1). Bild 9.1b illustriert einen bei Schwimmkran-Montagen zu beachtenden Sonderfall: Hier spielen die Reaktionen des Hebezeuges während des Hubvorganges aus zusätzlicher (hublastbedingter) Wasserverdrängung und der Stabilisierung des Einschwimmens (Positionierung) eine besondere Rolle.

a) b)

Bild 9.1 Kritische Hebe- und Ziehvorgänge: a) Montage eines 120-m-Hallenbinders durch 70 m Hub- und Parallelfahrt zweier Raupenkräne, b) Montage eines vormontierten Brückensegmentes mittels Schwimmkran (Fotos: IMO Leipzig)

Ferner ist zu beachten, dass während der Montage oft in der Summe größere Windangriffsflächen vorhanden sind als beim späteren (geschlossenen) Bauwerk, während andererseits aber die endgültige Stabilisierung durch Scheiben und Verbände noch nicht oder nur unvollständig realisiert ist. Seilabspannungen und Hilfsverbände zur provisorischen Stabilisierung gehören in die Montageanweisung.

Im Zusammenhang mit der Standsicherheit ist besonders zu beachten, dass gemäß Element 901 die Montageanweisung „in Übereinstimmung mit den Ausführungsunterlagen" erstellt werden muss. Das ist leider nicht so trivial, wie es sich anhört. Es setzt nämlich montagegerechte und stimmige Ausführungsunterlagen voraus. Sind diese nicht präzise genug oder sogar fehlerhaft, so nützt ihre einfache Umsetzung in eine „Montageanweisung" wenig. Man kann bei der heute üblichen komplexen Verantwortlichkeitsstruktur vom Ersteller der Montageanweisung nicht erwarten, dass er die Ausführungsunterlagen noch einmal auf Machbarkeit, Kompatibilität und Tragsicherheit überprüft. Die **zentrale Funktion der Ausführungsunterlagen** für eine sichere Montage wird hier deutlich (vgl. auch zu Abschnitt 4.1).

Die **Sicherstellung der Gebrauchstauglichkeit des fertigen Bauwerks** als weitere Zielsetzung einer guten Montageanweisung liegt im ureigensten Interesse des Herstellers bzw. des Montagebetriebes. Sie ist eng mit dem Ziel „Standsicherheit" verzahnt. Auch hier spielen montagegerechte und stimmige Ausführungsunterlagen eine zentrale Rolle. Besonderer Umsicht hinsichtlich montagegerechter Ausführungsplanung bedarf es beispielsweise bei komplexen Verbundbauten, insbesondere wenn sie in Mischbauweise mit zusätzlichen Stahlbetonkernen, -rampen oder -wänden errichtet werden (siehe Bild 9.2). Hier können leicht Fehler aus mangelnder Koordinierung zwischen Stahlbau-Detailplanung und realer Ortbetonausführung entstehen. Beispiele:
– Die Werkstattüberhöhung des Stahlträgers eines Verbundträgers verschwindet nach dem Ausschalen nicht, weil nicht so betoniert wurde, wie vom Stahlbaustatiker angenommen.
– Die Baustellen-Schweißanschlüsse von Trägern an aufgehenden Stahlbetonwänden lassen sich nicht ausführen, weil vorab einbetonierte Ankerplatten zu klein sind.
– Träger lassen sich nicht ordnungsgemäß einbauen, weil an der kritischen Toleranzschnittstelle zwischen Ortbeton (Genauigkeit im cm-Bereich) und Stahlbau (Genauigkeit im mm-Bereich) zu geringe Längenausgleichsmöglichkeiten eingeplant wurden.

Bild 9.2 Typische Bauphase eines Tragwerks in Stahl-Massiv-Mischbauweise
(Foto: IMO Leipzig)

Die **Einhaltung aller gesetzlichen Regelungen zur Arbeitssicherheit** ist ebenfalls eine ganz wichtige Zielsetzung der Montageanweisung. Element 901 weist deshalb ausdrücklich darauf hin. Es ist sogar so, dass die Unfallverhütungsvorschriften (UVV) der Bauberufsgenossenschaft explizit eine Montageanweisung verlangen. Diese Vorschriften regeln ziemlich eindeutig, was aus deren Sicht notwendig und erforderlich ist. So sind in der Montageanweisung vor allem konkrete Hinweise auf die jeweilige Gefahrenlage des Montagezustandes und der Baustelle notwendig (siehe Beispiel in ⟨901⟩-4).

⟨901⟩-2 Inhalte einer Montageanweisung

Für eine vertiefte Beschäftigung mit Montageproblemen des Stahlbaus sei das Handbuch der Stahlbaumontage [M19] empfohlen. Es bringt u. a. ein Beispiel für das Inhaltsverzeichnis einer Montageanweisung, das hier als Tabelle 9.1 wiedergegeben wird. Man kann es als eine Art Checkliste bei der Erstellung einer Montageanweisung verwenden. Eine allgemeine Checkliste für die Planung einer Baustelle enthält die Stahlbau-Arbeitshilfe 5.2 [A25]. Weitere Ausführungen zur Montageplanung findet man in den Beiträgen [M14][M21] [A7].

Tabelle 9.1 Beispiel für das Inhaltsverzeichnis einer Montageanweisung (aus [M19])

1.0	**Montagebeschreibung und sicherheitstechnische Angaben**	
	1.1	Montagereihenfolge und Standsicherheit
	1.2	Montagegewichte, Hebezeuge und Montagebeschreibung
	1.3	Montagehilfskonstruktionen
	1.4	Aufstiege und Zugänge
	1.5	Arbeits- und Schutzgerüste
	1.6	Besondere Gefährdungen
	1.7	Montagezeichnungen und Skizzen
	1.8	Statische Nachweise zu 1.3 bis 1.5
2.0	**Besondere Hinweise zur Arbeitssicherheit**	
	2.1	Sicherheitsmaßnahmen abhängig vom Baufortschritt: Montagehilfskonstruktionen, Zeichnungen, Skizzen der einzelnen Montageschritte einschließlich Standsicherheitsnachweis der einzelnen Einbauphasen
	2.2	Bauleitung und Regelung der Verantwortlichkeit: Baustellenleiter und weisungsbefugte, aufsichtführende Personen (BGV C22), Sicherheitsfachkräfte (BGV A6) – eigene und die des Auftraggebers, Sicherheitsbeauftragte (BGV A1), Koordinator des Auftraggebers (BGV A1), Anzeige der Baustelle (BGV C22) und nach der Baustellenverordnung
3.0	Sicherheitspersonal	
4.0	Terminablaufplan und Personaleinsatz	
5.0	Zusatzanweisung – Berufsgenossenschaft	
6.0	Montageanweisung – Längsverschub	
7.0	Angaben zur Aufstellung von Betriebsanweisungen	
8.0	Montage – Schweißplan	
9.0	Vermessungsanweisungen	
10.0	Versand- und Montagegewichte	

⟨901⟩-3 **Beispiel für eine Montagebeschreibung (Stahlverbundbrücke)**

Man erkennt aus Tabelle 9.1, dass eine Montageanweisung in erster Linie einen Extrakt aus der ausführlichen **Montagebeschreibung** enthalten muss. Diese Montagebeschreibung ist besonders wichtig bei komplexen Brückenmontagen (siehe Bild 9.3). In Tabelle 9.2 wird beispielhaft ein Auszug aus der Montagebeschreibung für eine Stahlverbundbrücke wiedergegeben, die durch Längsverschub montiert wird (ähnlich Bild 9.3b). Das Beispiel ist ebenfalls aus dem Handbuch der Stahlbaumontage [M19] entnommen. Zu der Tabelle 9.2 gehören die in den Bildern 9.4 bis 9.7 wiedergegebenen erläuternden Zeichnungen.

Bild 9.3 Montage von Großbrücken: a) Einheben des Schlussstücks einer Strombrücke mittels Litzenhubsystem (Foto: IMO Leipzig), b) Längsverschub einer Talbrücke in Verbundbauweise (Foto: Landesbetrieb Straßenbau NRW)

Tabelle 9.2 Beispiel Montagebeschreibung (Stahlverbundbrücke): Auszug aus der Beschreibung des Montageablaufs.

lfd. Nr.	Montageschritte
1	Baustelleneinrichtung
2	Einrichtung des Vormontageplatzes hinter dem östlichen Widerlager in Achse 12 (Bild 9.5).
3	Anlieferung der Hauptträger, Beginn mit Überbau Nord.
4	Zwischen Widerlager 12 und Pfeilern 11 werden die Hilfsstützen 11´ errichtet, die aus Trestle-Gerüsten bestehen.
5	Arbeitsgerüste an Pfeilerköpfe 11 montieren, gleichzeitig Hilfsstapel (Montagestapel) und Verschublager auf dem Vormontageplatz herstellen (Bild 9.5).
6	Montage der ersten Hauptträger: Mit den Arbeiten wird am Überbau Nord, Feld 11-12, begonnen (Bild 9.4). Als erstes werden die vier Hauptträgerteile 601, 602, 501 und 502 mit zwei 160-t-Autokranen montiert und provisorisch verbunden (Bild 9.6). Die Konstruktion ist mit schweren Schraubzwingen festzusetzen. Diese Hauptträgerteile liegen später nach Zusammenbau und Verschub über den Feldern 5–7. Bei der Montage der ersten Hauptträgerteile vor Ort zwischen den Achsen 12 und 11 wird eine Absetzvorrichtung zur Halterung (Querkraftaufnahme) und Ausrichtung eingesetzt. Der Hauptträger 601 wird als erster montiert. An dem anzufügenden Hauptträger 602 wird eine Absetzvorrichtung (Bild 9.7) über eine Zuglasche angeschweißt, während auf Träger 601 eine Hubpresse für das Ausrichten aufgestellt wird. Die Absetzvorrichtung wird auch an den übrigen Stößen und für die mittlere und südliche Fahrbahn eingesetzt.
7	Montage von sechs Querträgern für die bereits montierten Hauptträger. Sie werden am gleichen Montagetag zur Stabilisierung eingebaut. Zusätzlich werden Schraubzwingen eingesetzt, um ein Auseinandergehen der Konstruktion zu vermeiden.
8	Der Einbau der restlichen Querträger und der Verbände erfolgt in normalen Schichten.
9	Montage der weitern Hauptträger 503, 603, 504 und 604 hinter dem Widerlager 12 auf dem Vormontageplatz. Die Träger werden auf Hilfsstapel 12' und 12" und 14 abgesetzt und ausgerichtet. Vor dem Längsverschub werden die Träger auf das Verschublager 13 abgesenkt.
10	Der Längsverschub erfolgt mit Hilfe eines Drahtseilzuges über eine elektrische Winde. Die maximale Verschubgeschwindigkeit beträgt ca. 1,5 m/min. Vor Beginn des Verschubs sind die zum Anheben der Hauptträger erforderlichen Hydraulikpressen auf den Pfeilern zu installieren.
11	Es ist ein Querverschub von maximal 1,00 m erforderlich. Die Verschublager sind für die Querverschiebung einzurichten.

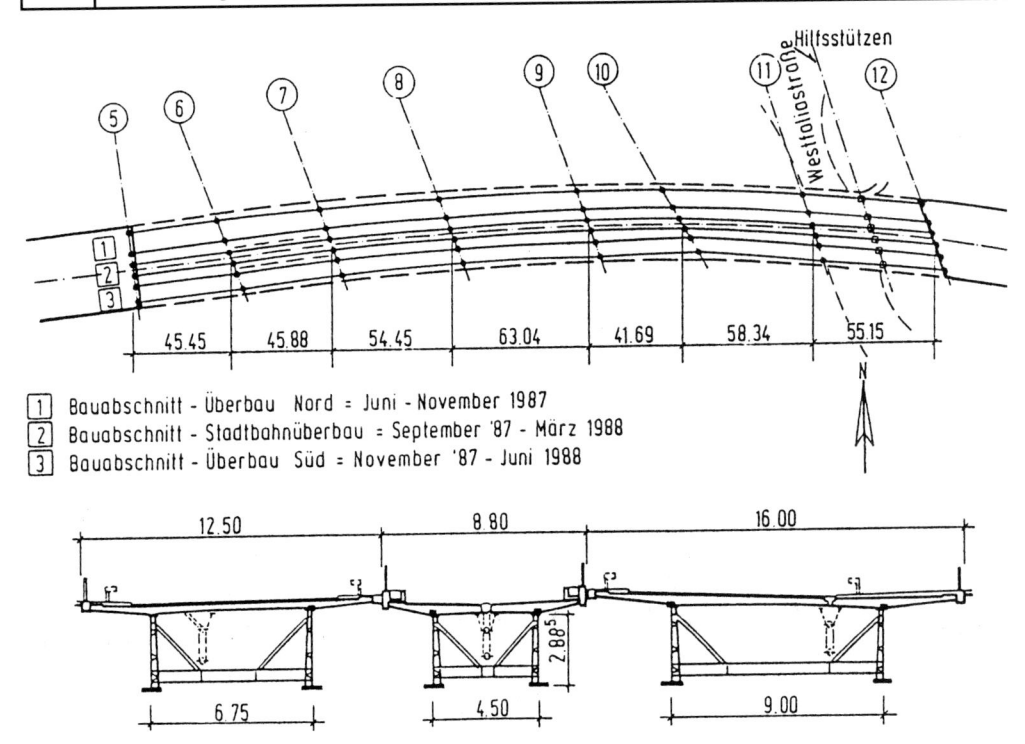

Bild 9.4 Beispiel Montagebeschreibung (Stahlverbundbrücke): Grundriss und Querschnitt der dreizügigen, achtfeldrigen Stahlverbundbrücke

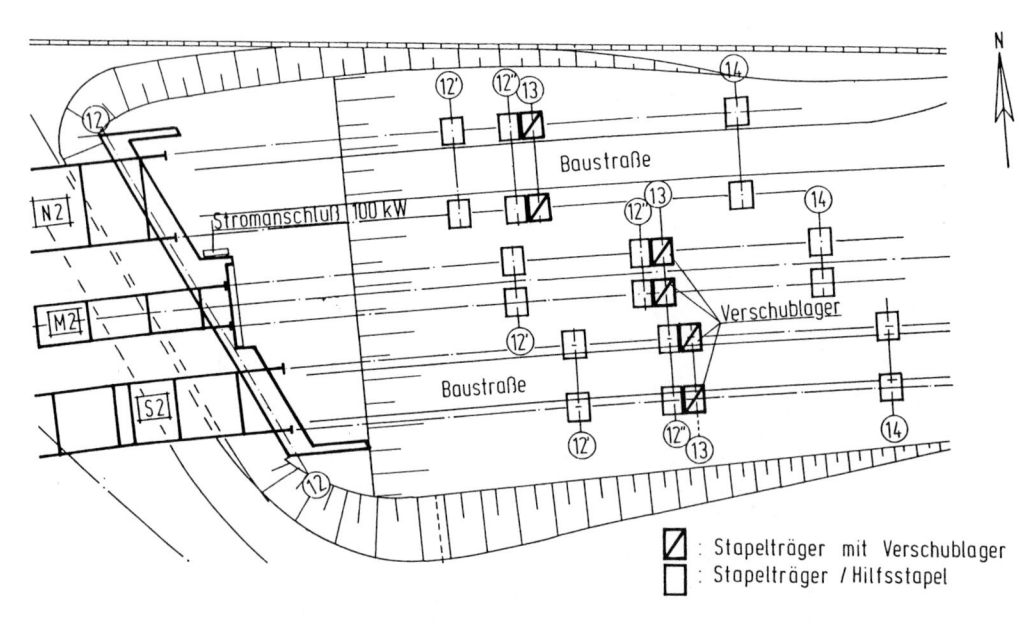

Bild 9.5 Beispiel Montagebeschreibung (Stahlverbundbrücke): Vormontageplatz

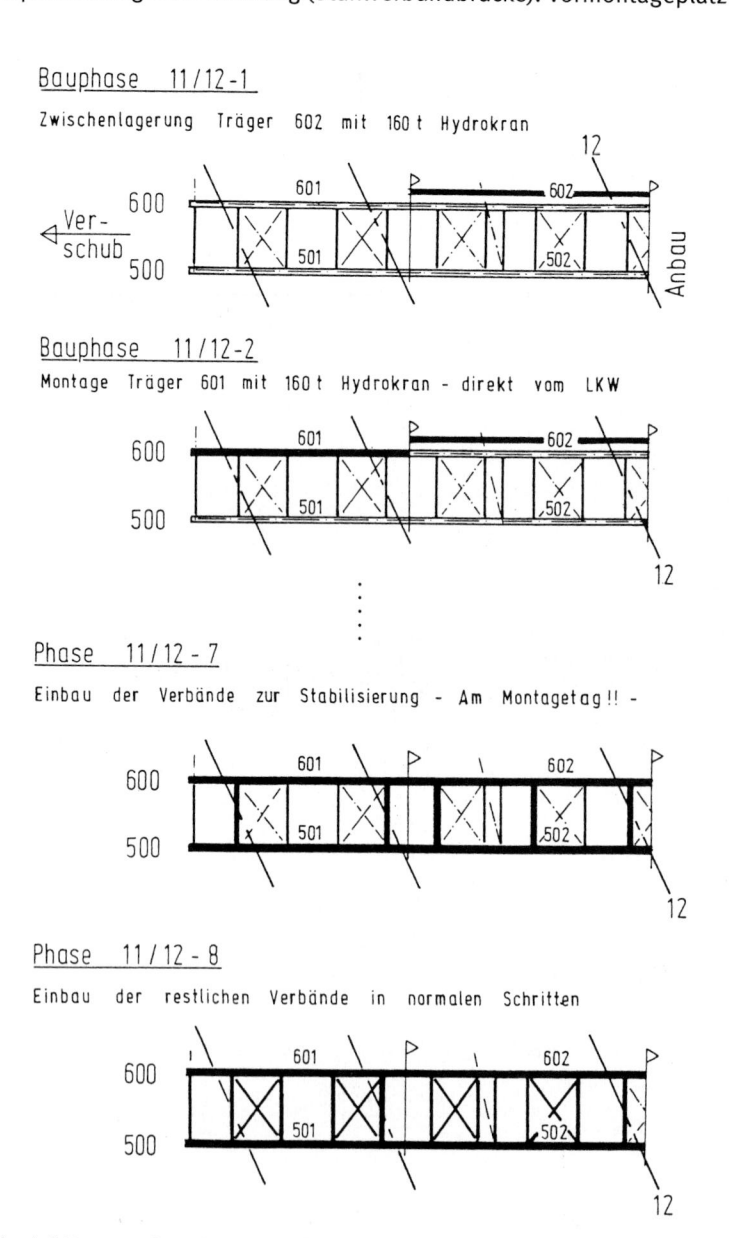

Bild 9.6 Beispiel Montagebeschreibung (Stahlverbundbrücke): Bauphasen (Auszug)

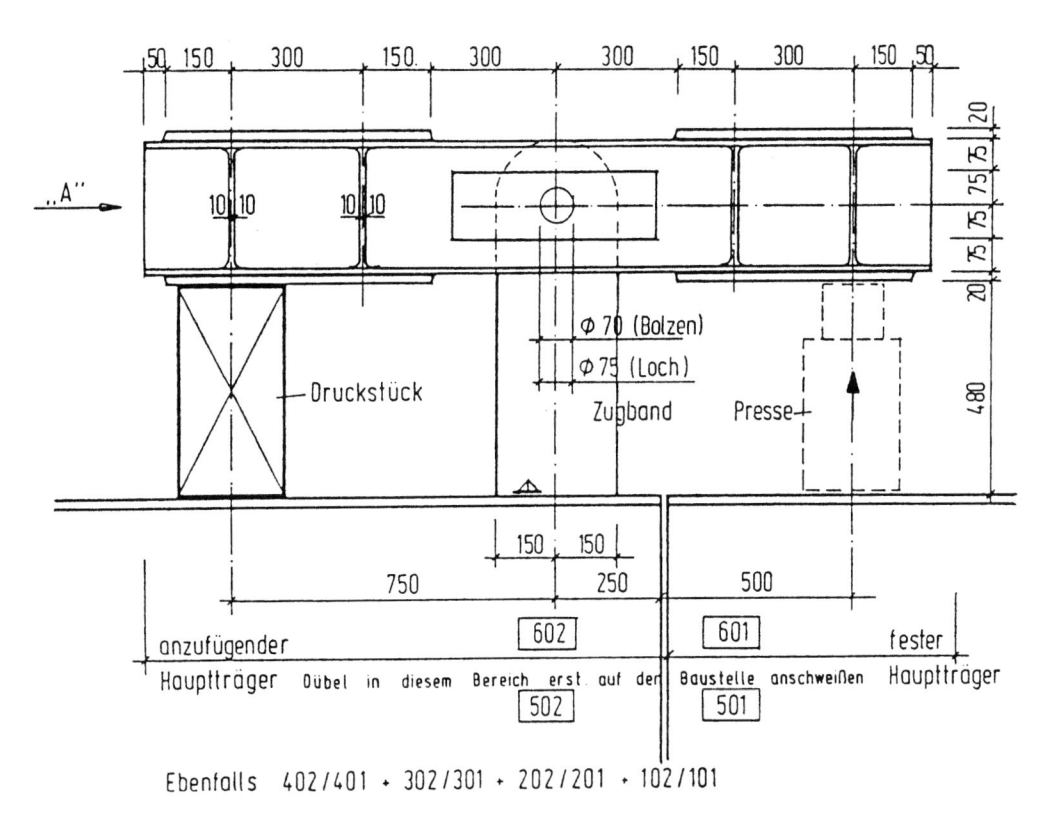

Bild 9.7 Beispiel Montagebeschreibung (Stahlverbundbrücke): Absetzvorrichtung

⟨901⟩-4 **Beispiel für eine Montageanweisung (Stahlfassade)**

Um auch ein typisches Beispiel aus dem Hochbau zu bringen, ist in Tabelle 9.3 die Montageanweisung für die in Bild 9.8 gezeigte Stahlfassade wiedergegeben. Die Montageanweisung ist relativ kurz, weil sie keine Anweisungen zur Arbeitssicherheit enthält. Diese sollten wegen ihrer Wichtigkeit bei Fassadenmontagen möglichst in einer separaten Anlage zur Montageanweisung zusammengefasst werden. Tabelle 9.4 enthält eine systematische Auflistung der aus der Sicht der Arbeitssicherheit bei Fassadenmontagen zu beachtenden Gefahrenlagen und zugehörigen Sicherheitsmaßnahmen, aus der in Abhängigkeit von der konkret geplanten Montageweise die projektspezifische Anlage „Anweisungen zur Arbeitssicherheit" zusammengestellt werden kann (z. B. durch Ankreuzen der relevanten Punkte). Die Auflistung erhebt keinen Anspruch auf Vollständigkeit.

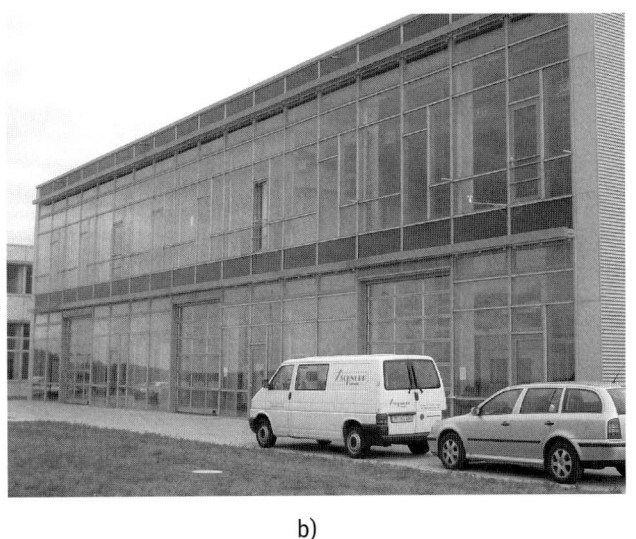

Bild 9.8 Beispiel Montage einer Stahlfassade: a) Detailansicht von innen während der Montage, b) Übersicht nach Fertigstellung (Fotos: Sommer, Döhlau)

Tabelle 9.3 Beispiel Montageanweisung (Stahlfassade)

Montageanweisung gemäß BGV C22, Bauarbeiten § 17		
Bauvorhaben:	\multicolumn{2}{l}{Kompetenzzentrum Nordbayern GmbH}	
Durchzuführende Montagearbeiten:	1	Stahlglasfassaden
	2	LM-Bandfassaden
	3	Blechkassettenfassaden
	4	LM-Lochfenster
	5	Sektionaltore
Einzelanweisungen:	1	Die Fassaden werden in einzelnen Montagefeldern in L-Paletten angeliefert, das Gewicht der Felder beträgt zwischen 190 u. 920 kg.
	2	Die Montage der Felder erfolgt mit einem für die Ausladung und das Gewicht ausgelegten Mobilkran, von einem bauseitig bereitgestellten Montagegerüst aus.
	3	Die Fassadenelemente werden an vorhandenen Kreuzpunkten mit Gewebebändern so angeschlagen, dass eine fachgerechte und sichere Einbringung in die Montageöffnung gewährleistet ist.
	4	Die Montagereihenfolge der einzelnen Fassadenfelder ergibt sich aus deren Bauweise, bzw. diese ist aus den speziellen Montagezeichnungen zu entnehmen.
	5	Arbeitsplätze sind in den Grundrisszeichnungen ausgewiesen.
	6	Die Ausweisung von verkehrssicheren Zugängen zu den Arbeitsplätzen hat vom AG zu erfolgen; zurzeit ist ein sicherer Zugang nur bedingt möglich, da die notwendigen Geländebefestigungen teilweise nicht vorhanden sind.
Erstellt:	**Datum:** 08.11.2001	**Unterschrift:** gez. Hoffmann

Tabelle 9.4 Bausteine zur Erstellung einer projektspezifischen Anlage „Anweisungen zur Arbeitssicherheit" für eine Fassaden-Montageanweisung

Lfd. Nr.	Montageart	Gefahrenlage	Maßnahmen zur Abwendung der Gefahr
1	Montage auf Gerüsten	Verletzungen durch Absturz	• Gerüst nur nach Freigabe durch Gerüsthersteller benutzen. • Gerüst vor Benutzung auf augenscheinliche Mängel prüfen. • Benutzung des Gerüstes erst nach Beseitigung der Mängel. • Wenn Gerüstbelag > 2 m über dem Boden, muss Seitenschutz aus Geländerholm, Zwischenholm und Bordbrett vorhanden sein. • Bei Abstand > 0,3 m zwischen Bauwerk und Gerüstinnenseite muss dreiteiliger Seitenschutz auch an der Innenseite vorhanden sein. • Jede benutzte Gerüstlage muss voll ausgelegt sein und über sicheren Zugang (Treppe, innerer Leitergang) erreichbar sein.
2		Verletzungen durch Ausrutschen, Stolpern, Fehltreten, Umknicken	• Bei Materiallagerung auf Gerüstbrett mindestens 20 cm freier Durchgang. • Nicht auf Gerüstbeläge abspringen. • Einstiegsluken im Gerüst geschlossen halten bzw. absichern.
3		Verletzungen durch herabfallende Gegenstände	• Werkzeuge und Arbeitsmaterial sicher ablegen. • Schutzhelm und Schutzschuhe tragen.
4		Unfälle durch Einsturz Umsturz des Gerüstes	• Keine Anker und Gerüstbauteile entfernen. • Überlastung der Gerüstbeläge durch Bauteile oder Werkzeuge vermeiden.
5		Oben genannte und ggf. weitere Gefährdungen	• Unterweisen der Mitarbeiter.
6	Montage auf fahrbaren Arbeitsbühnen und Kleingerüsten	Verletzungen durch Absturz von der Bühne	• Fahrbare Arbeitsbühnen und Kleingerüste nur nach Aufbau- und Verwendungsanleitung des Herstellers benutzen. • Aufbau- und Verwendungsanleitung muss am Einsatzort vorhanden sein.

Tabelle 9.4 (fortgesetzt)

Lfd. Nr.	Montageart	Gefahrenlage	Maßnahmen zur Abwendung der Gefahr
7		Unfälle durch Umstürzen der Arbeitsbühne	• Ab 2 m Belaghöhe dreiteiliger Seitenschutz. • Fahrwege müssen eben, tragfähig und hindernisfrei sein. • Fahrrollen müssen unverlierbar befestigt sein und nach dem Verfahren durch Bremshebel festgelegt werden. • Nicht auf Belagflächen abspringen. • Vor Verfahren der Arbeitsbühnen müssen diese verlassen werden. • Unterweisen der Mitarbeiter.
8	Montage auf Steh- und Anlegeleitern	Absturzunfälle von Leitern	• Nur unbeschädigte Leitern verwenden. • Schadhafte Leitern der weiteren Benutzung entziehen. • Leitern regelmäßig auf Mängel prüfen. • Standsicherheit der Leiter (z. B. durch Fußverbreiterung, Anbinden des Leiterkopfes) gewährleisten. • Leitern im Verkehrsbereich durch Absperrung sichern. • Anlegeleitern nur für Arbeiten geringen Umfangs (max. zwei Stunden) benutzen. • Anlegeleitern nur an sichere Stützpunkte anlegen. • Anlegeleitern mind. ein Meter über Austrittsstelle hinausragen lassen. • Stehleitern nicht wie Anlegeleitern benutzen. • Bei Stehleitern auf wirksame Spreizsicherung achten. • Stehleitern standsicher aufstellen, gegen Einsinken sichern. • Kein Um- oder Übersteigen von Stehleitern auf andere Ebenen. • Die letzten drei Stufen der Stehleiter nicht benutzen. • Unterweisen der Mitarbeiter.
9	Montage auf Hubarbeitsbühnen	Verletzungen durch Absturz von der Hubarbeitsbühne	• Zum Aufstieg auf Bühne nur hierfür bestimmte Aufstiege benutzen. • Klappbare Schutzgeländer vor Arbeitsbeginn in Schutzstellung bringen.
10		Unfälle durch Umkippen der Arbeitsbühne	• Hubarbeitsbühnen entsprechend Betriebsanleitung standsicher aufstellen und betreiben. • Hubarbeitsbühne nicht überlasten. • Mit Beschäftigten besetzte Bühne nur verfahren, wenn dies im Prüfbuch bescheinigt ist. • Fahrwege müssen tragfähig und eben sein. • Hubarbeitsbühne mindestens einmal jährlich durch Sachkundigen prüfen lassen (Nachweis dem Prüfbuch beiheften).
11		Verletzungen durch herabfallende Gegenstände	• Werkzeuge und Arbeitsmaterial sicher ablegen. • Keine sperrigen oder überstehenden Teile mitführen. • Schutzhelm und Schutzschuhe tragen.
12		Unfälle durch unbefugte Benutzung	• Bedienung nur durch Mitarbeiter, die mindestens 18 Jahre alt, zuverlässig, unterwiesen und schriftlich beauftragt sind. • Beim Einsatz von Leiharbeitsbühnen Einweisung durch Verleiher erforderlich.
13		Verletzungen durch Quetschstellen	• Bei Aufstellung und Betrieb auf Quetsch- und Scherstellen achten. • Bühne nicht unter Deckenkanten oder Rohrleitungen verfahren.
14	Gleichzeitiges Arbeiten verschiedener Gewerke	Unfälle durch gegenseitige Gefährdung verschiedener Gewerke	• Koordinierung der Arbeiten (Einsatz eines Koordinators). • Änderung der Montageabläufe (zeitlich versetzte Tätigkeiten). • Absperren von Gefahrenbereichen. • Unterweisen der Mitarbeiter über mögliche gegenseitige Gefährdungen.
15	Transport und Anschlagen von Bauteilen auf Baustellen	Unfälle durch abstürzende Last	• Anschlagmittel mit ausreichender Tragfähigkeit einsetzen. • Regelmäßige Prüfung der Anschlagmittel. • Beschädigte Anschlagmittel der Benutzung entziehen. • Bestimmungsgemäße Verwendung der Anschlagmittel.
16		Verletzungen durch Quetschungen	• Sicheren Standort einnehmen. • Bei Transport langer Bauteile Führungsseil verwenden. • Schutzschuhe tragen. • Unterweisen der Mitarbeiter.

Tabelle 9.4 (fortgesetzt)

Lfd. Nr.	Montageart	Gefahrenlage	Maßnahmen zur Abwendung der Gefahr
17	Schweißen	Atemwegserkrankungen durch Schweißrauche	• Auf ausreichende freie Lüftung achten. • Vorsorgeuntersuchungen nach G 39 bei Überschreiten der Auslöseschwelle.
18		Entstehung von Bränden durch Funkenflug	• Brennbare Gegenstände entfernen oder abdecken. • Auf Gefährdung durch andere Gewerke achten (z. B. Lösemittel beim Verkleben von Teppichen).
19		Verblitzen der Augen	• Schweißerschutzschirm mit richtiger Filterstufe verwenden.
20		Fußverletzungen durch herabfallende schwere Teile	• Tragen von Schutzschuhen.
21		Elektrischer Schlag durch vagabundierende Ströme	• Schweißstromrückleitung nur über Werkstück vornehmen. • Tägliche Sichtkontrolle aller stromführenden Leitungen. • Trockene Schutzhandschuhe und Schutzschuhe benutzen.
22		Schwerhörigkeit durch gehörschädigenden Lärm	• Ab 85 dB(A) geeigneten Gehörschutz zur Verfügung stellen. • Ab 90 dB(A) Benutzung des Gehörschutzes veranlassen. • Gehörvorsorgeuntersuchung G 20 veranlassen.
23		Oben genannte und ggf. weitere Gefährdungen	• Unterweisen der Mitarbeiter

9.2 Auflager

Zu Element 902

Die hier zitierte europäische Norm DIN EN 1337-11 entspricht der praktisch unverändert übernommenen, früheren deutschen Norm DIN 4141-4 für den Einbau von Lagern; ausführliche Erläuterungen hierzu siehe [M7].

Zu Element 903

Die in diesem Element geforderte Übergabevermessung ist – unabhängig von der Größe des Bauwerkes, der Baustelle oder des betreffenden Montageabschnittes – als wichtiger „Haltepunkt" zwischen zwei Gewerken oder zwischen Auftraggeber und Auftragnehmer anzusehen (vgl. zu Element 304). Die Aufnahme der Übergabevermessung als technische Mindestforderung in das Normenwerk soll helfen, Streitigkeiten zwischen Vertragsparteien zu vermeiden. Dabei reicht die Aufnahme der DIN 18800-7 als mitgeltende Norm in den Vertragstext in der Regel aus, um auf diesem Punkt bestehen zu können. Voraussetzung dafür ist allerdings, dass diese Forderung nicht nachträglich als „nachrangig" gegenüber einer anders lautenden Vertragsformulierung angesehen wird.

Im Übrigen ist die Forderung nach einer Übergabevermessung vor Beginn der Montage auch aus technischer Sicht nicht so trivial, wie sie klingen mag: Es sind beispielsweise aus dem Brückenbau Fälle bekannt geworden, in denen die beiden an den Ufern eines Kanals oder eines Flusses sich gegenüber liegenden Widerlager entweder zu weit auseinander lagen (weil sie falsch eingemessen worden waren) oder unterschiedliche Höhen aufwiesen (weil die beiden Ufer in verschiedenen Ländern mit unterschiedlichen Nivellement-Bezugssystemen lagen). Man stelle sich vor, so etwas wäre erst beim Einschwimmen bzw. Einschieben der Brücke (siehe Bild 9.9) bemerkt worden, weil keine ordentliche Übergabevermessung stattgefunden hätte!

a)

b)

Bild 9.9 Einschwimmen (a) bzw. Einschieben (b) einer einfeldrigen Brücke über einen Schifffahrtskanal (Fotos: IMO Leipzig)

Montagearbeiten 9.3
Allgemeines 9.3.1
Zu Element 904

⟨904⟩-1 **Bezugssystem für Messarbeiten**

Ein wichtiger, vor Beginn der Montagearbeiten zu klärender Punkt sind die Vermessungsarbeiten und das dafür benötigte Bezugssystem. Dass für eine plangenaue Errichtung des Stahlbaus ein Bezugssystem Voraussetzung ist, welches gezielt für das Messen und Ausrichten der Stahlbaukonstruktion festgelegt wurde, wird in der Regel von allen am Bau Beteiligten gleichermaßen gesehen und stellt selten ein Problem dar.

⟨904⟩-2 **Freigegebene Montageunterlagen**

Die zweite Forderung des Elementes 904 betreffend „freigegebene Montageunterlagen" führt in der Praxis schon eher zu Problemen. Wer gibt frei, und in welcher Form sind die Unterlagen einzureichen, abzustimmen und, falls notwendig, zu überarbeiten? Diese Frage wurde bereits im Kommentar zu Element 304 diskutiert. Selbst im bauaufsichtlich geregelten Bereich, wo durch die baurechtlich vorgeschriebene bautechnische Prüfung von Ausführungs- und Nachweisunterlagen und deren Freigabe und durch die Bauüberwachung als solche eine Art Freigabeprocedere festliegt, ist eine Montagefreigabe explizit nicht vorgesehen.

Eine grundsätzliche Freigabe von Montageunterlagen ist nach Auffassung der Verfasser dieses Kommentars nicht zu fordern. Es genügt in der Regel der Nachweis, dass die Montage nach geprüften und freigegebenen Ausführungsunterlagen (statische Berechnung, Konstruktionszeichnungen) erfolgt. Ausnahmen stellen Bauwerke dar, bei denen Montagezustände (und evtl. Hilfskonstruktionen) besonderen geometrischen Anforderungen genügen müssen, z. B. bei Montageüberhöhung von Verbundbrücken und anderen Verbundkonstruktionen. Wenn konzentrierte Lasteintragungen aus Hilfskonstruktionen, Hebezeugen o. Ä. in den Untergrund oder in nicht planmäßig dafür vorgesehene Bauwerksteile erforderlich werden, ist ebenfalls eine Nachweisführung und ggf. Freigabe durch den Rechtsträger notwendig. Forderungen nach Freigabe der Montageunterlagen werden vom Bauherrn in der Regel auch dann erhoben, wenn eine Beeinträchtigung von in Betrieb befindlichen Anlagen zu erwarten ist oder wenn Anforderungen an die Montage gestellt werden, die über den technischen Standard hinausgehen. Richtig und wichtig ist, dass dies vertraglich zu vereinbaren ist, d. h., solche Forderungen sollten schon in der Ausschreibung, spätestens aber im Vergabegespräch, offengelegt werden.

Daraus folgt, dass Element 904 vor allem vertraglich vereinbarte Prüfungen mit anschließender Freigabe einzelner Montageabschnitte oder der gesamten Montage meint. Die Prüfungen können solche sein, die durch externe, vom Auftraggeber vorgeschriebene Personen oder Institutionen durchgeführt werden. Hier sollte der Stahlbauunternehmer unbedingt darauf Einfluss nehmen, dass Art, Umfang, Zeitraum und Bewertungskriterien – d. h. das komplette Prüf- und Freigabeprocedere – möglichst frühzeitig und detailliert festgelegt und zum Vertragsbestandteil werden. Eine Abstimmung einzelner Prüfaktivitäten muss dabei angestrebt werden, da sich hinter nicht eindeutig fixierten Prüfforderungen ein sehr großes Streitpotenzial verbergen kann. Dies entwickelt sich im heutigen Stahlbaugeschehen zunehmend zu einem Kostenfaktor besonderer Art (siehe auch zu Element 1202).

Element 904 wendet sich mit der Forderung nach „freigegebenen Montageunterlagen" indirekt auch an die **werkseigene Produktionskontrolle** (siehe zu 13.2 und 13.3), die firmenintern eigenverantwortlich die Qualitätssicherung – auch für die Montageprozesse – zu organisieren hat. In diesem Sinne wurde im vorliegenden Kommentar auch die Definition des Begriffes „Prüfinstanz" ausgelegt (vgl. zu Element 306). Es sind nicht unbedingt externe Aktivitäten oder verwaltungstechnisch aufwändige Prüf- und Freigabeprozesse notwendig, sondern es wird nur eine reproduzierbare Qualitätssicherung auch für die Montage gefordert. Eine Überprüfung von Messdaten durch einen Richtmeister oder eine vom beauftragten Fremdvermesser überprüfte Geometrie eines Bauabschnittes können zum Beispiel ausreichend sein.

⟨904⟩-3 Bezugstemperatur

Die dritte in Element 904 enthaltene Forderung hinsichtlich der Bezugstemperatur sollte in ihrer rechtlichen Auswirkung ebenfalls nicht unterschätzt werden. Es ist ein Fall bekannt geworden, bei dem die Montageschüsse eines mehrere Kilometer langen, aufgeständerten Fahrbahnträgers für eine „Monorail-Bahn" im Hochsommer auf offenem Werftgelände nach den Maßen gefertigt wurden, die vom Tragwerksplaner für eine Fertigung in einer Werkhalle bei „normalen" Temperaturen gedacht waren. Da die Montage ebenfalls bei den hohen Sommertemperaturen erfolgte, fiel zunächst nicht auf, dass alle Montageschüsse einige Millimeter zu kurz waren. Erst im Herbst rissen die Anschläge sämtlicher Dehnungsfugen und verursachten einen sehr großen Schaden mit langwierigen gerichtlichen Auseinandersetzungen.

9.3.2 Kennzeichnung
Zu Element 905

Die hier geforderte „**eindeutige Kennzeichnung**" der auf die Baustelle gelieferten Bauteile ist nicht nur aus sicherheitstechnischen Gründen erforderlich (sicherheitsrelevante Verwechslungen müssen ausgeschlossen werden), sondern sie spielt auch aus organisatorischer Sicht eine große Rolle. Wie für die Fertigung (vgl. zu Element 601), gilt auch für die Montage, dass alle Teile und Baugruppen jederzeit eindeutig zu identifizieren sein müssen. Nur so kann effektiv transportiert und montagegerecht angeliefert werden, und nur so kann vermieden werden, dass der Montageaufwand nicht durch unnötiges Suchen, Umlagern und damit zeitweiligen Montagestillstand erhöht wird; aus Bild 9.10 leuchtet das unmittelbar ein. In einem Satz zusammengefasst: Voraussetzung für eine gut organisierte, qualitätssichernde Montage sind klare Regelungen zur Bauteilkennzeichnung.

Bild 9.10 Montage einer Stahlkonstruktion mit sehr vielen unterschiedlichen Einzelbauteilen (Foto: ZIS Meerane)

Die Art und Weise der Kennzeichnung hängen von vielen firmen- und projektspezifischen Dingen ab. Es sind zwei Kennzeichnungskriterien zu unterscheiden:

- Zuordnung zu den Ausführungsunterlagen:
  Positionen, Bauteilnummern in Form von Schlagzahlen oder Farbkennzeichen oder Barcodierung, Verzinkungsschilder usw.
- Zuordnung zur Montageanweisung bzw. zu den Montageunterlagen:
  Einbaureihenfolge, Lage (z. B. oben/unten), Anschlagpunkte usw.

Transport und Lagerung auf der Baustelle 9.3.3
Zu Element 906

Im Kommentar zu Element 901 „Montageanweisung" wurde bereits der qualitätssichernde Aspekt der Organisation der Montage angesprochen. Element 906 unterstreicht das noch einmal, indem es explizit klare Regelungen zum Transport und zur Zwischenlagerung (wenn notwendig) verlangt. Auch das gesamte übrige Handling auf der Baustelle, z. B. eine eventuelle Baustellenvorfertigung (Stichworte: Transport- und Montageabmessungen) und die Korrosionsschutzarbeiten, sollte sorgfältig geplant sein, um ein geordnetes Baustellengeschehen zu gewährleisten. Bei der Planung sollte auch beachtet werden, dass bereits in der Fertigung die Voraussetzung für einen optimalen Montageablauf geschaffen wird. Arbeiten, die nicht unbedingt auf der Baustelle zu erbringen sind, gehören in die Werkstatt. Nur so lässt sich eine durchgängige Organisation der Ausführung von Stahlbauten, welche in den vorherigen Kapiteln 6 bis 8 erläutert wurde, bis auf die Baustelle und schließlich bis zum fertigen „Produkt Bauwerk" nahtlos fortsetzen. Dabei garantiert allerdings erst eine permanente Auswertung der gegenläufigen Material- und Informationsflüsse eine qualitätsbewusste Arbeit auf der Montage. Der Prozess wird damit ständig optimiert und gestaltet sich wirtschaftlicher.

Auf der Baustelle sollte zügig und effektiv, d. h. auch transportoptimiert gearbeitet werden. Voraussetzungen hierfür sind u. a.:

- Montagegerechte Anlieferung.
  Damit werden Zwischenlagerungen und zusätzliche Baustellentransporte reduziert sowie teure Montagezeit gespart. Weniger häufiger Umschlag verringert außerdem Beschädigungen am werksseitig aufgebrachten Korrosionsschutzsystem. Neben der Montagereihenfolge

spielt die montagegerechte Vorbereitung der Bauteile eine große Rolle. Eine exakt vorbereitete Baustellennaht, vor dem Konservieren noch geschützt, erspart eine Menge Montagezeit.

- Planung und Bereitstellung der Montagehilfsmittel.
  Gemeint sind Lastaufnahmemittel, Anschlagsmaterial, Zulagen, Rüstungen, Lehrgerüste, Montageverbände, Montageverbindungsmittel usw. Improvisierte Lösungen sind zeitaufwändig und teuer, erfordern unter Umständen zusätzliches Handling und fördern damit Beschädigungen der Bauteile.
- Planung der Prozesse.
  Die Kennzeichnung von Anschlagpunkten oder der Hinweis auf den Schwerpunkt eines komplizierten Bauteiles hilft ebenso wie zusätzliche Hinweise zur Einbaulage – vor allem dann, wenn eine werkstattseitige Vormontage bereits durchgeführt wurde.

Zusätzlich ist bei Transport und Zwischenlagerung auf folgende Punkte zu achten:

- Beschädigungen am Korrosionsschutz sollten sofort und fachmännisch beseitigt werden, um Folgeschäden und -kosten zu minimieren.
- Dünnwandige Bauteile (Bleche, Kaltprofile, Verbandsteile usw.) müssen so gelagert, angeschlagen und transportiert werden, dass keine bleibenden Verformungen auftreten.

9.3.4 Ausrichten

Zu Element 907

Futter- und Unterlegbleche sind ein altbewährtes Mittel zur Aufwandsminimierung bei der Montage von Stahlbauten. Die Toleranzen aller vorgelagerten und zum Teil auch der nachgelagerten Gewerke (selbst wenn diese ihre jeweiligen Vorgaben einhalten) können in der Regel nur durch solche Hilfsmittel ausgeglichen werden. Man kann sogar sagen, dass Bauen mit Stahl – insbesondere in Mischbauten aus Stahlbau und Stahlbetonbau – mit vertretbarem Aufwand ohne Futter- und Unterlegbleche nicht möglich wäre. Diese Feststellung ist wichtig, denn sie bedeutet, dass Futter- und Unterlegbleche grundsätzlich keinen Qualitätsverlust darstellen – allerdings nur, wenn bei ihrem Einsatz gewisse Regeln und Bedingungen eingehalten werden. Element 907 nennt exemplarisch einige solche Regeln. Die Ausführungsunterlagen können weitere Einschränkungen machen, die von der Nutzung des jeweiligen Bauteiles und von seiner Beanspruchung, ggf. auch von der Höhe der statischen Ausnutzung, abhängen.

⟨907⟩-1 Unterlegbleche unter Fußplatten

Diese dienen dem Ausrichten der Konstruktion. Sie dürfen nicht mit „Montagekeilen" verwechselt werden, die nach der Montage „gezogen" werden (sofern die Ausführungsunterlagen nicht eine andere Lösung vorsehen). Ggf. im Bauwerk verbleibende Unterlegbleche unter Fußplatten müssen gemäß Element 907 folgende Bedingungen erfüllen:

- Sie müssen eben und von ausreichender Größe sein und die gleichen Festigkeitseigenschaften besitzen wie das „Tragwerk" (gemeint ist die Fußplatte). Maßgebende Festigkeitseigenschaft ist in der Regel die Druckstreckgrenze.
- Sie müssen unter der Fußplatte so positioniert werden, dass sie vom späteren Verguss völlig umschlossen werden (Mindestüberdeckung 25 mm). Das erreicht man am zuverlässigsten dadurch, dass man schon beim Ausrichten die Unterlegstapel nicht außenkantenbündig ansetzt, sondern um mindestens 25 mm nach innen versetzt.

Es fällt auf, dass hinsichtlich der Anordnung der Unterlegbleche unter einer Fußplatte in Element 907 keine weiteren Einschränkungen gemacht werden – abgesehen von der etwas vagen Forderung nach „ausreichender Größe". Hinter dieser Forderung verbirgt sich – leider nicht explizit formuliert – die indirekte Forderung, dass der verantwortliche Montageleiter oder Richtmeister beim Ansetzen von Unterlegblechstapeln, die später in der Konstruktion verbleiben sollen, eine Vorstellung von den statischen Auswirkungen der gewählten Anordnung haben muss. Zwei Grenzfälle sind im Prinzip zu unterscheiden (siehe Bild 9.11): Entweder die Unterlegbleche erfassen gleichmäßig einen so großen Teil der Fußplattenfläche, dass man bei gleicher Stahlsorte ohne weiteren Nachweis ausreichende Tragsicherheit und Gebrauchstauglichkeit unterstellen kann (Bild 9.11a). Oder eine große Fußplatte wird mit nur wenigen kleinen Unterlegblechen so unterstapelt, dass ein statischer Nachweis unverzichtbar ist (Bild 9.11b). Dabei sind nicht nur die Pressung unter den Unterlegblechen und die Biegebeanspruchung in der Fußplatte zu beachten, sondern (je nach Fundamentsituation) ggf. auch die konzentrierte Lasteinleitung nahe von Betonrändern.

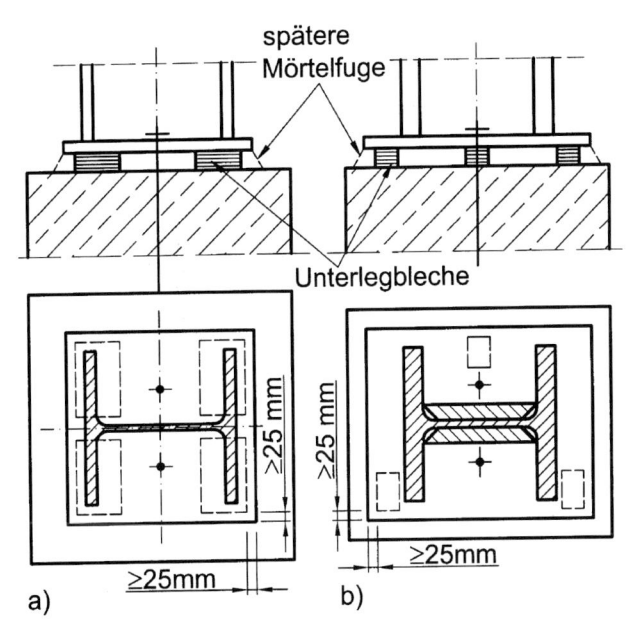

Bild 9.11 Beispiele für die Anordnung von Unterlegblechen unter Fußplatten mit Mörtelfuge (schematisch): a) Kein statischer Nachweis erforderlich, b) statischer Nachweis erforderlich

Die Schlussfolgerung aus den vorstehenden Überlegungen lautet: In den Ausführungsunterlagen müssen Angaben zu Unterlegblechen enthalten sein. Es ist dort festzulegen, ob diese im Bauwerk verbleiben oder nicht und, wenn ja, welche Form und Lage sie haben.

Bisher wurde die klassische Stützenfußausbildung mit Mörtelfuge zwischen OK Fundament und UK Fußplatte betrachtet. Die Unterlegbleche liegen – vorausgesetzt die oben genannte 25-mm-Bedingung ist eingehalten – innerhalb des späteren Mörtels und sind dadurch gegen Korrosion geschützt. Im Stahlhochbau werden nun zunehmend auch Stützenfußkonstruktionen ausgeführt, bei denen die Fußplatte unmittelbar auf einer **im Fundament einbetonierten Stahlplatte** aufliegt. Werden hier zum Ausrichten Unterlegbleche eingeschoben, so sind diese sinngemäß wie Futterbleche in Stirnplattenstößen zu behandeln (siehe ⟨907⟩-3). Sie sollten nicht über die Fußplatte überstehen, sondern bündig mit ihr abschließen. Zur Übertragung planmäßiger horizontaler Auflagerkräfte von der Stützenfußplatte in das Fundament sollte möglichst nicht auf der Baustelle über solche Futterblechpakete hinweg improvisiert geschweißt werden, sondern von vornherein eine statisch „saubere" Lösung mit Knaggen vorgesehen werden.

⟨907⟩-2 Stellschrauben unter Fußplatten

Zum präzisen Höhenausrichten von Stahlkonstruktionen werden hin und wieder auch Stellschrauben unter Fußplatten eingesetzt. Sie sitzen entweder in Gewinden, die in die Fußplatte eingeschnitten sind, oder sind mit einer unteren Kontermutter versehen, auf der die Fußplatte ruht. Diese Hilfsmittel zum Ausrichten werden vor allem dann angewandt, wenn an der Stahlkonstruktion technologische Anlagenteile (z. B. Fahrträger von Hängebahnen, Schwerkraftförderer o. Ä.) befestigt werden und demzufolge ein Feinjustieren notwendig wird. Die Stellschrauben sind im Prinzip wie konzentrierte Unterlegblechstapel zu sehen. Ob sie in der Konstruktion verbleiben können, muss im Einzelfall entschieden werden.

⟨907⟩-3 Futterbleche in Montagestößen und -anschlüssen

Die Verwendung von Futterblechen nicht nur zum Ausrichten der Konstruktion, sondern auch zum Überbrücken von Luftspalten in Montagestößen wird in Element 907 ausdrücklich erlaubt. Dabei wird natürlich eine handwerklich korrekte, fachgerechte Ausführung vorausgesetzt. Abschreckende Beispiele nicht fachgerechter Futterungen sind in Bild 9.12 zu sehen.

a)   b)

Bild 9.12   Beispiele für **nicht** handwerklich-fachgerechte Futterungen

Ziel der Futterung ist eine nicht klaffende bzw. nur in tolerierbarem Maße klaffende Stoßfuge/ Anschlussfuge. Hier stellt sich wieder die bereits im Kommentar zu Element 828 diskutierte Frage nach der **tolerierbaren Größe (Breite) eines Luftspaltes**. Primäres Kriterium ist natürlich, dass die **statische Funktion** des Stoßes/Anschlusses gewährleistet sein muss. Dazu gehört erstens, dass der Stoß/Anschluss im Traglastzustand seine Schnittkräfte einwandfrei übertragen können muss; z. B. muss ein biegefester Stirnplattenstoß zumindest im Biegedruckbereich Kontakt haben, also spaltfrei sein. Dazu gehört zweitens, dass die durch die tolerierten Klaffungen ggf. verursachten Tragwerksverformungen sowohl im Traglastzustand als auch im Gebrauchszustand aus statischer Sicht ebenfalls tolerierbar sein müssen (vgl. DIN 18800-1, Element 506). Und dazu gehört drittens, dass in einem nicht vorwiegend ruhend beanspruchten Stoß/Anschluss, der zur Erhöhung der Betriebsfestigkeit der gezogenen Schrauben planmäßig vorgespannt ist, im Bereich dieser Schrauben die ermüdungsreduzierende Druckpressung in den Kontaktflächen tatsächlich vorhanden sein muss (siehe ⟨907⟩-4).

Als sekundäres Kriterium für die Forderung eines spaltfreien Stoßes/Anschlusses wird in der Regel der **Korrosionsschutz** angeführt. Dieses Argument wird nach Auffassung der Verfasser dieses Kommentars meist überbewertet. Bedenkt man, dass absolut spaltfreie Kontaktflächen nur durch spanendes Nachbearbeiten nach dem Schweißen erzielbar wären, so muss man bei einer „normalen" geschweißten Stahlkonstruktion grundsätzlich von unvermeidbaren Restklaffungen in jedem Stoß/Anschluss ausgehen (vgl. auch zu Element 828). Das bedeutet, der Korrosionsschutz muss unabhängig von der Spaltgröße sowieso durch geeignete Maßnahmen gewährleistet werden. Dazu gehört die Mindestbeschichtung der Kontaktflächen und der Futterbleche gemäß Element 823 ebenso wie ein eventuelles Versiegeln der Spalte nach dem Verschrauben/Vorspannen mit dauerelastischen Dichtstoffen oder das Überbrücken der Spalte durch die spätere Deckbeschichtung.

Als Quintessenz der vorstehenden Überlegungen wird empfohlen, das Toleranzmaß **2 mm** aus Element 802 auch hier als Zielgröße von Futterungsmaßnahmen zu definieren, sofern nicht statische Gesichtspunkte dem entgegen stehen oder zwischen Auftraggeber und Hersteller etwas anderes vereinbart wurde.

Es ist dringend zu empfehlen, Futterungen in Montagestößen oder -anschlüssen vorzuplanen und vorbereitete Futterbleche unterschiedlicher Dicke bei der Montage vorzuhalten. Nur so können improvisierte und zusammengestückelte Futterpakete vermieden werden, welche die Luftspalte nicht sauber ausfüllen und deshalb – abgesehen von der schlechten Optik – durch unkontrollierbare Hohlräume erhöhte Spaltkorrosionsgefahr bedeuten. Bild 9.13 zeigt vorbildlich vorgeplante Futterbleche für das typische Toleranzproblem eines Trägers mit beidseitigem Stirnplattenanschluss an einbetonierte Stahlplatten. Es sei daran erinnert, dass solche Futterbleche mit demselben Mindestkorrosionsschutz versehen sein müssen wie die planmäßigen Kontaktflächen der entsprechenden Schraubenverbindung (vgl. zu Element 822).

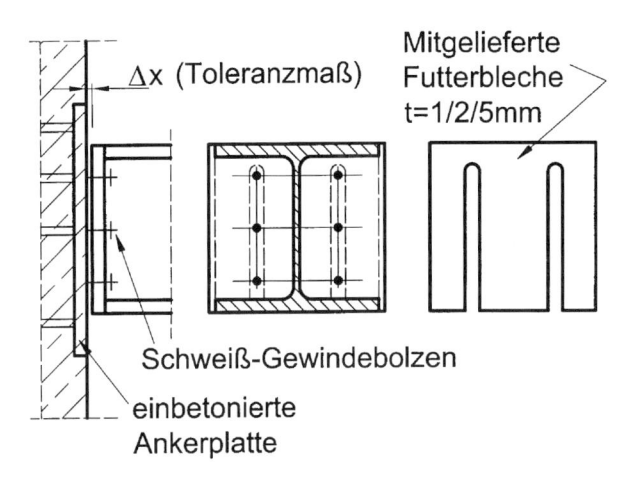

Bild 9.13 Beispiel für vorgeplante Futterbleche in einem Stirnplattenanschluss mit Gewindebolzen nach DIN EN ISO 13918 – PD

Bild 9.14 zeigt zwei ausgeführte Stirnplattenstöße/-anschlüsse, bei denen man Klaffungen in der Größenordnung von bis zu 5 mm ungefuttert lassen wollte. In beiden Fällen hätte mit Hilfe vorgeplanter und auf die Baustelle mitgelieferter Futterbleche von vornherein ein wesentlich befriedigenderes Ergebnis erzielt werden können.

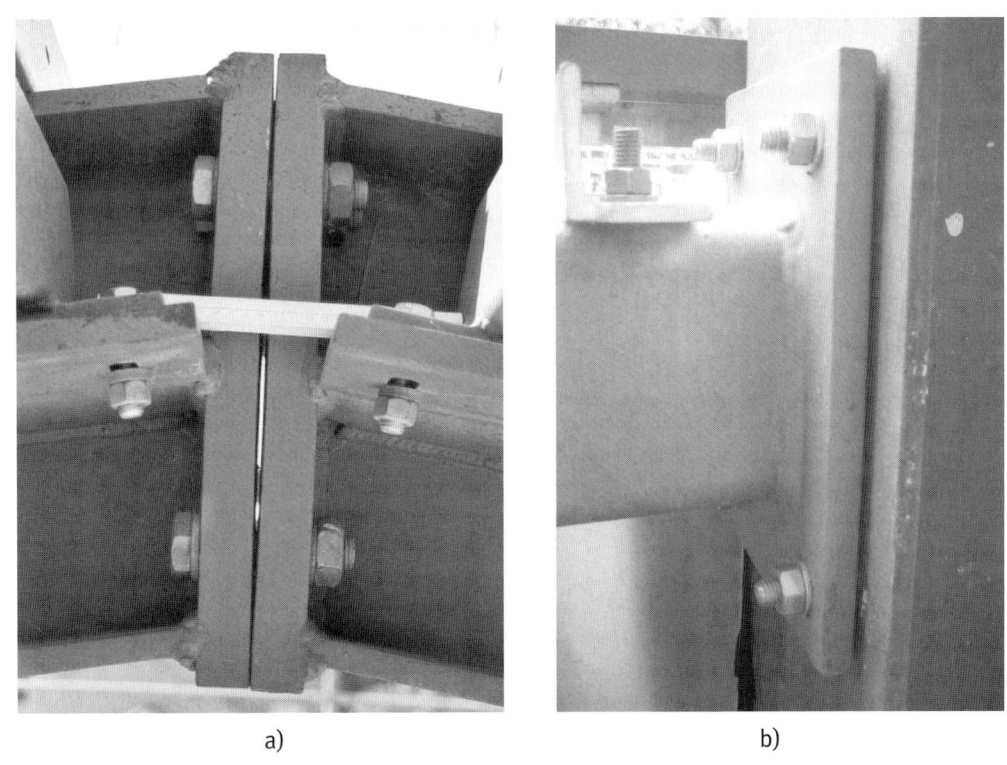

Bild 9.14 Beispiele ungefutterter Stirnplattenstöße/-anschlüsse (Foto (a): J. Lindner, Berlin)

⟨907⟩-4 **Ausfutterung von vorgespannten geschraubten Ringflanschstößen**

Einen Sonderfall für das „Überbrücken von Luftspalten in Montagestößen mit Hilfe von Futterblechen" stellt die Ausfutterung von fertigungsbedingten Klaffungen in hochgradig ermüdungsbeanspruchten, vorgespannten geschraubten Ringflanschstößen dar, z. B. in Druckrohrleitungen oder in Stahlschornsteinen oder in Rohrtürmen von Windenergieanlagen (WEA). Das im vorangehenden Abschnitt empfohlene allgemeine Toleranzmaß von 2 mm kann hier **nicht** unbesehen übernommen werden. Vielmehr müssen solche Ausfutterungen fallspezifisch geplant und extrem sorgfältig ausgeführt werden, wenn frühzeitige Ermüdungsbrüche der Schrauben ausgeschlossen werden sollen [A9], [A10].

Bei der Planung einer solchen Ausfutterung sollte man eine Vorstellung von den unterschiedlich ermüdungsschädigenden Auswirkungen verschiedenartiger „Flanschklaffungen" haben. Sie werden nachfolgend anhand von Bild 9.15 kurz beschrieben. Ausführlichere Darstellungen findet man in den genannten Originalarbeiten; auch die neue Ausgabe der WEA-Richtlinie des Deutschen Instituts für Bautechnik [R113] befasst sich mit dieser Problematik.

Bild 9.15a zeigt den Sollzustand eines „perfekten" L-Flanschstoßes, bei dem das Vorspannen jeder einzelnen Schraube einen lokalen Druckkörper im umgebenden Flanschmaterial erzeugt. Dieser Druckkörper ist es, der die Schraube bei äußerer dynamischer Biegezugbelastung des Rohrmantels (z. B. aus Wind) vor allzu gravierender Zug-Ermüdungsbeanspruchung „schützt" (kann hier nicht vertieft werden). Klafft der Stoß vor dem Vorspannen flanschseitig (Bild 9.15b), so verschiebt sich (auch wenn der Flansch durch das Vorspannen zugezogen werden konnte) der Vorspanndruckkörper in Richtung Rohrmantel. Das ist günstig für die Ermüdungsbeanspruchung der Schraube, weil der innere Hebelarm zwischen Rohrmantel und Vorspanndruckkörper kleiner geworden ist. Entsprechend ungünstig für die Ermüdungsbeanspruchung der Schraube ist es, wenn der Stoß vor dem Vorspannen rohrmantelseitig klafft und der Vorspanndruckkörper sich deshalb trotz Zuziehens beim Vorspannen in Richtung Flanschkante verschiebt (Bild 9.15c). Und extrem ungünstig für die Ermüdungsbeanspruchung der Schraube ist es schließlich, wenn die rohrmantelseitige Klaffung, weil sie nur über einen Teil des Rohrumfangs vorhanden ist, sich beim Vorspannen gar nicht zuziehen lässt, so dass der innere Hebelarm sehr groß wird (Bild 9.15d). Diese Zusammenhänge muss man durchschauen, um bei einer konkret gemessenen Klaffungsgeometrie eine fallspezifische Ausfutterung planen zu können, die das innere Kräftespiel bei äußerer dynamischer Biegezugbelastung des Rohrmantels entscheidend verbessert.

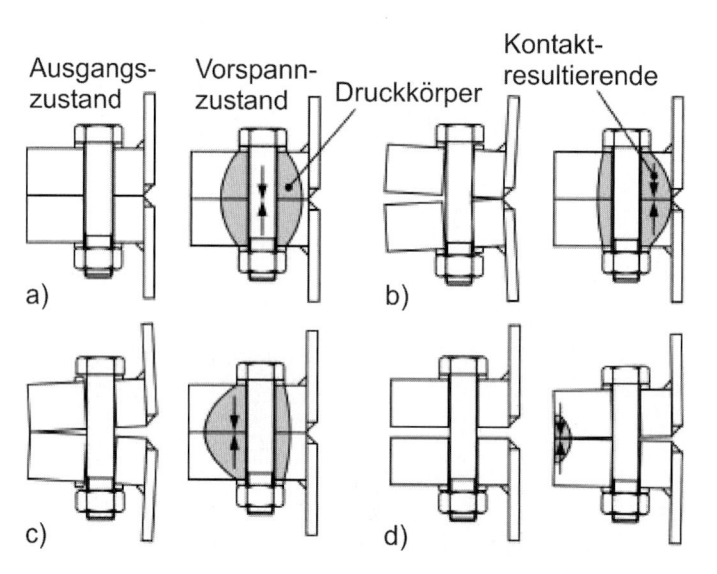

Bild 9.15 Zur sachgerechten Ausfutterung klaffender Luftspalte in vorzuspannenden Montagestößen von turmartigen Stahlkonstruktionen (schematisch, aus [A9])

Zu Element 908

Hier wird eine typische Gewerkeschnittstelle beschrieben. Zwar sollte die Forderung, dass „Vergussarbeiten nach den gültigen Mörtel- und Betonvorschriften auszuführen sind", eigentlich selbstverständlich sein. Erfahrungsgemäß kommt es aber an dieser Schnittstelle zwischen dem Beton- und dem Stahlbauer immer wieder zu Schwierigkeiten. Es fühlt sich oft keiner der beiden für die Kontrolle der handwerklich einwandfreien Ausführung des Vergusses verantwortlich. Um dem aus dem Wege zu gehen, wird diese Leistung zunehmend dem Stahlbau zugeordnet, weil zum Zeitpunkt der Vergussarbeiten (nach erfolgtem Ausrichten der Stahlkonstruktion) häufig kein Betonbau-Verantwortlicher mehr auf der Baustelle ist.

In klassischen Stahlbaulehrbüchern findet man die Forderung nach „sattem Unterstopfen" von Stützenfußplatten mit Mörtel, damit eine einwandfreie Mörtelfuge entsteht (vgl. Bild 9.11). Diese Forderung wurde nicht in DIN 18800-7 übernommen, weil Mörtelfugen heute in der Regel nicht mit erdfeuchtem Mörtel „unterstopft", sondern mit flüssigem Mörtel „vergossen" werden.

Nichtsdestotrotz muss die Stützenfußplatte auch auf einer vergossenen Mörtelfuge satt aufliegen. Dazu ist es erforderlich, schwindfreien Flüssigmörtel einzusetzen und den Vergussvorgang sorgfältig zu planen. Beispielsweise kann es erforderlich sein, eine provisorische Schalung um die zu vergießende Fußplatte herum vorzusehen, damit der Mörtelspiegel hoch genug steigen kann. Ggf. sind im Innenbereich großer Fußplatten Luftlöcher vorzusehen, damit die Luft entweichen kann. Die Dicke der Mörtelfuge sollte in jedem Falle mindestens 30 mm sein, um sie für das Vergießen einwandfrei vorbereiten zu können.

Beständige Bauten. Keine Korrosion.
Schützt den Stahl!

DIN

Korrosion wird null und nichtig, ist der Stahlschutz gut und richtig.

Die garantiert korrosionsfreien Normen-Kompendien des Beuth Verlags zeigen das Wie? Was? und Wo? stahlschützender Beschichtungen und Überzüge: Alle Anforderungen und Prüfverfahren, auf die es beim Korrosionsschutz im Stahlbau ankommt.

Beuth-Kommentare
W. Katzung, D. Marberg
Korrosionsschutz
Durch Feuerverzinken auf Stahl aufgebrachte Zinküberzüge
Kommentar zu DIN EN ISO 1461
1. Aufl. 2003. 116 S. A5. Brosch.
24,30 EUR / 43,00 CHF
ISBN 3-410-15531-7

DIN-Taschenbuch 143
Korrosionsschutz von Stahl durch Beschichtungen und Überzüge 1
DIN 267-10 bis DIN 80200
6. Aufl. 2002. 496 S. A5. Brosch.
95,60 EUR / 170,00 CHF
ISBN 3-410-15367-5

DIN-Taschenbuch 168
Korrosionsschutz von Stahl durch Beschichtungen und Überzüge 2
DIN-EN-Normen
6. Aufl. 2004. 512 S. A5. Brosch.
98,90 EUR / 176,00 CHF
ISBN 3-410-15729-8

DIN-Taschenbuch 286
Korrosionsschutz von Stahl durch Beschichtungen und Überzüge 4
DIN EN ISO 12944-1 bis DIN EN ISO 12944-8
Normenreihe DIN EN ISO 11124, 11125, 11126, 11127
1. Aufl. 1998. 360 S. A5. Brosch.
62,90 EUR / 112,00 CHF
ISBN 3-410-14320-3

DIN-Taschenbuch 266
Korrosionsschutz von Stahl durch Beschichtungen und Überzüge 3
DIN-EN-ISO-Normen
2. Aufl. 2004. 528 S. A5. Brosch.
100,20 EUR / 178,00 CHF
ISBN 3-410-15748-4

Beuth
Berlin · Wien · Zürich

Beuth Verlag GmbH
Burggrafenstraße 6
10787 Berlin
Telefon: 030 2601-2260
Telefax: 030 2601-1260
info@beuth.de
www.beuth.de

AGESO® - Zinkfilm

Aktiver, metallischer Korrosionsschutz mit Zink als Opferanode

- Korrosionsschutz mit mehr als 96 (Gew.) % Zink im trockenen Zinkfilm
- Reinheitsgrad von 99,995% ISO 752. Trinkwasserzulassung in UK
- Der Zinkfilm bleibt auf Dauer elastisch, kann nicht ausbrechen oder unterrosten
- 3000 Stunden Salzsprühtest bestanden
- Kathodischer Schutz vergleichbar mit der Feuerverzinkung
- Einfachste Handhabung, vor Ort anwendbar, schnelle Trocknung
- Instandhaltung ohne Sandstrahlung
- Bei jeder Witterung einsetzbar, auch auf feuchten Oberflächen
- Elektrisch leitend

AGESO - Korrosionsschutz
RHINEX GmbH & Co. KG
Dahlerdyk 31, D-47803 Krefeld
Telefon: 0 21 51/607 56 0   Telefax: 0 21 51/607 56 11
info@rhinex.de

SENNEBOGEN®

Seilbagger · Raupenkrane · Umschlagmaschinen · Teleskopkrane · Hafenkrane · Fahrzeugkrane · Multihandler

Vorsprung durch Innovation
■ einfach ■ wirtschaftlich ■ flexibel ■ leistungsstark

SENNEBOGEN HPC40 - Der 3 Liter-Kran

Bild: HPC40, Traglast 40 t, 75 kW
kleines Bild: 613M, Einsatzgewicht 18 t, Traglast 16 t, 75 kW

SENNEBOGEN Maschinenfabrik GmbH
Hebbelstr. 30 · D-94315 Straubing
Tel.: +49 (0) 9421/540-144 / 146 / 153
Fax: +49 (0) 9421/43882
E-Mail: marketing@sennebogen.de

www.sennebogen.com

Quality made in Germany

Normalen Service hat jeder, A&I kann mehr   DIN

Normenwünsche werden wahr:

„A" wie „aktuell" und „I" wie „individuell" entscheiden Sie über Ihr persönliches Normenabonnement.

Stellen Sie sich aus 28.000 DIN-Normen und weiteren 21 in- und ausländischen Regelwerken Ihre technische Dokumentensammlung zusammen – der A&I-Service liefert pünktlich ins Haus (auf Papier, CD-ROM oder per Internet-Download).

**A&I – Normen-Service nach Maß.
Das A&I-Team berät Sie gern!**

A&I Normenabonnement
Jana Hörhold
Telefon: 030 2601-2221
Telefax: 030 2601-1259
normenabo@beuth.de
www.beuth.de

Beuth
Berlin · Wien · Zürich

Beuth Verlag GmbH
Burggrafenstraße 6
10787 Berlin

10 Korrosionsschutzmaßnahmen

Vorbemerkung

Der Korrosionsschutz war für den Stahlbau naturgemäß von jeher sehr wichtig. Da er aber bauaufsichtlich nur eingeschränkt relevant ist, wurde er in der alten DIN 18800-7 nicht behandelt. Im Gegensatz dazu bestand im Arbeitsausschuss für die neue DIN 18800-7 von vornherein Einigkeit darüber, dass dem Korrosionsschutz in einer modernen Stahlbau-Ausführungsnorm ein entsprechender Platz einzuräumen sei.

Hintergrund dafür war vor allem die Tatsache, dass die mit den Korrosionsschutzmaßnahmen einhergehenden Probleme im Stahlbaugeschehen stetig an Bedeutung zugenommen haben. Das hängt zum einen damit zusammen, dass der Korrosionsschutz als unmittelbarer Fertigungsabschnitt ein gewichtiger Kostenfaktor für fast jedes Stahlbauwerk ist. Zum anderen gibt es häufig Differenzen zwischen den Vorstellungen des Kunden und der ausführenden Stahlbaufirma bezüglich Preis, Ausführung und Gewährleistung. Sieht man einmal von den „korrosionserfahrenen" Anwendern im Brückenbau und im chemischen Anlagenbau ab, so ist bei den übrigen Kunden der Stahlbaufirmen angesichts der von der einschlägigen Industrie angebotenen riesigen Palette hochwertiger Korrosionsschutzprodukte ein zunehmender Beratungsbedarf festzustellen. Grundsätzlich kann man heute jedem Anwendungsfall und jeder planerischen Forderung hinsichtlich Gestaltung und Funktionalität des Korrosionsschutzes bei fachgerechter Planung sowie Ver- und Bearbeitung gerecht werden. Deshalb sind präzise vertragliche Vereinbarungen zwischen dem Kunden und der Stahlbaufirma über Art und Umfang der Korrosionsschutzmaßnahmen sehr wichtig. Nur so kann späterem Streit vorgebeugt werden. Die Aufnahme der Korrosionsschutzmaßnahmen in die neue DIN 18800-7 sollte dazu einen Beitrag leisten.

10.1 Allgemeines

Die bautechnischen und vertraglichen Mindestanforderungen an den Korrosionsschutz sind heute weitgehend an anderer Stelle, d. h. in einer Vielzahl von Normen und Richtlinien, im Detail geregelt. Es genügte daher für die oben beschriebene allgemeine Zielsetzung dieses Kapitels der DIN 18800-7, Querverweise auf die entsprechenden Regelwerke zusammenzustellen. So wurde Doppelnormung vermieden. Darüber hinaus werden in den einzelnen Elementen für ausgewählte Fragen zusätzliche Empfehlungen und Hinweise gegeben.

Zu Element 1001

Dieses Element listet einleitend die wichtigsten Normen auf, die für den Korrosionsschutz im Stahlbau von Bedeutung sind. In den weiteren Elementen des Kapitels werden dann die für den jeweiligen Teilaspekt relevanten Normteile erneut erwähnt. Die Auflistung zeigt indirekt auf, welche Korrosionsschutztechniken im Stahlbau von Bedeutung sind. Es sind der Einsatz von wetterfestem Stahl, das Aufbringen einer organischen Beschichtung, das Feuerverzinken und das thermische Spritzen. Zusammenfassende Darstellungen zum Korrosionsschutz im Stahlbau findet man in den Beiträgen [M10] [M13]. Für eine vertiefte Beschäftigung mit Korrosionsschutzproblemen im Bauwesen sei die zweibändige Monographie [M18] empfohlen.

Bevor die einzelnen Korrosionsschutztechniken in der Reihenfolge ihrer Auflistung in Element 1001 kurz kommentiert werden, sei hervorgehoben, dass Element 1001 auch klar vorschreibt, die vorgesehenen Korrosionsschutzmaßnahmen eindeutig in den **Ausführungsunterlagen** zu vermerken. Diese Vorschrift sollte von den Stahlbaufirmen als eine Art „letzter Chance" verstanden werden, mit dem Kunden, falls nicht vertraglich eindeutig geregelt (vgl. einleitenden Kommentar zu diesem Kapitel), doch noch eine Klärung bezüglich der Anforderungen an das Beschichtungssystem und dessen Ausführung herbeizuführen. Bei komplexeren Bauwerken hat es sich bewährt, einen speziellen **Korrosionsschutzplan** zu erstellen.

⟨1001⟩-1 Zu (a) – Wetterfeste Stähle

Obwohl nicht zu den Korrosionsschutzmaßnahmen im engeren Sinne (Stichwort: passiver Korrosionsschutz) gehörend, führt die Norm in diesem Abschnitt bewusst auch den Einsatz von wetterfestem Stahl (korrekt: wetterfestem Baustahl) auf. Dieser Stahl hat in der „deutschen

Stahlbauszene" eine recht wechselvolle Geschichte hinter sich. Er war ab Ende der 60er Jahre, aus den USA kommend, in vielen europäischen Ländern mit einer gewissen Euphorie eingesetzt worden, so auch in der Bundesrepublik (unter Werksbezeichnungen wie CorTen, Patinax usw.) und in der DDR (unter der Bezeichnung „KT-Stahl" – von „korrosionsträge"). Die Gründe waren bei Ingenieuren eher wirtschaftlicher, bei Architekten eher gestalterischer Natur. Es gab dann Enttäuschungen, weil die speziellen Eigenschaften des wetterfesten Baustahls (siehe weiter unten) beim Konstruieren nicht ausreichend bedacht worden waren. Ab ca. 1980 stagnierte der Einsatz in Deutschland vollends, im Brückenbau zusätzlich gefördert durch (inzwischen widerlegte) Vorbehalte gegenüber der Ermüdungsfestigkeit.

In anderen Ländern lief das teilweise ganz anders. In Kanada werden heute z. B. 80 % bis 90 % der Stahlbrücken aus wetterfestem Stahl gebaut, und in den USA liegt der Gesamtanteil im Brückenbau inzwischen bei ca. 50 %. In Deutschland ist erst seit Erscheinen der in Element 1001 DIN 18800-7 genannten DASt-Richtlinie 007 im Jahre 1993 ein neuerlicher allmählicher Wandel der Einstellung gegenüber dem wetterfesten Baustahl zurück zum Positiven zu beobachten. Es gibt sogar zunehmend Anwendungen, bei denen der wetterfeste Stahl vom Architekten auch aus gestalterischen Gründen gewählt wurde (siehe Bild 10.1).

Alle normativen Voraussetzungen zur praktischen Anwendung von wetterfesten Baustählen sind vorhanden: Es gibt die Produktnorm DIN EN 10155, und die darin genormten Stahlsorten S235...W und S355...W wurden in die Liste der „üblichen Sorten" für den Stahlbau in DIN 18800-1 aufgenommen (vgl. zu Element 501). Die in den letzten Jahren mit der Anwendung der DASt-Richtlinie 007 gemachten Erfahrungen wurden in ein ausführliches Merkblatt MB 434 „Wetterfester Baustahl" des Stahl-Informations-Zentrums (SIZ) umgesetzt, das kürzlich erschienen ist (Autor: M. Fischer) [A24].

Bild 10.1 Beispiel für die Anwendung wetterfesten Stahls:
Archäologisches Museum Kalkriese bei Osnabrück (Foto: M. Fischer, Stuttgart)

Bei der Planung und Ausführung von Konstruktionen aus wetterfestem Baustahl sollte man unbedingt seine Wirkungsweise und die damit verbundenen speziellen Eigenschaften kennen. Diese sind:
- Bei Bewitterung an der Atmosphäre bildet sich eine primäre Rostschicht aus, die sich infolge der speziellen Legierungselemente (vor allem Cu) von der „normalen" Rostschicht unlegierter Baustähle dadurch unterscheidet,

- dass sie sehr dicht ist und
- dass sie fest auf dem Untergrund haftet und sehr stabil ist.

Diese Rostschicht wirkt wie eine Korrosionsschutz-Deckschicht.

- Das Rosten hört aber **nicht** auf, sondern wird nur auf eine sehr kleine Abrostrate „heruntergebremst". Die Stahloberflächen geben also während der gesamten Lebenszeit ständig Rostpartikel ab, die andere Bauteile oder Baustoffe verschmutzen können. Das ist beim Entwerfen und Konstruieren zu beachten.

- Die korrosionsbremsende Deckschicht bildet sich nur bei reichlichem Luftzutritt. Gelegentliche Durchfeuchtungen schaden nicht, wenn ihnen bald wieder eine Trockenperiode folgt. Bei **Dauerfeuchtigkeit** rostet wetterfester Stahl jedoch wie normaler Baustahl. Das schließt zum einen ganze Anwendungsgebiete aus und ist zum anderen in jedem Einzelfall bei der konstruktiven Durchbildung zu beachten.

- Das günstige Korrosionsverhalten zeigt sich nicht nur an der frei bewitterten, sondern auch an der polymerbeschichteten Stahloberfläche. Das bedeutet, dass wetterfester Baustahl, wenn er korrosionsschutzbeschichtet wird, sich ebenfalls besser verhält als unlegierter Baustahl.

Aus diesen Eigenschaften folgen als bevorzugte Anwendungsgebiete für unbeschichteten wetterfesten Baustahl **geschweißte Vollwandkonstruktionen**, die frei stehen oder zumindest gut luftzugänglich sind und die nicht zu kleine Blech- und Profildicken aufweisen. Das sind z. B. Stahl- und Verbund-Vollwandträgerbrücken, Schornsteine, Türme, Rohrmaste, Vollwandträgerkrane. Fachwerktragwerke aus wetterfestem Baustahl (z. B. Freileitungsmaste, Fachwerkbrücken) sollten **geschweißte Hohlprofilkonstruktionen** sein. Von Konstruktionen aus wetterfestem Baustahl mit vielen Schraubverbindungen ist wegen der Gefahr von Dauerfeuchtigkeit in den Berührflächen (Stichwort: Spaltkorrosion) abzuraten.

Nicht anwendbar ist unbeschichteter wetterfester Baustahl

- in Meeresnähe (<1 km Abstand),
- bei unvermeidbar längeren Feuchtigkeitsperioden (z. B. an der Geländeoberfläche, sofern dort nicht besondere konstruktive Vorkehrungen getroffen werden),
- in geschlossenen Räumen mit nicht auszuschließender Schwitzwasserbildung,
- für dünnwandige Bauteile ($t < 3$ mm).

Genauere Informationen zu den Eigenschaften der wetterfesten Baustähle findet man z. B. in [M9] [M18]. Beim Konstruieren mit wetterfestem Baustahl sollten die vielen Hinweise und Empfehlungen in der DASt-Richtlinie 007 und dem SIZ-Merkblatt MB 434 [A24] sorgfältig beachtet werden, um die Fehler der 60er und 70er Jahre zu vermeiden; nützliche Ratschläge für Anwendungen im Hochbau findet man in [A6]. Beim Schweißen von wetterfestem Baustahl gelten im Prinzip die gleichen Grundsätze wie beim Schweißen der vergleichbaren unlegierten Baustähle, natürlich unter Einsatz abgestimmter wetterfester Schweißzusätze; Einzelheiten dazu siehe Abschnitt 10.2.4.1 der DASt-Richtlinie 007.

⟨1001⟩-2 Zu (b) – Beschichtungen

Mit dem Hinweis auf die geltenden Normen für den Korrosionsschutz durch Beschichtungen wird der globalen Forderung in den Stahlbau-Anwendungsnormen – z. B. in DIN 18801 Abschn. 10 –, dass keine die Standsicherheit beeinträchtigende Korrosion eintreten darf, Rechnung getragen. An die Stelle der bewährten deutschen Norm DIN 55928 ist seit 1998 – bei insgesamt ähnlich informativem und anwenderfreundlichem Aufbau und Inhalt – die achtteilige ISO-Norm 12944 getreten (Ausnahme: Teile 8 und 9 von DIN 55928 wurden nicht zurückgezogen, siehe weiter unten).

Von DIN EN ISO 12944 seien hier die Teile 5 und 8 besonders hervorgehoben. DIN EN ISO 12944-5 erlaubt die Auswahl eines geeigneten Beschichtungssystems in Abhängigkeit von der Schutzdauer und der Korrosionsbelastung. DIN EN ISO 12944-8 kann als eine Art Checkliste für die notwendigen Maßnahmen bei Planung und Bewertung von Korrosionsschutzarbeiten dienen. Zusätzlich sollte auch die 1999 vom Deutschen Stahlbauverband DSTV herausgegebene Korrosionsschutz-Richtlinie [R116] für die Planung, Beratung und Ausführung von Korrosionsschutzleistungen mit herangezogen werden. Ferner kann die vom Verband der Lackindustrie und vom Bundesverband Korrosionsschutz herausgegebene Broschüre [A31] für eine vertiefte Beschäftigung mit dem Korrosionsschutz von Stahlbauten durch Beschichtungssysteme empfohlen werden. Bild 10.2 ist dieser Broschüre entnommen; es zeigt die grafischen Gestaltungsmöglichkeiten einer Korrosionsschutzbeschichtung im Industriebau.

Für tragende **dünnwandige Bauteile** mit Blechdicken < 3 mm ist der Korrosionsschutz besonders wichtig, da bei Abrostungen die Standsicherheit unmittelbar gefährdet ist. DIN EN ISO 12944 enthält hierfür keine besonderen Regeln. Deshalb muss gemäß Element 1001 DIN 18800-7 nach wie vor auf DIN 55928-8 zurückgegriffen werden. Man beachte, dass hier bewusst die verbindliche Formulierung „... ist ein Korrosionsschutz nach DIN 55928-8 vorzusehen" gewählt wurde, um damit auf die bei dünnwandigen Bauteilen bestehenden konkreten Anforderungen an den Korrosionsschutz durch Vorgabe der Korrosionsschutzsysteme in Abhängigkeit von der örtlichen Korrosionsgefährdung hinzuweisen. Entsprechende Regelungen sind z. B. in der DASt-Richtlinie 016, Abschn. 2.7, und in DIN 18914 [R21], Abschn. 9, enthalten.

Bild 10.2 Gasbehälter mit grafisch gestalteter Korrosionsschutzbeschichtung
(Foto: Du Pont Protective Coating, Vaihingen/Enz)

⟨1001⟩-3 **Zu (c) – Feuerverzinken von Bauteilen**

Das Feuerverzinken von Bauteilen („Stückverzinken") wird sowohl als eigenständige Korrosionsschutzmaßnahme eingesetzt (Bild 8.9 zeigt ein Beispiel), als auch als erste Phase einer „Duplex-Beschichtung". Die beiden in Element 1001 zitierten ISO-Normen DIN EN ISO 14713 und DIN EN ISO 1461 sind seit 1999 an die Stelle der bewährten deutschen Norm DIN 50976 getreten. Während DIN EN ISO 14713 ein allgemeiner Leitfaden zum Korrosionsschutz von Stahlkonstruktionen (einschl. Verbindungsmittel) durch Zink- oder Aluminiumüberzüge ist – mit einer guten Darstellung von Grundsätzen der feuerverzinkungsgerechten Gestaltung im Anhang A –, behandelt DIN EN ISO 1461 speziell das Stückverzinken, wobei Anhang C umfangreiche fachliche Erläuterungen enthält, die einen Beitrag zum Verständnis der Voraussetzungen und Vorgänge beim Feuerverzinken von Bauteilen leisten sollen.

Grundsätzlich ist bei der Planung und Ausführung des Stückverzinkens von Stahlkonstruktionen zu beachten, dass beim Feuerverzinken die chemische Zusammensetzung des Stahlwerkstoffes, die Art der Konstruktion, die Fertigung und der Verzinkungsvorgang selbst aufeinander abzustimmen sind. Einige wesentliche Anforderungen bzw. Empfehlungen in diesem Zusammenhang, welche die Herstellung von Stahlkonstruktionen betreffen, die feuerverzinkt werden sollen, seien hier aufgeführt:

- Die Eignung der Stahlwerkstoffe zum Feuerverzinken ist bei der Stahlbestellung zu vereinbaren (vgl. auch ⟨402⟩-2-f).
- Für die Kaltumformung sind alterungsunempfindliche Baustähle mit verbesserter Kerbschlagzähigkeit der Güte J2 oder besser zu wählen. Bei der Bestellung sollten Stahlsorten mit dem besonderen Bestellhinweis „für Kaltumformung und Feuerverzinkung geeignet" ausgewählt werden (siehe DIN EN ISO 1461, C 1.5).
- Die Prüfbescheinigungen der Werkstoffe sollten der Verzinkerei als Kopie zur Information mitgeliefert werden.
- Die Konstruktion ist hinsichtlich ihrer Eignung zum Feuerverzinken, d. h. der verzinkungsgerechten Gestaltung und Ausführung, einer kritischen Prüfung zu unterziehen. Ungünstige Eigenspannungszustände und Steifigkeitssprünge sollten nicht vorhanden sein.
- Schweißeigenspannungen sowie Gefügeveränderungen im Schweißnahtbereich sind durch geeignete Schweißfolge niedrig zu halten.
- Fehlstellen, wie z. B. Einbrandkerben, aber auch konstruktive Kerben, sind zu vermeiden.
- Die Stahlbaufirma sollte sich über die Qualitätssicherungsmaßnahmen der Verzinkerei informieren und sich die jeweiligen Prozessdaten der Verzinkung dokumentieren lassen.
- Von der Stahlbaufirma sollte eine Qualitätskontrolle bzw. Abnahme – ggf. auch mit Rissprüfung – vorgenommen werden.

Von besonderer Bedeutung im Hinblick auf eine mögliche Rissbildung bei hochfesten Stählen sind die Beizdauer, die zur Vermeidung einer Wasserstoffversprödung möglichst kurz gehalten werden muss, ansonsten ein zügiges und steiles Eintauchen in das Zinkbad und eine möglichst geringe Tauchdauer zur Vermeidung einer Lötrissigkeit.

⟨1001⟩-4 Zu (d) – Feuerverzinken von Verbindungsmitteln

Hierfür gibt es bisher noch keine internationale Norm, weshalb Element 1001 DIN 18800-7 nach wie vor DIN 267-10 als gültiges Regelwerk nennt. Da Hersteller von Stahlbauten feuerverzinkte Verbindungsmittel in der Regel als fertige Vorprodukte beziehen, erübrigen sich besondere Hinweise. Die Schraubenhersteller haben für die Herstellung feuerverzinkter Schraubengarnituren eine spezielle „DSV/GAV-Richtlinie" erarbeitet (vgl. zu Element 518); Bild 8.8b zeigt eine solche Garnitur, Bild 8.9 zeigt sie im eingebauten Zustand. Zum Einsatz feuerverzinkter Schrauben sowie zu anderen Korrosionsschutzsystemen für mechanische Verbindungsmittel siehe auch zu Element 1013.

Im weiteren Sinne gehört auch die Thematik **„Schweißen und Feuerverzinken"** hierher. Dazu enthält die DIN EN ISO 14713 wertvolle „schweißtechnische Hinweise im Zusammenhang mit Schutzüberzügen". Darin wird u. a. empfohlen, das Schweißen **vor dem Feuerverzinken** zu bevorzugen. Für die Vorbereitung der für das Feuerverzinken vorgesehenen Schweißnahtbereiche (Stichwort: Schweißschlacken) findet man in DIN EN ISO 14713 Hinweise.

Die Empfehlung, nicht nach dem Feuerverzinken zu schweißen, kann nicht oft genug wiederholt werden. Eine feuerverzinkte Konstruktion – dazu gehört auch eine Duplex-beschichtete Konstruktion – sollte nicht durch nachträgliches Schweißen „geschwächt" werden. Selbst bei noch so fachgerechter Ausbesserung bleiben solche Bereiche die Schwachpunkte des gesamten Korrosionsschutzsystems und stellen unter Umständen dessen Auswahl für das betreffende Bauteil im Nachhinein in Frage. Schweißstöße auf der Baustelle sollten deshalb die absolute Ausnahme darstellen.

Soll dennoch **nach dem Feuerverzinken** geschweißt werden, so muss der Zinküberzug örtlich in der Schweißzone vor dem Schweißen entfernt und danach wieder instand gesetzt bzw. ausgebessert werden. Man muss sich aber darüber im Klaren sein, dass das übliche „Kaltverzinken" (der Begriff ist fachlich nicht zutreffend, da es sich nicht um das Aufbringen eines metallischen Überzugs handelt, sondern um ein simples Anstreichen/Beschichten mit Zinkstaubfarbe) den Zinküberzug nicht ersetzen kann. Zwar mag bei geeigneter Auswahl die kathodische Schutzwirkung vergleichbar sein, nicht aber die mechanische Belastbarkeit und Dauerhaftigkeit.

⟨1001⟩-5 Zu (e) – Thermisches Spritzen

Die ISO-Norm 2063 ist als DIN EN 22063 seit 1994 an die Stelle der deutschen Norm DIN 8565 getreten. Für die Vorbereitung der Oberflächen für das thermische Spritzen ist aber die DIN 8567 [R14] immer noch gültiges Regelwerk. Der in ⟨1001⟩-3 angesprochene „Leitfaden"

DIN EN ISO 14713 schließt auch thermisch gespritzte Zink- und Aluminiumüberzüge mit ein (siehe zu Element 1007).

Das thermische Spritzen wird im Stahlbau ein Sonderfall bleiben, z. B. bei filigranen Konstruktionen mit Rücksicht auf den Wärmeverzug oder für große Bauteile, welche die verfügbare Zinkbadgröße überschreiten. Zu beachten sind die maximal erreichbaren Schichtdicken und der Kostenfaktor.

⟨1001⟩-6 Korrosionsschutzgerechte Gestaltung

Der Hinweis auf die korrosionsschutzgerechte Gestaltung im letzten Absatz von Element 1001 soll, obwohl wie die wetterfesten Stähle nicht zu den passiven Korrosionsschutzmaßnahmen gehörend, alle Stahlbau-Ausführenden daran erinnern, dass optimaler und wirtschaftlicher Korrosionsschutz bereits am Bildschirm beim Konstruieren beginnt. Das kann gar nicht genug betont werden. Alle drei angeführten Normen DIN EN ISO 1461, 14713 und 12944-3 enthalten viele anschauliche Beispiele für korrosionsschutzgerechtes Konstruieren. Auch das am Beginn des vorliegenden Kommentars zu Element 1001 genannte Schrifttum behandelt diese Thematik ausführlich.

Oberflächenvorbereitung 10.2

Zu Element 1002

⟨1002⟩-1 Technische Vorbereitung der Oberflächen

Die Wirksamkeit eines Korrosionsschutzsystems hängt maßgeblich von einer fachgerechten Oberflächenvorbereitung ab. Dies und die jeweils verbindlichen Normen dazu sind in Element 1002 aufgeführt. Es ist zu unterscheiden, ob die Oberfläche für einen metallischen Überzug (z. B. durch Feuerverzinken oder durch Spritzverzinken) oder für eine organische Beschichtung mit einem Farbsystem vorbereitet werden soll. Im letzteren Fall wird in der Regel eine Vorbereitung mittels Strahlen mit einem Vorbereitungsgrad (früher: „Reinheitsgrad") Sa 2½ nach DIN EN ISO 12944-4 gefordert. Der Oberflächenvorbereitungsgrad kann mittels Vergleichsnormalen nach ISO 8501-1 [R109] und DIN EN ISO 4628-3 [R75] abgeschätzt werden. Dazu wird über photografische Vergleichsmuster und den dazugehörigen Beschrieb ein Zustand definiert, protokolliert und von den prüfenden Partnern bestätigt – ein Vorgang, der vor allem im Zusammenhang mit dem Anlegen von Kontrollflächen von Bedeutung ist (siehe ⟨1002⟩-2).

Bei bereits vorhandenen Anstrichen (z. B. Altanstriche oder eine Fertigungsbeschichtung, siehe Element 1004) ist eine differenzierte Vorgehensweise notwendig. Neben der Prüfung der Haftfähigkeit solcher Altanstriche ist die Verträglichkeit im Gesamtsystem zu kontrollieren; falls notwendig, sind die Altanstriche komplett zu entfernen.

Besondere Aufmerksamkeit sollte auch dem Entfernen von Schweißspritzern gewidmet werden, da diese sich nach dem Aufbringen der Korrosionsschutzbeschichtung lösen und somit ungeschützte Stellen verursachen könnten. Außerdem besteht beim Überstreichen oder Überspritzen von Schweißspritzern immer die Gefahr, dass die über dem Spritzer vorhandene Schichtdicke geringer ist als in dem anschließenden flächigen Bereich.

Soll ein Bauteil stückverzinkt werden – entweder als eigenständige Korrosionsschutzmaßnahme oder als erste Phase eines Duplex-Systems –, übernimmt in der Regel der Verzinkungsbetrieb die erforderliche Vorbehandlung. Eine Nachbehandlung des Zinküberzuges bei Duplex-Aufbau hängt dann vom weiteren Beschichtungsaufbau ab (siehe auch zu Element 1008).

⟨1002⟩-2 Kontrollflächen

Obwohl in Element 1002 nicht explizit erwähnt, bietet es sich an, an dieser Stelle auf die Möglichkeit des Anlegens von „Kontrollflächen" hinzuweisen, denn deren Funktion beginnt mit der Vorbereitung der Oberflächen. In DIN EN ISO 12944-7 und -8 sind konkrete Angaben über die Ausführung und Dokumentation solcher Kontrollflächen gemacht. Der Sinn der Kontrollflächen liegt zum einen darin, eine technische Grundlage für die Korrosionsschutzarbeiten am Objekt zwischen allen Beteiligten abzustimmen und zu kontrollieren sowie die Herstellerangaben für die Beschichtungsstoffe in den unmittelbaren Beschichtungsvorgang einzubringen („Einstellen der Farbe"). Zum anderen ist eine Kontrollfläche im späteren Reklamationsfall als „Vergleichsmuster" wichtig, um den Verursacher von Korrosionsschäden einwandfrei ermitteln zu können.

Als Kontrollflächen werden repräsentative Teilflächen am Bauwerk ausgewählt. „Repräsentativ" heißt, dass sie z. B. auch kritische Schweißnähte, Schraubenverbindungen, Kanten, Ecken usw. erfassen sollten. Anzahl und Größe der Kontrollflächen müssen im angemessenen Verhältnis zur Gesamtfläche des Bauwerkes stehen. Anhang A zu DIN EN ISO 12944-7 gibt Empfehlungen dazu; die empfohlene Anzahl geht von 3 bei <2000 m² bis 9 bei >50000 m², die empfohlene Fläche von 0,6 % bis 0,2 %.

Eine Kontrollfläche wird im Beisein aller Beteiligten (d. h. des Herstellers des Stahltragwerkes, der ausführenden Firma der Korrosionsschutzarbeiten, der Herstellerfirma des Beschichtungssystems, ggf. der Verzinkerei und der Prüfinstanz für die Korrosionsschutzarbeiten) entrostet/gestrahlt und anschließend mit dem geforderten Korrosionsschutzsystem versehen. Jeder der Beteiligten muss mit der jeweiligen Ausführung der Arbeiten einverstanden sein. Ist er das nicht, weil seines Erachtens die Ausführung nicht in Übereinstimmung mit den Ausführungsunterlagen erfolgte (vgl. einleitenden Kommentar zu Element 1001), kann er ein Nacharbeiten verlangen. Das Anlegen einer Kontrollfläche wird in einem Kontrollflächenprotokoll festgehalten. Einen Vordruck für ein solches Protokoll enthält Anhang B zu DIN EN ISO 12944-8.

Versagt während der Garantiezeit das Korrosionsschutzsystem sowohl der Bauwerksflächen als auch der Kontrollfläche, haftet in der Regel der Hersteller des Beschichtungssystems. Treten während der Garantiezeit Schäden am Korrosionsschutzsystem der Bauwerksflächen auf, während das Korrosionsschutzsystem der Kontrollfläche keine Schäden aufweist, haftet in der Regel die ausführende Firma der Korrosionsschutzarbeiten. Für die genaue Ursachenermittlung wird in jedem Falle die Kontrollfläche herangezogen. Dies erfolgt in Einzelfallentscheidungen ggf. durch qualifizierte Sachverständige.

Da die Reparatur oder eine Kompletterneuerung des Korrosionsschutzsystems – vor allem bei hohen Bauwerken oder bei Brücken – erhebliche Kosten verursacht, wird der ausführenden Stahlbaufirma – aber auch der ausführenden Korrosionsschutzfirma und der Herstellerfirma des Korrosionsschutzsystems – dringend empfohlen, sich durch das Anlegen von Kontrollflächen abzusichern.

Zu Element 1003

Die in diesem Element genannte Forderung nach rückstandslosem Entfernen von öl-, fett- oder silikonartigen Stoffen ist als Voraussetzung für eine einwandfreie Haftung der Beschichtungsstoffe besonders wichtig. Insbesondere silikonhaltige Rückstände beeinflussen die Haftfähigkeit negativ, lassen sich aber leider nur äußerst schwer bzw. fast gar nicht ordnungsgemäß entfernen. Silikonhaltige Rückstände stammen von Schmiermitteln, die zur Erhöhung der Werkzeugstandzeiten im Zuschnitt eingesetzt werden. So weit möglich, sollte auf sie ganz verzichtet werden. Mögliche Substituten bedürfen allerdings aufgrund ihrer Gesundheitsgefährdung einer besonderen Behandlung, bzw. sind zum Teil schon mit Einsatzverbot belegt. Über die Wirksamkeit der Substituten gehen die Meinungen sowieso auseinander.

Maschinenhersteller von Zuschnitteinheiten haben sich auf diese Situation weitestgehend mit so genannten Minimalschmierungen (fast rückstandsfrei) oder mit Trockenbearbeitung (hartmetallbestückte Werkzeuge, hohe Drehzahlen und Luftkühlung) oder mit einer Kombination aus beiden eingestellt. Dies hat aber leider auch Nachteile: Die Standzeiten der Werkzeuge, die Werkzeugkosten und die Folgekosten begrenzen die Anwendung. Die Entscheidung für den einen oder anderen Weg ist durch den Anwender zu treffen.

Die Anmerkung in Element 1003 zu möglichen Beschichtungs- oder Überzugstörungen an Brennschnitten soll auf diese Problematik aufmerksam machen, ohne dass allerdings konkrete Ratschläge zur Vermeidung gemacht werden können. Hinsichtlich der Schnittflächengüten sei auf den ausführlichen Kommentar zu den Elementen 602 und 603 verwiesen.

10.3 Fertigungsbeschichtungen

Zu Element 1004

Dieses Element gibt Hinweise für die Verwendung von überschweißbaren Fertigungsbeschichtungen (im Fachjargon häufig „Schweißprimer" genannt). Es tritt damit an die Stelle des

Anhangs A8 der DIN 18800-1. Selbst unter Beachtung der Angaben in den beiden in Element 1004 genannten Richtlinien DVS 0501 und DASt-Ri 006 ist der Umgang mit diesen Fertigungsbeschichtungen nicht unproblematisch. Zur Sicherung der Schweißnahtqualität ist die Sollschichtdicke des Primers unbedingt einzuhalten, ein Vorgang, der in der Regel nur durch kontinuierlich arbeitende Durchlaufanlagen, d. h. als vollmechanisierter Vorgang, abzusichern ist. Besonderes Augenmerk ist auch auf das Zusammenwirken des Primers mit dem weiteren Beschichtungsaufbau zu legen. Es kommt nicht selten vor, dass im Zuge einer exakten Schweißnahtvorbereitung der Schweißprimer in den Schweißbereichen komplett wieder entfernt wird. Oft werden in der Praxis die Schweißbereiche vor dem Aufbringen der Fertigungsbeschichtung abgeklebt.

Diese Art der temporären Beschichtung mit zeitlich begrenztem Korrosionsschutz wird immer eine Sonderlösung bleiben. Beispiele für eine sinnvolle Anwendung sind Zuschnitte als Zulieferposition bei nicht vorhandener eigener Strahlkapazität oder extrem lange Fertigungsdurchlaufzeiten, unter Umständen sogar mit Zwischenlagerung von Bauteilen oder Baugruppen.

Im Juli 2003 (also nach dem Erscheinen der hier kommentierten neuen DIN 18800-7) ist die weltweit gültige Normenreihe DIN EN ISO 17652, Teile 1 bis 4 [R97-100] erschienen. Sie wird mittelfristig für das Arbeiten mit Fertigungsbeschichtungen die beiden genannten Richtlinien ersetzen, vor allem bei internationalen Aufträgen.

Beschichtung und Überzüge 10.4

Zu Element 1005

Der nochmalige Verweis auf die für die Auswahl des Beschichtungssystems und die Ausführung und Überwachung der Beschichtungsarbeiten maßgebenden beiden Teile 5 und 7 der DIN EN ISO 12944 soll vor allem denjenigen Betrieben und Personen eine Hilfe geben, die nicht ständig das Thema Korrosionsschutz als Gewerk bearbeiten oder beplanen müssen.

Der Hinweis in diesem Element auf die **technischen Merkblätter der Beschichtungsstoffhersteller** soll den Anwender (d. h. sowohl den Stahlbau- als auch den Korrosionsschutzausführenden) für deren Bedeutung sensibilisieren. DIN EN ISO 12944-7 weist ausdrücklich darauf hin, dass die technischen Datenblätter alle für die sachgemäße Verwendung der Beschichtungsstoffe notwendigen Einzelheiten enthalten müssen. Der Anwender sollte die in den technischen Merkblättern niedergelegten Verarbeitungsrichtlinien des Lieferanten gewissenhaft prüfen und umsetzen, vor allem auch in regelmäßigen Abständen die aktuelle Version anfordern. So genannte technische Weiterentwicklungen führen zum Beispiel oft zu veränderten Verarbeitungsbedingungen, auf die reagiert werden muss.

Planer und Anwender sollten sich auch nicht scheuen, die „Beratungshilfe" des Beschichtungsstoffherstellers bei Bedarf in Anspruch zu nehmen. Die gleiche Interessenlage von Anwender und Beschichtungsstoffhersteller führt dazu, dass solche technische Beratung und ggf. anschließende Begleitung der Verarbeitungsprozesse in der Regel auf recht hohem Niveau stattfindet. In diesem Zusammenhang sei noch einmal auf die Möglichkeit des Anlegens von „Kontrollflächen" hingewiesen (vgl. ⟨1002⟩-2).

In den Bildern 10.3 und 10.4 sind beispielhaft zwei technische Merkblätter für typische Beschichtungsstoffe – eine Grundbeschichtung und eine Deckbeschichtung – wiedergegeben, mit denen sich Beschichtungssysteme für atmosphärische Umgebungsbedingungen entsprechend den Korrosivitätskategorien C3 bis C4 gemäß DIN EN ISO 12944-5 herstellen lassen. In Kombination mit einer zusätzlichen Zwischenbeschichtung ist aufgrund der damit höheren Gesamtschichtdicke eine Erweiterung sogar bis C5 möglich. Mit den in diesen beiden Beispiel-Merkblättern beschriebenen Grund- und Deckbeschichtungen lassen sich beispielsweise die Beschichtungssysteme S3.16, S3.17, S3.18 und S3.19 gemäß Tabelle A.3 DIN EN ISO 12944-5 und S4.12, S4.13, S4.14 und S4.15 gemäß Tabelle A.4 DIN EN ISO 12944-5 realisieren.

Der Leser kann sich anhand dieser beiden Beispiel-Merkblätter selbst ein Bild machen, welche Fülle von für den Verarbeiter wichtigen produktspezifischen Hinweisen und Kennwerten in solchen technischen Merkblättern aufgeführt sind, deren Beachtung bzw. Einhaltung für eine sach- und fachgerechte Ausführung der Korrosionsschutzarbeiten unerlässlich ist. Die Systeme aller renommierten Hersteller sind in der Regel wie ein „Systembaukasten" aufgebaut und lassen eine Reihe weiterer Kombinationen zu (siehe z. B. Bild 10.3b „Beschichtungssysteme", wo geeignete Deckbeschichtungen für diese Grundbeschichtung angegeben sind).

```
... Seite 21
GEHOLIT                03/2003/07
+WieMeR
LACK UND KUNSTSTOFF CHEMIE GMBH
```

TECHNISCHE INFORMATION 3.16.1

GEHOPON-EX-Metallgrund
sandgelb etwa RAL 1002, DB-Stoff-Nr. 687.02, E1-105
rotbraun etwa RAL 8012, DB-Stoff-Nr. 687.06, E1-820

Zweikomponenten-Epoxid-Grundbeschichtungen

■ **ANWENDUNGSGEBIETE**

Korrosionsschutz-Grundbeschichtung für nachfolgende Zweikomponenten-Systeme auf Basis Epoxid- und Polyurethan, im Brückenbau, Stahlhochbau für Behälter- und Gerätebeschichtungen, für Anlagen und Konstruktionen in aggressiver Atmosphäre, in kerntechnischen Anlagen und dergleichen.

■ **PRODUKT-EIGENSCHAFTEN**

GEHOPON-EX-Metallgrund auf Basis Epoxidharz besitzt eine ausgezeichnete Haftung auf Stahl, feuerverzinkten, sendzimirverzinkten und flammspritzverzinkten Stahlflächen. Aufgrund der Zusammensetzung ist GEHOPON-EX-Metallgrund hervorragend als Grundbeschichtung für nachfolgende Zweikomponenten-Systeme geeignet.

Beständigkeiten

Zusammen mit geeigneten Zweikomponenten-Deckbeschichtungen erhält man Korrosionsschutzsysteme mit ausgezeichneter mechanischer Widerstandsfähigkeit sowie Beständigkeit gegen Chemikalien, aggressive Atmosphäre oder auch Licht- und Wetterbeständigkeit.

Temperaturbeständigkeit (trocken): 120 °C Dauer, kurzfristig 150 °C

Prüfzeugnisse

- Zulassung der Deutschen Bahn AG gemäß TL 918 300 Teil 2, Blatt 87.

- Zulassung als Grundbeschichtung für reaktionsharzgebundene Dünnbeläge auf Stahl (ZTV-RHD-ST, Ausgabe 1999) für Fahrbahnen, Geh-, Radwege und Dienststege sowie Schrammborde.

■ **PRODUKTDATEN**

	GEHOPON-EX-Metallgrund	Härter
Produkt-Nummer und Farbtöne	E1-105 sandgelb etwa RAL 1002 E1-820 rotbraun etwa RAL 8012	EX-4 oder EX-72

Anmerkung:
Wir empfehlen den speziellen Härter EX-72 bei tieferen Verarbeitungstemperaturen. Bitte fordern Sie ggf. unsere technische Beratung an.

Mischungsverhältnis	8 Gew.-Teile	1 Gew.-Teil
Standardgebinde (Mischungspackung)	24 kg netto	3 kg netto
Lieferform	nach Mischung mit Härter streichfertig	
Lagerfähigkeit	In Originalgebinden bei Normaltemperatur mindestens 12 Monate.	
Geeignete Verdünnung	V-538 (auch zum Reinigen der Arbeitsgeräte)	

Bild 10.3a Beispiel für ein technisches Merkblatt für eine Grundbeschichtung (Blatt 1)

... Seite 22

GEHOLIT +WIEMER
LACK UND KUNSTSTOFF CHEMIE GMBH

03/2003/07

TECHNISCHE INFORMATION 3.16.1

GEHOPON-EX-Metallgrund
sandgelb etwa RAL 1002, DB-Stoff-Nr. 687.02, E1-105
rotbraun etwa RAL 8012, DB-Stoff-Nr. 687.06, E1-820

Verbrauchsdaten

GEHOPON-EX-Metallgrund, E 1- 820

Festkörper (Massen-%)	Dichte (Mischung) (g/mL)	Festkörpervolumen		
		(%)	(mL/L)	(mL/kg)
74,2	1,55	54	540	348
Schichtdicken		theoretischer Materialverbrauch		
naß (µm)	DFT (µm)	Verbrauch (kg/m²)	Ergiebigkeit (m²/kg)	
111	60	0,172	5,8	
148	80	0,230	4,4	

Anmerkungen
- DFT: Trockenschichtdicke (dry film thickness)
- Die aufgeführten Kennwerte sind ca.-Werte und gelten für die angegebene Qualität (Farbton). Die Werte können bei anderen Farbtönen geringfügig hiervon abweichen.

Beschichtungssysteme

Geeignete Deckbeschichtungen:

GEHOPON-EXS-Eisenglimmer	E8-	TI 3.20
GEHOPON-EXS-Eisenglimmer-Rapid	E8-	TI 3.20.2
GEHOPON-EXS	E8-	TI 3.20.1
GEHOPON-EX-Protect /-Eisenglimmer	E5-	TI 3.25
WIEREGEN-ACU /-Eisenglimmer	M 8-	TI 3.27
WIEREGEN-ACU /-Eisenglimmer	M 9-	TI 3.28

Die Auswahl der Grund- und Deckbeschichtungen sowie deren Anzahl und Schichtdicke richtet sich nach der zu erwartenden Belastung, evtl. bestehenden Vorschriften und den Arbeitsverfahren.

Beschichtungsstoff für RHD-Beläge gemäß ZTV-RHD-ST:

WIEREGEN-COMPACT   D80-   TI 3.40

■ **HINWEISE ZUR AUSFÜHRUNG**

Oberflächenvorbereitung

Stahlflächen
Strahlen im Oberflächenvorbereitungsgrad Sa 2 ½ gemäß DIN EN ISO 12944-4

Verzinkte Stahlflächen:
Bedingung für eine einwandfreie Haftung der Beschichtungsstoffe sind trockene und saubere Oberflächen der Verzinkung. Neben Verunreinigungen wie Fett, Öl, Staub usw. müssen insbesondere Zinksalze (Korrosionsprodukte des Zinks) vollständig entfernt werden.
Feuerverzinkte Stahlteile, die einer Freibewitterung oder Kondensatbelastung unterliegen: Oberflächenvorbereitung durch Sweepstrahlen gemäß DIN EN ISO 12944-4. Gesweepte Flächen müssen eine matte Oberfläche aufweisen.
Hinweis: Zinksalze bilden sich relativ schnell und sind anfangs nicht bzw. kaum erkennbar.

Thermisch spritzverzinkte Stahlflächen:
Die Beschichtung soll innerhalb von 4 Stunden nach der Spritzverzinkung aufgebracht werden. Die Oberflächen müssen dabei trocken und sauber sein. Optimal ist der Einsatz eines zusätzlichen „sealers", d. h. GEHOPON-EX-Metallgrund wird als Versiegelung des porösen Zinküberzuges mit ca. 20 µm DFT vorgespritzt. Hierauf folgt dann die eigentliche Grundbeschichtung.

Bild 10.3b Beispiel für ein technisches Merkblatt für eine Grundbeschichtung (Blatt 2)

... Seite 23

GEHOLIT+WIEMER
LACK UND KUNSTSTOFF CHEMIE GMBH

03/2003/07

TECHNISCHE INFORMATION
3.16.1
GEHOPON-EX-Metallgrund
sandgelb etwa RAL 1002, DB-Stoff-Nr. 687.02, E1-105
rotbraun etwa RAL 8012, DB-Stoff-Nr. 687.06, E1-820

Luft- und Untergrundtemperaturen	optimal bei 15 bis 25 °C, nicht unter 10°C
Rel. Luftfeuchte	max. 80 % relative Luftfeuchte
	Die Oberflächentemperatur der zu beschichtenden Teile muß während der Applikation um mindestens 3 °C über dem Taupunkt der Luft liegen (s. Korrosionsschutz-Basisnorm DIN EN ISO 12944-7).

Verarbeitungshinweise

Mischen	Mit der entsprechend abgepackten Härtermenge am besten mit einem maschinellen Rührwerk gründlich mischen. Nach einer Wartezeit von 15 Minuten und nochmaligem Durchrühren ist das Gemisch gebrauchsfertig.
Verarbeitungsmethoden	

Verfahren / Parameter	Zugabe von Verdünnung V-538 für eine Trockenschichtdicke von	
	40 bis 50 µm	80 µm
Streichen / Rollen (je nach Temperatur)	0 bis 2 %	0 bis 1 %
Druckluft-Spritzen Düse 1,5 bis 2,0 mm Druck $P_Ü = 3$ bis 4 bar	6 bis 10 %	4 bis 6 %
Airless-Spritzen Düse 0,33 bis 0,38 mm Druck $P_Ü$ ca. 200 bar	3 bis 6 %	1 bis 3 %

(Die Angaben beziehen sich auf Temperaturen von 15 bis 25 °C)

Gerätereinigung	Mit Verdünnung V-538
Verarbeitungszeit	6 bis 8 Stunden (temperaturabhängig)
Aushärtungszeit	Bei einer Temperatur von 20 °C
staubtrocken:	nach ca. 30 min
klebfrei:	nach 3 bis 4 Stunden
überlackierbar:	nach 12 bis 16 Stunden
■ SCHUTZMASSNAHMEN	Härter reagiert alkalisch und daher ätzend auf Haut und Schleimhäute (Augen!). Verschmutzungen deshalb vermeiden, notfalls gründlich mit Wasser und Seife waschen.
	Alle sicherheitsrelevanten Daten, z. B. die Kennzeichnungen gemäß Gefahrstoff- und Gefahrgutverordnung und VbF können dem jeweils aktuellen Sicherheitsdatenblatt zu diesem Produkt entnommen werden. Die Gefahrenhinweise und Sicherheitsratschläge befinden sich auf den Gebinden. Darüber hinaus sind die einschlägigen Vorschriften zu beachten, z. B. die Unfallverhütungsvorschriften der jeweils zuständigen Berufsgenossenschaft..

Die vorstehenden Angaben entsprechen dem letzten Stand unserer Erfahrungen. Eine Gewähr für den Anwendungsfall sowie eine Haftung aus Beratung durch unsere Mitarbeiter kann von uns nicht übernommen werden. Insofern üben unsere Mitarbeiter lediglich eine unverbindliche Beratertätigkeit aus. Die Bauaufsicht, die Einhaltung der Verarbeitungsrichtlinien und die Beachtung der anerkannten Regeln der Technik liegen ausschließlich beim Verarbeiter, auch dann, wenn unsere Mitarbeiter bei der Verarbeitung anwesend sind.
Bedingt durch technische Entwicklungen können Änderungen eintreten. Gültig ist jeweils die neueste Ausgabe dieser Information.

Bild 10.3c   Beispiel für ein technisches Merkblatt für eine Grundbeschichtung (Blatt 3)

KORROSIONSSCHUTZMASSNAHMEN 10

... Seite 24

GEHOLIT+WIEMER
LACK UND KUNSTSTOFF CHEMIE GMBH

03/2003/02

TECHNISCHE INFORMATION 3.28

WIEREGEN-ACU
WIEREGEN-ACU-Eisenglimmer
M 9-

2K-Polyurethan-Deckbeschichtung
für Stahl und verzinkten Stahl

- **ANWENDUNGSGEBIETE** Hochwertige Deckbeschichtung in Beschichtungssystemen für den Korrosionsschutz von Stahlbauten und -konstruktionen.

- **PRODUKT-EIGENSCHAFTEN** WIEREGEN-ACU und WIEREGEN-ACU-Eisenglimmer enthalten als Bindemittel ein Polyacrylat mit einem speziellen Polyisocyanat als Härtungskomponente. Die Pigmentierung von WIEREGEN-ACU-Eisenglimmer besteht im wesentlichen aus korrosionsschutztechnisch hochwertigem Eisenglimmer.

  Die Verarbeitung erfolgt vorzugsweise im Airless-Spritzverfahren, wobei in einem Arbeitsgang 80 bis 100 µm Schichtdicke erzielt werden können. Eine Verarbeitung im Streich- oder Rollverfahren ist ebenfalls möglich. In einem Arbeitsgang werden hier Schichtdicken von ca. 60 µm erreicht.

  Beständigkeiten Deckbeschichtungen mit WIEREGEN-ACU und WIEREGEN-ACU-Eisenglimmer besitzen hervorragende Wetterbeständigkeit und gute Farbtonstabilität. In dieser Hinsicht sind sie den üblicherweise im Stahlhochbau eingesetzten Beschichtungsstoffen überlegen.

  Zusammen mit geeigneten Epoxid-Beschichtungsstoffen (siehe Beschichtungssysteme) erhält man Korrosionsschutzsysteme mit ausgezeichneter mechanischer Widerstandsfähigkeit sowie Beständigkeit gegen aggressive Atmosphäre, Tausalz u.ä.
  Temperaturbelastungen bis 120 °C sind möglich (trockene Wärme).

  Im Gegensatz zu den meisten Polyurethan-Beschichtungsstoffen können WIEREGEN-ACU und WIEREGEN-ACU-Eisenglimmer nach Reinigung der Oberfläche auch nach Monaten und Jahren überschichtet werden, ohne dass Haftungsschwierigkeiten auftreten.

  Gerade diese Eigenschaft macht zusammen mit den o. g. Beständigkeiten WIEREGEN-ACU und WIEREGEN-ACU-Eisenglimmer auch für größere Objekte ausgesprochen interessant.

  Prüfzeugnisse • Produkte mit Angabe von DB-Stoff-Nummern entsprechen den TL 918 300 Teil 2, Blatt 87, der Deutschen Bahn AG.

- **PRODUKTDATEN**

	WIEREGEN-ACU	WIEREGEN-ACU-Eisenglimmer	Härter
Produkt-Nummer	M 9- (je nach Farbton)	M 9- (je nach Farbton)	DX-4
Farbton	RAL-Farbtonkarte oder nach Muster	G+W-Eisenglimmer-Farbtonkarte	
Glanzgrad	seidenglänzend		

Bild 10.4a Beispiel für ein technisches Merkblatt für eine Deckbeschichtung (Blatt 1)

...Seite 25

GEHOLIT+WIEMER
LACK UND KUNSTSTOFF CHEMIE GMBH

03/2003/02

TECHNISCHE INFORMATION 3.28

WIEREGEN-ACU
WIEREGEN-ACU-Eisenglimmer
M 9-

	WIEREGEN-ACU	WIEREGEN-ACU-Eisenglimmer	Härter
Mischungsverhältnis	8 Gew.-Tl. M 9- 1 Gew.-Tl. DX-4	9 Gew.-Tl. M 9- 1 Gew.-Tl. DX-4	
Standardgebinde (Mischungspackung)	27 kg netto	27,5 kg netto	

Lieferform nach Mischung mit Härter streichfertig

Lagerfähigkeit In Originalgebinden bei Normaltemperatur mindestens 6 Monate

Geeignete Verdünnung V-89

Verbrauchsdaten

WIEREGEN-ACU, M 9-9010

Festkörper (Massen-%)	Dichte (Mischung) (g/mL)	Festkörpervolumen		
		(%)	(mL/L)	(mL/kg)
72,1	1,39	56,0	560	403
Schichtdicken		theoret. Materialverbrauch/Ergiebigkeit		
nass (µm)	DFT (µm)	Verbrauch (kg/m²)	Ergiebigkeit (m²/kg)	
143	80	0,199	5,0	

WIEREGEN-ACU-Eisenglimmer, M 9-76201

Festkörper (Massen-%)	Dichte (Mischung) (g/mL)	Festkörpervolumen		
		(%)	(mL/L)	(mL/kg)
72,5	1,47	54,0	540	368
Schichtdicken		theoret. Materialverbrauch/Ergiebigkeit		
nass (µm)	DFT (µm)	Verbrauch (kg/m²)	Ergiebigkeit (m²/kg)	
148	80	0,218	4,6	

Anmerkungen
- DFT: Trockenschichtdicke (dry film thickness)
- Die aufgeführten Kennwerte sind ca.-Werte und gelten für die angegebene Qualität (Farbton). Die Werte können bei anderen Farbtönen geringfügig hiervon abweichen.

Beschichtungssysteme

Geeignete Grund- und Zwischenbeschichtungen für Stahlflächen:

GEHOPON-EX-Zink	E35- 703	TI 3.11
GEHOPON-EX-Zink-Rapid	E35- 705R	TI 3.11.2
GEHOPON-EX-Metallgrund	E 1-	TI 3.16.1
GEHOPON-EX-Metallgrund-Rapid	E 1- 702	TI 3.16.2
GEHOPON-EXS-Eisenglimmer 1. DB	E 8-	TI 3.20
GEHOPON-EXS	E 8-	TI 3.20.1

Geeignete Grundbeschichtungen für verzinkte Stahlflächen:

GEHOPON-EX-Metallgrund	E 1-	TI 3.16.1
GEHOPON-EXS-Eisenglimmer 1. DB	E 8-	TI 3.20
GEHOPON-EX-Protect /-Eisenglimmer	E 5-	TI 3.25

Hinweis: WIEREGEN-ACU /-Eisenglimmer kann - nach erfolgtem Sweep-Strahlen - auch direkt aufgebracht werden.

Die Auswahl der Grund- und Deckbeschichtungen sowie deren Anzahl und Schichtdicke richtet sich nach der zu erwartenden Belastung, evtl. bestehenden Vorschriften und den Arbeitsverfahren.

Bild 10.4b Beispiel für ein technisches Merkblatt für eine Deckbeschichtung (Blatt 2)

... Seite 26

GEHOLIT+WIEMER
LACK UND KUNSTSTOFF CHEMIE GMBH

03/2003/02

TECHNISCHE INFORMATION 3.28

WIEREGEN-ACU
WIEREGEN-ACU-Eisenglimmer
M 9-

■ **HINWEISE ZUR AUSFÜHRUNG**

Oberflächenvorbereitung

Die vorliegenden Grundbeschichtungen müssen intakt sowie trocken und sauber sein.

Verzinkte Stahlflächen:
Wird WIEREGEN-ACU /-Eisenglimmer <u>direkt</u> auf Verzinkung aufgebracht, bitte folgendes beachten:
Bedingung für eine einwandfreie Haftung der Beschichtungsstoffe sind trockene und saubere Oberflächen der Verzinkung. Neben Verunreinigungen wie Fett, Öl, Staub usw. müssen insbesondere Zinksalze (Korrosionsprodukte des Zinks) vollständig entfernt werden.
Feuerverzinkte Stahlteile, die einer Freibewitterung oder Kondensatbelastung unterliegen: Oberflächenvorbereitung durch Sweepstrahlen gemäß DIN EN ISO 12944-4. Gesweepte Flächen müssen eine matte Oberfläche aufweisen.
Hinweis: Zinksalze bilden sich relativ schnell und sind anfangs nicht bzw. kaum erkennbar.

Luft- und Untergrundtemperaturen

optimal bei 15 bis 25 °C, nicht unter 10 °C

Rel. Luftfeuchte

max. 80 % relative Luftfeuchte

Die Oberflächentemperatur der zu beschichtenden Teile muß während der Applikation um mindestens 3 °C über dem Taupunkt der Luft liegen (s. Korrosionsschutz-Basisnorm DIN EN ISO 12944-7).

Verarbeitungshinweise

Mischen

Mit der entsprechend abgepackten Härtermenge am besten mit einem maschinellen Rührwerk gründlich mischen. Nach einer Wartezeit von 15 Minuten und nochmaligem Durchrühren ist das Gemisch gebrauchsfertig.

Verarbeitungsmethoden

Verfahren / Parameter	Zugabe von Verdünnung V-89 für eine Trockenschichtdicke von	
	40 bis 50 µm	80 µm
Streichen / Rollen (je nach Temperatur)	bis 2 %	-
Druckluft-Spritzen Düse 1,5 bis 2,0 mm Druck P_0 = 3 bis 4 bar	6 bis 10 %	4 bis 6 %
Airless-Spritzen Düse 0,38 bis 0,43 mm Druck P_0 ca. 200 bar	4 bis 6 %	bis 3 %

(Die Angaben beziehen sich auf Temperaturen von 15 bis 25 °C)

Gerätereinigung

Mit Verdünnung V-89

Bild 10.4c Beispiel für ein technisches Merkblatt für eine Deckbeschichtung (Blatt 3)

... Seite 27

GEHOLIT+WIEMER
LACK UND KUNSTSTOFF CHEMIE GMBH

03/2003/02

TECHNISCHE INFORMATION 3.28

WIEREGEN-ACU
WIEREGEN-ACU-Eisenglimmer
M 9-

Verarbeitungszeit	4 bis 6 Stunden (temperaturabhängig)
Aushärtungszeit	(bei 80 µm Trockenschichtdicke und ca. 20 °C)
staubtrocken:	nach ca. 30 min
klebfrei:	nach 4 bis 5 Stunden
überlackierbar:	nach 12 bis 16 Stunden
(mit WIEREGEN-ACU)	

■ **SCHUTZMASSNAHMEN** Alle sicherheitsrelevanten Daten, z. B. die Kennzeichnungen gemäß Gefahrstoff- und Gefahrgutverordnung und VbF können dem jeweils aktuellen Sicherheitsdatenblatt zu diesem Produkt entnommen werden.
Die Gefahrenhinweise und Sicherheitsratschläge befinden sich auf den Gebinden. Darüber hinaus sind die einschlägigen Vorschriften zu beachten, z. B. die Unfallverhütungsvorschriften der jeweils zuständigen Berufsgenossenschaft..

Die vorstehenden Angaben entsprechen dem letzten Stand unserer Erfahrungen. Eine Gewähr für den Anwendungsfall sowie eine Haftung aus Beratung durch unsere Mitarbeiter kann von uns nicht übernommen werden. Insofern üben unsere Mitarbeiter lediglich eine unverbindliche Beratertätigkeit aus. Die Bauaufsicht, die Einhaltung der Verarbeitungsrichtlinien und die Beachtung der anerkannten Regeln der Technik liegen ausschließlich beim Verarbeiter, auch dann, wenn unsere Mitarbeiter bei der Verarbeitung anwesend sind.
Bedingt durch technische Entwicklungen können Änderungen eintreten. Gültig ist jeweils die neueste Ausgabe dieser Information.

| 76670 Graben-Neudorf | Postfach 1120 | 76676 Graben-Neudorf | Sofienstraße 36 | Tel. (07255) 99-0 | Fax (07255) 99-123 |
| 47005 Duisburg | Postfach 100529 | 47249 Duisburg | Obere Kaiserswerther Str. 18 | Tel. (0203) 99707-0 | Fax (0203) 99707-10 |

Bild 10.4d Beispiel für ein technisches Merkblatt für eine Deckbeschichtung (Blatt 4)

Zu Element 1006

Das ausgeschriebene und ausgeführte Beschichtungssystem kann die Anforderungen nur dann erfüllen, wenn neben einer ordnungsgemäßen Verarbeitung der einzelnen Beschichtungsstoffe das System als Ganzes in sich schlüssig, d. h. aufeinander abgestimmt ist. Der entsprechende Hinweis des Elementes 1006 ist dann besonders wichtig, wenn zwischen den einzelnen Schichten (traditionell formuliert: „den einzelnen Anstrichen") der Hersteller gewechselt wird und/oder die Aufgaben des Beschichtens in eine andere Verantwortung übergehen. Falls solche Konstellationen sich nicht vermeiden lassen (z. B. wenn der Verarbeiter konfektioniertes bzw. zugeschnittenes und bereits mit einer Fertigungsbeschichtung versehenes Ausgangsmaterial weiterverarbeitet), muss sichergestellt werden, dass die technischen Bedingungen bekannt und zwischen den Lieferanten, den Verarbeitern und dem Kunden abgestimmt sind. Auch hier sei noch einmal auf die Möglichkeit des Anlegens von „Kontrollflächen" hingewiesen (vgl. ⟨1002⟩-2).

Zu Element 1007

Vor allem im filigranen Stahl- und Metallbau gewinnt das thermische Metallspritzen zunehmend an Bedeutung und wird als Alternative zum herkömmlichen Stückverzinken gesehen. Element 1007 wiederholt noch einmal die beiden dabei zu beachtenden Normen. Dabei mag es etwas verwirrend sein, dass neben DIN EN 22063, die speziell das thermische Spritzen zum Gegenstand hat (vgl. ⟨1001⟩-5), nun auch die allgemein für Zink- und Aluminiumüberzüge geltende DIN EN ISO 14713 mit aufgeführt wird. Das hängt mit deren Leitfaden-Charakter für alle metallischen Überzüge zusammen (vgl. ⟨1001⟩-3 und ⟨1001⟩-5).

Besonderes Augenmerk sei auf den Umstand gelenkt, dass nicht jeder Beschichtungsstoff auf einer metallgespritzten Oberfläche ausreichend gut haftet. Mechanische Vorbereitungen wie das „Sweepen" (siehe zu Element 1008) scheiden in der Regel aus, weil die Schichtdicken gespritzter Überzüge kleiner sind als die von Feuerverzinkungsschichten. Soll also ein Beschichtungssystem auf einen thermisch gespritzten metallischen Überzug aufgebracht werden, so ist unbedingt der Stofflieferant darüber zu informieren bzw. zu Rate zu ziehen. Unter Umständen kann eine zusätzliche Zwischenschicht mit entsprechender Haftfähigkeit notwendig werden. In jedem Fall muss eine spritzverzinkte Oberfläche noch im Werk zumindest mit einer Zwischenbeschichtung „versiegelt" werden (gemäß Empfehlung in DIN EN ISO 12944-5 innerhalb von vier Stunden).

Die in Bild 10.3 als Beispiel für ein technisches Merkblatt beschriebene Grundbeschichtung ist beispielsweise für thermisch spritzverzinkte Stahlflächen geeignet (Bild 10.3b, letzter Absatz), allerdings mit einschränkenden Verarbeitungsanweisungen, die unbedingt einzuhalten sind.

Zu Element 1008

Die Eignung eines Beschichtungsstoffes für eine feuerverzinkte Oberfläche ohne Zwischenschaltung eines „Haftvermittlers" muss vom Stoffhersteller ebenfalls ausdrücklich bestätigt werden. Entsprechende Verarbeitungsanweisungen sollten unbedingt eingehalten werden. Das in Bild 10.3 wiedergegebene technische Merkblatt nennt beispielsweise für die betreffende Grundbeschichtung als Bedingung „vollständiges Entfernen" insbesondere von Korrosionsprodukten des Zinks („Zinksalze") (Bild 10.3b, vorletzter Absatz).

Das in der Anmerkung in Element 1008 erwähnte **Sweepen** (eigentlich „Sweepstrahlen") ist ein schonendes Strahlen mit geringem Druck und kleiner Korngröße. Bei feuerverzinkten Bauteilen dient es gemäß DIN EN ISO 12944-4 dem Reinigen und Aufrauen der Oberfläche. Diese muss nach dem Sweepen einheitlich matt aussehen; der Zinkabtrag durch das Sweepen sollte unter 10 µm bleiben.

Über die Notwendigkeit des Sweepens wird in Fachkreisen zuweilen heftig diskutiert. Es gibt mittlerweile auf dem Markt ausreichend Beschichtungsstoffe, die ohne Sweepen eine sichere Haftung gewährleisten, so dass die zukünftige Entwicklung sicher in diese Richtung gehen wird. Das Beispiel-Merkblatt in Bild 10.3 verlangt z. B. nur bei freibewitterten feuerverzinkten Stahlteilen gesweepte Oberflächen vor dem Aufbringen der Grundbeschichtung. Auch hier sei nochmals auf die Möglichkeit der Einrichtung von Kontrollflächen hingewiesen (vgl. ⟨1002⟩-2).

Zu Element 1009

Dies Element spricht ein korrosionsschutztechnisch besonders kritisches Thema an. Es spielt beispielsweise bei **Verbundbauten** eine wichtige Rolle. Während einerseits Berührflächen zwischen Stahl und Beton bei ausreichender Überdeckung – ähnlich wie einbetonierte Betonstähle – wegen der chemisch-physikalischen Schutzwirkung des Betons keinen Korrosionsschutz benötigen, sind andererseits die Randbereiche wegen der dort vorhandenen Spaltkorrosionsbedingungen sogar stärker korrosionsgefährdet als gänzlich freie Stahlflächen (siehe Bild 10.5). Die oft mit Rücksicht auf den Transport zur Baustelle und eine eventuelle Zwischenlagerung im Freien auf allen Berührflächen aufgebrachte Fertigungsbeschichtung (vgl. zu Element 1004) reicht für diese gefährdeten Randbereiche als Korrosionsschutz keinesfalls aus.

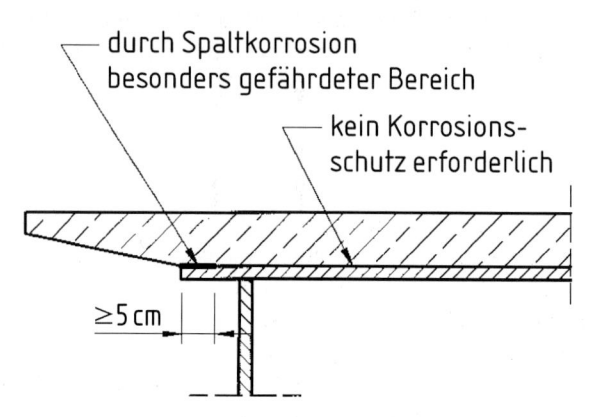

Bild 10.5 Randbereich einer Berührfläche Stahl/Beton mit Gefährdung durch Spaltkorrosion (Beispiel: Verbundbrücke mit durchgehendem Deckblech)

Ein weiteres Beispiel für spaltkorrosionskritische Übergänge Stahl/Beton im Sinne dieses Elementes sind einbetonierte oder vermörtelte **Stahlanker in Beton- oder Mauerwerksbauteilen.** Sie sollten nur bei sehr schwachem Korrosionsangriff (Korrosivitätskategorien C1/C2 gemäß DIN EN ISO 12944-5) in feuerverzinkter Ausführung eingebaut werden, ab Korrosivitätskategorie C3 jedoch besser aus nichtrostendem Stahl.

Zu Element 1010

Hier sind sowohl solche Bereiche gemeint, die im Laufe des Zusammenbau- und Montageprozesses ab einem gewissen Arbeitsstand nicht mehr oder nur noch schwer erreichbar sind (z. B. das Innere einer nicht dicht geschlossenen Hohlkonstruktion, siehe Element 1011), als auch planmäßig flächig aufeinander liegende Bauteile. Im letzteren Fall ist wieder die im vorigen Element erwähnte Spaltkorrosion angesprochen, weshalb ungeschützte Berührflächen ggf. im Spaltbereich durch elastische Fugenfüller zu behandeln sind. Diese letztere Aussage wurde von dem Anhang A6 der DIN 18800-1 übernommen, der damit gegenstandslos ist. Vorkehrungen zur Versiegelung ungeschützter Berührflächen sind in jedem Fall bereits im Rahmen der Arbeitsvorbereitung notwendig und müssen dann in den Ausführungsunterlagen vermerkt sein.

Es sei hier daran erinnert, dass gänzlich ungeschützte Kontaktflächen von Schraubenverbindungen gemäß Element 822 unzulässig sind; vgl. hierzu auch zu Element 828.

Zu Element 1011

Man beachte den in diesem Element gemachten Unterschied zwischen „dicht geschlossenen **Hohlbauteilen**", welche nicht zugänglich sind, und „dicht geschlossenen **Hohlkästen**", welche zugänglich sind. Grundsätzlich kann man zunächst davon ausgehen, dass in dicht geschlossenen Teilen sich nach einer gewissen Zeit eine Art Gleichgewicht einstellen wird (Stichwort: Sauerstoffmangel) und es zu keinem weiteren Korrosionsprozess kommt. Die Problematik dabei ist aber die „Dichtheit" – eine Situation, welche sich bei einem dichtgeschweißten Rohr (Hohlbauteil) einfacher realisieren lässt als beispielsweise bei einem Brückenträger im Kranbau (Hohlkasten).

Die in **Anmerkung 1** empfohlenen Kontrollbohrungen mit Dichtungsschraube in dicht verschlossenen Hohlbauteilen sind wesentlich problematischer, als es auf den ersten Blick erscheinen mag. Sie machen nur Sinn, wenn (1) der Bauherr informiert wird, wenn (2) ihm gleichzeitig ein Kontrollzyklus empfohlen wird (z. B. einmal jährlich) und wenn (3) ihm das ordnungsgemäße Wiederverschließen gezeigt wird. Unbestritten ist, dass bei innenverzinkten Rohren keine Kontrollbohrungen erforderlich sind.

Zu **Anmerkung 2** ist ergänzend zu sagen, dass „kein Innenkorrosionsschutz" in Hohlkästen nur in Frage kommt, wenn während des Montagezeitraums keine nennenswerte Korrosion auftreten kann und wenn nach Montageabschluss der Zutritt von feuchter Luft sowie das Auftreten von Schwitzwasser zuverlässig ausgeschlossen werden kann. Einen Sonderfall stellt die hin und wieder angewendete Klimatisierung des Inneren großer Hohlkastenbrücken dar, die natürlich einen Innenkorrosionsschutz entbehrlich macht. Im Zweifelsfall sollte man das Innere von Hohlkästen mit dem empfohlenen „vereinfachten Korrosionsschutz" versehen. Das wird in der Regel das Aufbringen einer Grundbeschichtung sein.

Korrosionsschutz von Verbindungsmitteln 10.5

Zu Element 1012

Die Formulierung „die Schutzwirkungen müssen sich entsprechen" bedeutet nicht, dass sie „exakt gleichwertig" sein müssen. Sie müssen nur aufeinander abgestimmt sein. Es ist jedoch logisch, dass es keinen Sinn macht, in einer mit hochwertigem Korrosionsschutzsystem versehenen Stahlkonstruktion Schrauben mit schwächerem Korrosionsschutz vorzusehen. Verwendet man beispielsweise zur Montage einer Duplex-beschichteten Stahlkonstruktion feuerverzinkte Schrauben, so sollten diese nach abgeschlossener Montage (und ggf. nach dem Nachziehen, wenn sie planmäßig vorgespannt wurden) mit einer Deckbeschichtung versehen werden. Umgekehrt spricht natürlich nichts dagegen, eine Stahlkonstruktion, die sich später in trockener Innenatmosphäre befinden wird (Korrosivitätskategorie C1 gemäß DIN EN ISO 12944-5), die jedoch für die Zwischenlagerung auf der Baustelle mit einer Grundbeschichtung versehen ist, mit feuerverzinkten Schrauben zu montieren und diese unbeschichtet zu lassen.

Hinsichtlich der Verbindungsmittel in beschichteten Stahlkonstruktionen siehe auch nächstes Element.

Zu Element 1013

Dieses Element konkretisiert die allgemeine Forderung von Element 1012 für den Fall feuerverzinkter Konstruktionen. Die rigide Forderung, dafür **feuerverzinkte Verbindungsmittel** einzusetzen, ist als Mindestforderung vor dem Hintergrund des Phänomens „Kontaktkorrosion" zu verstehen. Es dürfen also keinesfalls Aluminium-Verbindungsmittel in feuerverzinkten Konstruktionen eingesetzt werden, weil Aluminium „unedler" ist als Zink. Auch schwarze Schrauben in feuerverzinkten Konstruktionen sind generell unzulässig.

Verbindungsmittel, die gemäß elektrischer Spannungsreihe wesentlich „edler" sind als Zink, dürfen in feuerverzinkten Konstruktionen in der Regel eingesetzt werden. Das gilt aus baupraktischer Sicht vor allem für **Verbindungsmittel aus nichtrostendem Stahl** nach Zulassung [R128], sofern das Oberflächenverhältnis Bauteil (korrosionschemische Anode) zu Verbindungsmittel (korrosionschemische Kathode) ausreichend groß ist. Ein typischer zulässiger Anwendungsfall sind großflächige verzinkte Bleche, die mit nichtrostenden Schrauben verbunden werden. Keinesfalls dürfen jedoch umgekehrt feuerverzinkte Verbindungsmittel für Konstruktionen aus nichtrostenden Stählen verwendet werden – die „unedlere" Zinkschicht und anschließend der ähnlich „unedle" Schraubenstahl würden sehr schnell wegrosten.

Die in der Anmerkung zu Element 1013 empfohlene Verwendung von feuerverzinkten Schrauben „auch" in beschichteten Konstruktionen ist ebenfalls als Mindestforderung zu verstehen. Sie ist unter Umständen nicht ausreichend, so dass eine abschließende Deckbeschichtung der Schrauben erforderlich wird (vgl. zu Element 1012).

Von vornherein **organisch beschichtete Schrauben** für den Zusammenbau bereits beschichteter Stahlkonstruktionen einzusetzen, mag zwar zunächst logisch klingen [A12], wird aber in der Regel angesichts des rauen Baustellenbetriebs problematisch sein. Es ist im Prinzip unmöglich, eine beschichtete Mutter ordnungsgemäß anzuziehen, ohne die Beschichtung entscheidend zu beschädigen.

Eine immer wieder gestellte Frage ist, ob und wann die Verwendung **galvanisch verzinkter** statt feuerverzinkter Verbindungsmittel zulässig ist. Gemäß Anpassungsrichtlinie zur DIN 18800-1, Element 407, ist das für 10.9-Schrauben aus Sorge vor potenzieller Wasserstoffversprödung generell verboten. Allerdings vertritt *H. Eggert* in [M6] dazu die Meinung, dass bei Vorlage einer Bestätigung einer unabhängigen Prüfstelle, dass die Wasserstoffaustreibung erfolgreich war und dass keine Überfestigkeiten vorliegen, im bauaufsichtlichen Bereich der Einsatz galvanisch verzinkter 10.9-Schrauben in Ausnahmefällen durchaus vertretbar sei. Niedrigfeste Verbindungsmittel mit galvanischem Zinküberzug sind aus Sicht der Wasserstoffversprödung unproblematisch, können also im Stahlbau eingesetzt werden. Man sollte sich aber im Klaren darüber sein, dass die Schichtdicke und damit die Schutzwirkung viel kleiner sind als bei feuerverzinkten Verbindungsmitteln.

Neben dem Feuerverzinken, dem Spritzverzinken und dem galvanischen Verzinken gibt es eine Reihe weiterer Verzinkungstechniken, die in manchen Ländern fast ebenso verbreitet sind wie das Feuerverzinken. In Großbritannien ist beispielsweise für Kleinteile und Verbindungsmittel das „**Sherardisieren**" sehr verbreitet. Dabei wird der Zinküberzug durch erhitzten Zinkstaub in einer rotierenden Trommel aufgebracht. Die erreichbaren Schichtdicken sind kleiner als beim Feuerverzinken, jedoch deutlich größer als beim galvanischen Verzinken [M18]. Der Überzug ist sehr dicht, so dass die Korrosionsschutzwirkung nicht viel schlechter ist als bei Feuerverzinkung. Gegen den Einsatz solcher sherardisierter Verbindungsmittel an Stelle feuerverzinkter Verbindungsmittel ist aus korrosionsschutztechnischer Sicht in der Regel nichts einzuwenden, zumal laut DIN EN ISO 14713 dazu eine europäische Norm in Arbeit ist.

Zu Element 1014

Dass warm gesetzte Niete ohne vorherigen Korrosionsschutz zu verbauen sind, ist unmittelbar einsehbar und bedarf keiner weiteren Kommentierung.

Construction

Sika schützt Schönes

Sichtbare Stahlkonstruktionen beeindrucken vor allem durch die Zeitlosigkeit ihrer Schönheit. Um so bedeutsamer ist der dauerhafte Schutz. Immer mehr Architekten und Bauherren vertrauen daher dem Qualitätsanspruch der Korrosionsschutzprodukte von Sika. Damit Schönheit lange lebt.

Sika Korrosionsschutz GmbH · Buschgrundstraße 10–12 · 45894 Gelsenkirchen
Telefon (02 09) 36 01-0 · Telefax (02 09) 36 01-86 53
e-mail: kundenservice_korrosionsschutz@de.sika.com · Internet: www.sika-bau.de

Kompendien für jeden Ingenieur!

Brücken und Parkhäuser

Beton-Kalender 2004
Hrsg.: Konrad Bergmeister, Johann-Dietrich Wörner
2003. 1156 Seiten,
836 Abb., 239 Tab. Gb.
€ 159,-* / sFr 235,-
Preis für Fortsetzungsbezieher:
€ 139,-* / sFr 205,-
ISBN 3-433-01668-2

Begleitend zur Umstellung im Brückenbau auf neue Normen bringt der Beton-Kalender 2004 Grundsätzliches und Neues zum Thema Brückenbau. Als zweites, bisher nicht behandeltes Thema werden Parkhäuser im Entwurf und in der Ausführung vorgestellt.

Schlanke Tragwerke im Stahlbau

Stahlbau-Kalender 2004
Hrsg.: Ulrike Kuhlmann
2004. 802 Seiten,
589 Abb., 167 Tab. Gb.
€ 129,-* / sFr 190,-
ISBN 3-433-01703-4

Der Stahlbau-Kalender ist ein Wegweiser für die richtige Berechnung und Konstruktion im gesamten Stahlbau. Neben dem Schwerpunktthema »Schlanke Tragwerke« dokumentiert und kommentiert er verlässlich den aktuellen Stand des deutschen Stahlbau-Regelwerkes.

Mauerwerksbau: Instandsetzung - Bemessung - Brandschutz

Mauerwerk-Kalender 2004
Hrsg.: Hans-Jörg Irmschler, Peter Schubert, Wolfram Jäger
2003. XVI, 746 Seiten,
372 Abb., 273 Tab. Gb.
€ 109,-* / sFr 161,-
ISBN 3-433-01706-9

Für die Bemessung und Ausführungsplanung schadenfreier Konstruktionen geben namhafte Bauingenieure auf ca. 500 Seiten praxisgerechte Hinweise rund um das Mauerwerk.

Schwerpunkt: Zerstörungsfreie Prüfungen

Bauphysik-Kalender 2004
Hrsg: Erich Cziesielski
2004. 723 Seiten,
680 Abb., 159 Tab. Gb.
€ 129,-* / sFr 190,-
ISBN 3-433-01705-0

Schadenfreies Bauen stellt zunehmend höhere Anforderungen an die Planungsleistungen von Bauphysikern, Bauingenieuren und Architekten. Im Kalender ist die richtige Umsetzung bauphysikalischer Schutzfunktionen von Baukonstruktionen dargestellt.

* Der €-Preis gilt ausschließlich für Deutschland Irrtum und Änderungen vorbehalten.

Fax-Antwort an +49(0)30 – 470 31 - 240 / Bestellschein

Stück	ISBN	Titel	Preis in €*

Ernst & Sohn
Verlag für Architektur und technische Wissenschaften
GmbH & Co. KG

Für Bestellungen und Kundenservice:
Verlag Wiley-VCH
Boschstraße 12
69469 Weinheim
Telefon: (06201) 606-400
Telefax: (06201) 606-184
Email: service@wiley-vch.de

Ernst & Sohn
A Wiley Company
www.ernst-und-sohn.de

Name/Vorname
Firma
Telefon
Fax
Straße/Nr.
Postfach
Land PLZ Ort

Datum/Unterschrift/Stempel   (Stahlbauten 3-433-01818-9)

Geometrische Toleranzen   11

Allgemeines   11.1

Die alte DIN 18800-7 enthielt keine Angaben zu geometrischen Herstelltoleranzen. Die europäische Vornorm ENV 1090-1 [R38] enthält dagegen 20 Textseiten, auf denen in 15 ganzseitigen Tabellen für 56 (!) Einzelpositionen Zahlenwerte für zulässige Abweichungen von geometrischen Sollsituationen angegeben werden. Zwischen diesen beiden Extrempositionen hat der Arbeitsausschuss für die neue DIN 18800-7 das vorliegende Kapitel 11 erarbeitet. Es enthält eine Reihe hilfreicher Angaben zu allgemeinen Fertigungs- und Montagetoleranzen, jedoch nach Meinung der Verfasser dieses Kommentars zu wenig quantitative Vorgaben für tragsicherheitsrelevante Herstellungstoleranzen. An den betreffenden Stellen der nachfolgenden Kommentierung wird das näher erläutert werden.

Zu Element 1101

⟨1101⟩-1 Allgemeine geometrische Toleranzen

Der erste Absatz dieses Elementes ist trivial, der zweite dagegen ist in seiner Konsequenz sehr weitreichend. Er wird in ⟨1101⟩-2 bis ⟨1101⟩-7 ausführlich erläutert.

Hinsichtlich der im ersten Absatz von Element 1101 angesprochenen Funktionstüchtigkeit und/oder Gebrauchstauglichkeit wird, sofern in den Ausführungsunterlagen keine Toleranzangaben gemacht werden, für das **fertige Tragwerk** auf DIN 18202 verwiesen. Dort sind von der Bauweise unabhängige zulässige Abmaße für Achsmaße (z. B. Stützenabstände) und für Winkligkeiten (z. B. Horizontalitätsabweichungen von Trägern oder Schiefstellungen von Stützen) angegeben. Letztere einzuhalten, erfordert allerdings durchaus Sorgfalt, wie Bild 11.1 zeigt. Dort sind gemessene Schiefstellungen der Stahlstützen eines Parkhauses in Verbundbauweise aufgetragen. Man erkennt, dass das Grenzabmaß für die Schiefe zwar im Mittel eingehalten, maximal aber um fast 150 % überschritten wurde.

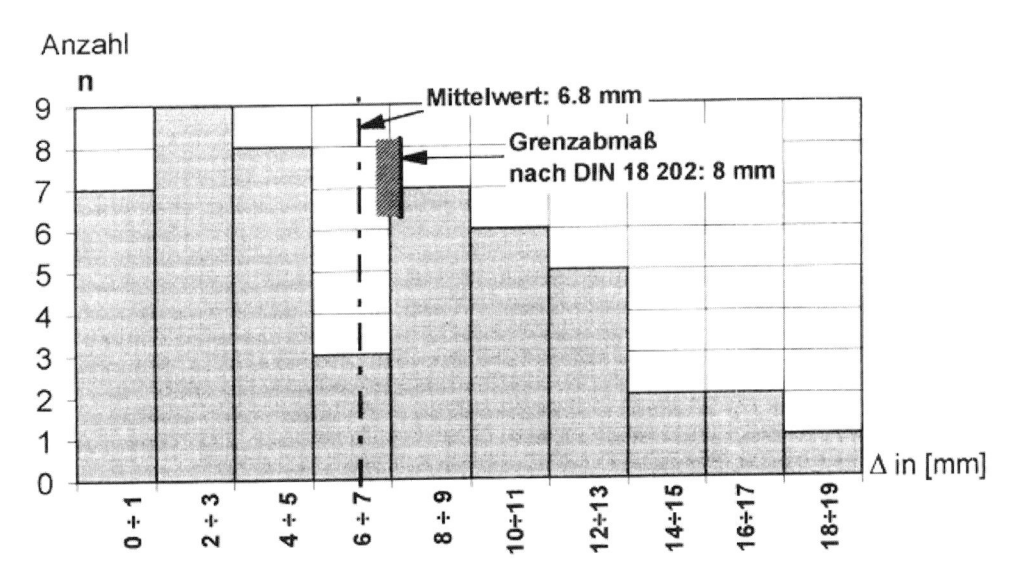

Bild 11.1 Gemessene Schiefstellungen von Stahlstützen in einem Parkhaus im Vergleich zum Grenzabmaß nach DIN 18202

Die Toleranzen nach DIN 18202 gehören, da sie für das fertige Tragwerk gelten, in die Kategorie der Montagetoleranzen. Es wäre also beispielsweise nicht gerechtfertigt, für einzelne Montagegeschüsse einer Fußgängerbrücke Längengrenzabmaße aus DIN 18202 zu entnehmen; nur die fertige Brücke muss über ihre Gesamtlänge das Grenzabmaß nach DIN 18202 einhalten.

⟨1101⟩-2 Tragsicherheitsrelevante geometrische Toleranzen – Einführung in die Thematik

Der zweite Absatz in Element 1101 verlangt, dass die einzuhaltenden Toleranzen die Anforderungen der Stahlbau-Bemessungsnormen erfüllen. Das heißt im Klartext Folgendes: Sofern in der statischen Berechnung irgendwelche Annahmen über Herstellungsungenauigkeiten (so genannte „Imperfektionen" oder besser „Ersatzimperfektionen") getroffen wurden, welche die Bemessung, d. h. die Tragsicherheit unmittelbar beeinflussen, so müssen diese entweder per se innerhalb der bei der Ausführung des Tragwerkes sowieso einzuhaltenden allgemeinen Toleranzen liegen, oder es müssen entsprechend engere Toleranzen für die Ausführung vorgegeben werden. Solche Toleranzen werden im Weiteren als „tragsicherheitsrelevante geometrische Toleranzen" bezeichnet. Sie sind gemäß Element 1101, erster Absatz, zweiter Satz, ausdrücklich in den **Ausführungsunterlagen** zu vermerken. Die Verantwortung liegt damit beim Tragwerksplaner (Entwurfsverfasser), wohin sie von der Sache her auch gehört.

Tragsicherheitsrelevante geometrische Toleranzen sind vor allem solche, die mit Rücksicht auf die Stabilität des Tragwerkes oder von Teilen des Tragwerkes eingehalten werden müssen. Leider werden über ihre Größe in DIN 18800-7 keine Angaben gemacht. Es besteht deshalb die große Gefahr, dass die Stabilitätsnormen DIN 18800-2, -3 und -4 und die entsprechenden Eurocodes fehlinterpretiert werden, weil die Zusammenhänge zwischen geometrischen **Imperfektionen**, geometrischen **Ersatzimperfektionen** und geometrischen **Herstelltoleranzen** nicht verstanden werden. Beispielsweise müssen Letztere grundsätzlich **kleiner** vorgegeben werden als die bei der statischen Berechnung in das rechnerische Tragwerksmodell (z. B. ein Rahmenstabwerk nach Elastizitätstheorie II. Ordnung) eingeführten geometrischen Ersatzimperfektionen, weil diese „ersatzweise" auch den negativen Einfluss der strukturellen Imperfektionen (Eigenspannungen usw.) mit abdecken sollen [M15]. Das zahlenmäßige Verhältnis Herstelltoleranz zu Ersatzimperfektion liegt zwischen ca. 0,2 bis 0,5 beim Stabwerksknicken und ca. 0,7 beim Platten- und Schalenbeulen. Hier besteht noch erheblicher Klärungs- und vor allem Aufklärungsbedarf, zum Teil sogar noch Forschungsbedarf.

Vor allem sind folgende fünf Arten von geometrischen Herstellungsungenauigkeiten tragsicherheitsrelevant, so dass für sie in konsequenter Auslegung von Element 1101 fallweise engere als die allgemeinen geometrischen Toleranzwerte in den Ausführungszeichnungen anzugeben sind:

- Geradheitsabweichungen/Vorkrümmungen von Druckstäben,
- Parallelitätsabweichungen/Vorverdrillungen von Biegeträgern,
- Richtungsabweichungen/Vorverdrehungen/Schiefstellungen von Stützen und Rahmenstielen,
- Ebenheitsabweichungen von plattenartigen Bauteilen/Tragwerken,
- Krümmungsabweichungen von schalenartigen Bauteilen/Tragwerken.

Nachfolgend werden zu diesen fünf Themen einige grundsätzliche Erläuterungen gegeben.

⟨1101⟩-3 Geradheitsabweichungen/Vorkrümmungen von Druckstäben

Die Stabilitätsnachweise gegen **Biegeknicken nach DIN 18800-2** (wie auch nach DIN V ENV 1993-1-1) decken bekanntlich mittels der verwendeten Knick-Abminderungsfaktoren κ_K bzw. mittels der rechnerischen Ersatzimperfektionen nach Tabelle 3 DIN 18800-2 auch Geradheitsabweichungen (geometrische Imperfektionen) der Druckstäbe ab. Diese können z. B. in Form von Systemexzentrizitäten an den Stabenden oder in Form von Vorkrümmungen auftreten. Aus der wissenschaftlichen Herkunft der Knick-Abminderungsfaktoren κ_K lässt sich die Frage nach der Größe des fertigungstechnisch zulässigen Vorkrümmungsstiches eines Druckstabes, der nach DIN 18800-2 bemessen wurde, vordergründig schnell beantworten. Den europäischen Knickspannungskurven (κ_K-Kurven) liegen numerische Serienberechnungen mit einem angenommenen Vorkrümmungsstich von $l_K/1\,000$ zugrunde. Die europäische Vornorm ENV 1090-1 [R38] hat es sich sehr einfach gemacht und diesen theoretischen Wert $l_K/1\,000$ als Fertigungstoleranz übernommen.

Das erscheint jedoch übertrieben strikt, da seinerzeit mehr als 1 000 Knickversuche an großmaßstäblichen Druckstäben in mehreren europäischen Forschungsinstituten durchgeführt worden sind, mit denen eine ausreichende statistische Tragsicherheit gegenüber den mit $l_K/1\,000$ berechneten theoretischen Grenzdruckkräften nachgewiesen wurde. Unter jenen Versuchsstäben waren wahrscheinlich auch solche mit größerem Stich, da viele Technische Lieferbedingungen für Stahlbauprofile größere Geradheitsabweichungen als $l/1\,000$ zulassen (siehe weiter unten). Es wäre wünschenswert, diese Knickversuchsreihen mit wissenschaftlichen statistischen Methoden gezielt hinsichtlich einer realitätsnahen Aussage zur Herstelltoleranz neu auszuwerten.

Ganz sicher ist jedoch, dass **keinesfalls** die Zahlenwerte für den Stich w_0 bzw. v_0 der **Ersatzvorkrümmung** aus Tabelle 3 DIN 18800-2 ($l_K/300$ bis $l_K/150$) als geometrische Herstelltoleranz eines auf Biegeknicken bemessenen Druckstabes angesetzt werden dürfen! Diese wesentlich größeren Zahlenwerte decken, wie bereits gesagt, zusätzlich ersatzweise den Einfluss der strukturellen Imperfektionen ab, der beim Biegeknicken – querschnittstyp- und fertigungsabhängig – besonders groß ist. Als vorläufige Lösung schlagen die Verfasser dieses Kommentars zul w_0 = zul $v_0 = l_K/750$ vor. Das würde bedeuten, dass die obigen Ersatzvorkrümmungsstiche den Einfluss der strukturellen Imperfektionen durch Vergrößerung der geometrischen Herstelltoleranz auf das 2,5-fache (für knicktheoretisch günstige Hohlprofile – KSK a) bis auf das 5,0-fache (für knicktheoretisch ungünstige dicke I-Profile – KSK d) erfasst hätten, was von der Größenordnung her plausibel erscheint. Noch einmal: Genauere wissenschaftliche Untersuchungen hierzu wären wünschenswert.

Es stellt sich nun die Frage, bei welchen Druckstäben das wirklich beachtet werden muss. Tabelle 11.1 enthält für die wichtigsten **Walzprofile** die gemäß den Technischen Lieferbedingungen vorgegebenen Grenzabmaße für die Geradheit. Sie wären, würde man aus der Profil-Lieferlänge L einen Druckstab mit der Knicklänge l_K herstellen, direkt mit dem zulässigen Vorkrümmungsstich zul w_0 bzw. zul v_0 vergleichbar. Man erkennt, dass Massivprofile (Rechteck-, Quadrat-, Rundstahl) sowie offene kleine Walzprofile ($\leq$ HE 180, $\leq$ L 150) mit deutlich größeren Geradheitsabweichungen geliefert werden dürfen als für Druckstäbe zulässig. Hohlprofile und mittelgroße offene Walzprofile dürfen zwar ebenfalls mit größeren Geradheitsabweichungen geliefert werden, jedoch ist die Diskrepanz nicht so gravierend, so dass sie als Druckstäbe nur kritisch werden, wenn ihre rechnerische Knicktragfähigkeit tatsächlich voll ausgenutzt wird. Große offene Walzprofile (> HE 360, > L 200) sind von ihrer Liefergenauigkeit her unkritisch. Hinsichtlich geschweißter Druckstäbe siehe ⟨1103⟩-2.

Tabelle 11.1 Grenzabmaße für die Geradheit von Walzprofilen

Profiltyp	Maßgebende DIN EN ...	Zulässiger Stich der Geradheitsabweichung über die Lieferlänge L in allen Richtungen	
I-Profile H-Profile	10024 [R46] 10034 [R48]	$h \leq 180$ $180 < h \leq 360$ $360 < h$	$\to L/333$ $\to L/667$ $\to L/1000$
L-Profile	10056-2 [R53]	$a\,(b) \leq 150$ $150 < a\,(b) \leq 200$ $200 < a\,(b)$	$\to L/250$ $\to L/500$ $\to L/1000$
Massivprofile	10059 [R55] 10060 [R56]	$a\,(d) \leq 25$ $25 < a\,(d) \leq 80$ $80 < a\,(d)$	$\to$ keine Forderung $\to L/250$ $\to L/400$
Hohlprofile (warm, kalt)	10210-2 [R60] 10219-2 [R62]		$\to L/500$

⟨1101⟩-4 Parallelitätsabweichungen/Vorverdrillungen von Biegeträgern

Die Stabilitätsnachweise gegen **Biegedrillknicken („Kippen")** nach DIN 18800-2 (wie auch nach DIN V ENV 1993-1-1) decken bekanntlich mittels der verwendeten Biegedrillknick-Abminderungsfaktoren κ_M bzw. mittels der rechnerischen geometrischen Ersatzimperfektionen nach Element 202 DIN 18800-2 in Verbindung mit Tabelle 3 DIN 18800-2 auch Parallelitätsabweichungen (geometrische Imperfektionen) der Biegeträger ab. Diese können z. B. in Form von Vorverdrillungen/Vorverwindungen oder in Form von horizontalen Vorkrümmungen vorliegen. Aus der wissenschaftlichen Herkunft der Faktoren κ_M lässt sich die Frage nach der Größe der fertigungstechnisch zulässigen Vorverdrillung oder horizontalen Vorkrümmung eines Biegeträgers, der nach DIN 18800-2 bemessen wurde, nicht auf einfache Weise beantworten – zumindest sind den Verfassern dieses Kommentars keine diesbezüglichen Untersuchungen bekannt. ENV 1090-1 gibt sowohl für den Vorverdrillungsstich (Differenz der horizontalen Stiche der beiden Flansche) als auch für den horizontalen Vorkrümmungsstich des Gesamtträgers wieder $l_M/1\,000$ an.

Auch dieser Wert erscheint übertrieben strikt. Aber Herstelltoleranzen aus der geometrischen Ersatzimperfektion für biegedrillknickgefährdete Träger nach DIN 18800-2 herzuleiten – sie werden vereinfachend nur horizontal vorgekrümmt angenommen, aber nicht vorverdrillt –, ist ebenfalls nicht ganz einfach; denn einerseits sollen mit der horizontalen Vorkrümmung eventuelle Vorverdrillungen mit abgedeckt sein, andererseits ist der Imperfektionseinfluss beim Biegedrillknicken generell weniger ausgeprägt als beim Biegeknicken. Den Verfassern dieses Kommentars erscheint es vertretbar, folgerichtig auf die Angabe zulässiger Vorverdrillungen zu verzichten und als zulässigen horizontalen Vorkrümmungsstich den in ⟨1101⟩-3 für das Biegeknicken genannten vorläufigen Wert zul $v_0 = l_M/750$ zu verwenden – aber nicht in Trägerachse gemessen, sondern längs des stärker horizontal vorgekrümmten Flansches. Das würde bedeuten, dass beispielsweise für einen IPE-Träger, dessen seitliche Ausweichgefahr nach DIN 18800-2 mit einem rechnerischen horizontalen Vorkrümmungsstich von $v_0 = l_M/500$ (KSK b) simuliert werden muss, der Einfluss der strukturellen Imperfektionen durch Vergrößerung der geometrischen Herstelltoleranz auf das 1,5-fache erfasst worden wäre, was von der Größenordnung her plausibel erscheint. Auch hier wären gezielte statistische Untersuchungen wünschenswert.

Die Technischen Lieferbedingungen für I- und H-**Walzträger** enthalten keine Grenzabmaße für Verdrillungen/Verwindungen. Ein Vergleich mit den Grenzabmaßen für die horizontalen Vorkrümmungsstiche in Tabelle 11.1, Zeile 2, liefert dieselbe Aussage wie für Druckstäbe: Große Walzträger sind unkritisch; kleine Walzträger dürfen wesentlich „krummer" geliefert werden als von der Biegedrillknicktragfähigkeit her zulässig.

⟨1101⟩-5 Richtungsabweichungen/Vorverdrehungen/Schiefstellungen von Stützen und Rahmenstielen

Die Stabilitätsnachweise gegen **Biegeknicken von Rahmenstabwerken nach DIN 18800-2** decken bekanntlich mittels der rechnerischen geometrischen Ersatzimperfektionen nach Element 205 DIN 18800-2 auch Richtungsabweichungen/Schiefstellungen/Vorverdrehungen (geometrische Imperfektionen) der Normalkraftstäbe des Stabwerkes ab. Im Gegensatz zu den beiden bisher betrachteten Stabilitätsfällen kann hier der in der geometrischen Ersatzimperfektion enthaltene Anteil der tatsächlichen geometrischen Imperfektion unmittelbar aus dem 18800er Normenwerk entnommen werden. DIN 18800-1 nennt in den Elementen 729/730 als Grundwert für die in Berechnungen ohne Stabilitätseinfluss (!) einzuführende Schiefstellung von Stäben, Stabzügen und Stabwerken $\varphi_0 = 1/400$. Diesem Wert liegen Messungen an einer großen Anzahl von Bauwerken (national und international) zugrunde [A14].

Das in ⟨1101⟩-2 angesprochene zahlenmäßige Verhältnis Herstelltoleranz zu Ersatzimperfektion beträgt hier also 0,5; denn der entsprechende Grundwert für die in eine statische Berechnung nach Elastizitätstheorie II. Ordnung gemäß Element 205 DIN 18800-2 einzuführenden Stabvorverdrehungen beträgt $\varphi_0 = 1/200$. Das heißt beispielsweise, dass Stiele eines Zweigelenkrahmens, die nach DIN 18800-2 für den Tragsicherheitsnachweis mit einer in die gleiche Richtung weisenden Vorverdrehung von $\varphi_0 = 1/200$ versehen wurden, bei der Ausführung nicht mehr als **zul φ_0 = 1/400 gleichsinnig schief** stehen dürfen, weil in dem Wert 1/200 ein Faktor 2 zur Erfassung struktureller Imperfektionen enthalten ist.

Für das Beispiel Zweigelenkrahmen ist noch zu ergänzen, dass gegensinnige Schiefstellungen der Stiele aus Sicht der Tragsicherheit unbedenklich sind. Deshalb erlaubt z. B. ENV 1090-1 hierfür ein Schiefemaß von 1/100 (siehe Bild 11.2).

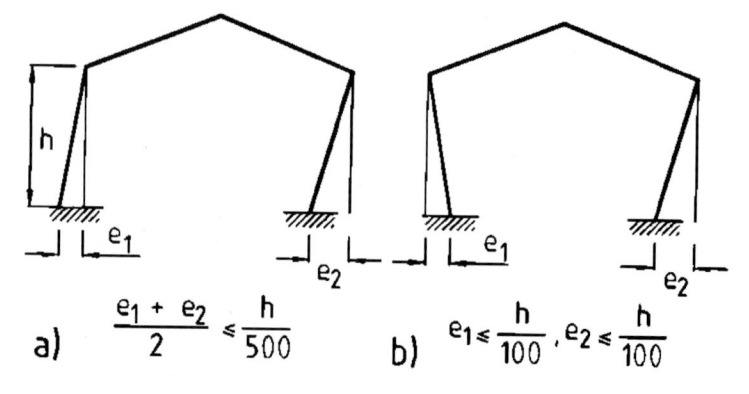

Bild 11.2 Zulässige Schiefstellung von Rahmenstielen nach ENV 1090-1 [R38]: a) gleichsinnig, b) gegensinnig

⟨1101⟩-6   **Ebenheitsabweichungen von plattenartigen Bauteilen/Tragwerken**

Diese müssen mit dem Stabilitätsnachweis gegen **Plattenbeulen nach DIN 18800-3** kompatibel sein. Die Frage nach den tragsicherheitsrelevanten Herstelltoleranzen ist hier formal sehr einfach zu beantworten. Tabelle 2 in DIN 1800-3 gibt nämlich explizit Höchstwerte für die Vorbeulstiche f von unversteiften Beulfeldern und von Längs- und Quersteifen versteifter Beulfelder an.

An dieser Stelle muss mit Nachdruck auf den unterschiedlichen Aufbau der drei Stabilitätsteile 2, 3 und 4 von DIN 18800 hingewiesen werden. In den beiden Flächentragwerksteilen 3 (Plattenbeulen) und 4 (Schalenbeulen) sind nicht (wie im Stabtragwerksteil 2) rechnerische geometrische Ersatzimperfektionen angegeben, aus denen man ggf. die geometrischen Herstelltoleranzen „herunterrechnen" muss (wie in ⟨1101⟩-3 bis ⟨1101⟩-5 beschrieben), sondern genau das Gegenteil: Angegeben sind geometrische Herstelltoleranzen, aus denen man ggf. geometrische Ersatzimperfektionen für Berechnungen (z. B. mit FEM) „heraufrechnen" müsste. Der Grund für diesen abweichenden Aufbau der Flächentragwerksnormen ist darin zu suchen, dass man seinerzeit noch nicht genügend „normungsfähiges" Wissen hatte, um ein in sich schlüssiges System von geometrischen Ersatzimperfektionen für nichtlineare Stabilitätsberechnungen formulieren zu können, und dass man deshalb solche numerisch gestützten Beulsicherheitsnachweise in den Bemessungsnormen auch gar nicht explizit vorgesehen hat.

In DIN 18800-3 stammen einerseits die Herstelltoleranzen der Tabelle 2 aus Umfragen bei Stahlbaufirmen und aus ergänzenden Messungen, mit denen überprüft wurde, ob sie sich bei werkstattüblicher Fertigungsgenauigkeit mit einer akzeptablen Zuverlässigkeit einhalten lassen [A21]; sie beschreiben also qualitativ gut gefertigte Plattenkonstruktionen – nicht mehr und nicht weniger. Die Beul-Abminderungsfaktoren κ_P beruhen andererseits auf der Auswertung von vielen Plattenbeulversuchen (Stichwort: „Winter-Kurve"). Die beiden Systeme „Platten-Herstelltoleranzen" und „Plattenbeul-Abminderungsfaktoren" sind nicht systematisch-theoretisch aufeinander abgestimmt worden, wie das beispielsweise beim Stabknicken mit den geometrischen Ersatzimperfektionen und den Abminderungsfaktoren erfolgt ist [M15]. Deshalb muss davor gewarnt werden, allzu unbedarft aus den Platten-Herstelltoleranzen Annahmen für geometrische Ersatzimperfektionen für numerisch gestützte Plattenbeulsicherheitsnachweise herleiten zu wollen. Systematische wissenschaftliche Untersuchungen zu dieser Thematik wären allerdings sehr wünschenswert.

⟨1101⟩-7   **Krümmungsabweichungen von schalenartigen Bauteilen/Tragwerken**

Diese müssen mit dem Stabilitätsnachweis gegen **Schalenbeulen nach DIN 18800-4** kompatibel sein. Die Frage nach den tragsicherheitsrelevanten Herstelltoleranzen ist hier formal ähnlich einfach zu beantworten wie bei den plattenartigen Bauteilen. Abschnitt 3 von DIN 18800-4 gibt ein System von Toleranzwerten für Herstellungsungenauigkeiten vor, die bei der Fertigung und Montage schalenartiger Tragwerke einzuhalten sind. Die dort beschriebenen Vorgehensweisen beim Messen der Herstellungsungenauigkeiten sind zu beachten.

Auf die Erläuterungen in ⟨1101⟩-6 zum unterschiedlichen Aufbau der drei Stabilitätsteile 2, 3 und 4 von DIN 18800 sei noch einmal hingewiesen. Insbesondere die dortigen Ausführungen zum fehlenden systematisch-theoretischen Abgleich der beiden Systeme „Herstelltoleranzen" und „Abminderungsfaktoren" gelten auch für schalenartige Bauteile und Tragwerke. Auch hier wurden die Herstelltoleranzen aufgrund langjähriger Erfahrungen der einschlägigen Industrie so festgelegt, dass sie bei durchschnittlichem Werkstatt- und Montagestandard problemlos eingehalten werden können, so dass qualitativ gut gefertigte Schalenkonstruktionen entstehen [M15].

Zu Element 1102

Es ist unmittelbar einzusehen, dass eine Abnahmeprüfung erst am fertigen Tragwerk vorgenommen werden soll. Das fertige Tragwerk sollte aber bei der Abnahmeprüfung möglichst wenig belastet sein, da sich sonst den zu überprüfenden geometrischen Herstellungsungenauigkeiten unter Umständen lastabhängige Verformungen überlagern und so das Ergebnis verfälschen.

11.2 Fertigungstoleranzen

Zu Element 1103

⟨1103⟩-1 **Allgemeine Fertigungstoleranzen**

Über die für das fertige Bauwerk geltenden allgemeinen Toleranzen nach DIN 18202 hinaus (vgl. ⟨1101⟩-1) werden für geschweißte Stahlbauteile mit ihrem (bei unsachgemäßer Vorgehensweise) hohen Potenzial für Schrumpfverzüge und -verwerfungen zusätzlich spezielle Fertigungstoleranzen benötigt. Dazu wird in diesem Element die Norm DIN EN ISO 13920 herangezogen. Sie entspricht der früheren Vornorm DIN V 8570, die in deutschen Stahlbau-Fertigungsstätten gut eingeführt war.

Die einheitliche Vorgabe der Mindesttoleranzklasse C für Längen- und Winkelmaße bzw. G für Geradheit, Ebenheit und Parallelität soll Streitigkeiten vermeiden. Man beachte aber die Einschränkung „... *wenn in den Ausführungsunterlagen die Toleranzklasse nicht genannt ist*..." Es darf also auch die jeweils großzügigere Toleranzklasse D bzw. H zugestanden werden – nur ist das in den Ausführungs- oder Fertigungszeichnungen ausdrücklich zu vermerken. Vor allem können aber auch engere Toleranzen gefordert werden, z. B. wenn das aus Tragsicherheitsgründen nötig ist (siehe ⟨1103⟩-2).

Bei geometrischen Merkmalen, die in DIN EN ISO 13920 nicht angesprochen werden, weil sie nichts mit dem Schweißen zu tun haben, dürfte nichts dagegen sprechen, auf entsprechende Angaben in ENV 1090-1 [R38] zurückzugreifen. Bild 11.3 zeigt beispielsweise die dortigen Toleranzvorgaben für die Lage eines einzelnen Loches innerhalb einer Gruppe von Löchern und für die Position einer Gruppe von Löchern im Bauteil. Allerdings erscheinen diese Toleranzen angesichts der Präzision heutiger Bohranlagen so großzügig, dass sie möglicherweise für die Praxis wenig hilfreich sind.

Nr.	Art der Abweichung	Parameter	Zulässige Abweichung
a	Lage der Löcher 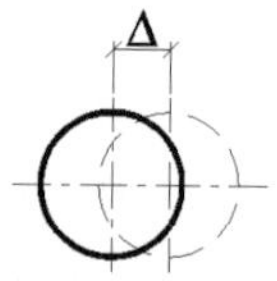	Abweichung Δ eines einzelnen Loches von der vorgegebenen Lage innerhalb einer Gruppe von Löchern	Δ = ± 2 mm
b	Lage einer Gruppe von Löchern	Abweichung Δ einer Gruppe von Löchern von ihrer vorgegebenen Lage:	
		- Maß a:	Δ = ± 5 mm
		- Maß b:	Δ = ± 2 mm
		- Maß c:	Δ = ± 5 mm
		- Maß d: 1) wenn h ≤ 1000 mm	Δ = ± 2 mm
		2) wenn h > 1000 mm	Δ = ± 4 mm

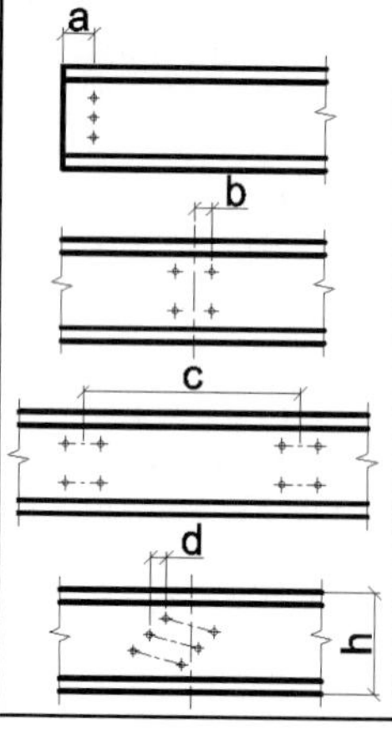

Bild 11.3 Zulässige Abweichungen für Löcher (Auszug aus Bild 7 in ENV 1090-1 [R38])

Zu **DIN 18203-2** [R20] erscheinen den Verfassern dieses Kommentars folgender Warnhinweis wichtig: Diese Norm gibt für vorgefertigte Teile aus Stahl im Hochbau vergleichsweise enge Toleranzen an, die teilweise nur mit übertriebenem Fertigungsaufwand einzuhalten wären (z. B.

spanabhebendes Nacharbeiten). Sie wurde deshalb bewusst **nicht** in DIN 18800-7 übernommen, so dass die Einhaltung dieser Toleranzen nicht automatisch vom Auftraggeber verlangt werden kann.

⟨1103⟩-2 Tragsicherheitsrelevante Fertigungstoleranzen

Es sei hier noch einmal unter Hinweis auf die Ausführungen zu Element 1101 betont, dass selbstverständlich auch für geschweißte Bauteile etwaige engere geometrische Toleranzen, die vom Tragwerksplaner gemäß Element 1101 in den Ausführungszeichnungen vorgegeben werden, gegenüber den allgemeinen Geradheits-, Ebenheits- und Parallelitätstoleranzen nach DIN EN ISO 13920 absoluten Vorrang haben. Es kann beispielsweise erforderlich sein, eine geschweißte Kastenstütze mit Rücksicht auf die in ⟨1101⟩-3 genannte zulässige Stabvorkrümmung von ca. $l_K/750$ und/oder die zulässigen Vorbeulstiche nach DIN 18800-3 in der schärferen Geradheits- und Ebenheitstoleranzklasse F oder sogar E zu fertigen (statt Toleranzklasse G).

Zu Element 1104

Das hier angegebene zulässige Abmaß für die Exzentrizität an Stützenstößen ist im weiteren Sinne ebenfalls eine tragsicherheitsrelevante Herstelltoleranz, denn Stützen sind Druckstäbe. Die Angaben bedürfen keiner Erklärung. Sie gelten im Übrigen für die im nächsten Element behandelten Kontaktstöße gleichermaßen.

Zu Element 1105

Bei Stützen-Kontaktstößen kommt, bedingt durch Ungenauigkeit des Sägeschnittes und/oder der angeschweißten Kopfplatten (sofern vorhanden), zur Exzentrizität nach Element 1104 noch die Möglichkeit eines Winkelspaltes hinzu [A15]. Die angegebenen Toleranzwerte wurden von ENV 1090-1 übernommen. Nicht vergessen werden darf dabei, dass solch ein Winkelspalt einen Knick in der Stütze erzeugt. Dieser muss, wenn für die Stütze Biegeknicken ein maßgebender Grenzzustand ist, den Toleranzwert für den Vorkrümmungsstich von Druckstäben einhalten (vgl. ⟨1101⟩-3).

Montagetoleranzen 11.3

Vorbemerkung

DIN 18800-7 führt in diesem Abschnitt 11.3 nur einige ausgewählte Toleranzangaben zur Lage von Ankerschrauben und anderen Auflagern auf. Sie stellen allgemeine geometrische Toleranzen im Sinne von ⟨1101⟩-1 dar. Dieser geringe Umfang von konkreten Angaben unter der Überschrift „Montagetoleranzen" ist irreführend – selbstverständlich ist gerade bei der Montage von Stahlbauten die Frage der einzuhaltenden Toleranzen wichtig. Die in ⟨1101⟩-1 kommentierte DIN 18202 beschreibt im Prinzip ausschließlich „allgemeine **Montage**toleranzen", denn sie bezieht sich auf das fertige Tragwerk (!). Analoges gilt für die in ⟨1101⟩-2 bis ⟨1101⟩-7 diskutierten tragsicherheitsrelevanten geometrischen Toleranzen nach DIN 18800-1 bis -4, die zum Teil „tragsicherheitsrelevante **Montage**toleranzen" darstellen und deshalb vor allem bei der Montage beachtet und ggf. in der Montageanweisung bzw. Montagebeschreibung vermerkt werden müssen. Dazu gehören beispielsweise Stützenschiefstellungen bei der Montage von Stockwerkrahmenkonstruktionen (vgl. ⟨1101⟩-5) oder Unrundheiten von baustellengeschweißten kreiszylindrischen Behältern (vgl. ⟨1101⟩-7).

Zu Element 1106

Dieses Element steht in engem Zusammenhang mit Element 904, in dem ein speziell für das Einmessen und Ausrichten der Stahlkonstruktion festgelegtes Bezugssystem gefordert wird (vgl. zu Element 904). Es wird nun darauf hingewiesen, dass alle Systemachsen und Systemhöhen in den Ausführungszeichnungen anzugeben sind, wobei unausgesprochen der Bezug auf das in Element 904 definierte Stahlbau-Bezugssystem vorausgesetzt wird. Nur so kann eine fehlerfreie Montage unter Einhaltung der Montagetoleranzen erwartet werden.

Zu Elementen 1107 und 1108

Diese beiden Elemente wurden aus ENV 1090-1 [R38] übernommen, leider unter Weglassen eines dort angegebenen dritten Regel-Elementes zur Lage von Ankerschrauben bzw. -bolzen, nämlich solchen „ohne Reguliermöglichkeit". Dieses dritte ENV-Regelelement ist in Bild 11.4 wiedergegeben. Mit ihm zusammen ergibt sich aus Bild 1 DIN 18800-7 folgende Aussage: **Ankergruppen** sollen mit ihrem Mittelpunkt auf ±6 mm genau sitzen. **Einzelne Anker** (auch als Teil einer Ankergruppe) sollen, sofern sie fest einbetoniert sind, also nicht mehr „reguliert" werden können, auf ±3 mm genau sitzen; sie brauchen dagegen nur auf ±10 mm genau zu sitzen, sofern sie noch „reguliert" werden können (z. B. innerhalb eines größeren Bohrloches, wie in Bild 1 DIN 18800-7 skizziert). Mit der Δz-Angabe in beiden Bildern ist gemeint, dass z. B. einbetonierte Ankerteile eher zu viel als zu wenig aus dem Beton herausstehen sollten.

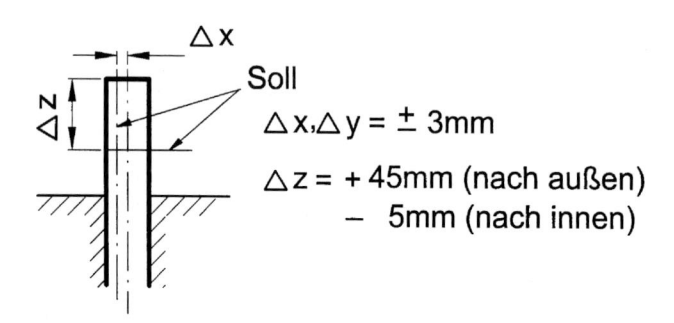

$\Delta x, \Delta y = \pm 3\,\text{mm}$

$\Delta z = +45\,\text{mm}$ (nach außen)
$\,-5\,\text{mm}$ (nach innen)

Bild 11.4 Zulässige Abweichungen für Ankerbolzen ohne Reguliermöglichkeit nach ENV 1090-1 [R38]

Prüfungen 12

Vorbemerkung

Die alte DIN 18800-7 hatte sich der Prüfproblematik so gut wie nicht angenommen, zumindest war keinerlei Systematik in ihr zu erkennen. So mussten notgedrungen die Prüfungen nach Art und Umfang jeweils durch auftragsspezifische Prüf- und Verfahrensanweisungen sowie vertragliche Vereinbarungen festgelegt werden. Aus der Sicht des Auftraggebers wurde in der Regel zu wenig geprüft, aus der Sicht des ausführenden Stahlbauunternehmens wurde zu viel geprüft.

Das Kapitel 12 der neuen DIN 18800-7 enthält jetzt klare Festlegungen sowohl zum Umfang der Prüfungen als auch zur Zulässigkeit der dabei festgestellten Soll-Ist-Differenzen und Unregelmäßigkeiten. Zum Teil werden in diesem Kapitel Maßnahmen beschrieben, die auch Bestandteile der werkseigenen Produktionskontrolle sind (siehe Element 1303).

Da Prüfungen personalintensiv sind, können sie zu hohen Kostenanteilen führen. Dennoch wird es in der Regel kostengünstiger sein, zu prüfen und ggf. nachfolgend auszubessern als zu verwerfen und neu zu fertigen.

Allgemeines 12.1

Zu Element 1201

Die Wahl der „geeigneten Prüfung", um sicherzustellen, dass die Stahlkonstruktion den gestellten Anforderungen der DIN 18800-7 entspricht, bleibt dem Hersteller der Stahlkonstruktion überlassen – es sei denn, die Anwendungsnormen (Fachnormen) oder die Ausführungsunterlagen verlangen spezielle Prüfungen. Dabei sollte jeweils das Prüfverfahren bevorzugt werden, das einerseits den geringsten Aufwand bedeutet, mit dem andererseits aber auch sicher nachgewiesen werden kann, dass die gestellten Anforderungen der DIN 18800-7 erfüllt worden sind.

Die Prüfergebnisse sind, soweit erforderlich, zu dokumentieren und den Nachweisunterlagen zuzuordnen (siehe auch Element 1219). Es kann auch ausreichend sein, dass nur die Durchführung der Prüfung und ein den Anforderungen entsprechendes Ergebnis bestätigt wird.

Fertigung und Montage 12.2

Schweißen 12.2.1

Zu Element 1202

Schweißnahtprüfungen sind nach eindeutigen Vorgaben durchzuführen. Das heißt, in den **Ausführungsunterlagen** müssen der Umfang der Prüfung und das Prüfverfahren in Abhängigkeit von den Möglichkeiten und der Ausnutzung der Grenzschweißnahtspannungen eindeutig festgelegt werden. Bei der Auswahl des Prüfverfahrens muss ggf. der verwendete Schweißprozess mit berücksichtigt werden. Beispielsweise können Lagebindefehler, wie sie bei dem Schweißprozess 135 (vgl. Tabelle 7.2) von Schweißern verursacht werden, die nicht die notwendige Handfertigkeit und das erforderliche Fachwissen besitzen, in der Regel nur mit einer Ultraschallprüfung festgestellt werden.

Die etwas vage Vorgabe in Element 1202, dass „ggf. ein **Prüfplan** zu erstellen ist", ist so auszulegen, dass bei Bauteilen mit nicht vorwiegend ruhender Beanspruchung, z. B. bei Brückenbauten, in jedem Fall ein Prüfplan vorzusehen ist. Bei größeren Tragwerken oder komplexen Schweißkonstruktionen wird auch bei vorwiegend ruhender Beanspruchung die Erstellung eines Prüfplanes empfohlen, denn er stellt die eindeutigste schriftliche Fixierung des vorgesehenen Prüfkonzeptes dar.

Die Festlegung des Prüfkonzeptes bereits in der Planungsphase ist sehr wichtig, denn es beeinflusst die Kosten eines Bauvorhabens in erheblichem Maße. Wenn bei Vertragsabschluss die durchzuführenden Prüfungen nicht eindeutig fixiert werden, kann das zu unangenehmen Auseinandersetzungen zwischen der vom Bauherrn mit der Fertigungsüberwachung beauftragten Prüfinstanz und der ausführenden Stahlbaufirma führen. Andererseits hat sich gezeigt, dass ein technisch sinnvoll geplantes Prüfkonzept durchaus das rechtmäßige Sicherheitsbedürfnis der Öffentlichkeit und des Bauherrn befriedigen kann, ohne dass dabei alle technisch machbaren Prüfmöglichkeiten komplett ausgeschöpft werden müssen. In diesem Sinn soll das Element 1202 dafür sorgen, dass die Prüfungen vor der Ausführung eindeutig festgelegt werden und nicht vom Auftraggeber bzw. der von ihm beauftragten Prüfinstanz nachträglich „nachgeschoben" werden. Ausgenommen hiervon sind selbstverständlich Prüfungen, die auf Grund des äußeren Befundes Zweifel an der fachgerechten Ausführung einer Schweißnaht beseitigen sollen.

Bei Schweißnähten, für die gemäß Ausführungsunterlagen eine zerstörungsfreie Prüfung nicht vorgesehen ist, reicht laut Element 1202 im Allgemeinen eine Überprüfung der äußeren Merkmale (Sichtprüfung); siehe hierzu Elemente 1203 und 1206.

Zu Element 1203

Die hier geforderte Sichtprüfung jeder Schweißnaht nach Beendigung des Schweißvorganges darf von dem ausführenden Schweißer oder von besonders ausgebildetem Prüfpersonal gemäß Element 1218 durchgeführt werden. Primäres Ziel der Schweißnaht-Sichtprüfung ist das Überprüfen der lokalen äußeren Merkmale im Sinne der Unregelmäßigkeitsgrenzwerte der jeweils maßgebenden Bewertungsgruppe (siehe Elemente 1204 und 1205). Ziel der Sichtprüfung sind aber auch die übrigen Eigenschaften der Schweißnaht wie Vorhandensein, Lage und Abmessungen (siehe Element 1206). Werden bei der Sichtprüfung Abweichungen von den Vorgaben, z. B. hinsichtlich Nahtdicke oder Nahtgeometrie, oder unzulässige äußere Unregelmäßigkeiten festgestellt, sind ggf. zusätzlich zerstörungsfreie Prüfungen zu veranlassen (siehe zu Element 1209).

Eine besondere Bedeutung kommt der Sichtprüfung zu, wenn eine Schweißnaht nach den nachfolgenden Fertigungsgängen nicht mehr zugänglich ist, wie z. B. die Schweißnähte eines Kasteninneren, bevor der Kasten geschlossen wird. Hierauf weist Element 1203 ausdrücklich hin. Eine Sichtprüfung ist auch dann durchzuführen, wenn eine zusätzliche zerstörungsfreie Prüfung der Naht vorgesehen ist, und zwar **vor** der zerstörungsfreien Prüfung.

Zu Element 1204

Anstelle der verbalen Ausführungsvorschriften für Schweißnähte in der alten DIN 18800-7 sind in der neuen DIN 18800-7 nunmehr eindeutige Festlegungen zu den auszuführenden Bewertungsgruppen nach DIN EN 25817 enthalten. Für vorwiegend ruhend beanspruchte Bauteile bei Verwendung von Lichtbogenschweißprozessen sagt Element 1204, dass – „sofern in den Zeichnungen keine anderen Vorgaben für die zulässigen Unregelmäßigkeiten enthalten sind" – die Grenzwerte der **Bewertungsgruppe C** nach DIN EN 25817 einzuhalten sind. Eine Ausnahme stellt das Merkmal 9 „ungenügende Durchschweißung" dar. Dafür wird die Bewertungsgruppe B verlangt, in der eine ungenügende Durchschweißung grundsätzlich unzulässig ist, während in der Bewertungsgruppe C nach DIN EN 25817 beim Merkmal 9 kurze Unregelmäßigkeiten zulässig sind. Ausgenommen sind hiervon selbstverständlich Bauteile, bei denen die Ausführungszeichnung keine volle Durchschweißung fordert.

Durch die Einschränkung „sofern in den Zeichnungen ..." wird der Ersteller der Ausführungszeichnungen für geschweißte Bauteile unter vorwiegend ruhender Beanspruchung aufgefordert, sich Gedanken über die notwendige Ausführungsgüte der Bauteile zu machen. Er kann mit den im Element empfohlenen Regelvorgaben (siehe oben) einverstanden sein; in diesem Fall braucht er auf den Zeichnungen keine Angaben für die zulässigen Unregelmäßigkeiten zu machen. Er kann ggf. schärfere Festlegungen treffen (das ist immer möglich, vgl. zu Element 101). Er kann aber auch, wenn die Ausnutzung der Grenzschweißnahtspannung es zulässt, eine geringere Ausführungsgüte festlegen, z. B. auch Bewertungsgruppe D nach DIN EN 25817.

DIN EN 25817 wird in der DIN 18800-7 ohne Ausgabedatum angegeben, stellt also somit eine undatierte Verweisung dar (vgl. ⟨201⟩-1). Damit ist die Ende 2003 erschienene Nachfolgenorm DIN EN ISO 5817:2003-12 [R76] maßgebend. Darin entsprechen die Merkmale 1.6 und 2.13 dem in Element 1204 genannten Merkmal 9 der DIN EN 25817.

Bei Verwendung des **Laserstrahlschweißprozesses** (in DIN 18800-7 „Laserschweißprozess" genannt) nennt Element 1204 als Regelvorgabe die schärferen Anforderungen der Bewertungsgruppe B nach DIN EN ISO 13919-1, da die Schweißzonen bei diesem Schweißprozess relativ schmal sind und somit Unregelmäßigkeiten eine größere Bedeutung haben. Von der Bewertungsgruppe B darf wiederum abgewichen werden, wenn in den Ausführungszeichnungen andere Vorgaben für die zulässigen Unregelmäßigkeiten enthalten sind.

Zu Element 1205

Für Bauteile mit nicht vorwiegend ruhender Beanspruchung sind in Element 1205 nur für die Verwendung von Lichtbogenschweißprozessen Festlegungen über die zulässigen Unregelmäßigkeiten enthalten. Das bedeutet selbstverständlich nicht, dass andere Schweißprozesse, z. B. Nr. 24 „Abbrennstumpfschweißen" oder Nr. 42 „Reibschweißen" (vgl. Tabelle 7.2), ausgeschlossen sind. Beim Einsatz anderer Schweißprozesse als Lichtbogenschweißen müssen jedoch die Festlegungen für die Ausführungsgüte im Einzelfall klar definiert werden.

Wegen der nicht vorwiegend ruhenden Beanspruchung wurden die zulässigen Grenzwerte für Unregelmäßigkeiten mit Rücksicht auf deren ermüdungsmechanische Kerbwirkung verschärft. Es gilt bei Verwendung von Lichtbogenschweißprozessen generell die **Bewertungsgruppe B** nach DIN EN 25817, ohne dass hiervon (wie bei vorwiegend ruhender Beanspruchung, vgl. zu Element 1204) nach unten abgewichen werden darf. Es sind sogar noch einige zusätzliche Verschärfungen gegenüber den Festlegungen der Bewertungsgruppe B vorgenommen worden: Ein Wurzelrückfall oder eine Wurzelkerbe (Merkmal 21 nach DIN EN 25817, Merkmale 1.8 und 1.17 nach DIN EN ISO 5817) sind nicht zulässig. Sofern Wurzelrückfall und Wurzelkerben vorhanden sind, müssen sie durch Schleifen oder durch Nachschweißen ausgebessert werden. Zulässiger Kantenversatz (Merkmal 18 nach DIN EN 25817, Merkmal 3.1 nach DIN EN ISO 5817) darf keine scharfen Übergänge an den geschweißten Bauteilen aufweisen. Sofern diese vorhanden sind, müssen sie durch Nacharbeiten (z. B. Schleifen oder Nachschweißen) beseitigt werden.

Schweißspritzer und Zündstellen müssen aus folgenden zwei Gründen entfernt werden:
- In Abhängigkeit von dem Grundwerkstoff können unter Schweißspritzern und Zündstellen unzulässig hohe Härtewerte vorliegen (z. B. bei S355). In Ausnahmefällen können unter Zündstellen auch bereits Anrisse aufgrund der hohen Abkühlgeschwindigkeit vorliegen.
- Schweißspritzer wirken sich nachteilig für die Qualität einer später aufzubringenden Korrosionsschutzbeschichtung aus (vgl. 〈1002〉-1).

Kurze Unregelmäßigkeiten sind für das Merkmal 5 (Gaskanal, Schlauchpore) nach DIN EN 25817 (Merkmal 2.6 nach DIN EN ISO 5817) in der Bewertungsgruppe B zulässig. Besteht jedoch eine Verbindung von der Schlauchpore zu der Nahtoberfläche (Wurzel oder Decklage), stellt diese Unregelmäßigkeit eine deutliche Verschlechterung des ermüdungsmechanischen Kerbfalles dar. Deshalb sind solche Verbindungen gemäß Element 1205 nicht zulässig. In einem derartigen Fall muss die unzulässige Schlauchpore großflächig ausgeschliffen und ggf. nachgeschweißt werden.

Zu Element 1206

DIN EN 25817 beinhaltet nur Unregelmäßigkeiten von Schweißnähten. DIN 18800-7 verlangt deshalb in diesem Element – quasi als weiteren Teil der Sichtprüfung (vgl. zu Element 1203) – zusätzlich auch die Prüfung der Vollständigkeit (Vorhandensein) und der richtigen Anordnung (Lage/Position) aller Schweißnähte, der Oberflächenbeschaffenheit und der Form der Schweißung sowie der vorgegebenen Schweißnahtabmessungen (Schweißnahtdicke/Schweißnahtlänge). Bei der Prüfung der Oberflächenbeschaffenheit und der Form der Schweißung sind ggf. zusätzliche Forderungen der Ausführungszeichnungen oder der Anwendungsnorm (Fachnormen) zu beachten, z. B. Einebnen der Schweißnaht oder Ausführung einer Kehlnaht als Hohlkehlnaht.

Diese visuelle Überprüfung einer Schweißnaht ist nicht eine neue Forderung, die den Fertigungsaufwand erhöht (wie dies aus der Stahlbaupraxis manchmal behauptet wird), sondern sie sollte eigentlich schon immer selbstverständlich und in den Vorgabezeiten für die Schweißer enthalten gewesen sein. Wie bereits zu Element 1203 ausgeführt, kann und darf der ausführende Schweißer die Sichtprüfung seiner Schweißarbeiten selbst durchführen. Die Verantwortung bleibt allerdings bei der Schweißaufsichtsperson.

Zu Element 1207

Tabelle 21 der DIN 18800-1 enthält für zugbeanspruchte, durch- oder gegengeschweißte Stumpf-, DHV- und HV-Nähte unterschiedliche Werte für den Schweißnahtfaktor α_w, abhängig davon, ob die Nahtgüte „nachgewiesen" oder „nicht nachgewiesen" wird. Im Anhang A7 der DIN 18800-1 ist festgelegt, wann der Nachweis der Nahtgüte als erbracht gilt. Diese Regelung wurde in das Element 1207 der DIN 18800-7 unverändert überführt.

Die Regelung sieht eine Durchstrahlungs- oder Ultraschallprüfung der betreffenden Nähte vor, wobei ein Prüfumfang von 10 % aller Nähte ausreicht und die Bewertungsgruppen nach Element 1204 oder 1205 erreicht werden müssen. Voraussetzung für den Prozentsatz 10 % ist jedoch, dass alle an der (den) Schweißnaht(nähten) beteiligten Schweißer durch diese Durchstrahlungs- oder Ultraschallprüfung gleichmäßig erfasst worden sind. Anwendungsnormen und -regelwerke, z. B. DIN 15018 [R15-17] oder ZTV-ING [R129] oder Ril 804 [R121], sowie die Ausführungsunterlagen können höhere Prozentsätze für durchzuführende Prüfungen verlangen (vor allem bei nicht vorwiegend ruhend beanspruchten Bauteilen). Dabei handelt es sich dann wieder um Forderungen, die über die technischen Mindestanforderungen der DIN 18800-7 hinausgehen (vgl. zu Element 101).

Zu Element 1208

Mit der in diesem Element angesprochenen „Stichprobenprüfung" ist primär die 10-%-Regel des vorhergehenden Elementes gemeint, nicht die Sichtprüfung auf äußere Unregelmäßigkeiten nach Element 1203, welche für **jede** Schweißnaht vorgeschrieben ist. Werden bei einer solchen Stichprobenprüfung Abweichungen von den Vorgaben für die Schweißnahtunregelmäßigkeiten festgestellt, ist mit großer Wahrscheinlichkeit davon auszugehen, dass vergleichbare unzulässige Unregelmäßigkeiten auch in den nicht durch die Stichprobenprüfung erfassten Nahtbereichen vorhanden sind. In der Anmerkung zu Element 1208 ist das alte und bewährte „Schneeballkonzept" der Materialprüfung aufgenommen worden: Wenn bei einer Stichprobenprüfung Unregelmäßigkeiten festgestellt werden, wird der Umfang der Stichprobe verdoppelt. Dies kann im Extremfall zu 100 % Prüfumfang führen. Bei Serienfertigung darf der Umfang der Prüfungen mit Hilfe statistischer Verfahren reduziert werden.

Liegt eine unzulässige Unregelmäßigkeit am Ende einer Prüflänge (z. B. am Ende eines Durchstrahlungsfilmbildes), ist zunächst in Verlängerung der Prüflänge weiter zu prüfen, bis sichergestellt ist, dass die unzulässige Unregelmäßigkeit endet.

Zu Element 1209

Dieses Element ist sehr wichtig für das Verhältnis zwischen Schweißbetrieb und Prüfinstanz. Zerstörungsfreie Prüfungen **zusätzlich** zu denen, die ursprünglich vorgesehen waren – entweder wegen der in der Berechnung angesetzten Grenzschweißnahtspannung („nachgewiesene Nahtgüte", vgl. zu Element 1207) oder weil in den Ausführungsunterlagen (z. B. Schweißplan, Prüfplan) aufgrund des einvernehmlichen Prüfkonzeptes von vornherein so geplant –, dürfen erst bei negativem Befund der Sichtprüfung, d. h. bei unbefriedigenden äußeren Merkmalen der jeweils maßgebenden Bewertungsgruppe, gefordert werden, und das auch nicht zwingend, sondern nur „gegebenenfalls".

Bei negativem **äußeren** Befund einer Sichtprüfung nach DIN EN 970 ist anzunehmen, dass die Handfertigkeit des eingesetzten Schweißers nicht ausreichend war und deshalb auch **innere** unzulässige Unregelmäßigkeiten erwartet werden müssen. Bevor in einem derartigen Fall aber zusätzliche zerstörungsfreie Prüfungen angeordnet werden, sollte die statische Funktion der betreffenden Schweißnaht und der Ausnutzungsgrad der Schweißnahtgrenzspannung festgestellt und bewertet werden, ggf. zusammen mit dem Tragwerksplaner (Entwurfsverfasser) und/ oder dem Prüfingenieur.

Wenn die Zweifel bei der Sichtprüfung vor allem darin bestehen, ob unzulässige **Oberflächenfehler** vorliegen, die visuell nicht oder nur schwierig zu erkennen sind (z. B. Oberflächenrisse oder Bindefehler mit Verbindung zur Oberfläche), sollten gemäß Anmerkung 1 in Element 1209 zunächst Oberflächenrissprüfungen wie

- eine Eindringprüfung nach DIN EN 1289
- oder eine Magnetpulverprüfung nach DIN EN 1290 und DIN EN 1291

durchgeführt werden. Werden aufgrund der Sicht- und/oder der Oberflächenrissprüfung **innere** Unregelmäßigkeiten vermutet und rechtfertigt die statische Bewertung der Schweißnaht dies, so dürfen weitere zerstörungsfreie Prüfverfahren eingesetzt werden, z. B. gemäß Anmerkung 2 in Element 1209

- eine Durchstrahlungsprüfung nach DIN EN 1435
- oder eine Ultraschallprüfung nach DIN EN 1712, 1713 und 1714.

Nochmals: Mit diesem Element ist keinesfalls beabsichtigt, unbegrenzt zusätzliche zerstörungsfreie Schweißnahtprüfungen, die auf den Ausführungsunterlagen nicht enthalten waren, durchzuführen. Deshalb müssen immer die Art der äußeren Unregelmäßigkeit, die Lage der äußeren Unregelmäßigkeit und die rechnerische Ausnutzung der Schweißnahtgrenzspannung in Betracht gezogen werden, bevor weitere zerstörungsfreie Prüfungen angeordnet werden.

Zu Element 1210

DIN EN 1435 kennt zwei Prüfklassen von radiographischen Techniken zur Erkennung von Unregelmäßigkeiten bei einer Durchstrahlungsprüfung:

- Prüfklasse A – Grundtechnik,
- Prüfklasse B – verbesserte Prüftechnik.

Mit der Klasse B können auch kleinere Unregelmäßigkeiten erkannt werden, die in der Klasse A möglicherweise nicht nachweisbar sind. Bei den im Stahlbau üblichen Bauteildicken kann die in Element 1210 geforderte Prüfklasse B bei der Durchstrahlungsprüfung mittels der Röntgenröhre in der Regel erreicht werden. Wird die Bauteildicke jedoch zu groß oder ist eine Prüfung mit der Röntgenröhre aus Zugänglichkeitsgründen nicht möglich (z. B. bei Brückenbauwerken mit geringem Abstand zu einer Fahrleitung), darf mit Gammastrahlen gearbeitet werden. Wird dabei allerdings die Anforderung der Prüfklasse B nicht mehr erreicht, ist anstelle der Durchstrahlungsprüfung ein anderes geeignetes Prüfverfahren einzusetzen; in der Regel ist das die Ultraschallprüfung.

Zu Element 1211

DIN EN 1714 kennt vier Prüfklassen (A, B, C und D) für eine Ultraschallprüfung. Durch einen erhöhten Prüfaufwand, z. B. hinsichtlich Anzahl der Einschallungen und Oberflächenbearbeitung, wird von der Prüfklasse A bis zur Prüfklasse D eine erhöhte Auffindwahrscheinlichkeit erreicht. Mit der in Element 1211 vorgeschriebenen Prüfklasse B nach DIN EN 1714 können Unregelmäßigkeiten erkannt werden, die der Bewertungsgruppe B nach DIN EN 25817 zugeordnet werden.

Zu Element 1212

DIN EN 1291 kennt drei Zulässigkeitsgrenzen (1, 2 und 3) für eine Magnetpulverprüfung, wobei die in Element 1212 verlangte Zulässigkeitsgrenze 1 die schärfste Anforderung darstellt. Für die Zulässigkeitsgrenze 1 wird im informativen Anhang A der DIN EN 1291 in der Tabelle A.1 „Empfohlene Prüfparameter" eine „feine Oberfläche" als Oberflächenzustand gefordert. Entsprechend der Fußnote a) dieser Tabelle gilt als Definition für eine feine Oberfläche: „Schweißnaht und Grundwerkstoff mit glatter, sauberer Oberfläche und mit vernachlässigbaren Einbrandkerben, Schuppungen und Spritzern. Der Oberflächenzustand ist typisch für Schweißnähte, die mit automatischem Wolfram-Inertgas-Schweißen (WIG), Unterpulverschweißen (vollmechanisch) und Lichtbogenhandschweißen mit Eisenpulverelektroden gemacht werden." Sofern der vorgenannte Oberflächenzustand nicht erreicht worden ist, ist es zulässig, ihn zu verbessern, z. B. durch lokales Schleifen, um eine eindeutige Beurteilung der Anzeigen zu ermöglichen.

Zu Element 1213

DIN EN 1289 kennt drei Zulässigkeitsgrenzen (1, 2 und 3) für eine Eindringprüfung, wobei die in Element 1213 verlangte Zulässigkeitsgrenze 1 die schärfste Anforderung an die Unregelmäßigkeiten darstellt. In der Tabelle A.1 „Empfohlene Prüfparameter" des informativen Anhangs A wird für die geforderte Zulässigkeitsgrenze 1, wie bei der Magnetpulverprüfung, eine „feine Oberfläche" verlangt. Die dafür gegebene Definition ist identisch mit derjenigen für die Magnetpulverprüfung (vgl. zu Element 1212). Entspricht der vorhandene Oberflächenzustand nicht dieser Definition, muss wieder durch lokales Schleifen dafür gesorgt werden, dass die Anzeigen eindeutig beurteilt werden können.

Zu Element 1214

Sofern für Schweißnähte nach den Ausführungsunterlagen eine zerstörungsfreie Prüfung nach Abschluss der Schweißarbeiten erforderlich wird, z. B. um die Nahtgüte nachzuweisen (vgl.

zu Element 1207), kann es sinnvoll sein, auch Zwischenprüfungen durchzuführen, z. B. eine Oberflächenrissprüfung nach Ausarbeitung der Wurzellage vor dem Gegenschweißen. Ebenso können Zwischenprüfungen sinnvoll sein, wenn z. B. bei einer geforderten Durchstrahlungsprüfung die Gesamtdicke der Schweißnaht diese aufgrund der geforderten Prüfklasse B nicht mehr zulässt (vgl. zu Element 1210). In diesem Fall wird ein Teilbereich der Schweißnaht in einer Zwischenprüfung durchstrahlt, der Rest wird nach Fertigstellung einer Ultraschallprüfung unterzogen. Ein typischer Anwendungsfall dieser Art ist ein geschweißter Montagestoß eines dicken Gurtplattenpaketes, basierend auf Bild 8 DIN 18800-1 und den Bildern 37-1 und 37-2 des Absatzes 37 vom Modul 804.4101 der Ril 804 (siehe Bild 12.1).

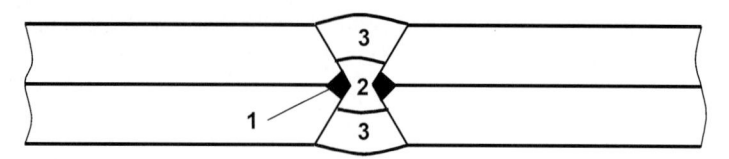

1 Stirnfugennaht zum Vorbinden der Gurtplatten
2 Bereich, deren Dicke eine Durchstrahlungsprüfung zulässt
   (Wurzelbereich ausgefugt und gegengeschweißt)
3 Gesamtdicke des Gurtplattenstoßes, der ultraschallgeprüft wird
   (Ausnahme Wurzelbereich)

Bild 12.1 Zerstörungsfreie Schweißnahtprüfung eines Montagestoßes dicker Gurtplatten

Zu Element 1215

Die DIN EN ISO 5817 (Nachfolgenorm der DIN EN 25817, vgl. zu Element 1204) definiert den Begriff der „systematischen Unregelmäßigkeit" einer Schweißnaht in Abschnitt 3.4 wie folgt: „Unregelmäßigkeiten, die sich in regelmäßigen Abständen in der Schweißnaht über die untersuchte Schweißnahtlänge wiederholen; dabei liegen die Abmessungen der einzelnen Unregelmäßigkeiten innerhalb der Zulässigkeitsgrenzen der Unregelmäßigkeiten nach Tabelle 1." (Gemeint ist damit die Tabelle 1 der DIN EN ISO 5817.)

Systematische Schweißnahtunregelmäßigkeiten zeugen von einem Verfahrensfehler. Sie sind gemäß Element 1215 besonders scharf zu bewerten, d. h., sie können in der Summe unzulässig sein, selbst wenn die Einzelunregelmäßigkeit innerhalb der Grenzen der vorgeschriebenen Bewertungsgruppe nach DIN EN ISO 5817 liegt. Bei vorliegenden systematischen Unregelmäßigkeiten muss das Schweißverfahren ggf. durch Schweißen einer Arbeitsprobe überprüft werden, um sicherzustellen, dass derartige systematische Schweißnahtunregelmäßigkeiten zukünftig vermieden werden. Dazu kann es erforderlich sein, die Schweißparameter zu ändern, und im Extremfall kann das zu einer neuen Verfahrensqualifikation führen (vgl. zu den Elementen 701 bis 703).

Zu Element 1216

Dies Element fixiert eigentlich etwas Selbstverständliches: Werden Schweißnähte von Bauteilen nachgebessert, weil sie beanstandet wurden – z. B. nachgearbeitet durch Schleifen und/oder durch Schweißen –, so müssen die gestellten (und ursprünglich nicht erfüllten) Anforderungen (vgl. zu den Elementen 1204 und 1205) von den nachgebesserten Schweißnähten erreicht werden.

Zu Element 1217

Bolzenschweißverbindungen müssen für die inneren und äußeren Unregelmäßigkeiten die Anforderungen der DIN EN 14555 erfüllen. Die darin vorgesehenen Prüfungen wurden im Zusammenhang mit Verfahrensprüfungen und Fertigungsüberwachungen beim Bolzenschweißen im Kommentar zu Element 712 ausführlich diskutiert. Insbesondere wurde im Kommentar ⟨712⟩-3 dargestellt, dass – und warum – bei Stahlbauteilen der Klassen C und D gemäß DIN 18800-7 die prozentuale Fehlerfläche im Bolzenquerschnitt 10 % betragen darf – statt der in DIN EN ISO 14555 geforderten 5 %.

Zu Element 1218

Dieses Element soll zunächst die an sich selbstverständliche Forderung unterstreichen, dass **abschließende, qualitätsrelevante** Schweißnahtprüfungen von fachkundigem Prüfpersonal durchgeführt werden müssen. Prüfungen von „qualitätsrelevanter" Bedeutung liegen vor, wenn sie nach Element 1207 gefordert werden oder wenn sie in Ausführungszeichnungen, Prüfplänen oder Vertragsunterlagen vorgegeben sind.

Die Frage, welche Schweißnahtprüfungen im Sinne dieses Elementes „abschließend" sind, hat der Koordinierungsausschuss der Stellen für Metallbauten im bauaufsichtlichen Bereich (KOA) auf seiner 35. Sitzung ausführlich diskutiert und dazu beschlossen, „dass die **Sichtprüfung nicht als abschließende Prüfung** angesehen wird. Deshalb braucht für die Durchführung kein zertifiziertes Prüfpersonal nach DIN EN 473 eingesetzt zu werden. Die Durchführung des jährlichen Jaegertests wird empfohlen". Die Erläuterungen zu den Elementen 1203 und 1206 hinsichtlich der Möglichkeit, dass der Schweißer selbst die Sichtprüfung seiner Schweißarbeiten durchführt, berücksichtigen diesen Beschluss.

Für das Prüfpersonal, das **abschließende, qualitätsrelevante, zerstörungsfreie** Prüfungen durchführt, verlangt Element 1218 eindeutig die Erfüllung der Anforderungen nach DIN EN 473. Daraus folgt im Umkehrschluss, dass Zwischenprüfungen (also nichtabschließende Prüfungen) auch von Prüfpersonal durchgeführt werden dürfen, das nicht die vollen Anforderungen der DIN EN 473 erfüllt. Dazu gehören nach der obigen Definition auch Sichtprüfungen der Schweißnähte durch den Schweißer (vgl. zu den Elementen 1203 und 1206). Es empfiehlt sich jedoch, möglichst auch für Zwischenprüfungen Personal einzusetzen, das nach DIN EN 473 zertifiziert ist. Zumindest sollte bei denjenigen Personen, die Sichtprüfungen durchführen, der jährlich vorgeschriebene Augentest („Jaegertest") vorliegen.

Die Richtlinie DVS-EWF 1178 unterscheidet für das Schweißgüteprüfpersonal vier Stufen der Qualifizierung; davon werden folgende drei Stufen in Element 1218 DIN 18800-7 aufgeführt:

- Stufe I – Schweißgüteprüfingenieur,
- Stufe II – Schweißgüteprüftechniker,
- Stufe III – Schweißgüteprüffachmann.

International ist die Richtlinie Doc.EWF 01-450-94, die Basis für die Richtlinie DVS-EWF 1178 war, inzwischen in die Richtlinie IIW.Doc.IAB-041-2001/EWF-450 [R118] überführt worden. Darin werden jetzt folgende Stufen der Qualifizierung unterschieden:

- Comprehensive level of training (IWI C) (entspricht Stufe I von DVS-EWF 1178),
- Standard level of training (IWI S) (entspricht Stufe II von DVS-EWF 1178),
- Basic level of training (IWI B) (entspricht Stufe III von DVS-EWF 1178).

Die Aufgaben der Prüfaufsicht bei den abschließenden qualitätsrelevanten Prüfungen dürfen gemäß der Anmerkung in Element 1218 wahlweise von der Schweißaufsicht, wenn sie über entsprechende Kenntnisse verfügt, oder von einer separaten internen oder externen Prüfinstanz wahrgenommen werden. Damit wird dem Betrieb die Entscheidung überlassen, welche Person(en) die Prüfaufsicht durchführt (durchführen). Das Prüfaufsichtspersonal muss entweder die Qualifikation der Stufe 3 nach DIN EN 473 oder eine der obigen Qualifikationen nach Richtlinie DVS-EWF 1178 aufweisen. Übernimmt (übernehmen) die Schweißaufsichtsperson(en) auch die Aufgaben der Prüfaufsicht – und liegt keine entsprechende Qualifikation nach DIN EN 473 oder nach Richtlinie DVS-EWF 1178 vor –, so muss (müssen) sie bei der Betriebsprüfung in dem Fachgespräch (siehe zu Element 1304) nachweisen, dass sie die erforderlichen Kenntnisse zum Einsatz als Prüfaufsicht besitzt (besitzen).

Mit dieser relativ großzügigen Regelung sollen vor allem Schweißaufsichtspersonen, die nach früher geltenden Regelwerken des Stahlbaus, z. B. im Rahmen der DS 804 (jetzt Ril 804 [R121]) in der Vergangenheit die Prüfaufsicht durchgeführt haben, weiter die Möglichkeit haben, diese Aufgaben wahrzunehmen. Voraussetzung ist zusätzlich die Vorlage der Bescheinigung über den jährlichen Augentest („Jaegertest").

Zu Element 1219

Durchgeführte Prüfungen müssen belegt werden können. Deshalb ist es erforderlich, dass sie dokumentiert werden. Dabei sind auch das Prüfergebnis und das verwendete Prüfverfahren festzuhalten. In Bild 12.2 ist beispielhaft ein Vordruck für das Protokoll einer Sichtprüfung nach DIN EN 970 wiedergegeben.

PRÜFUNGEN

THYSSEN KRUPP ANLAGENSERVICE GMBH
Baldusstraße 13, 47138 Duisburg - Tel. 0203/5268141, Fax. 0203/5268165

Sichtprüfung nach DIN EN 970

Sichtprüfungs - Protokoll Nr.:		Seite:	1 von 1
Auftraggeber:	Hersteller:		
	Hersteller-Auftrags-Nr.:		
	Kundennummer:		
Prüfobjekt:	Zeichnungs-Nr.:		
Prüfort:	Prüfdatum:		
Schweißaufsicht:	Uhrzeit:		

Prüfobjekt

6	Vor dem Schweißen:	Nahtvorbereitung ☐	Fugenflanke ☐	Verbindungs-Teile ☐
7	Während des Schweißens:	Raupen / Lagen ☐	Unregelmäßigkeiten (Hohlreume, Risse) ☐	Tiefe und Form des Ausfugens ☐
8	Nach dem Schweißen:	Säubern ☐	Nachbearbeiten ☐	Form und Maße ☐
		Schweißnahtwurzel ☐	Schweißnahtoberfläche ☐	Ausbesserung ☐
Kennzeichnung der Schweißnähte:		Schweißerliste: ☐	Zeichnung: ☐	Schlagzahlen ☐
Werkstoff:		Schweißverfahren:	Wärmebehandlung:	

Prüftechnische Daten

Prüfvorschrift:	DIN EN 970	Prüfumfang:	100%	Bewertung nach:	DIN EN ISO 5817 -
Beleuchtungsstärke:	> 350 lx	Personal Qualifizierung:		nach DIN EN 970 und DIN EN 473	

Verwendete Geräte

Meßinstrumente:	
Beleuchtung:	
Kamera:	
Weitere:	

Befund

6	
7	
8	

Die Prüfergebnisse beziehen sich ausschließlich auf die Prüfgegenstände. Die Beurteilung des Prüfobjektes berücksichtigt nur Unregelmäßigkeiten, die mit der angewandten Prüfmetode auffindbar sind.

Duisburg:	Prüfer:	Prüfaufsicht:

ThyssenKrupp Anlagenservice GmbH
Hagelkreuzstr. 138, 46149 Oberhausen
Telefon (0208) 65605-0, Telefax: (0208) 653794
Verwaltung: Baldusstraße 13, 47138 Duisburg
Postfach 12 06 64, 47126 Duisburg
Tel. (0203) 4498-300, Fax: (0203) 4498-315
E-Mail: info@thkl.thyssenkrupp.com
www.thyssenkrupp-anlagenservice.de
E-Mail: info-tkas@thyssenkrupp.com

Geschäftsführer: Dipl.-Ing. Reiner Glomb (Vorsitzender)
Dipl.-Ing. Helmut Hermans, Dipl.-Oec. Werner Hoffmann, Hans-Jürgen Schulokat
Sitz der Gesellschaft: Oberhausen; Registergericht: Duisburg, HR B 13168
UST-IDNr.: DE 151982850
Bankverbindungen:
Commerzbank AG, Duisburg, BLZ 350 400 38, Kto.-Nr. 4101150
Commerzbank AG, Oberhausen, BLZ 365 400 46, Kto.-Nr. 4003133
Deutschebank AG, Oberhausen, BLZ 365 700 49, Kto.-Nr. 4693990

Bild 12.2 Vordruck für das Protokoll einer Schweißnahtsichtprüfung nach DIN EN 970

Planmäßig vorgespannte Schraubenverbindungen 12.2.2
Vorbemerkung

Wie bisher werden in DIN 18800-7 für nicht planmäßig vorgespannte Verbindungen keine Überprüfungsmaßnahmen gefordert. Dagegen sind planmäßig vorgespannte Verbindungen wie bisher zu überprüfen. Die Vorgehensweisen wurden gegenüber der alten DIN 18800-7 präzisiert und teilweise etwas verschärft. Wie in der Vorbemerkung zum Kommentar zu Abschnitt 8.6 bereits ausgeführt, wurde leider (nach Meinung der Verfasser dieses Kommentars) versäumt, innerhalb der planmäßig vorgespannten Verbindungen die Überprüfungssystematik konsequent weiter zu differenzieren – konkret: den Prüfumfang und die Prüfschärfe von der Sicherheitsrelevanz der jeweiligen Zielsetzung des planmäßigen Vorspannens abhängig zu machen.

In der Vorbemerkung zum Kommentar zu Abschnitt 8.6 wurden in dieser Hinsicht drei **Verbindungskategorien A, B und C** definiert. Wenn auch nicht explizit in DIN 18800-7 gefordert, so ist dennoch dringend zu empfehlen, bei der Festlegung von Prüfkonzepten für planmäßig vorgespannte Schraubenverbindungen und bei der Handhabung der Prüfungen und eventueller Beanstandungen stets vor Augen zu haben, welcher der drei Kategorien die betreffende Verbindung zuzurechnen ist.

Zu Element 1220

Bei GV- und GVP-Verbindungen ist der Zustand der Kontaktflächen vor dem Zusammenbau besonders wichtig, weil das Reibtragverhalten unmittelbar beeinflusst wird; deshalb werden diese Verbindungen hier explizit erwähnt. Das heißt aber nicht, dass nicht auch bei anderen planmäßig vorzuspannenden Verbindungen der Zustand der Kontaktflächen vor dem Zusammenbau visuell überprüft werden sollte (vgl. Beispiel für eine Ausführungsanweisung in Bild 8.7).

Zu Element 1221

Für nicht vorwiegend ruhend beanspruchte Verbindungen wurde der Prüfumfang gegenüber der alten DIN 18800-7 verdoppelt. Das ist ein kleiner Schritt im Sinne der Vorbemerkung zum Kommentar zu Abschnitt 8.6 über die unterschiedlichen Ziele des planmäßigen Vorspannens. Nicht vorwiegend ruhend beanspruchte Verbindungen gehören in der Regel zu den dort definierten Kategorien A oder B, bei denen die planmäßigen Vorspannkräfte unmittelbar tragsicherheitsrelevant sind.

Zu Element 1222

Wie bisher schon in der alten DIN 18800-7, wird grundsätzlich durch Weiteranziehen geprüft, wobei – ebenfalls wie bisher – mit demselben Gerätetyp geprüft werden muss, mit dem vorgespannt wurde. Mit einem „von Hand betriebenen Drehschrauber" ist der klassische Drehmomentschlüssel gemeint. Der maschinelle Drehschrauber „mit kontrolliertem Anlaufmoment" soll verhindern, dass infolge des anderenfalls unvermeidbaren drehdynamischen Stoßes die Schraube entweder überbeansprucht wird oder einen zu großen Weiterdrehwinkel anzeigt, der fälschlicherweise eine nicht ausreichende Vorspannung signalisieren würde.

Zu Element 1223 und Tabelle 8

Die Einstellwerte der Prüfgeräte und die zulässigen bzw. kritischen Weiterdrehwinkel wurden aus der alten DIN 18800-7 übernommen. Neu ist die mit der Fußnote in Tabelle 8 gegebene Erlaubnis, bei vorwiegend ruhend beanspruchten SLV- oder SLVP-Verbindungen ohne zusätzliche Zugbeanspruchung – also Verbindungen, die ausschließlich aus Gebrauchstauglichkeitsgründen vorgespannt wurden – nicht mehr kategorisch alle Garnituren, bei denen ein Weiterdrehwinkel > 60° vorgefunden wurde, auszuwechseln. Dies ist ebenfalls ein kleiner Schritt im Sinne der Vorbemerkung zu diesem Abschnitt, denn die hier angesprochenen Schraubenverbindungen gehören zu der in der Vorbemerkung zum Kommentar zu Abschnitt 8.6 definierten Kategorie C.

Zu Element 1224

Die Vorspannung einer Schraubengarnitur durch Weiterdrehen zu überprüfen, macht keinen Sinn, wenn die Vorspannung gar nicht durch Drehen erzeugt wurde, sondern z. B. mittels einer hydraulischen Zugpresse (vgl. zu Element 832). Das Anziehverhalten $F_V = f(M_A)$ hätte in einem solchen Fall beim Vorspannen gar keine Rolle gespielt, und der Weiterdrehwinkel hätte keinerlei Aussagekraft über die in der Garnitur vorhandene Vorspannung. Element 1224 schreibt deshalb als äquivalente Qualitätskontrollmaßnahme eine laufende Überwachung der Arbeitsweise an mindestens 10 % der Verbindungen vor.

12.2.3 Nietverbindungen

Zu Element 1225

Die hier genannten Prüfungen beziehen sich auf die äußere Beschaffenheit jedes einzelnen fertigen Nietes. Sie entsprechen sinngemäß der visuellen Sichtprüfung jeder einzelnen Schweißnaht (vgl. zu den Elementen 1203 ff.). Bei der visuellen Rissprüfung gelten gemäß DIN 101 „leichte, die Haltbarkeit der Nietverbindung nicht beeinträchtigende Oberflächenrisse am Kopfrand" als zulässig. Eine darüber hinaus gehende Forderung nach völliger Rissfreiheit (etwa mit Rücksicht auf dynamische Beanspruchungen) muss demnach beim Lieferauftrag für die Rohniete vereinbart werden. Bei der Bewertung von Rissen, die ggf. bei der visuellen Rissprüfung gefunden werden, sollte beachtet werden, dass aus der Sicht der Beanspruchung eines Nietkopfes kleine radiale Risse am Kopfrand weniger kritisch sind als tangentiale Risse.

Mit der Prüfung auf festen Sitz durch Anschlagen mit dem Niet-Testhammer soll die notwendige Klemmwirkung der Niete sichergestellt werden. Der dabei erzielte Ton oder eine beobachtete Bewegung des Nietes gibt Auskunft über die Brauchbarkeit der Nietverbindung. Ein weiterer zu prüfender Punkt sind die Oberfläche und die Geometrie des gesetzten Nietes. Hierbei ist vor allem auf die Form des Schließkopfes zu achten, welche durch den eigentlichen Nietvorgang entsteht (Nietgerät und Döpper = Former).

Zu Element 1226

Beim hier vorgeschriebenen Austauschen eines Nietes, der die notwendige Qualität nicht erreicht hat, wird der Nietkopf abgetrennt, der Niet ausgeschlagen und, wenn notwendig, das Nietloch vor dem Setzen des neuen Nietes nachgearbeitet oder unter Umständen sogar aufgerieben.

12.2.4 Korrosionsschutzmaßnahmen

Zu Element 1227

Die allgemeine Forderung in Element 1201, es sei „durch geeignete Prüfungen sicherzustellen, dass die Stahlkonstruktion den gestellten Anforderungen dieser Norm entspricht", schließt neben den Verbindungstechniken Schweißen, Schrauben und Nieten auch die Korrosionsschutzmaßnahmen ein. Wie bereits für deren Ausführung gesagt (vgl. Vorbemerkung zum Kommentar zu Kap. 10), gilt auch für deren Prüfung und Nachbesserung, dass ausreichende Regelungen in einer Vielzahl von Normen im Detail vorhanden sind. Deshalb – und auch wegen der nur bedingt gegebenen bauaufsichtlichen Relevanz – verzichtet DIN 18800-7 darauf, quantitative Anforderungen zu formulieren, sondern begnügt sich auch hier damit, Querverweise auf die entsprechenden Normen zusammenzustellen.

Die Durchführung der Prüfungen ist zunächst eine Aufgabe der werkseigenen Produktionskontrolle. Für Überprüfungen der Korrosionsschutzarbeiten durch externe Prüfinstanzen sei den Stahlbaufirmen empfohlen, analog zur Ausführung klare vertragliche Vereinbarungen (z. B. über Prüfkriterien, Prüfumfang, Prüfzeitpunkte) mit dem Auftraggeber einerseits und der Korrosionsschutzfirma (bei anspruchsvollen Maßnahmen ggf. einschließlich des Stoffherstellers) andererseits anzustreben.

Element 1227 unterteilt die Maßnahmen für die Prüfung und Bewertung der Korrosionsschutzmaßnahmen implizit in die drei Teilschritte „Oberflächenvorbereitung", „Beschichtungsprozess" und „fertige Beschichtung bzw. fertiger Überzug".

⟨1227⟩-1 Prüfung und Bewertung der vorbereiteten Oberflächen

Es sind für die drei in Kap. 10 behandelten Techniken des passiven Korrosionsschutzes (Feuerverzinken, Spritzmetallisieren, Polymerbeschichtungen) dieselben Normen für das Prüfen und Bewerten der vorbereiteten Oberflächen (Reinheit und Rauheit) maßgebend wie für die Vorbereitung selbst. Für die Bewertung der in DIN EN ISO 12944-4 verbal beschriebenen Vorbereitungsgrade für Beschichtungen (z. B. Sa 2 ½) bietet die Norm ISO 8501-1 [R109] repräsentative fotografische Vergleichsmuster an (vgl. hierzu auch ⟨1002⟩-1).

⟨1227⟩-2 Prüfung und Bewertung des Beschichtungsprozesses

Hierzu zählen sowohl die Qualitätskontrolle der Beschichtungsstoffe als auch die Prüfung der Maßnahmen der Ablauforganisation, beide zum eigentlichen Vorgang der Applikation des Beschichtungssystems gehörend. Die Arbeitsunterlagen enthalten die notwendigen Angaben dazu. Sie betreffen u. a.:

- Beschichtungsstoffe, Mischungsverhältnisse, Verdünnung, Mengen;
- Prüfung der Applikationsparameter und Vergleich mit den Sollwerten der Technischen Datenblätter (Luftfeuchtigkeit, Taupunkt, Temperatur usw.);
- Vorgangs- und Zwischentrockenzeiten, Stand- und Verarbeitungszeiten;
- Einstellung der Applikationswerte wie Druck, Düsenform und Düsendurchmesser;
- Prüfung der Nassschichtdicke.

Insbesondere die Prüfung der Einhaltung der Schichtdicke schon während des Beschichtungsprozesses mit Hilfe der Nassschichtdicke (d. h. der flüssigen Schicht unmittelbar nach Aufbringen des Beschichtungsstoffes) ist wichtig. Bild 12.3 illustriert die Messung mittels „Kamm" nach ISO 2808 [R107]. Die Ergebnisse dieser Messungen sind – wie auch die während des Beschichtungsprozesses gemessenen Applikationsparameter – zu protokollieren und in den Unterlagen zu dokumentieren.

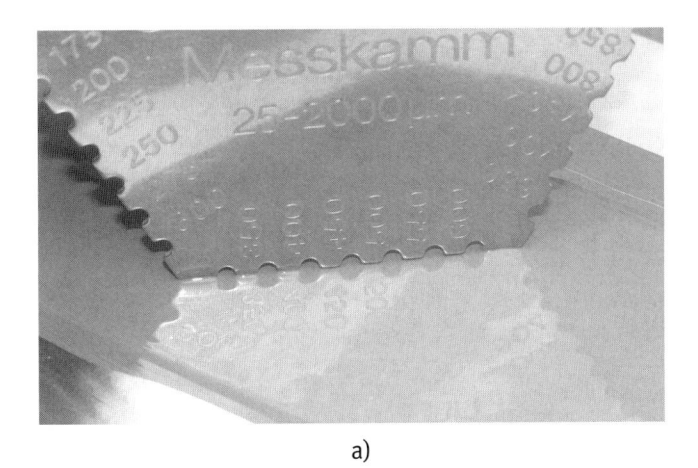

a)   b)

Bild 12.3   Messung der Nassschichtdicke nach ISO 2808:
a) Messvorgang, b) Ablesung des Messergebnisses (ca. 400 µm bis 450 µm)

⟨1227⟩-3 Prüfung und Bewertung der fertigen Beschichtung/des fertigen Überzuges

Auch für die Prüfung der Qualität und der Schichtdicken des fertig gestellten Korrosionsschutzsystems sind dieselben Normen maßgebend wie für deren Herstellung. **Beschichtungen** sind vor allem hinsichtlich der nachfolgend aufgelisteten Eigenschaften zu überprüfen [M10], wobei die Schichtdicke und die Gleichmäßigkeit der Farbe besonders häufig Gegenstand von Differenzen zwischen den Parteien sind:

- Gleichmäßigkeit, Farbe, Deckvermögen;
- Mängel (Fehlstellen, Runzeln, Krater, Luftblasen, Abblätterungen, Risse, Läufer);
- Trockenschichtdicke (Einzel- und Gesamtschichtdicke);
- Haftfestigkeit;
- Porosität.

Zur **Schichtdickenüberprüfung** gibt es ausführliche und anwenderfreundliche Empfehlungen in der DSTV-Korrosionsschutzrichtlinie [R116]. Dort werden konkrete Vertragstexte vorgeschlagen, um die Ermittlung der mit der Sollschichtdicke zu vergleichenden mittleren Istschichtdicke, die zulässige Unterschreitung der Sollschichtdicke durch Einzelmesswerte (in der Regel 20 %) und die Höchstschichtdicke, oberhalb derer die Eigenschaften des Beschichtungssystems beeinträchtigt sein können (in der Regel 3 × Sollschichtdicke), zu fixieren. Die Schichtdicken werden als Trockenschichtdicken „DFT" nach ISO 2808 [R107] gemessen. Bild 12.4 zeigt eines der vielen auf dem Markt befindlichen Geräte mit digitaler Anzeige.

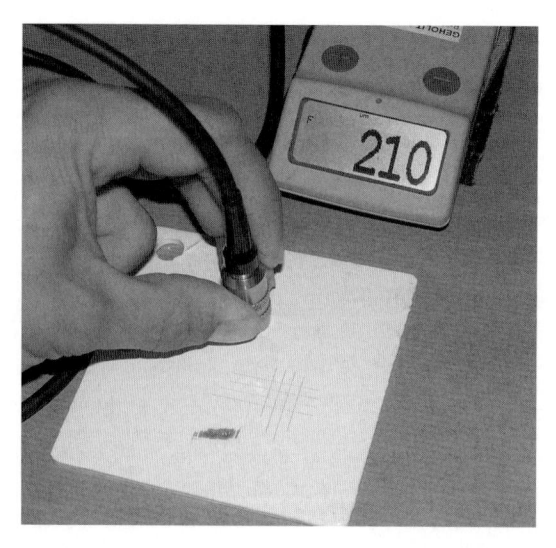

Bild 12.4 Messung der Trockenschichtdicke (DFT) einer Beschichtung

Der bekannteste Test zur Überprüfung der **Haftfestigkeit** ist die Gitterschnittprüfung nach DIN EN ISO 2409 [R106] (früher DIN 53151). Dabei wird die Beschichtung durch ein sich rechtwinklig kreuzendes Raster von Parallelschnitten bis zum Stahluntergrund eingeschnitten. Beurteilt wird das Abplatzungsverhalten entlang der Schnittränder. Die Prüfung testet neben der eigentlichen Haftung der Beschichtung auch deren plastische Verformbarkeit. Bild 12.5 illustriert die Herstellung des Gitterschnittes und zeigt je eine bestandene und nicht bestandene Gitterschnittprüfung.

a)

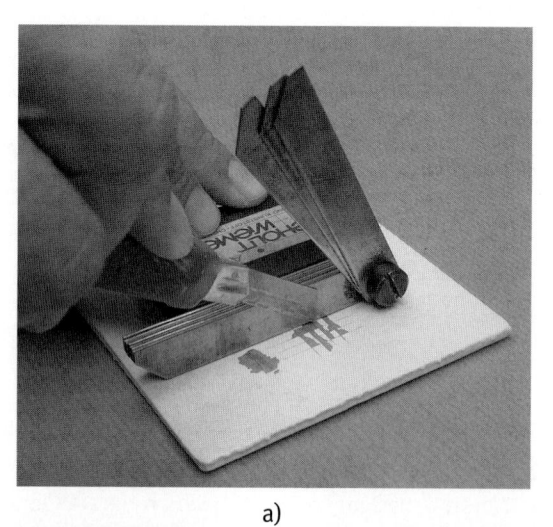

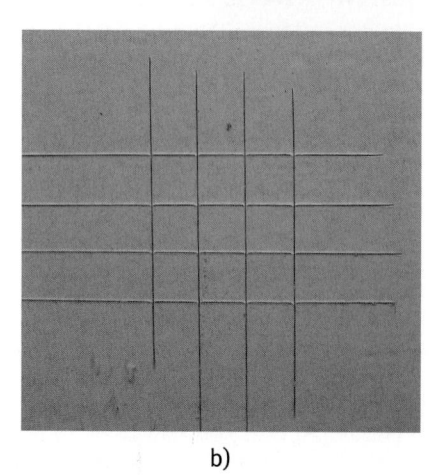

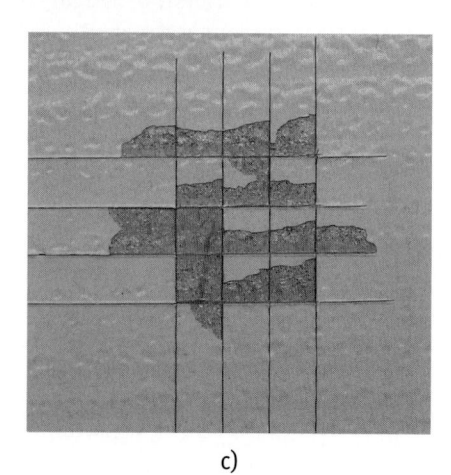

b)　　　　　　　　　　　c)

Bild 12.5 Gitterschnittprüfung von Beschichtungen nach DIN EN ISO 2409:
a) Herstellung des Gitterschnittes, b) Gitterschnitt mit Bewertung Gt0,
c) Gitterschnitt mit Bewertung Gt5 (ungenügend)

Weit problematischer gestaltet sich oft die Bewertung so genannter **Farbunterschiede.** Für Kunden und Architekten ist der gestalterische Aspekt einer Beschichtung (Farbton, Glanzgrad, Oberflächenstruktur) häufig ebenso wichtig wie der korrosionsschutztechnische (vgl. z. B. Bild 10.2). Er lässt sich aber praktisch nicht objektiv prüf- und messtechnisch erfassen. Alle Beteiligten sollten sich darüber im Klaren sein, dass erstens Beschädigungen an Beschichtungen, die im Werk aufgebracht wurden, beim Transport und bei der Montage unvermeidbar sind, und dass zweitens geringfügige Farbtonunterschiede zwischen ausgebesserten und ursprünglich beschichteten Flächen ebenfalls unvermeidbar sind. Will man das vermeiden, muss die letzte Deckbeschichtung nach Ausbesserung aller Schadstellen auf der Baustelle aufgebracht werden.

Dies ist aber wiederum korrosionsschutztechnisch nicht immer die qualitativ beste Lösung. Beispielsweise lassen sich die erforderlichen Applikationsparameter, wie Temperatur, Luftfeuchtigkeit, Taupunkt usw., in einer Korrosionsschutzhalle optimal einstellen, während sie auf der Baustelle kaum beeinflussbar sind. Es ist deshalb nicht auszuschließen, dass auf der Baustelle nur wenige Stunden am Tag Farbe aufgebracht werden kann, in den Herbst- und Wintermonaten manchmal überhaupt nicht. Es ist einfach unbestritten, dass der höherwertige Korrosionsschutz im Werk aufgebracht wird. Ein „geteilter Deckanstrich" kann in dieser Situation ein ökonomischer Kompromiss sein, z. B. 1 × 40 µm im Werk, der letzte Anstrich von weiteren 40 µm nach der Montage. Damit sind auch die leidigen Farbunterschiede zu vermeiden.

Die Prüfung eines **Zinküberzuges** beschränkt sich für den Stahl- und Metallbauer in der Regel auf die Schichtdickenmessung nach DIN EN ISO 1461, unter Umständen ergänzt durch eine Bewertung der „Zinkblume". Die Schichtdickenmessung liefert neben der Überprüfung der genormten bzw. vertraglich vereinbarten Mindest- und Höchstschichtdicken auch eine zumindest tendenzielle Aussage über das eingesetzte Verzinkungsverfahren (Stückverzinken ca. 70–120 µm, Bandverzinken ca. 20–30 µm, galvanisches Verzinken ca. 10–15 µm). Die Zinkblume tritt nur bei Feuerverzinkung auf.

Im Übrigen gelten für Zinküberzüge die Abnahmekriterien der DIN EN ISO 1461. Dort werden u. a. die Begriffe Schichtdicke, Fehlstellen und Optik allgemein eingeführt. So muss eine Zinkoberfläche z. B. frei von Blasen, Verdickungen und Fehlstellen sein; es dürfen keine Reste von Flussmittel oder Zinkschlacke am Bauteil haften usw. Ggf. erforderliche metallographische Überprüfungen und die Prüfung der Haftfähigkeit bleiben Begutachtungen durch entsprechende Stellen vorbehalten.

13 Herstellerqualifikation

Vorbemerkung

Schon seit der Erstausgabe der DIN 4100 im Mai 1931 (vgl. Bild 0.1) musste in Deutschland jede ausführende Firma von Schweißarbeiten im Stahlbau ihre Qualifikation für die vorgesehenen Arbeiten nachweisen. Das führte über die Begriffe „Zulassungsprüfung" in DIN 4100:1931-05, „Kleiner und Großer Befähigungsnachweis" in DIN 4100:1956-12 und DIN 4100:1968:12 sowie „Kleiner und Großer Eignungsnachweis" in DIN 18800-7:1983-05 schließlich zum Begriff der „Herstellerqualifikation" in der vorliegenden neuen DIN 18800-7. Die bereits 1931 geltenden Voraussetzungen für die ausführende Firma von Schweißarbeiten sind im Prinzip heute noch gültig und werden auch in DIN 18800-7:2002-09 für die Erlangung einer Bescheinigung über die Herstellerqualifikation zur Ausführung von Schweißarbeiten vorausgesetzt. Es sind:

- Vorhandensein der für die vorgesehenen Schweißarbeiten notwendigen betrieblichen Einrichtungen,
- geprüfte Schweißer (und Bediener),
- Schweißaufsichtspersonen mit den für die vorgesehene Fertigung notwendigen Fachkenntnissen.

Im vorliegenden Kapitel 13 von DIN 18800-7 werden in diesem Sinne zusätzlich zu den in Produkt- und Ausführungsnormen enthaltenen Festlegungen über geforderte Eigenschaften und über Vorgehensweisen zu deren Sicherstellung auch konkrete Anforderungen an den Hersteller formuliert. Dazu musste im Vorgriff auf die zu erwartenden Regelungen in den zukünftigen europäischen Stahlbauausführungsnormen EN 1090 Teile 1 und 2 und unter Berücksichtigung der vorliegenden Europäischen Bauproduktenrichtlinie auch die Forderung nach einer „werkseigenen Produktionskontrolle" eingeführt werden.

13.1 Allgemeines

Zu Element 1301

In diesem Element wird zunächst ganz allgemein die Notwendigkeit postuliert, dass ein Hersteller von Stahlbauten über geeignete Personalausstattung und Betriebseinrichtungen verfügen muss. Mit dieser sehr allgemeinen Formulierung soll zum Ausdruck kommen, dass die Forderung sowohl für die Fertigung im Betrieb als auch für die Montage auf der Baustelle gilt und dass sie die Korrosionsschutzarbeiten mit einbezieht (siehe Element 1302).

13.2 Werkseigene Produktionskontrolle

Zu Element 1302

⟨1302⟩-1 Gesetzlicher Hintergrund der werkseigenen Produktionskontrolle (WPK)

Für das Regularium zur Sicherstellung der Qualität der Stahlbauarbeiten ist der aus der Europäischen Bauproduktenrichtlinie stammende Begriff „Werkseigene Produktionskontrolle (WPK)" eingeführt worden. Derartige Anforderungen wurden früher als „Eigenüberwachung" bezeichnet. Die Formulierungen zur WPK in DIN 18800-7 lehnen sich an die gesetzlichen Grundlagen zu dieser Anforderung in den Bauordnungen der Länder bzw. in der Musterbauordnung (MBO [R120]) an. Diese gesetzlichen Grundlagen werden nachfolgend kurz zusammengestellt.

Gemäß § 17 Abs. 1 Nr. 1 MBO dürfen „Bauprodukte" für bauliche Anlagen nur verwendet werden, wenn sie den jeweiligen technischen Regeln, die gemäß Abs. 2 dieses Paragraphen in der Bauregelliste A bekannt gemacht sind, entsprechen und durch einen Übereinstimmungsnachweis nach § 22 MBO die Übereinstimmung dieser technischen Regeln bestätigt ist. Diese gesetzlichen Zusammenhänge und Begriffe wurden ausführlich in ⟨404⟩-2 dargestellt.

„Bauprodukte" im gesetzlichen Sinne sind nun nicht nur die vom Hersteller der Stahlbauten beschafften Vorprodukte wie Profile, Schrauben und Schweißzusätze (sie sind Gegenstand des Kommentars ⟨404⟩-2), sondern auch „vorgefertigte Bauteile aus Stahl", die entsprechend DIN 18800-7 hergestellt werden. Das wurde ebenfalls bereits ausgeführt, und zwar im Kommentar ⟨404⟩-3. Dort wurde auch die zugehörige Ziffer in der Bauregelliste A Teil 1 genannt; es ist die lfd. Nr. 4.10.2. Als technische Regeln sind dort sämtliche Bemessungs- und Anwendungsnormen des Stahlbaus aufgelistet (z. B. DIN 18800-1 bis -4, DIN 4112, DIN 4132 usw.), aber auch DIN 18800-7 als zugehörige Ausführungsnorm.

Zu den Bauprodukten im Sinne von Ziffer 4.10.2 der Bauregelliste A Teil 1 zählen Bauteile, die nicht unmittelbar im Zusammenhang mit der Ausführung eines bestimmten Bauvorhabens durch den jeweils beauftragten Betrieb gefertigt und montiert werden, also Bauteile, die Zulieferungen eines anderen Betriebes sind. Beispielhaft seien hier Serienfertigungen wie Dachpfetten sowie Anfertigungen von speziellen Bauteilen und auch kompletten baulichen Anlagen genannt, die von dem jeweiligen Hersteller geliefert und von einer Stahlbaufirma eingebaut bzw. aufgestellt werden.

Für die Anwendung von „Bauarten", d. h. das Zusammenfügen von Bauprodukten zu baulichen Anlagen und somit für Stahlbauarbeiten generell, gilt gemäß § 22 Abs. 3 MBO gleichfalls die Forderung nach Übereinstimmung mit den technischen Regeln und folglich mit DIN 18800-7.

Der Übereinstimmungsnachweis, der bei der Herstellung vorgefertigter Bauteile aus Stahl zu führen ist, wird gemäß Angabe unter der genannten Ziffer der Bauregelliste als einfache Übereinstimmungserklärung des Herstellers **ÜH** geführt (vgl. ⟨404⟩-3). Ein Beispiel für einen Vordruck einer solchen ÜH-Werksbescheinigung für vorgefertigte Bauteile aus Stahl ist in Bild 13.1 wiedergegeben.

In § 23 Abs. 1 MBO findet man die Bedingung für diese eigenverantwortliche Erklärung ÜH. Danach darf der Hersteller eine Übereinstimmungserklärung nur abgeben, wenn er durch werkseigene Produktionskontrolle sichergestellt hat, dass das von ihm hergestellte Bauprodukt bzw. die von ihm angewendete Bauart den maßgebenden technischen Regeln entspricht. Diese baurechtliche Vorgabe hat nun in DIN 18800-7 Eingang gefunden, indem die Notwendigkeit der werkseigenen Produktionskontrolle (WPK) gefordert wird. Sie dient der Sicherung der Qualität gemäß den Ausführungsregeln dieser Norm, und durch die Einhaltung dieser Kontrollmaßnahmen belegt der Hersteller seine Qualifikation, den Anforderungen dieser Norm gerecht zu werden.

⟨1302⟩-2 Definition und Durchführung der WPK

Eine konkrete Definition der WPK ist im Vorwort zur Bauregelliste A aufgeführt: „Die werkseigene Produktionskontrolle ist die vom Hersteller vorzunehmende kontinuierliche Überwachung der Produktion, die sicherstellen soll, dass die von ihm hergestellten Bauprodukte den maßgebenden technischen Regeln entsprechen. Sie bestimmt sich nach DIN 18200:2000-05 [R19], Abschnitt 3. Im Übrigen sind für die werkseigene Produktionskontrolle die in den technischen Regeln enthaltenen Bestimmungen maßgebend. Dabei gelten die Bestimmungen für die Eigenüberwachung als Bestimmungen für die werkseigene Produktionskontrolle."

Nach DIN 18200, Abschnitt 3, ist der Hersteller für die Durchführung der WPK verantwortlich. Dort heißt es weiter: „... er muss über geeignetes Fachpersonal, Einrichtungen und Geräte verfügen. Er hat für jedes Herstellerwerk (Produktionsstätte) einen Verantwortlichen zu benennen." Man erkennt, dass die allgemeine Formulierung in Element 1302 DIN 18800-7 aus der DIN 18200 übernommen wurde. Der Hersteller hat die werkseigene Produktionskontrolle entsprechend der Art des Bauprodukts bzw. des Bauteiles und der Art der Produktion einzurichten. Die werkseigene Produktionskontrolle sollte einzelne oder alle der im Folgenden genannten, an das Bauprodukt bzw. Bauteil in seiner Herstellungsbedingung angepassten Maßnahmen einschließen:

- Beschreibung und Überprüfung der Ausgangsmaterialien;
- Prüfungen, die während der Herstellung in festgesetzten Abständen durchzuführen sind;
- Nachweise und Produktprüfungen, die in entsprechenden Abständen am Bauprodukt durchzuführen sind.

DIN 18200 beschreibt in Abschnitt 3.2 die „Aufzeichnungen und Dokumentationen für die werkseigene Produktionskontrolle" und in Abschnitt 3.3 die „Maßnahmen bei Nichterfüllung der Anforderungen".

⟨1302⟩-3 WPK und QM nach DIN EN ISO 9001

Ein zertifiziertes QM-System nach DIN EN ISO 9001 [R77] reicht allein nicht, um die Anforderungen an die werkseigene Produktionskontrolle (WPK) zu erfüllen. Ein derartiges QM-System wird auch nach DIN 18800-7 nicht gefordert. Es stellt sicherlich eine sinnvolle und wünschenswerte Unterstützung dar. Für das Einhalten der Anforderungen an die WPK müssen aber zusätzlich noch die besonderen Bestimmungen der jeweils maßgebenden technischen Spezifikationen beachtet werden. Die Anforderungen der DIN 18800-7 an die WPK können auch ohne ein zertifiziertes QM-System nur durch die Einhaltung der Vorgaben in der Norm erfüllt werden.

13.3 Maßnahmen der werkseigenen Produktionskontrolle

Zu Element 1303

Um den Begriff „werkseigene Produktionskontrolle" mit Inhalt zu füllen, werden in diesem Element in Form einer Checkliste von (a) bis (o) die wichtigsten Maßnahmen der WPK aufgeführt, die erforderlich sind, um die von der Norm vorgegebenen Standards und damit die notwendige Qualität der Stahlbaukonstruktionen zu sichern. Es werden Prüfungen der notwendigen Voraussetzungen für eine sachgerechte Ausführung und ihrer Güte sowie spezielle Aufgaben zur Sicherstellung der Anforderungen der Norm aufgelistet. Ein Anspruch auf Vollständigkeit besteht hier nicht. Selbstverständlich ist in jedem Einzelfall zu prüfen, ob die genannten Maßnahmen zutreffend sind oder ob auch andere Maßnahmen erforderlich werden.

Wie diese Maßnahmen zu erfolgen haben, bleibt dem Betrieb überlassen. In großen Unternehmen wird ggf. der gesamte Fertigungsprozess durch eine Qualitätsabteilung oder durch klar definierte Kontrollfunktionen in der Organisationsstruktur überwacht. In kleinen Firmen können diese Maßnahmen auch von den für den jeweiligen Aufgabenbereich verantwortlichen Mitarbeitern wahrgenommen werden.

In der im Kommentar ⟨1302⟩-2 zitierten DIN 18200 [R19] wird eine Aufzeichnung bzw. Dokumentation der Ergebnisse der werkseigenen Produktionskontrolle (WPK) verlangt. Diese Aufzeichnungen sind mindestens fünf Jahre aufzubewahren. Im Zusammenhang damit muss allerdings darauf hingewiesen werden, dass die gesetzlichen Festlegungen zur Produkthaftung eine zehnjährige Aufbewahrungsfrist verlangen.

Die WPK-Maßnahmen der Checkliste des Elementes 1303 werden nun einzeln kommentiert.

Zu a): Generell muss geprüft werden, ob alle Forderungen des Vertrages (Bestellvorschrift) überhaupt technisch erfüllt und umgesetzt werden können. Dabei sollte der schweißtechnischen Machbarkeit der konstruktiven Vorgaben besonderes Augenmerk gewidmet werden.

Bei **geschweißten Konstruktionen** kommt dem Konstrukteur eine besondere Verantwortung zu. Er muss die schweißtechnische Machbarkeit sicherstellen. Es muss leider darauf hingewiesen werden, dass ca. 75 % aller schweißtechnischen Schadensfälle auf Fehlern in der konstruktiven Gestaltung basieren! Deshalb wird dringend angeraten, dass in jedem größeren Konstruktionsbüro eine schweißtechnisch ausgebildete Fachkraft, z. B. ein „Schweißkonstrukteur" nach Richtlinie DVS 1181:1999-12 [R117], vorhanden sein sollte.

Sofern der Betrieb über eine derartige Fachkraft nicht verfügt, muss die Schweißaufsichtsperson besonders sorgfältig die schweißtechnische Machbarkeit der konstruktiven Vorgaben **vor** Fertigungsbeginn prüfen und die Zeichnungen für die Fertigung freigeben. Dies gilt vor allem für beigestellte Zeichnungen, die ohne Kenntnis der im Ausführungsbetrieb vorhandenen Schweißprozesse erstellt worden sind.

Zu b): Im Zeitalter der Globalisierung werden, vor allem auch aus Kostengründen, immer häufiger Arbeiten in Untervergabe ausgeführt. Es gehört zu den Aufgaben der WPK, bei solchen Untervergaben zu prüfen, ob der vorgesehene Unterlieferant über die erforderliche Qualifikation verfügt. Das gilt z. B., wenn bei einer in Untervergabe durchgeführten Montage planmäßig vorgespannte Schraubenverbindungen zu realisieren sind. Es gilt beispielsweise ferner, wenn in Untervergabe anspruchsvolle Werkstoffe zu verarbeiten sind. Und es gilt natürlich ganz besonders, wenn die Fertigung geschweißter Bauteile untervergeben wird.

Die **Untervergabe von Schweißarbeiten** ist in DIN EN 729-2 bis -4 (entspricht ISO 3834-2 bis -4 [R70–72]) geregelt. Der Abschnitt 5 der DIN EN 729-2 wird nachstehend wörtlich wiedergegeben: „Wenn ein Hersteller beabsichtigt, Untervergaben durchzuführen (z. B. Schweißen, Qualitätsprüfungen, zerstörungsfreie Prüfungen, Wärmebehandlungen), hat er dem Unterlieferanten alle in Betracht kommenden Vorschriften und Anforderungen zur Verfügung zu stellen. Der Unterlieferant hat Berichte und Dokumentationen über seine Tätigkeiten so zu erstellen, wie sie vom Hersteller vorgeschrieben werden können. Ein etwaiger Unterlieferant hat im Auftrag und unter der Verantwortung des Herstellers zu arbeiten und die entsprechenden Anforderungen dieser Norm vollständig zu erfüllen."

Der Hersteller hat sicherzustellen, dass der Unterlieferant die Qualitätsanforderungen des Vertrages erfüllen kann. Die Informationen, die dem Unterlieferanten vom Hersteller zur Verfügung zu stellen sind, haben alle entsprechenden Aufgaben der Vertragsüberprüfung und der Konstruktionsüberprüfung zu enthalten. Zusatzanforderungen können, falls erforderlich, festgelegt werden, wenn die Konstruktionsauslegung eines Bauteils vom Unterlieferanten erstellt wird.

Die Auswahl des Unterlieferanten sollte keinesfalls allein der Einkaufsabteilung eines Unternehmens überlassen werden. Selbstverständlich müssen kaufmännische Aspekte mit beachtet werden. Qualitätssicherung (WPK), Schweißaufsicht und Einkauf sollten gemeinsam die Auswahl des Unterlieferanten vornehmen, wobei in jedem Fall vor Auftragsvergabe eine Überprüfung des Unterlieferanten durchgeführt werden sollte. Derartige Überprüfungen können auch unter Einschaltung von Stellen durchgeführt werden, die nicht der vergebenden Firma angehören.

Der Unterlieferant muss über eine eigene Herstellerqualifikation nach Abschnitt 13.4 verfügen. Die vorliegende Klasse der Herstellerqualifikation des Unterlieferanten muss eine Fertigung der jeweiligen Bauteile einschließen. Die Herstellerqualifikation der vergebenden Firma ist für die Fertigung des Unterlieferanten nicht maßgebend.

Zu c): Es muss sichergestellt sein, dass für alle vorgesehenen Fertigungs- und ggf. Montageprozesse die notwendigen Beschreibungen und Anweisungen vorliegen. Sollen beispielsweise hochfeste Schrauben planmäßig durch Drehen vom Kopf her vorgespannt werden, muss die zugehörige Verfahrensprüfung vorliegen. Oder soll eine Fertigungsbeschichtung aufgebracht werden, muss das technische Datenblatt des Stofflieferanten mit Verarbeitungshinweisen vorliegen.

Derartige Verfahrensprüfungen und Arbeitsanweisungen sind besonders wichtig für die vorgesehenen **Schweißprozesse**. Für diese müssen die in den Elementen 701 bis 703 vorgeschriebenen Qualifikationen (Anerkennungen) der vorläufigen Schweißanweisungen (pWPS) vorliegen (vgl. ⟨701⟩-2 bis ⟨701⟩-5). Ggf. erforderliche Arbeitsprüfungen (siehe Richtlinie DVS 1702) müssen geplant und durchgeführt werden. Sollte eine normale Schweißanweisung (WPS) für die Fertigung eines Bauteils nicht ausreichen, sind ggf. zusätzliche Arbeitsanweisungen zu erstellen. Sind die erforderlichen Verfahrensqualifikationen nicht vorhanden, müssen rechtzeitig vor Aufnahme der Fertigung diese Prüfungen eingeplant werden, um zu Fertigungsbeginn über die erforderliche Verfahrensqualifikation zu verfügen.

Zu d): Schweißer und Bediener müssen die Anforderungen des Elementes 1305, das Schweißaufsichtspersonal die Anforderungen des Elementes 1306 erfüllen. Bei Bauteilen der Klasse E (siehe Tabelle 13 DIN 18800-7) ist darauf zu achten, dass ggf. auch aus den Anwendungsregelwerken zusätzliche Anforderungen an das Personal zur Durchführung von Korrosionsschutzarbeiten gestellt werden (z. B. im Straßenbrückenbau).

Zu e): Hierunter ist vor allem die Prüfung der Krankapazität und der Machbarkeit der Abmessungen des Bauteils in der vorgesehenen Werkstatt zu sehen (siehe auch Element 1311). Außerdem ist zu prüfen, ob speziell geforderte Fertigungsverfahren oder Schweißprozesse im vorgesehenen Herstellerwerk ausgeführt werden können.

Zu f): Im Rahmen der WPK ist festzulegen, für welche Einrichtungen Kalibrierungen vorgeschrieben sind (z. B. Schraub- und Schweißgeräte). Die geforderten Zeitintervalle sind terminlich zu planen. Für Einrichtungen zum Schweißen wird derzeitig eine weltweite Norm erarbeitet (E DIN EN ISO 17662:2001-06 [R101]). Die Norm soll sicherstellen, dass nur **die** Einrichtungen kalibriert werden, die zur Erfüllung einer geforderten Qualität in der Schweißtechnik erforderlich sind.

Zu g): Zu den Aufgaben der WPK gehört auch, die Identifizierbarkeit von Bauteilen und Werkstoffen sowohl während der Fertigung (vgl. Element 601) als auch während der Montage (vgl. Element 905) sicherzustellen. Dabei können zusätzliche Kundenforderungen einen erheblichen Aufwand bei der Rückverfolgbarkeit erfordern.

Zu h): Die Vorgaben zur Aufbewahrung der Dokumente gemäß DIN 18200 [R19] und gemäß den Anforderungen im Rahmen der gesetzlichen Produkthaftung (vgl. einleitenden Kommentar zu diesem Element) müssen eingehalten werden. Die jeweils erforderlichen Berichte müssen vollständig erstellt werden.

Zu i): Sofern eine planmäßige Instandhaltung der Einrichtung des Betriebes durch das maßgebende Regelwerk gefordert wird, wie dies z. B. bei der Fertigung von Bauteilen der Klasse E (siehe Tabelle 13 DIN 18800-7) durch DIN EN 729-2 (entspricht ISO 3834-2 [R70]) der Fall ist, sind diese Instandhaltungen zu planen und durchzuführen. Die WPK muss sicherstellen, dass die geforderten Instandhaltungen termingemäß durchgeführt werden. Aber auch für die Fertigung von Bauteilen der Klassen B bis D muss ein ordnungsgemäßer Zustand der Einrichtungen gewährleistet sein.

Zu j): Die eingesetzten Bauprodukte müssen die nach Bauregelliste A oder B erforderlichen Übereinstimmungsnachweise aufweisen, d. h. entweder das Übereinstimmungszeichen „Ü" oder das Europäische Konformitätszeichen „CE" (vgl. ⟨404⟩-2). Insbesondere müssen die in Abschnitt 5.1.5 der DIN 18800-7 für die Grundwerkstoffe und in Abschnitt 5.3.3 für die mechanischen Verbindungsmittel geforderten Prüfbescheinigungen vorliegen.

Zu k): Sofern spezielle Forderungen für die Lagerung von Bauprodukten bestehen, sind diese einzuhalten und zu überprüfen. Beispiele sind die getrennte Lagerung von „schwarzen" und „weißen" Grundwerkstoffen sowie die Lagerung der Schweißzusätze in einem trockenen Lagerraum, in dem sichergestellt ist, dass keine Taupunktunterschreitung auftritt (siehe DVS-Merkblatt 0504 [A3]). Bei Einhaltung einer Mindesttemperatur von +18 °C und einer maximalen Luftfeuchtigkeit von 60 % im Lagerraum der Schweißzusätze wird eine Taupunktunterschreitung sicher vermieden (vgl. zu Element 706). Im Lagerraum der Schweißzusätze müssen ein Thermometer und ein Hygrometer zur Kontrolle der Lagerbedingungen vorhanden sein, um eine Unterschreitung des Taupunktes auszuschließen.

Sind für Vorprodukte spezifische Werkstoffnachweise nach DIN EN 10204:1995-08 erforderlich (d. h. Prüfbescheinigungen 2.3, 3.1 oder 3.2; vgl. ⟨512⟩-1), so ist die Zuordnung des jeweiligen Werkstoffnachweises zum Produkt sicherzustellen. Bei nichtspezifischen Werkstoffnachweisen nach DIN EN 10204 (z. B. Werkszeugnis 2.2) muss lediglich nachgewiesen werden, dass zu den jeweiligen Werkstoffen ein Werkstoffnachweis vorlag.

Zu l): Durch Prüfung muss sichergestellt werden, dass die in den Ausführungszeichnungen, ggf. auch in den Fertigungsunterlagen und/oder Montageunterlagen, geforderten „Ausführungsgüten" erreicht werden. Damit sind z. B. geometrische Toleranzen für geschweißte Bauteile nach DIN EN ISO 13920 (vgl. zu Element 1103) oder Schweißnaht-Bewertungsgruppen nach DIN EN 25817 (ersetzt durch DIN EN ISO 5817 [R76], vgl. zu den Elementen 1204 und 1205) gemeint. Die Prüfergebnisse sind zu dokumentieren, soweit das im entsprechenden Regelwerk gefordert wird. Das ist z. B. gemäß Element 1219 DIN 18800-7 der Fall, wenn zerstörungsfreie Schweißnahtprüfungen durchgeführt worden sind (vgl. zu Elementen 1205 bis 1213).

Zu m): Zu den wichtigsten Aufgaben der WPK gehört es, bei Nichterreichen der geforderten Qualität geeignete Nachbesserungsmaßnahmen zu treffen. Das kann z. B. Flammrichten bei Nichteinhalten einer Ebenheitstoleranz oder Nacharbeiten bei unzulässigen Schweißnahtunregelmäßigkeiten oder Vorbereiten von Futterblechen bei zu kurz geratenen Trägern sein.

Haben die Qualitätsmängel systematische Ursachen, so reicht einfaches Ausbessern nicht aus. Es muss vielmehr sichergestellt werden, dass die aufgetretene systematische Fehlerursache bei weiteren Arbeiten nicht mehr auftreten kann. Bei systematischen Schweißnahtunregelmäßigkeiten kann beispielsweise sogar die Erstellung einer geänderten Schweißanweisung erforderlich werden (vgl. zu Element 1215).

Werden Bauteile nach Abschluss der planmäßigen Fertigung weiter behandelt, so muss sichergestellt werden, dass dadurch keine bereits vorhandene Qualitäten verschlechtert werden. Zum Beispiel kann Feuerverzinken geschweißter Bauteile dazu führen, dass geometrische Toleranzen nicht mehr eingehalten werden. Generell können nach Beendigung der Schweißarbeit erfolgende weitere Fertigungsschritte (z. B. Kalt- oder Warmumformung, Flammrichten oder in Ausnahmefällen Spannungsarmglühen) einen negativen Einfluss auf die Schweißnähte haben. Ggf. muss nach solchen weiteren Fertigungsschritten eine zusätzliche zerstörungsfreie Prüfung der Schweißnähte (vorzugsweise Sicht- oder Oberflächenrissprüfung) durchgeführt werden.

Zu n): Planmäßig vorgespannte Schraubenverbindungen werden hier noch einmal separat hervorgehoben, weil DIN 18800-7 für die Verschraubungstechnik – im Gegensatz zur Schweißtechnik (siehe Abschnitt 13.4) – keine eigenständige institutionalisierte Herstellerqualifikation vorsieht. Soweit zutreffend, beziehen sich die in den Punkten (a) bis (m) aufgeführten Maßnahmen der WPK auch auf geschraubte Verbindungen. Mit dem Hinweis auf die **vor** dem Beginn des Zusammenbaus zu erstellenden Ausführungsanweisungen (vgl. zu Element 829, insbesondere Bild 8.7) soll der (die) innerhalb des Betriebes für die WPK Verantwortliche(n) für das Thema

„qualitätsgerechtes Verschrauben und Vorspannen" sensibilisiert werden. Das Einhalten der in den Ausführungsanweisungen festgelegten Vorgaben (Zustand der Kontaktflächen, Vorspannkräfte, Anziehmomente usw.) ist zu überprüfen, und das Ergebnis der Prüfung ist zu dokumentieren.

Zu o): Korrosionsschutzmaßnahmen werden hier ebenfalls noch einmal separat hervorgehoben, weil DIN 18800-7 auch dafür keine eigenständige institutionalisierte Herstellerqualifikation vorsieht. Soweit zutreffend, beziehen sich die in den Punkten (a) bis (m) aufgeführten Maßnahmen der WPK auch auf die Korrosionsschutzmaßnahmen. Die Einhaltung der in den Ausführungsunterlagen (ggf. im Korrosionsschutzplan, vgl. zu Element 1001) festgelegten Maßnahmen bei der Ausführung der Korrosionsschutzbeschichtung (notwendiger Entrostungsgrad/Vorbereitungsgrad, Beschichtungsaufbau, Beschichtungsstoffe, Schichtdicken usw.) ist zu überprüfen, und das Ergebnis der Prüfung ist zu dokumentieren. Sofern Fertigungsbeschichtungen zum Einsatz kommen, muss Element 1004 beachtet werden. Bei größeren Bauwerken empfiehlt sich das Anbringen von Kontrollflächen nach DIN EN ISO 12944-7 (vgl. ⟨1002⟩-2).

Zu den weiteren Aufgaben der WPK gehört ohne Zweifel auch die Ausstellung von Übereinstimmungsbescheinigungen, d. h. von Bescheinigungen, dass die erforderlichen Maßnahmen der WPK gemäß DIN 18800-7 getroffen und alle Vorgaben eingehalten wurden. Bild 13.1 zeigt beispielhaft ein für diesen Zweck von einer Firma entwickeltes Formblatt einer „Werksbescheinigung". Diese Werksbescheinigung wird für jedes Bauteil erstellt und ist die Zusammenfassung der durchgeführten Prüfungen, deren Prüfprotokolle in der Auftragsakte enthalten sind. Sie stellt gleichzeitig den Übereinstimmungsnachweis ÜH für ein vorgefertigtes Bauteil aus Stahl im Sinne der Bauregelliste A Teil 1 dar (vgl. ⟨404⟩-3 und ⟨1302⟩-1). Die Werksbescheinigung in Bild 13.1 wird vom „Leiter der werkseigenen Fertigungskontrolle" unterschrieben (was bei dieser Firma die Bezeichnung für den „Leiter der werkseigenen Produktionskontrolle" ist).

THYSSENKRUPP ANLAGESERVICE GMBH - DUISBURG

Baldusstraße 13, 47138 Duisburg - Tel. 0203 5268141, Fax. 0203 5268165

Werksbescheinigung Nr.:   / 2004

Besteller: _____   Auftrags-Nr.: _____

_____   Zeichnungs-Nr.: _____

Bauteil: _____

ThyssenKrupp
Anlagenservice
GmbH
DIN 18800
DIN 18801

1. Herstellung; Prüfung und Kontrollen

Das vorstehende Bauteil wurde während der Herstellung auf Einhaltung der geltenden Qualitätsvorschriften geprüft. Das Bauteil ist zeichnungsgemäß gefertigt und entspricht der technischen Dokumentation, den verbindlichen Qualitätsparametern sowie den vertraglichen Vereinbarungen.

Das verwendete Material laut Stücklisten entspricht den Güten des verbindlichen Standards. Die Schweißarbeiten wurden von Schweißern ausgeführt, die die erforderliche Prüfung nach DIN EN 287-1 besitzen. Die Ausführung erfolgt nach DIN EN 729.

2. Korrosionsschutz

Das Bauteil wurde / ohne Korrosionschutz / mit temporärem Korrosionsschutz / mit einem Teilschutzsystem / mit einem Vollschutzsystem / gemäß dem Projekt bzw. den vertraglichen Vereinbarungen ausgeführt.

Anstrichsystem : _____

3. Übereinstimmungserklärung:

Hiermit wird bestätigt, daß die gefertigten Bauteile die Bedingungen des Übereinstimmungsnachweises ÜH und der maßgebenden technischen Regeln nach laufender Nr. 4.10.2 der Bauregelliste Ausgabe 02 / 2004 erfüllen.

Duisburg, _____

Leiter werkseigene Fertigungskontrolle   Leiter Fertigung

Bild 13.1   Formblatt einer Werksbescheinigung mit Übereinstimmungsnachweis ÜH

Anforderungen an Schweißbetriebe 13.4

Allgemeines 13.4.1

Zu Element 1304

⟨1304⟩-1 **Gesetzlicher Hintergrund der Herstellerqualifikation für Schweißbetriebe**

Eine weitergehende und umfassendere Anforderung an die Herstellerqualifikation als die Durchführung der in den beiden vorangegangenen Abschnitten beschriebenen WPK wird an Betriebe gestellt, die Schweißarbeiten durchführen. Entsprechende Anforderungen, verbunden mit den Nachweisen der Eignung des Betriebes zum Schweißen, werden seit Jahrzehnten in Deutschland praktiziert. Sie waren bereits in der Vorgängernorm DIN 18800-7 aus dem Jahre 1983 und davor in den Beiblättern zu DIN 4100 aus dem Jahre 1968 enthalten (vgl. Vorwort zu diesem Kommentar, dort insbesondere Bild 0.1).

Seit der umfangreichen Novellierung der Musterbauordnung (MBO [R120]) und aller Landesbauordnungen in dem betreffenden Abschnitt Mitte der 90er Jahre besteht eine konkrete rechtliche Grundlage für die besonderen Anforderungen in diesem Bereich. In § 17 Abs. 5 MBO wird bei Bauprodukten bzw. Bauarten, deren Herstellung bzw. Anwendung in außergewöhnlichem Maß von der Sachkunde und Erfahrung der damit betrauten Personen oder von einer Ausstattung mit besonderen Vorrichtungen abhängt, die Möglichkeit einer Rechtsverordnung über Mindestanforderungen eröffnet. Zur Ausführung dieses Paragraphen wurden oder werden in allen Bundesländern gleichlautende Rechtsverordnungen erlassen mit dem Titel „Verordnung über Anforderungen an Hersteller von Bauprodukten und Anwender von Bauarten (Hersteller/ und Anwender-VO-HAVO)".

In § 1 Nr. 1 dieser Verordnung, also an erster Stelle, wird die Ausführung von Schweißarbeiten zur Herstellung tragender Stahlbauteile genannt. Es wird gefordert, dass Betriebe, die diese Arbeiten durchführen, über Fachkräfte mit besonderer Sachkunde und Erfahrung sowie über besondere Vorrichtungen verfügen müssen. Bezüglich der speziellen Bestimmungen dazu verweist die Verordnung auf DIN 18800-7. Die ursprünglich in der Verordnung genannte Ausgabe Mai 1983 ist mit der bauaufsichtlichen Einführung der neuen Ausgabe September 2002 nicht mehr relevant. Der nachfolgend kommentierte Abschnitt 13.4 der neuen DIN 18800-7 über die erforderliche Herstellerqualifikation bei den Schweißbetrieben ist somit Bestandteil der Rechtsverordnung.

⟨1304⟩-2 **Betriebsprüfung**

Die in Element 1304 in Bezug genommene Normreihe DIN EN 729 (identisch mit ISO 3834 [R69–73]) enthält die Vorgaben für Qualitätsanforderungen in der Schweißtechnik. Der Teil 1 enthält Richtlinien zur Auswahl und Anwendung der Teile 2 bis 4. Teil 4 beschreibt „elementare" Anforderungen, Teil 3 beschreibt „Standard"-Anforderungen, Teil 2 beschreibt „umfassende" Anforderungen. Die Tabelle B.1 des Anhangs B der DIN EN 729-1 gibt eine Übersicht über die Einzelelemente dieser drei Anforderungsstufen; sie ist hier als Tabelle 13.1 wiedergegeben. In Tabelle 14 DIN 18800-7 ist in Zeile 7 festgelegt, welche Anforderungsstufe nach DIN EN 729 für die Klassifikation zur Herstellung der fünf Bauteilklassen A bis E (siehe Element 1313) jeweils maßgebend ist.

Tabelle 13.1 Gesamtübersicht über die schweißtechnischen Qualitätsanforderungen mit Bezug auf EN 729-2, EN 729-3 und EN 729-4 (Tabelle B.1 der DIN EN 729-1)

Teile von EN 729 / Elemente	EN 729-2	EN 729-3	EN 729-4
Vertragsüberprüfung	voll dokumentierte Überprüfung	weniger ausführliche Überprüfung	Nachweis, dass Eignung und Information vorhanden sind
Konstruktionsüberprüfung	Konstruktionsunterlagen für die Schweißungen sind zu bestätigen		
Unterlieferant	behandeln wie Hauptlieferant		muss Norm erfüllen
Schweißer, Bediener	anerkannt nach dem entsprechenden Teil von EN 287 oder EN 1418		
Schweißaufsicht	Schweißaufsichtspersonal mit entsprechenden technischen Kenntnissen nach EN 719 oder Personen mit gleichartigen Kenntnissen		keine Forderung, aber persönliche Verantwortung d. Herstellers
Personal für Qualitätsprüfungen	ausreichendes und befähigtes Personal muss verfügbar sein		ausreichendes und befähigtes Personal notwendig; Zugang für unabhängige Prüfstelle, wenn gefordert
Fertigungseinrichtung	gefordert für Vorbereitung, Schneiden, Schweißen, Transport, Heben, zusammen mit Sicherheitseinrichtungen und Schutzkleidung-		keine besondere Forderung
Instandhaltung der Einrichtung	ist durchzuführen, Instandhaltungsplan ist notwendig	keine besondere Forderung, muss angemessen sein	keine Forderung
Fertigungsplan	notwendig	eingeschränkter Plan notwendig	keine Forderung
Schweißanweisungen (WPS)	Anweisungen für Schweißer müssen verfügbar sein, siehe den entsprechenden Teil von EN 288		keine Forderung
Anerkennung der Schweißverfahren	nach dem entsprechenden Teil von EN 288, Anerkennung durch Anwendungsnorm oder Vertragsbedingungen		keine besondere Forderung
Arbeitsanweisung	Schweißanweisungen (WPS) oder geeignete Arbeitsanweisungen müssen verfügbar sein		keine Forderung
Dokumentation	notwendig	nicht vorgeschrieben	keine Forderung
Losprüfung von Schweißzusätzen	nur, wenn im Vertrag vorgeschrieben	nicht vorgeschrieben	keine Forderung
Lagerung, Handhabung d. Schweißzusätze	mindestens, wie vom Lieferanten empfohlen		
Lagerung der Grundwerkstoffe	Schutz gegen Umwelteinflüsse erforderlich; Kennzeichnung muss erhalten bleiben		keine Forderung
Wärmenachbehandlung	Festlegung und vollständiger Bericht notwendig	Bestätigung der Festlegung notwendig	keine Forderung
Qualitätsprüfung vor, während, nach dem Schweißen	wie für festgelegte Verfahren gefordert		Verantwortung, wie im Vertrag festgelegt
Mangelnde Übereinstimmung	Verfahren müssen verfügbar sein		
Kalibrierung	Verfahren müssen verfügbar sein		nicht festgelegt
Kennzeichnung	gefordert, wenn geeignet	gefordert, wenn geeignet	nicht festgelegt
Rückverfolgbarkeit			nicht festgelegt
Qualitätsberichte	müssen verfügbar sein, um die Haftungsregeln für das Erzeugnis zu erfüllen		wie im Vertrag festgelegt
	mindestens 5 Jahre aufbewahren		

Der Fertigungs- oder Montagebetrieb hat in einer Betriebsprüfung einer **„anerkannten Stelle"** (wird zukünftig entsprechend den Festlegungen der MBO „anerkannte Prüfstelle" genannt werden, siehe auch Richtlinie DVS 1704[1]) die Wirksamkeit der jeweilig erforderlichen Betriebsanforderung nachzuweisen. Er muss also nachweisen, dass er diese Forderungen erfüllt und über das jeweils erforderliche schweißtechnische Personal (Schweißer, Bediener und Schweißaufsicht in Abhängigkeit von der Bauteilklasse) verfügt. Die Betriebsprüfung ist nach Richtlinie DVS 1704 durchzuführen.

Schweißer und Bediener 13.4.2

Zu Element 1305

⟨1305⟩-1 Aktuelle Prüfnormensituation

Die in Element 1305 für die Prüfung von Schweißern und Bedienern genannten Normen DIN EN 287-1 und DIN EN 1418 (identisch mit ISO 14732:1998-07 [R137]) werden in DIN 18800-7 „undatiert" geführt. Somit gelten jeweils die aktuellen Ausgaben dieser Normen oder bei Änderungen der Normnummern die Nachfolgenormen (vgl. ⟨201⟩-1). DIN EN 287-1 ist mit Ausgabe Mai 2004 neu erschienen, DIN EN 1418 wird in den nächsten Jahren im Rahmen der „Wiener Vereinbarung" unter ISO-Führung überarbeitet. Die zukünftige Nachfolgenorm wird dann DIN EN ISO 14732 heißen.

In der allgemeinen bauaufsichtlichen Zulassung Z-30.3-6 für nichtrostende Stähle im Bauwesen [R128] sind die beiden Normen DIN EN 287-1 und DIN EN 1418 im Gegensatz zu DIN 18800-7 „datiert" zitiert. Der Koordinierungsausschuss der Stellen für Metallbauten im bauaufsichtlichen Bereich hat auf diese Diskrepanz hingewiesen, und es ist davon auszugehen, dass spätestens ab Anfang Januar 2005 Schweißerprüfungen sowohl für das Schweißen von Stahlbauten nach DIN 18800-7 als auch für das Schweißen von nichtrostenden Stählen nach der Zulassung Z-30.3-6 einheitlich nach der neuen DIN EN 287-1:2004-05 durchzuführen sind.

Bei der Erarbeitung dieser neuen DIN EN 287-1:2004-05 wurde leider nicht beachtet, dass die ebenfalls neue DIN EN ISO 5817:2003-12 einige neue und einige verschärfte Merkmale enthält. Da bei der Schweißerprüfung – im Gegensatz zu den Schweißnähten in der Fertigung – die Nahtoberseite und die Wurzelseite nicht nachbearbeitet werden dürfen, ist es bei einigen Merkmalen äußerst schwierig, die bei der Schweißerprüfung in DIN EN 287-1 geforderte Bewertungsgruppe „B" zu erreichen. Deshalb hat der europäische Arbeitsausschuss CEN/TC 121/SC 2, der die neue DIN EN 287-1 federführend erarbeitet hat, im März 2004 folgende Beschlüsse für die Anwendung der DIN EN ISO 5817 bei der Bewertung von Prüfstücken nach DIN EN 287-1 gefasst:

- Merkmal 1.7 „Einbrandkerbe":

  Es sind Einbrandkerben mit einer maximalen Tiefe $h \leq 0{,}5$ mm zulässig. Die zusätzliche Begrenzung „$h \leq 0{,}05\,t$" wird bei der Bewertung von Prüfstücken aus Schweißerprüfungen nicht angewendet.

- Merkmal 1.12 „Schroffer Nahtübergang":

  Wird bei der Bewertung von Prüfstücken aus Schweißerprüfungen wie Merkmal 1.9 „Zu große Nahtüberhöhung (Stumpfnaht)" bewertet. Das bedeutet: Bewertungsgruppe C ist zulässig.

- Merkmal 3.2 „Winkelversatz":

  Wird bei der Bewertung von Prüfstücken aus Schweißerprüfungen nicht berücksichtigt, da der Schweißer keinen Einfluss darauf hat. Winkelversatz ist von der Nahtvorbereitung, den Schweißparametern und ggf. vom Zusammenbau abhängig.

Außerdem wurde festgelegt, dass die Tabelle 5 „Geltungsbereich für Rohraußendurchmesser" der DIN EN ISO 5817 sowohl für Rohrstumpfnahtprüfstücke als auch für Rohrkehlnahtprüfstücke anzuwenden ist.

---

[1] In Kap. 2 der DIN 18800-7 ist der Titel dieser damals in Vorbereitung befindlichen Richtlinie falsch wiedergegeben. Richtig muss es heißen: Richtlinie DVS 1704:2004-05, Voraussetzungen und Verfahren für die Erteilung von Bescheinigungen über die Herstellerqualifikation zum Schweißen von Stahlbauten nach DIN 18800-7:2002-09.

⟨1305⟩-2 Anzahl von Schweißern/Bedienern in einem Betrieb

In Element 1305 wurde bewusst die Mehrzahl der Wörter „Schweißer" und „Bediener" gewählt. Die Mindestanzahl von Schweißern oder Bedienern für jeden vorgesehenen Schweißprozess in einem Betrieb ist somit **zwei**. Lediglich für Betriebe der Klasse B und ggf. auch C ist vom Koordinierungsausschuss der Stellen für Metallbauten im bauaufsichtlichen Bereich sowie seiner Vorgängerorganisation festgelegt worden, dass nur für das hauptsächlich angewendete Schweißverfahren die Mindestanzahl von Schweißern zwei sein muss. Sollte ein weiterer Schweißprozess, der nur sporadisch eingesetzt wird, im Betrieb zur Anwendung kommen, reicht für diesen Schweißprozess ein Schweißer mit gültiger Prüfungsbescheinigung. Diese Regelung gilt selbstverständlich nicht für die Klassen D und E.

Im Abschnitt 4.3.1.1 „Anzahl der Schweißer" der Richtlinie DVS 1704 (vgl. Fußnote zu Element 1304) ist mit Zustimmung der Bauaufsichtsbehörden eine zusätzliche Festlegung getroffen worden, nach der Schweißbetrieben im Geltungsbereich der Klasse B mit nur einem geprüften Schweißer, der aber zugleich die Anforderungen der Schweißaufsicht erfüllt, die Bescheinigung in Ausnahmefällen (z. B. beim Aufbau eines neuen Betriebes) befristet erteilt werden kann.

⟨1305⟩-3 Einzelheiten zur Schweißer-/Bedienerprüfung

Weitere Festlegungen sind in Element 1305 nicht gemacht. Das heißt, alle Schweißer/Bediener, die gemäß DIN 18800-7 Schweißarbeiten an Stahlkonstruktionen ausführen, müssen im Besitz gültiger Prüfungsbescheinigungen nach DIN EN 287-1 bzw. DIN EN 1418 (identisch mit ISO 14732 [R137]) sein. Dabei muss die Prüfungsbescheinigung den Einsatz des Schweißers in der Fertigung voll abdecken (Schweißprozess, Halbzeug, Nahtart, Werkstoffgruppe, Zusatzwerkstoff, Abmessungen, Schweißpositionen, Nahtausführung).

Bediener von vollmechanisierten oder automatisierten Schweißanlagen können ihre Qualifikation durch irgendeine der nach DIN EN 1418, Abschnitt 4.1, möglichen vier Anerkennungsmethoden erhalten haben. Dabei empfiehlt es sich, anfallende Verfahrens- oder Arbeitsprüfungen bei vollmechanisierten oder automatisierten Schweißverfahren gleichzeitig für die beteiligten Bediener als Bedienerprüfung auszuwerten und entsprechende Prüfungsbescheinigungen auszustellen.

Bei Schweißerprüfungen muss eine fachkundliche Prüfung nach Anhang C der DIN EN 287-1 durchgeführt werden. Das Ergebnis der Prüfung muss dokumentiert werden, wobei die Art der fachkundlichen Prüfung (schriftlich, mündlich, Benutzung eines EDV-Programms) der Schweißaufsichtsperson des Betriebes überlassen bleibt. Es empfiehlt sich, auch die Durchführung der vor einer fachkundlichen Prüfung erforderlichen Unterweisung der Schweißer zu dokumentieren. Dies dient auch dem Nachweis der regelmäßigen Unterweisung der Schweißer in Arbeitssicherheit und Unfallverhütung.

Entsprechend dem nationalen Vorwort von DIN EN 287-1 müssen Schweißer, die ihre Prüfung außerhalb der Bundesrepublik Deutschland ohne fachkundliche Prüfung abgelegt haben und in der Bundesrepublik Deutschland eingesetzt werden, nach den derzeitig geltenden Rechtsvorschriften mindestens Kenntnisse auf dem Gebiet der Arbeitssicherheit und Unfallverhütung sowie Kenntnisse über das Entstehen und Vermeiden von Schweißnahtfehlern nachweisen, auch wenn sie der deutschen Sprache nicht mächtig sind. Das bedeutet, dass diese Schweißer natürlich vor ihrem Einsatz in der Bundesrepublik Deutschland entweder mit Hilfe von Dolmetschern oder durch entsprechendes Informationsmaterial in einer Sprache, der sie mächtig sind, unterwiesen werden müssen.

Schweißer, deren Prüfungsbescheinigungen nach Abschnitt 9.3 der DIN EN 287-1 ohne ein erneutes Schweißen von Prüfstücken verlängert werden oder bei denen die Verlängerung der Prüfungsbescheinigungen nach DIN EN 287-1 aufgrund einer abgelegten Verfahrens- oder Arbeitsprüfung erfolgt, müssen in jedem Fall auch nach zwei Jahren eine erneute fachkundliche Prüfung ablegen.

In der neuen DIN EN 287-1:2004-05 wird verlangt, dass Schweißer, die überwiegend Kehlnähte in der Fertigung schweißen, auch durch eine geeignete Kehlnahtprüfung qualifiziert werden. Da im Stahlbau die Kehlnaht überwiegt, wurde bereits in Element 1305 DIN 18800-7 festgelegt, dass Schweißer, die in der Fertigung Kehlnähte ausführen, auch ein Kehlnahtprüfstück nach DIN EN 287-1 schweißen müssen.

HERSTELLERQUALIFIKATION

⟨1305⟩-4 **Rohrschweißerprüfung**

Schweißer, die Rohrknoten (Rundrohr an Rundrohr) in der Fertigung schweißen, müssen eine gültige Rohrschweißerprüfungsbescheinigung nach DIN EN 287 besitzen. Außerdem müssen sie das Prüfstück für Zusatzprüfungen nach Bild 15 der DIN 18808 (hier als Bild 13.2 wiedergegeben) erfolgreich geschweißt haben und hierüber eine gültige Prüfungsbescheinigung besitzen.

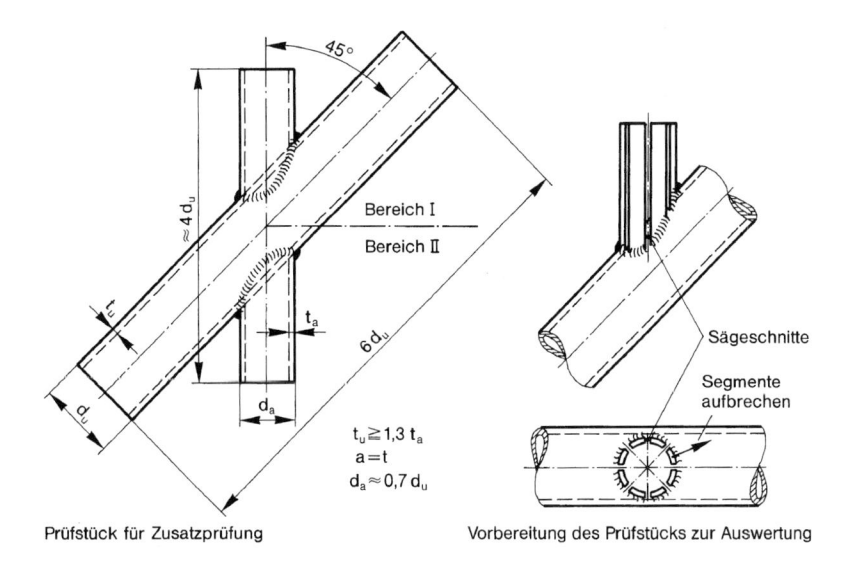

Bild 13.2 Prüfstück für Zusatzprüfung an Rohrknotenverbindung nach DIN 18808

Im nationalen Vorwort der neuen DIN EN 287-1 ist festgelegt, welche Prüfer und Prüfstellen Schweißerprüfungen in der BRD durchführen dürfen.

Schweißaufsicht 13.4.3

Zu Element 1306

In diesem Element wird, wie in der alten DIN 18800-7, vorgeschrieben, dass das Schweißaufsichtspersonal dem Betrieb ständig angehören muss. Der einsehbare Grund dafür ist, dass nur der Verantwortung tragen kann, der über die notwendige Anwesenheit bei der Ausführung von Schweißarbeiten selbst frei entscheiden kann.

Für **kleinere Firmen**, die nur sporadisch Stahlbauarbeiten in den Klassen D und E durchführen, für die eine Bescheinigung nach DIN 18800-7 erforderlich ist, und sonst überwiegend Arbeiten außerhalb des bauaufsichtlichen Bereichs ausführen, für die keine Schweißaufsicht erforderlich ist, gibt es Ausnahmeregelungen hinsichtlich der ständigen Angehörigkeit der Schweißaufsichtsperson zum Betrieb. Sie sind von der Fachkommission „Bautechnik" der Bauministerkonferenz festgelegt worden und gelten für teilzeitbeschäftigte Schweißfachingenieure. Bei Anwendung dieser Ausnahmeregelungen müssen folgende Bedingungen erfüllt sein:

- Das Weisungsrecht des teilzeitbeschäftigten Schweißfachingenieurs gegenüber Betriebsangehörigen muss gewährleistet sein.
- Von dem Schweißfachingenieur muss ein Bautagebuch geführt werden, in dem seine Besuche und durchgeführten Überprüfungen sowie festgelegten Maßnahmen enthalten sind.
- Im Betrieb muss bei Abwesenheit des Schweißfachingenieurs mindestens ein Schweißfachmann anwesend sein.

Die anerkannte Stelle muss in jedem Anwendungsfall dieser Ausnahmeregelung mit einem teilzeitbeschäftigten Schweißfachingenieur als Schweißaufsichtsperson überprüfen, ob die vorgenannten Bedingungen eingehalten werden. Die Ausnahmeregelung gilt nicht für Betriebe mit einer uneingeschränkten Bescheinigung der Klasse E für den Bereich der Ril 804 [R121].

Das Schweißaufsichtspersonal muss die nach Tabelle 14 DIN 18800-7, Zeile 8, vorgeschriebene Qualifikation besitzen. Bei der Betriebsprüfung muss es nachweisen, dass es einerseits Stahlbauerfahrungen hat, anderseits die erforderlichen Kenntnisse über die zu überwachenden Schweißarbeiten besitzt. Das bei der Betriebsprüfung mit dem Schweißaufsichtspersonal geführte Fachgespräch soll außerdem sicherstellen, dass in dem Betrieb die für die Fertigung erforderlichen Regelwerke in der jeweils gültigen Fassung vorliegen und dem Schweißaufsichtspersonal bekannt sind.

Zu Element 1307

DIN EN 719 (identisch mit ISO 14731:1997-04 [R136]) enthält in Tabelle 1 (hier als Tabelle 13.2 wiedergegeben) die Auflistung der schweißtechnischen Tätigkeiten einer Schweißaufsichtsperson. Es muss sichergestellt sein, das die aus dieser Tabelle für den jeweiligen Betrieb zutreffenden Tätigkeiten durch Schweißaufsichtspersonal wahrgenommen werden. Dies kann durch eine oder mehrere Schweißaufsichtspersonen erfolgen. Dabei können die jeweiligen zutreffenden Tätigkeiten zwischen den Schweißaufsichtspersonen aufgeteilt werden. Dies hat gemäß Element 1307 in einem Organigramm zu erfolgen, aus dem erkennbar ist, wer die verantwortliche Schweißaufsichtsperson ist (in DIN EN 719 „befugte Schweißaufsichtsperson" genannt) und welche Tätigkeiten von den einzelnen Schweißaufsichtspersonen wahrgenommen werden. Selbstverständlich ist es auch möglich, verantwortliche Schweißaufsichtspersonen getrennt für Betrieb und Montage oder für verschiedene Betriebsteile zu benennen.

Tabelle 13.2 Zu beachtende schweißtechnische Tätigkeiten des Schweißaufsichtspersonals, soweit zutreffend (Tabelle 1 der DIN EN 719)

Nr.	Tätigkeiten
1.1	**Vertragsüberprüfung** – Eignung der Herstellerorganisation für das Schweißen und für zugeordnete Tätigkeiten
1.2	**Konstruktionsüberprüfung** – Entsprechende schweißtechnische Normen – Lage der Schweißverbindung im Zusammenhang mit den Konstruktionsanforderungen – Zugänglichkeit zum Schweißen, Überprüfen und Prüfen – Einzelangaben für die Schweißverbindung – Qualitäts- und Bewertungsanforderungen an die Schweißnähte
1.3	**Werkstoffe**
1.3.1	**Grundwerkstoff** – Schweißeignung des Grundwerkstoffes – Etwaige Zusatzanforderungen für die Lieferbedingungen der Grundwerkstoffe, einschl. der Art des Werkstoffzeugnisses – Kennzeichnung, Lagerung und Handhabung des Grundwerkstoffes – Rückverfolgbarkeit
1.3.2	**Schweißzusätze** – Eignung – Lieferbedingungen – Etwaige Zusatzanforderungen für die Lieferbedingungen der Schweißzusätze, einschl. der Art des Zeugnisses für die Schweißzusätze – Kennzeichnung, Lagerung und Handhabung der Schweißzusätze
1.4	**Untervergabe** – Eignung eines Unterlieferanten
1.5	**Herstellungsplanung** – Eignung der Schweißanweisungen (WPS) und der Anerkennungen (WPAR) – Arbeitsunterlagen – Spann- und Schweißvorrichtungen – Eignung und Gültigkeit der Schweißerprüfung – Schweiß- und Montagefolgen für das Bauteil – Prüfungsanforderungen an die Schweißungen in der Herstellung – Anforderungen an die Überprüfung der Schweißungen – Umgebungsbedingungen – Gesundheit und Sicherheit
1.6	**Einrichtungen** – Eignung der Schweiß- und Zusatzeinrichtungen – Bereitstellung, Kennzeichnung und Handhabung von Hilfsmitteln und Einrichtungen – Gesundheit und Sicherheit

Tabelle 13.2 (fortgesetzt)

Nr.	Tätigkeiten
1.7	**Schweißtechnische Arbeitsvorgänge**
1.7.1	**Vorbereitende Tätigkeiten** – Zurverfügungstellung von Arbeitsunterlagen – Nahtvorbereitung, Zusammenstellung und Reinigung – Vorbereitung zum Prüfen bei der Herstellung – Eignung des Arbeitsplatzes einschließlich der Umgebung
1.7.2	**Schweißen** – Einsatz der Schweißer und Anweisungen für die Schweißer – Brauchbarkeit oder Funktion von Einrichtungen und Zubehör – Schweißzusätze und -hilfsmittel – Anwendung von Heftschweißungen – Anwendung der Schweißparameter – Anwendung etwaiger Zwischenprüfungen – Anwendung und Art der Vorwärmung und Wärmenachbehandlung – Schweißfolge – Nachbehandlung
1.8	**Prüfung**
1.8.1	**Sichtprüfung** – Vollständigkeit der Schweißungen – Maße der Schweißungen – Form, Maße und Grenzabmaße der geschweißten Bauteile – Nahtaussehen
1.8.2	**Zerstörende und zerstörungsfreie Prüfung** – Anwendung
1.9	**Bewertung der Schweißung** – Beurteilung der Überprüfungs- und Prüfergebnisse – Ausbesserung von Schweißungen – Erneute Beurteilung der ausgebesserten Schweißungen – Verbesserungsmaßnahmen
1.10	**Dokumentation** Vorbereitung und Aufbewahrung der notwendigen Berichte (einschl. der Tätigkeiten von Unterbeauftragten)

Zu Element 1308

DIN 18800-7 macht weder zur Anzahl der notwendigen Schweißaufsichtspersonen pro Betrieb Angaben, noch zu der Frage, ab welcher Betriebsgröße ein Vertreter der Schweißaufsichtsperson vorhanden sein muss. Es bleibt zunächst dem Unternehmen belassen, hierüber zu entscheiden. Dabei sind die Art der Fertigung, die Anzahl der Schweißer, die Betriebsgröße und bei Montagebetrieben die Anzahl der Baustellen zu berücksichtigen. Bei Betrieben mit einer uneingeschränkten Bescheinigung der Klasse E für den Bereich der Deutsche Bahn AG (Ril 804 [R121]) wird im Allgemeinen ein uneingeschränkter Vertreter erforderlich.

Element 1308 legt fest, dass ein uneingeschränkter Vertreter der Schweißaufsichtsperson die gleiche Qualifikation wie die verantwortliche Schweißaufsichtsperson nach Tabelle 14 DIN 18800-7 besitzen muss. Das heißt, in den Klassen D und E muss auch der Vertreter Schweißfachingenieur (bei Serienproduktion in der Klasse D auch Schweißtechniker) sein. In der Klasse B muss der Vertreter mindestens die Qualifikation „Schweißfachmann" besitzen (siehe auch zu Element 1313).

Zu Element 1309

Die Ausführung von Schweißarbeiten muss angemessen überwacht werden. Deshalb muss eine Schweißaufsichtsperson während der Ausführung von Schweißarbeiten anwesend sein. Dabei darf sich das in der Bescheinigung für die Herstellerqualifikation benannte Schweißaufsichtspersonal gemäß Element 1309 durch weitere „schweißtechnisch besonders ausgebildete" Personen unterstützen lassen. Dies kann z. B. in den Klassen D und E ein Schweißtechniker oder ein Schweißfachmann sein, der den Schweißfachingenieur unterstützt. In einem derartigen Fall werden diese Personen in der Regel auch auf der Rückseite der Bescheinigung als „zur Unterstützung des Schweißaufsichtspersonals" ausgewiesen.

Bei Betrieben mit mehreren Fertigungshallen oder bei Montagebetrieben mit mehreren Baustellen darf gemäß Element 1309 für die laufende Beaufsichtigung der Schweißarbeiten von der verantwortlichen Schweißaufsichtsperson auch Personal bestimmt werden, das die konkrete Qualifikation „Schweißtechniker/Schweißfachmann" nicht besitzt, das aber von ihr als „geeignet befunden wurde" (z. B. Schweißwerkmeister – ehemals Lehrschweißer – oder Vorarbeiter). Diese bewährte Regelung ist aus der alten DIN 18800-7 übernommen worden, weil es einer Schweißaufsichtsperson in einem großen Betrieb oder bei mehreren Baustellen unmöglich ist, alle Schweißarbeiten gleichzeitig zu beaufsichtigen. In jedem Fall ist es die Aufgabe der verantwortlichen Schweißaufsichtsperson, sich von der notwendigen Qualifikation der ausgewählten Person zu überzeugen.

Zu Element 1310

⟨1310⟩-1 **Überprüfung des Schweißaufsichtspersonals bei der Betriebsprüfung**

Das im Sinne der Anforderungen im Element 1310 in Abschnitt 5.4 der Richtlinie DVS 1704 während der Betriebsprüfung vorgesehene Fachgespräch mit den Schweißaufsichtspersonen wird durchgeführt, um sicherzustellen, dass diese das notwendige Fachwissen und die erforderliche Erfahrung für die von ihnen zu überwachenden Schweißarbeiten besitzen. In dem Fachgespräch muss das Schweißaufsichtspersonal vor allem bei der erstmaligen Betriebsprüfung nachweisen, dass es Unregelmäßigkeiten am Bauteil erkennt und richtig bewerten kann, z. B. Fertigungstoleranzen für geschweißte Bauteile nach DIN EN ISO 13920 (vgl. zu Element 1103) oder Schweißnaht-Bewertungsgruppen nach DIN EN ISO 5817 [R76] (ehemals DIN EN 25817, vgl. zu den Elementen 1204 und 1205). In der Regel erfolgt diese Überprüfung des Schweißaufsichtspersonals anhand von Nachbewertungen von vorliegenden Prüfstücken von Schweißerprüfungen und/oder durch Nachbewertung von vorliegenden Durchstrahlungsfilmbildern. Es können aber auch bei der Betriebsprüfung Probestücke geschweißt und bewertet werden. Außerdem wird vor allem bei der wiederholenden Betriebsprüfung überprüft, ob die neueren schweißtechnischen Regelwerke, die für die Fertigung des Betriebes relevant sind, vorliegen und den Schweißaufsichtspersonen bekannt sind.

⟨1310⟩-2 **Durchführung von Schweißer-/Bedienerprüfungen durch Schweißaufsichtspersonen**

Wenn das Schweißaufsichtspersonal seine Schweißer oder Bediener selbst prüfen will, muss es gemäß Element 1310 nachweisen, dass es Schweißerprüfungen nach DIN EN 287-1 und/oder Bedienerprüfungen nach DIN EN 1418 durchführen und bewerten kann. Dazu muss bei der Betriebsprüfung von dem Schweißaufsichtspersonal mindestens eine Schweißerprüfung pro Schweißprozess veranlasst werden, die im Beisein der anerkannten Stelle durchgeführt und bewertet wird. Somit ist es eine wirtschaftliche Entscheidung des Betriebes, ob die Schweißer- und Bedienerprüfungen nach einer erfolgreichen Überprüfung des Schweißaufsichtspersonals selbständig im eigenen Betrieb durchgeführt werden oder ob diese Prüfungen bei anerkannten Prüfstellen abgelegt werden. Erhält das Schweißaufsichtspersonal die Berechtigung zur Durchführung von Schweißer- und Bedienerprüfungen, wird dies entweder auf der Rückseite der Bescheinigung über die Herstellerqualifikation oder in einer Anlage zur Bescheinigung vermerkt.

In der Vergangenheit war die Durchführung von Schweißerprüfungen in der Regel nur Schweißfachingenieuren zugestanden worden. Schweißfachmänner oder Schweißtechniker bedurften einer Ausnahmeregelung, die jedoch relativ selten zur Anwendung kam. Die jetzige Regelung in Element 1310, mit der das Recht zur Abnahme von Schweißerprüfungen im eigenen Betrieb ausdrücklich der jeweiligen „Schweißaufsichtsperson" zugestanden wird, ist bewusst liberaler. Ihr liegt u. a. die Erkenntnis zugrunde, dass für die Durchführung und Bewertung einer Schweißerprüfung weniger die Stufe der Qualifikation entscheidend ist, sondern vielmehr die Anzahl von durchgeführten Prüfungen sowie die dabei gesammelten Erfahrungen.

Deshalb wird in der Richtlinie DVS 1704 (korrekter Titel vgl. Fußnote zu Element 1304) im Abschnitt 5.5 eine Mindestanzahl von durchgeführten Schweißer- und Bedienerprüfungen festgelegt, wenn die Schweißaufsichtsperson Schweißer- und Bedienerprüfungen durchführen will. Für Schweißerprüfungen werden zehn Schweißerprüfungen und für Bedienerprüfungen vier

Bedienerprüfungen in einem Zeitraum von zwei Jahren als Voraussetzung für die Berechtigung zur Durchführung der Schweißer- und Bedienerprüfungen durch das Schweißaufsichtspersonal genannt. Wenn die Schweißaufsichtsperson diese Berechtigung zur Durchführung von Schweißer- und Bedienerprüfungen erhalten hat, sind die Proben oder die Prüfstücke sowie die dazugehörigen Durchstrahlungsfilmbilder (falls ausschließlich zerstörungsfrei geprüft worden ist) von durchgeführten Schweißerprüfungen bis zur nächsten Betriebsprüfung aufzubewahren, damit eine Nachbewertung durch die anerkannte Stelle erfolgen kann.

Werden bei der Nachbewertung keine wesentlichen Beanstandungen oder Abweichungen von den Bewertungsvorgaben der DIN EN 287-1 oder bei Bedienerprüfungen (Arbeitsproben, z. B. nach Richtlinie DVS 1702) von den Vorgaben nach DIN EN 288-3 bzw. -8 festgestellt, brauchen die Proben von Schweißer- und Bedienerprüfungen zukünftig nicht mehr aufbewahrt zu werden. Werden wesentliche Beanstandungen bei der Nachbewertung festgestellt, kann dies zum Entzug der Berechtigung der selbständigen Durchführung von Schweißer- und Bedienerprüfungen führen. In jedem Fall sind die von der anerkannten Stelle mit „nicht erfüllt" bewerteten Schweißerprüfungen zu wiederholen.

Hat die Schweißaufsichtsperson bei der Betriebsprüfung nachgewiesen, dass sie in der Lage ist, Schweißer- und Bedienerprüfungen durchzuführen und zu bewerten, und ist dies auf der Bescheinigung über die Herstellerqualifikation oder in einer Anlage zur Bescheinigung vermerkt, so darf sie selbstverständlich nur Schweißer und Bediener **ihres** Betriebes prüfen. Nur für diese Schweißer oder Bediener kann die Schweißaufsichtsperson den ordnungsgemäßen Einsatz und die richtige Ausführung von Schweißarbeiten bestätigen.

⟨1310⟩-3 Ordnungsgemäßer Einsatz der Schweißer/Bediener

Die nach DIN EN 287-1 Abschnitt 9.2 und nach DIN EN 1418 Abschnitt 4.3 erforderliche Bestätigung des ordnungsgemäßen Einsatzes der Schweißer und Bediener muss – abweichend von den Vorgaben in den beiden genannten Normen – gemäß Element 1310 durch eine Schweißaufsichtsperson des Betriebes vorgenommen werden. Nur bei dieser kann davon ausgegangen werden, dass sie über den ordnungsgemäßen Einsatz informiert ist.

Betriebseinrichtungen 13.4.4

Zu Element 1311

Normative Festlegungen für die erforderliche Werkstattgröße oder für die erforderlichen schweißtechnischen Einrichtungen (für die Nahtvorbereitung, das Schweißen und die Prüfung) sowie Hebezeuge und Transportvorrichtungen eines Hersteller- oder Montagebetriebes, der Stahlbauten ausführt, kann es nicht geben. Die Werkstattgröße und die Einrichtungen müssen jedoch die Ausführung der vorgesehenen Bauteile ermöglichen. Diese (an sich triviale) Forderung steht in Element 1311. Bild 13.3 zeigt einen Schuss des Kranauslegers von Bild 1.4 während der schweißtechnischen Fertigung; man erkennt, dass das nötige Handling gewiss nicht in jeder Werkhalle möglich ist.

Bild 13.3 Ausleger eines Hafenmobilkrans während der Werkstattfertigung

Mit den schweißtechnischen Einrichtungen muss es insbesondere möglich sein, die Vorgaben der Schweißanweisungen (vgl. zu Element 701) zu erfüllen. Festlegungen zu den Einrichtungen findet man im Abschnitt 8 der in Element 1311 genannten Normen DIN EN 729-2 und -3. Wie bereits zu Element 1304 ausgeführt, müssen Betriebe der Klasse E die „umfassenden" Anforderungen nach DIN EN 729-2, Betriebe der Klassen B bis D die „Standard"-Anforderungen nach DIN EN 729-3 und Betriebe der Klasse A die „elementaren" Anforderungen nach DIN EN 729-4 erfüllen (siehe auch Tabelle 14 DIN 18800-7). In DIN EN 729-4 sind keine Festlegungen zu den Einrichtungen enthalten.

Der Unterschied zwischen DIN EN 729-2 und DIN EN 729-3 bei den Einrichtungen besteht darin, dass für Betriebe nach DIN EN 729-2 Pläne für die Instandhaltung der Einrichtungen vorhanden sein müssen. Mit diesen Plänen soll sichergestellt werden, dass die Instandhaltung der Einrichtungen, die Einfluss auf das Ergebnis der Schweißarbeiten haben und in den entsprechenden Schweißanweisungen aufgeführt sind, regelmäßig überwacht wird. In DIN EN 729-3 ist lediglich ausgeführt, dass die Einrichtungen der vorgesehenen Anwendung zu entsprechen haben und sachgemäß instand zu halten sind.

Element 1311 fordert im letzten Satz, dass die wesentlichen Einrichtungen in Form einer Beschreibung zu erfassen sind. Das kommt einer Betriebsbeschreibung gleich. In dem Antrag auf Erteilung einer Bescheinigung zur Herstellerqualifikation zum Schweißen von Stahlbauten nach DIN 18800-7:2002-09 (Anlage 2 der Richtlinie DVS 1704) ist ein Vordruck für eine solche Betriebsbeschreibung enthalten. Darin sind Angaben zum Anwendungsbereich, zu den Schweißprozessen, zu den Grundwerkstoffen (Stahlsorte und vorgesehener Abmessungsbereich), zu den Schweißzusätzen und Hilfsstoffen, zum Personal (Schweißaufsicht, Schweißer und Bediener), zu den betrieblichen Einrichtungen und zur Qualitätssicherung zu machen.

13.4.5 Bescheinigungen

Zu Element 1312

⟨1312⟩-1 **Anerkannte Stellen**

Wie bereits im Kommentar ⟨1304⟩-1 ausgeführt, gehören geschweißte Stahlkonstruktionen zu den Bauprodukten bzw. Bauarten, deren Herstellung in außergewöhnlichem Maß von der Sachkunde und Erfahrung der damit vertrauten Person oder von einer Ausstattung mit besonderen Vorrichtungen abhängt (§ 17 (5) MBO) und für die der Hersteller deshalb über solche Fachkräfte und Vorrichtungen verfügen muss und den Nachweis darüber gegenüber einer Prüfstelle nach § 25 (1) Nr. 6 MBO zu erbringen hat.

Die Obersten Bauaufsichtsbehörden der Länder der Bundesrepublik Deutschland haben diese Prüfstellen für die Überprüfung von Herstellern bestimmter Bauprodukte und von Anwendern bestimmter Bauarten „anerkannt" (daher der in Kap. 13 von DIN 18800-7 mehrfach verwendete Begriff der „**anerkannten Stelle**" – dem in der MBO verwendeten Begriff zufolge eigentlich „**anerkannte Prüfstelle**"). Die derzeit nach den Landesbauordnungen anerkannten Stellen zur Erteilung von Bescheinigungen über die Herstellerqualifikation zum Schweißen von Stahlbauten nach DIN 18800-7 sind in den Tabellen 13.3 bis 13.5 wiedergegeben.

Tabelle 13.3 Anerkannte Stellen zur Erteilung von Bescheinigungen über die Herstellerqualifikation zum Schweißen von Stahlbauten der Klassen D und E nach DIN 18800-7:2002-09 (ehemals Großer Eignungsnachweis), Stand 18.05.2004

Schweißtechnische Lehranstalt Magdeburg GmbH An der Sülze 7 **39179 Barleben** Tel.: 03 92 03/76 10 Telefax: 03 92 03/76 15 5	SLV Fellbach Niederlassung der GSI mbH Stuttgarter Str. 86 **70736 Fellbach** Tel.: 07 11/5 75 44-0 Telefax: 07 11/5 75 44-33
SLV Berlin-Brandenburg Niederlassung der GSI mbH Luxemburger Str. 21 **13353 Berlin** Tel.: 0 30/4 50 01-0 Telefax: 0 30/4 50 01-1 11	SLV Halle GmbH Köthener Str. 33 a **06118 Halle** Postfach 60 01 06 **06036 Halle** Tel.: 03 45/52 46- 370 Telefax: 03 45/52 46- 372

Tabelle 13.3 (fortgesetzt)

Materialprüfungsanstalt für das Bauwesen Referat Schweißtechnik Georg-Schumann-Str. 7 **01187 Dresden** Tel.: 0 351/4 64 12 32 Telefax: 0 351/4 64 12 14	SLV NORD Goetheallee 3 **22765 Hamburg** Tel.: 0 40/3 59 05-7 16 Telefax: 0 40/3 59 05-7 22
SLV Duisburg Niederlassung der GSI mbH Bismarckstr. 85 **47057 Duisburg** Postfach 10 12 62 **47012 Duisburg** Tel.: 02 03/37 81-448 Telefax: 02 03/3781-350	SLV Hannover Niederlassung der GSI mbH Am Lindener Hafen 1 **30453 Hannover** Tel.: 05 11/21 96 20 Telefax: 05 11/21 96 22 2
RWTÜV Systems GmbH Langemarckstr. 20 **45141 Essen** Tel.: 02 01/8 25-25 49 Telefax: 02 01/8 25-28 61	Institut für Fügetechnik und Werkstoffprüfung GmbH Otto-Schott-Str. 13 **07745 Jena** Tel.: 0 36 41/20 41 00 Telefax: 0 36 41/20 41 10
Versuchsanstalt für Stahl, Holz und Steine Amtliche Materialprüfungsanstalt der Universität (TH) Karlsruhe Kaiserstr. 12 **76128 Karlsruhe** Tel.: 07 21/608 – 22 15 Telefax: 07 21/608 40 78	LGA Bereich Bautechnik Fachzentrum Schweißtechnik Tillystr. 2 **90431 Nürnberg** Tel.: 09 11/6 55 53 72 Telefax: 09 11/6 55 54 04
TÜV Anlagentechnik GmbH Unternehmensgruppe TÜV Rheinland/Berlin-Brandenburg Am grauen Stein **51105 Köln** Tel.: 02 21/8 06-23 39 Telefax: 02 21/8 06-114	SLV Mecklenburg-Vorpommern GmbH Alter Hafen Süd 4 **18069 Rostock** Tel.: 03 81/811 5010 Telefax: 03 81/4 05 00 99
SLV Mannheim GmbH Käthe-Kollwitz-Str. 19 **68169 Mannheim** Postfach 12 17 52 **68068 Mannheim** Tel.: 06 21/3 00 40 Telefax: 06 21/30 40 91	SLV im Saarland Niederlassung der GSI mbH Heuduckstr. 91 **66117 Saarbrücken** Tel.: 06 81/5 88 23-0 Telefax: 06 81/5 88 23-22
SLV München Niederlassung der GSI mbH Schachenmeierstr. 37 **80636 München** Tel.: 0 89/12 68 02-0 Telefax: 0 89/18 16 43	Forschungs- und Materialprüfungsanstalt Baden-Württemberg – Otto-Graf-Institut Abt. II Baukonstruktionen Pfaffenwaldring 4 **70569 Stuttgart** Tel.: 0711/6 85 22 00 Telefax: 0711/6 85 68 27
Institut für Schweißtechnik und Ingenieurbüro – Dr. Möll GmbH Leiter: Dr. R. Möll An der Schleifmühle 6 **64289 Darmstadt** Tel.: (0 61 51) 7 40 97 Telefax (0 61 51)7 41 40	

SLV = Schweißtechnische Lehr- und Versuchsanstalt

Tabelle 13.4 Anerkannte Stellen zur Erteilung von Bescheinigungen über die Herstellerqualifikation zum Schweißen von Stahlbauten der Klassen B und C nach DIN 18800-7:2002-09 (ehemals Kleiner Eignungsnachweis), Stand: 18.05.2004

Handwerkskammer Aachen BGE Tempelhofer Str. 15–17 **52068 Aachen** Tel.: 02 41/9674-102 Telefax: 02 41/9674-240	Handwerkskammer Bremen, Berufsbildungszentrum Schongauer Straße 2 **28129 Bremen** Tel.: 04 21/3 86 71 12 Telefax: 04 21/3 86 71 88
Schweißtechnische Lehranstalt Magdeburg GmbH An der Sülze 7 **39179 Barleben** Tel.: 03 92 03/76 10 Telefax: 03 92 03/76 15 5	Prüfungsausschuss beim Regierungspräs. Darmstadt Wilhelminenstr. 1–3 **64283 Darmstadt** Tel.: 0 61 51/12 60 27 Telefax: Tel.: 0 61 51/12 60 26
SLV Berlin-Brandenburg Niederlassung der GSI mbH Luxemburger Str. 21 **13353 Berlin** Tel. 0 30/4 50 01-0 Telefax: 0 30/4 50 01-1 11	Materialprüfungsanstalt für das Bauwesen Referat Schweißtechnik Georg-Schumann-Str. 7 **01187 Dresden** Tel.: 0 351/4 64 12 21 Telefax: 0 351/4 64 12 14
Handwerkskammer Ostwestfalen-Lippe zu Bielefeld Obernstr. 48 **33602 Bielefeld** Tel.: 0 5 21/5 20 97-0 Telefax: 0 5 21/5 20 97-67	SLV Duisburg Niederlassung der GSI mbH Bismarckstr. 85 **47057 Duisburg** Postfach 10 12 62 **47012 Duisburg** Tel.: 02 03/37 81-448 Telefax: 02 03/3781-350
Schweißtechnische Lehranstalt der Handwerkskammer zu Leipzig Steinweg 3 **04451 Borsdorf** Tel.: 03 42 91/3 02 10 Fax: 03 42 91/3 02 15	RWTÜV Systems GmbH Langemarckstr. 20 **45141 Essen** Tel.: 02 01/8 25 25 49 Telefax: 02 01/8 25 28 61
SLV Fellbach Niederlassung der GSI mbH Stuttgarter Str. 86 **70736 Fellbach** Tel.: 07 11/5 75 44-0 Telefax: 07 11/5 75 44-33	SLV NORD Goetheallee 3 **22765 Hamburg** Tel.: 0 40/3 59 05-7 16 Telefax: 0 40/3 59 05-7 22
Handwerkskammer Hannover Förderungs- und Bildungszentrum Seeweg 4 **30827 Garbsen** Tel.: 05 11/348 59 0 Fax: 05 11/348 59 32	Industrie- und Handelskammer Hannover-Hildesheim Schiffgraben 49 **30175 Hannover** Tel.: 05 11/31 07-1 Telefax: 05 11/31 07-4 44
Prüfungsausschuss beim Regierungspräsidium Gießen Landgraf-Philipp-Platz 3-7 **35390 Gießen** Tel.: 06 41/303 – 23 30 Telefax: 0641/303 – 23 99	Institut für Fügetechnik und Werkstoffprüfung GmbH Otto-Schott-Str. 13 **07745 Jena** Tel.: 0 36 41/20 41 00 Telefax: 0 36 41/20 41 10
Handwerkskammer Potsdam Schweißtechnische Lehranstalt Potsdam Am Mühlenberg **14778 Götz** Tel.: 03 32 07/34 – 1 09 Fax: 03 32 07/34 – 3 30	Handwerkskammer der Pfalz Am Altenhof 15 **67655 Kaiserslautern** Tel.: 06 31/36 77-0 Telefax: 06 31/36 77-4 06

Tabelle 13.4 (fortgesetzt)

Schweißtechnische Lehranstalt der Handwerkskammer Dresden Kleinraschützer Straße 14 **01558 Grossenhain** Tel.: 0 35 22/30 23 60 Telefax: 0 35 22/50 25 91	Versuchsanstalt für Stahl, Holz und Steine Amtliche Materialprüfungsanstalt der Universität (TH) Karlsruhe Kaiserstr. 12 **76128 Karlsruhe** Tel.: 07 21/608 – 22 13 Telefax: 07 21/608 40 78
SLV Halle GmbH Köthener Str. 33 a **06118 Halle** Postfach 60 01 06 **06036 Halle** Tel.: 03 45/52 46- 0 Telefax: 03 45/52 46- 4 12	Regierungsausschuss beim Regierungspräsidium Kassel Steinweg 6 **34117 Kassel** Tel.: 05 61/106-0 Telefax: 05 61/16 41
TÜV Anlagentechnik GmbH Unternehmensgruppe TÜV Rheinland/Berlin-Brandenburg Am grauen Stein **51105 Köln** Tel.: 02 21/8 06-23 39 Telefax: 02 21/8 06-114	SLV München Niederlassung der GSI mbH Schachenmeierstr. 37 **80636 München** Tel.: 0 89/12 68 02-0 Telefax: 0 89/18 16 43
Industrie- und Handelskammer zu Lübeck Fackenburger Allee 2 **23554 Lübeck** Tel.: 04 51/60 06 – 0 Fax: 04 51/60 06 – 999	LGA Landesgewerbeanstalt Bayern Bereich Bautechnik, Abt. Metalle und Maschinen Tillystr. 2 **90431 Nürnberg** Tel.: 09 11/6 55 53 72 Telefax: 09 11/6 55 54 04
Handwerkskammer Lübeck Breite Straße 10-12 **23552 Lübeck** Tel.: 04 51/15 06-0 Telefax: 04 51/15 06-1 80	Handwerkskammer Oldenburg Theaterwall 32 **26122 Oldenburg** Tel.: 04 41/2 32-0 Telefax: 04 41/23 22 18
Handwerkskammer Lüneburg-Stade Berufsbildungszentrum Handwerk Spillbrunnenweg **21337 Lüneburg** Tel.: 0 41 31/7 12-0 Telefax: 0 41 31/4 47 24	SLV Mecklenburg-Vorpommern GmbH Alter Hafen Süd 4 **18059 Rostock** Tel.: 03 81/81150-40 Tel.: 03 81/81150-99
SLV Mannheim GmbH Käthe-Kollwitz-Str. 19 **68169 Mannheim** Postfach 12 17 52 **68068 Mannheim** Tel.: 06 21/3 00 40 Telefax: 06 21/30 40 91	SLV im Saarland Niederlassung der GSI mbH Heuduckstr. 91 **66117 Saarbrücken** Tel.: 06 81/5 88 23-0 Telefax: 06 81/5 88 23-22
Forschungs- und Materialprüfungsanstalt Baden-Württemberg – Otto-Graf-Institut Abt. II Baukonstruktionen Pfaffenwaldring 4 **70569 Stuttgart** Tel.: 0711/6 85 22 12 Telefax: 0711/6 85 68 27	Institut für Schweißtechnik und Ingenieurbüro – Dr. Möll GmbH Leiter: Dr. R. Möll An der Schleifmühle 6 **64289 Darmstadt** Tel.: (0 61 51) 7 40 97 Telefax (0 61 51)7 41 40

SLV = Schweißtechnische Lehr- und Versuchsanstalt

Tabelle 13.5 Anerkannte Stellen zur Erteilung von Bescheinigungen über die Herstellerqualifikation zum Schweißen von Bauteilen nach DIN 4112 und DIN 4119, Stand: 18.05.2004

Alle Stellen, die für die Erteilung der Bescheinigung über die Herstellerqualifikation zum Schweißen von DIN 18800-7 in den Klassen D und E zuständig sind, und zusätzlich:	
TÜV Thüringen e. V. Melchendorfer Straße 64 **99096 Erfurt** Tel.: 03 61/42 83 0 Fax: 03 61/37 35 56 2	TÜV Hannover/Sachsen-Anhalt e. V. Am TÜV 1 **30159 Hannover** Tel.: 05 11/9 86-12 19 Telefax: 05 11/9 86-20 99
TÜV Nord e. V. Große Bahnstr. 31 **22525 Hamburg** Tel.: 0 40/85 57-23 64 Telefax: 0 40/85 57-27 10	TÜV Süddeutschland Bau und Betrieb Westendstr. 199 **80686 München** Tel.: 0 89/57 91-18 88 Telefax: 0 89/57 91-22 62
TÜV Saarland e. V. Saarbrücker Str. 8 **66280 Sulzbach (Saar)** Tel.: 0 68 97/5 06-0 Telefax: 0 68 97/5 32 59	

⟨1312⟩-2 Verfahren für die Erteilung von Bescheinigungen

Bei der Erteilung von Bescheinigungen über die Herstellerqualifikation zum Schweißen von Stahlbauten dient den anerkannten Stellen die Richtlinie DVS 1704 als einheitliche Verfahrensanweisung. Sie enthält in Anlage 1 ein Ablaufdiagramm, das hier in Bild 13.4a und b wiedergegeben wird. Demnach stellt die anerkannte Stelle in einer Betriebsprüfung (vgl. zu Element 1304) fest, ob die Anforderungen der DIN 18800-7 erfüllt sind. Sofern dies der Fall ist, wird unter Beachtung der Vorgaben der Richtlinie DVS 1704 die Bescheinigung ausgestellt.

Da nicht alle Besonderheiten des jeweiligen Einzelfalles durch eine Norm oder Richtlinie erfasst werden können, hat der Koordinierungsausschuss der Stellen für Metallbauten im bauaufsichtlichen Bereich (KOA) – Geschäftsführung beim Deutschen Verband für Schweißen und verwandte Verfahren e.V. (DVS), Düsseldorf – eine A-Z-Sammlung der wichtigsten Entscheidungen für genehmigte Sonderfälle erstellt. Die Genehmigung der Sonderfälle erfolgt durch die Obersten Bauaufsichtsbehörden, vertreten durch die Fachkommission „Bautechnik" der Bauministerkonferenz. Zu den genehmigten Sonderfällen gehört z. B. auch die Regelung, dass für einen sporadisch eingesetzten Schweißprozess nur ein geprüfter Schweißer mit gültiger Schweißer-Prüfungsbescheinigung ausreicht (vgl. ⟨1305⟩-2).

HERSTELLERQUALIFIKATION 13

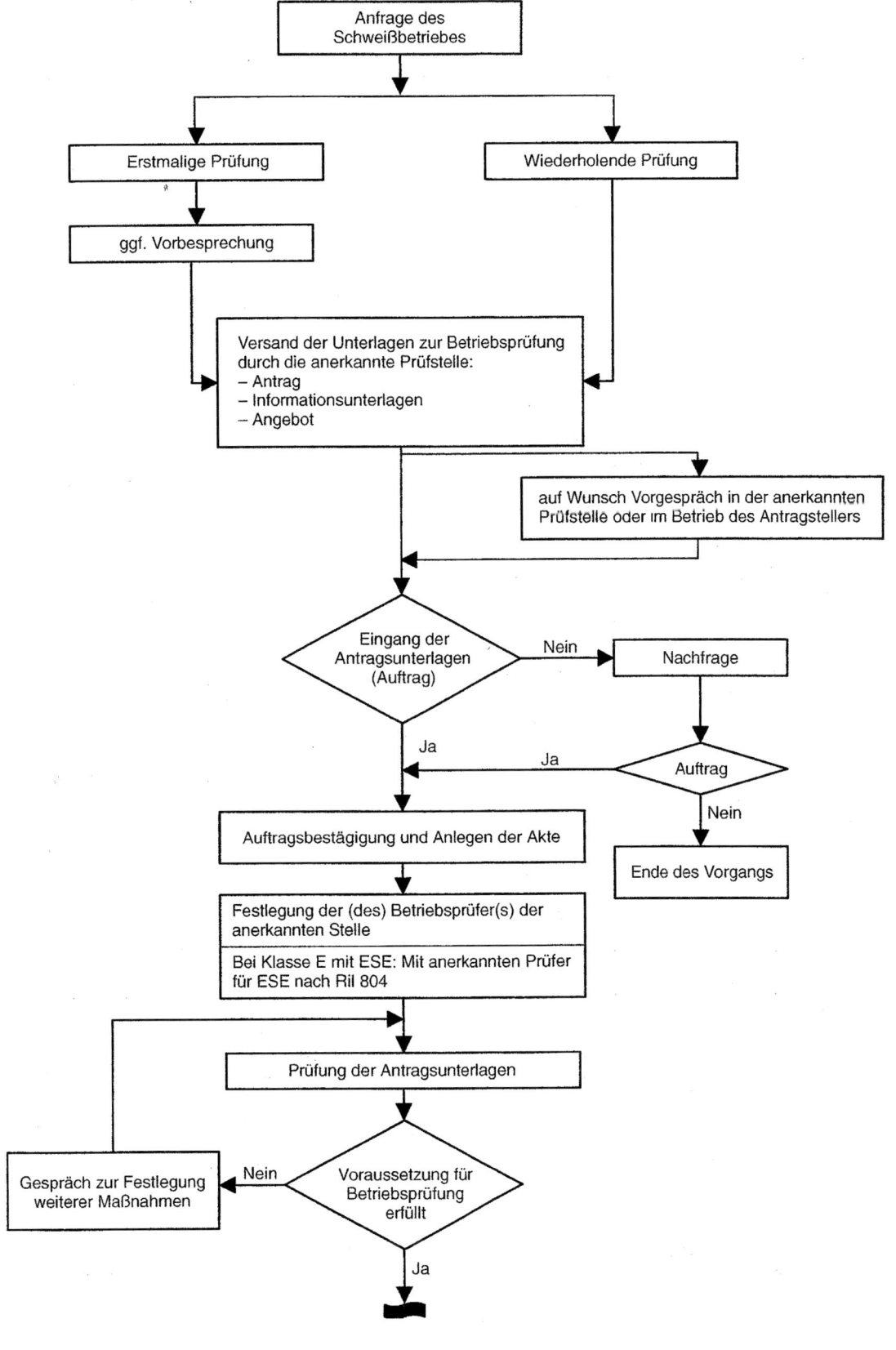

Bild 13.4a Ablaufdiagramm – Blatt 1 – zur Erteilung einer Bescheinigung über die Herstellerqualifikation zum Schweißen von Stahlbauten für die Klassen B, C, D und E nach Abschnitt 13.5 der DIN 18800-7:2002-09 (Anlage 1 der Richtlinie DVS 1704)

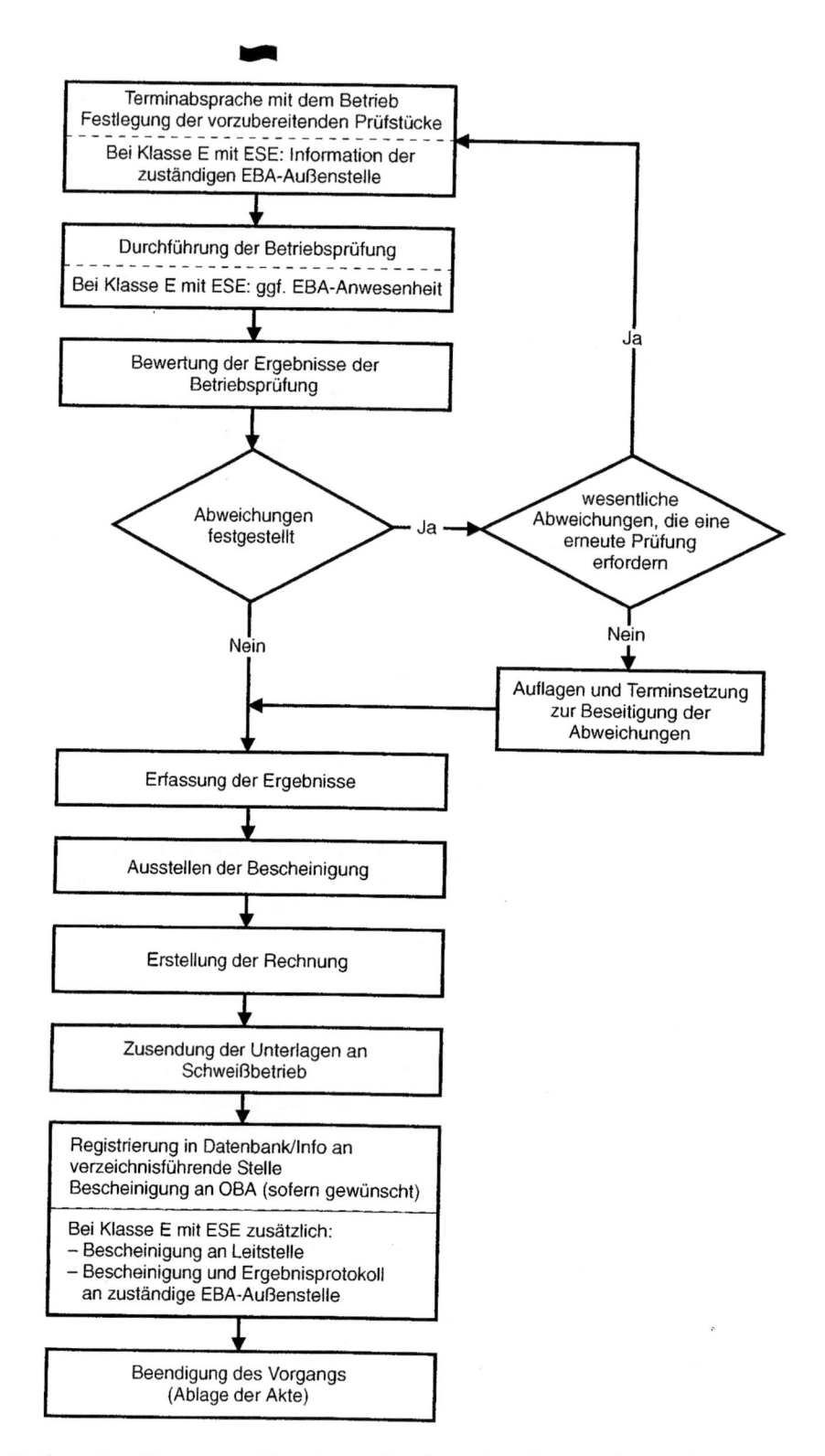

Bild 13.4b Ablaufdiagramm – Blatt 2 – zur Erteilung einer Bescheinigung über die Herstellerqualifikation zum Schweißen von Stahlbauten für die Klassen B, C, D und E nach Abschnitt 13.5 der DIN 18800-7:2002-09 (Anlage 1 der Richtlinie DVS 1704)

⟨1312⟩-3 **Inhalt der Bescheinigungen**

Muster von Bescheinigungen in den Klassen B und E in Anlehnung an die Anlage 4 der Richtlinie DVS 1704 sind in den Bildern 13.5 und 13.6 wiedergegeben. Im Kopf der Bescheinigung wird die jeweilige Klasse nach Abschnitt 13.5 der DIN 18800-7 (siehe Element 1313), für die der Betrieb die Bescheinigung erhält, genannt. Auf der Vorderseite der Bescheinigung werden die Schweißprozesse, die Grundwerkstoffe und die Schweißaufsichtsperson(en) des Betriebes, die überprüft worden sind, genannt. Auf der Rückseite der Bescheinigung oder in einer Anlage wird bestätigt, wenn die Schweißaufsichtsperson(en) berechtigt ist (sind), die Prüfungen von Schweißern und Bedienern ihres Betriebes durchzuführen (vgl. ⟨1310⟩-2). Ebenso wird auf der Rückseite der Bescheinigung oder in einer Anlage bestätigt, wenn die Schweißaufsichtsperson(en) berechtigt ist (sind), die Aufgaben der Prüfaufsicht zu übernehmen (vgl. zu Element 1218).

Bei Bescheinigungen der Klasse E (alle Bauteile der Klasse D und nicht vorwiegend ruhend beanspruchte Bauteile, siehe Tabelle 13 DIN 18800-7) muss die jeweilige Anwendungsnorm bzw. das jeweilige Anwendungsregelwerk angegeben werden, für das der Betrieb seine Eignung zum Schweißen von nicht vorwiegend ruhend beanspruchten Bauteilen nachgewiesen hat. Infrage kommen gemäß der genannten Tabelle 13:

- Ril 804 – Eisenbahnbrücken (ehemals DS 804, siehe weiter unten),
- DIN 18800-9/DIN-Fachberichte 103 [R114] und 104 [115] – Straßenbrücken,
- DIN 4131 – Antennentragwerke (mit Erfordernis eines Betriebsfestigkeitsnachweises),
- DIN 4132 – Kranbahnen,
- DIN 4133 – Stahlschornsteine (des Abmessungsbereiches I),
- DIN 4112 – fliegende Bauten (mit Erfordernis eines Betriebsfestigkeitsnachweises),
- Normen für andere vergleichbare dynamisch beanspruchte Konstruktionen, z. B. DIN 15018 – Krane [R15-17] oder DIN 24117 – Verteilermaste für Betonpumpen [R25] oder DIN 22261 – Absetzer in Braunkohletagebauen [R22-24].

Die Bauteile nach DIN 15018, DIN 24117 und DIN 22261 sowie den weiteren Normen für „andere vergleichbare dynamisch beanspruchte Konstruktionen" unterliegen nicht dem Bauordnungsrecht. Eine Herstellerqualifikation nach DIN 18800-7 wird aber in den dafür jeweils zuständigen Vorschriften verlangt.

Es gibt Bauwerke, bei denen einige Bauteile als vorwiegend ruhend, andere als nicht vorwiegend ruhend beansprucht betrachtet werden. Z. B. wird bei Hallenkonstruktionen mit Kranbahn der Kranbahnträger als nicht vorwiegend ruhend beanspruchtes Bauteil eingestuft. Der Hersteller des Kranbahnträgers benötigt also eine Bescheinigung der Klasse E für den Bereich DIN 4132. Die Stütze und die Kranbahnkonsole in einer solchen Halle werden als vorwiegend ruhend beanspruchte Bauteile eingestuft. Der Hersteller dieser Bauteile benötigt somit „nur" eine Bescheinigung der Klassen B, C oder D in Abhängigkeit vom eingesetzten Werkstoff und von den vorhandenen Bauteilabmessungen.

Die in Tabelle 13 DIN 1800-7 für Eisenbahnbrücken undatiert aufgeführte „DS 804" ist seit Mai 2003 durch die „Ril 804" [R121] ersetzt worden. Gemäß den Regeln für undatierte Normverweisungen (vgl. ⟨401⟩-1) ist also jetzt Letztere für die Erteilung von Bescheinigungen der Klasse E mit dem Anwendungsbereich Eisenbahnbrücken maßgebend. Die Betriebsprüfung zur Erteilung einer Bescheinigung der Klasse E mit der **E**rweiterung zum **S**chweißen von **E**isenbahnbrücken (ESE) gemäß Ril 804 führt ein vom Eisenbahn-Bundesamt (EBA) für diese Betriebsprüfung benannter Sachverständiger der anerkannten Stelle verantwortlich durch. Das EBA behält sich eine stichprobenhafte Beteiligung vor. Dies gilt sowohl für die erstmalige als auch für die wiederholende Betriebsprüfung.

Sofern ein Betrieb das Überschweißen von Fertigungsbeschichtungen nach Element 1004 DIN 18800-7 durchführen will, muss er die zusätzlichen Bedingungen der DASt-Richtlinie 006 erfüllen (vgl. zu Element 1004). Sofern er diese Anforderungen erfüllt, wird dies auf der Bescheinigung besonders vermerkt. Beim Überschweißen der Fertigungsbeschichtungen in der Produktion müssen die nach DASt-Richtlinie 006 erforderlichen Arbeitsproben regelmäßig durchgeführt werden.

Bescheinigung

über die Herstellerqualifikation zum Schweißen von Stahlbauten nach DIN 18800-7: 2002-09

Klasse B

Dem Hersteller:	Stahlbau Mustermann
wird für den Schweißbetrieb in:	04711 Muster, Musterstr. 2

bescheinigt, dass er über die erforderlichen Fachkräfte und Vorrichtungen verfügt, Schweißarbeiten zur Herstellung tragender Stahlbauteile im folgenden Anwendungsbereich auszuführen:

Normen/Regelwerke:	DIN 18800-7
Schweißprozesse: (Ordnungsnummer nach DIN EN ISO 4063)	111, Lichtbogenhandschweißen (E) 135, teilm. Metall-Aktivgasschweißen (tMAG)
Grundwerkstoffe:	S235, S275 nach der jeweils gültigen Bauregelliste und der Anpassungsrichtlinie Stahlbau; nichtrostende Stähle der Festigkeitsklasse S235 nach den jeweils gültigen Zulassungsbescheid des DIBt
Erweiterungen/Einschränkungen:	keine
Verantwortliche Schweißaufsichtsperson: (Name, Vorname, Geburtsdatum, Qualifikation)	Müller, Josef, geb. 21.03.1968, EWS (EWF)
Vertreter: (Name, Vorname, Geburtsdatum, Qualifikation)	Klein, Karl, geb. 04.07.1973, EWS (EWF)
Bemerkungen:	s. Rückseite
Gültigkeitszeitraum:	vom 01.10.2003 bis 01.10.2006
Bescheinigungs-Nr.:	2003.2807
ausgestellt am:	07. Oktober 2003 Zw/Ms
Leiter der Prüfstelle (Name, Unterschrift, Stempel)	I.A. Dipl.-Ing. Mährlein
Allgemeine Bestimmungen (siehe Rückseite)	

Schweißtechnische Lehr- und Versuchsanstalt SLV Duisburg; Niederlassung der GSI mbH · HRB 8900 Duisburg
Postfach 10 12 62 · 47012 Duisburg / Bismarckstraße 85 · 47057 Duisburg
Tel. 0203 / 3781-0 · Fax 0203 / 3781 228 · Internet www.slv-duisburg.de

GSI – Gesellschaft für Schweißtechnik International mbH; HRB 37719 Düsseldorf
Aufsichtsrat: Dr.-Ing. Adolf Gärtner, Vorsitzender; Geschäftsführer: Dr.-Ing. Steffen Keitel, Vorsitzender;
Prof. Dr.-Ing. Prof. h.c. Dieter Böhme; Prof. Dr.-Ing. Heinrich Köstermann

DVS
Mitglied im DVS -
Deutscher Verband für Schweißen
und verwandte Verfahren e.V.

Bild 13.5a Muster einer Bescheinigung (Vorderseite) über die Herstellerqualifikation zum Schweißen von Stahlbauten nach DIN 18800-7:2002-09 in der Klasse B

Allgemeine Bestimmungen

1. Diese Bescheinigung ist vor der Ausführung von Schweißarbeiten in beglaubigter Abschrift oder Ablichtung den für die Baugenehmigung zuständigen Behörden unaufgefordert vorzulegen.

2. Zu Werbungs- und anderen Zwecken darf diese Bescheinigung nur im Ganzen vervielfältigt oder veröffentlicht werden. Der Text von Werbeschriften darf nicht im Widerspruch zu dieser Bescheinigung stehen.

3. Ein Ausscheiden der in dieser Bescheinigung für die Wahrnehmung der Aufgaben der Schweißaufsicht genannten Person(en) sowie Änderungen der Schweißverfahren oder wesentlicher Teile der für die Schweißarbeiten notwendigen betrieblichen Einrichtungen sind der anerkannten Prüfstelle rechtzeitig anzuzeigen. Die anerkannte Prüfstelle kann erforderlichenfalls eine erneute Prüfung im Schweißbetrieb veranlassen.

4. Treten Zweifel an der Eignung des Betriebes auf, sind jederzeit unangemeldete kostenpflichtige Betriebsbesichtigungen und Prüfungen im Betrieb durch die anerkannte Prüfstelle vorbehalten.

5. Diese Bescheinigung kann jederzeit mit sofortiger Wirkung entschädigungslos zurückgenommen, ergänzt oder geändert werden, wenn die Voraussetzungen, unter denen sie erteilt worden ist, sich geändert haben, oder wenn die Bestimmungen dieser Bescheinigung nicht eingehalten werden.

6. Mindestens zwei Monate vor Ablauf der Geltungsdauer ist bei der anerkannten Prüfstelle erneut ein Antrag zu stellen, falls die Eignung weiterhin bescheinigt werden soll.

Bemerkungen: Die Voraussetzungen zur Durchführung von Schweißer- und Bedienerprüfungen nach Element 1310 liegen vor:
nur Herr Josef Müller

Verteiler:

1. Antragsteller (Original)
2. Oberste Bauaufsichtsbehörde des Landes (sofern gewünscht)
3. z.d.A.

Bild 13.5b Muster einer Bescheinigung (Rückseite) über die Herstellerqualifikation zum Schweißen von Stahlbauten nach DIN 18800-7:2002-09 in der Klasse B

GSI SLV DUISBURG

Bescheinigung
über die Herstellerqualifikation zum Schweißen von Stahlbauten nach DIN 18800-7: 2002-09
Klasse E

Dem Hersteller:	Stahlbau Mustermann
wird für den Schweißbetrieb in:	04711 Muster, Musterstr. 2

bescheinigt, dass er über die erforderlichen Fachkräfte und Vorrichtungen verfügt, Schweißarbeiten zur Herstellung tragender Stahlbauteile im folgenden Anwendungsbereich auszuführen:

Normen/Regelwerke:	DIN 18800-7, DIN 18809/DIN Fachberichte 103 und 104 Ril 804 (ehemals DS 804)
Schweißprozesse: (Ordnungsnummer nach DIN EN ISO 4063)	111, Lichtbogenhandschweißen (E) 135, teilm. Metall-Aktivgasschweißen (tMAG) 121, vollm. Unterpulverschweißen (vUP)
Grundwerkstoffe:	S235, S275, S355, S460 nach der jeweils gültigen Bauregelliste und der Anpassungsrichtlinie Stahlbau; S690 nach dem jeweils gültigen Zulassungsbescheid des DIBt
Erweiterungen/Einschränkungen:	S690 nicht für den Anwendungsbereich Ril 804
Verantwortliche Schweißaufsichtsperson: (Name, Vorname, Geburtsdatum, Qualifikation)	Müller, Josef, geb. 21.03.1968, EWE (EWF)
Vertreter: (Name, Vorname, Geburtsdatum, Qualifikation)	Klein, Karl, geb. 04.07.1973, EWE (EWF)
Bemerkungen:	s. Rückseite
Gültigkeitszeitraum:	vom 01.06.2004 bis 01.06.2007
Bescheinigungs-Nr.:	2004.2808
ausgestellt am:	07. Oktober 2004 Zw/Ms
Leiter der Prüfstelle (Name, Unterschrift, Stempel)	I.A. Dipl.-Ing. Mährlein
Allgemeine Bestimmungen (siehe Rückseite)	

Schweißtechnische Lehr- und Versuchsanstalt SLV Duisburg; Niederlassung der GSI mbH · HRB 8900 Duisburg
Postfach 10 12 62 · 47012 Duisburg / Bismarckstraße 85 · 47057 Duisburg
Tel. 0203 / 3781-0 · Fax 0203 / 3781 228 · Internet www.slv-duisburg.de

GSI – Gesellschaft für Schweißtechnik International mbH; HRB 37719 Düsseldorf
Aufsichtsrat: Dr.-Ing. Adolf Gärtner, Vorsitzender; Geschäftsführer: Dr.-Ing. Steffen Keitel, Vorsitzender;
Prof. Dr.-Ing. Prof. h.c. Dieter Böhme; Prof. Dr.-Ing. Heinrich Köstermann

DVS
Mitglied im DVS -
Deutscher Verband für Schweißen
und verwandte Verfahren e.V.

Bild 13.6a Muster einer Bescheinigung (Vorderseite) über die Herstellerqualifikation zum Schweißen von Stahlbauten nach DIN 18800-7:2002-09 in der Klasse E

Allgemeine Bestimmungen

1. Diese Bescheinigung ist vor der Ausführung von Schweißarbeiten in beglaubigter Abschrift oder Ablichtung den für die Baugenehmigung zuständigen Behörden unaufgefordert vorzulegen.

2. Zu Werbungs- und anderen Zwecken darf diese Bescheinigung nur im Ganzen vervielfältigt oder veröffentlicht werden. Der Text von Werbeschriften darf nicht im Widerspruch zu dieser Bescheinigung stehen.

3. Ein Ausscheiden der in dieser Bescheinigung für die Wahrnehmung der Aufgaben der Schweißaufsicht genannten Person(en) sowie Änderungen der Schweißverfahren oder wesentlicher Teile der für die Schweißarbeiten notwendigen betrieblichen Einrichtungen sind der anerkannten Prüfstelle rechtzeitig anzuzeigen. Die anerkannte Prüfstelle kann erforderlichenfalls eine erneute Prüfung im Schweißbetrieb veranlassen.

4. Treten Zweifel an der Eignung des Betriebes auf, sind jederzeit unangemeldete kostenpflichtige Betriebsbesichtigungen und Prüfungen im Betrieb durch die anerkannte Prüfstelle vorbehalten.

5. Diese Bescheinigung kann jederzeit mit sofortiger Wirkung entschädigungslos zurückgenommen, ergänzt oder geändert werden, wenn die Voraussetzungen, unter denen sie erteilt worden ist, sich geändert haben, oder wenn die Bestimmungen dieser Bescheinigung nicht eingehalten werden.

6. Mindestens zwei Monate vor Ablauf der Geltungsdauer ist bei der anerkannten Prüfstelle erneut ein Antrag zu stellen, falls die Eignung weiterhin bescheinigt werden soll.

Bemerkungen: Die Voraussetzungen zur Durchführung von Schweißer- und Bedienerprüfungen nach Element 1310 liegen vor:
Herr Josef Müller
Herr Karl Klein

Die Voraussetzungen zur Wahrnehmung der Aufgaben der Prüfaufsicht nach Element 1218 liegen vor:
nur Herr Karl Klein

Verteiler:

1. Antragsteller (Original)
2. Oberste Bauaufsichtsbehörde des Landes (sofern gewünscht)
3. Zuständige EBA-Außenstelle (nur bei Ril 804)
4. z.d.A.

Schweißtechnische Lehr- und Versuchsanstalt SLV Duisburg; Niederlassung der GSI mbH · HRB 8900 Duisburg
Postfach 10 12 62 · 47012 Duisburg / Bismarckstraße 85 · 47057 Duisburg
Tel. 0203 / 3781-0 · Fax 0203 / 3781 228 · Internet www.slv-duisburg.de

GSI – Gesellschaft für Schweißtechnik International mbH; HRB 37719 Düsseldorf
Aufsichtsrat: Dr.-Ing. Adolf Gärtner, Vorsitzender; Geschäftsführer: Dr.-Ing. Steffen Keitel, Vorsitzender;
Prof. Dr.-Ing. Prof. h.c. Dieter Böhme; Prof. Dr.-Ing. Heinrich Köstermann

DVS

Mitglied im DVS -
Deutscher Verband für Schweißen
und verwandte Verfahren e.V.

Bild 13.6b Muster einer Bescheinigung (Rückseite) über die Herstellerqualifikation zum Schweißen von Stahlbauten nach DIN 18800-7:2002-09 in der Klasse E

⟨1312⟩-4 **Gültigkeit und Geltungsdauer der Bescheinigungen**

Die Bescheinigung nach DIN 18800-7 erhält gemäß Element 1312 eine Geltungsdauer von maximal drei Jahren. Es können auch kürzere Geltungsdauern von der anerkannten Stelle festgesetzt werden, wenn die Anforderungen der Tabelle 14 der DIN 18800-7 (noch) nicht voll erfüllt werden. In diesem Fall dürfen jedoch bei der Betriebsprüfung keine schwerwiegenden Mängel, welche die grundsätzliche Eignung des Betriebes in Zweifel ziehen, festgestellt worden sein. Dem Betrieb wird durch die kürzere Geltungsdauer Gelegenheit gegeben, die festgestellten Beanstandungen kurzfristig zu beseitigen. Beispiele für solche „nicht schwerwiegenden Mängel" sind: Fehlende Regelwerke, die für die Fertigung von Bedeutung sind; Unregelmäßigkeiten bei der Durchführung von Schweißerprüfungen ohne gravierende Auswirkungen; nicht regelgerechte Ausführung von Arbeitsproben beim Schweißen von Feinkornbaustählen nach Richtlinie DVS 1702.

Zur Verlängerung der Geltungsdauer einer Bescheinigung ist eine erneute (wiederholende) Betriebsprüfung erforderlich. Dafür braucht nur die erste Seite des Antrags (Anlage 2 der Richtlinie DVS 1704) bei der anerkannten Stelle eingereicht zu werden, wenn keine Änderungen bei den betrieblichen Einrichtungen und dem schweißtechnischen Personal eingetreten sind. Bei der wiederholenden Betriebsprüfung liegt der Schwerpunkt vor allem auf dem Überprüfen des Vorhandenseins und der Kenntnis der seit der letzten Betriebsprüfung erschienenen Regelwerke. Diese müssen, wie bereits ausgeführt, vorliegen und den Schweißaufsichtspersonen zumindest grundsätzlich bekannt sein, vgl. ⟨1310⟩-1.

Sofern während der Geltungsdauer einer Bescheinigung gravierende Änderungen bei den betrieblichen Einrichtungen eintreten (z. B. Verlegung der Fertigungsstätte oder Inbetriebnahme einer zusätzlichen oder geänderten Halle für die Ausführung der Schweißarbeiten) und/oder Änderungen bei dem Schweißaufsichtspersonal (z. B. Ausscheiden oder Wechsel der Schweißaufsichtspersonen), ist dies gemäß Element 1312 der anerkannten Stelle, welche die Bescheinigung ausgestellt hat, mitzuteilen. Diese muss prüfen, ob die Voraussetzungen zur Aufrechterhaltung der Bescheinigung noch vorliegen. In der Regel wird eine Überprüfung der neuen betrieblichen Einrichtungen und/oder ein Fachgespräch mit der neuen Schweißaufsichtsperson durchgeführt.

Sind die Voraussetzungen zur Erteilung einer Bescheinigung nach DIN 18800-7 nicht mehr gegeben, wird dem Betrieb die Eignungsbescheinigung entzogen. Von dieser Maßnahme werden die zuständigen Obersten Bauaufsichtsbehörden informiert. Der Betrieb ist somit nicht mehr berechtigt, geschweißte Bauteile, die der DIN 18800-7 oder den zusätzlichen Anwendungsregelwerken der Klasse E unterliegen, herzustellen.

13.5 Klassifizierung von geschweißten Bauteilen

Zu Element 1313 und den Tabellen 9 bis 14

In Element 1313 werden geschweißte Stahlbauten entsprechend den unterschiedlichen schweißtechnischen Anforderungen und Einsatzbereichen in fünf Klassen A bis E eingeteilt. Geltungsbereiche und Anforderungen der fünf Klassen sind in den Tabellen 9 bis 13 der DIN 18800-7 übersichtlich zusammengestellt. Darüber hinaus gibt Tabelle 14 eine abschließende Gesamtübersicht über die Herstellerqualifikation für das Schweißen. Alle sechs Tabellen werden nachfolgend kommentiert.

⟨1313⟩-1 **Zu Tabelle 9 – Klasse A**

Diese Klasse umfasst Stahlbauteile, bei denen die Schweißarbeiten eine untergeordnete Bedeutung haben, so dass keine Bescheinigung über die Herstellerqualifikation erforderlich ist. Es dürfen nur unlegierte Baustähle bis S275 eingesetzt werden, bei denen in der Regel keine Aufhärtung beim Schweißen auftritt. Die Bauteildicke ist so begrenzt, dass die Sprödbruchgefahr bei den genannten Stählen äußerst gering ist. Die in Tabelle 9 für die Klasse A beschriebenen (nur vorwiegend ruhend beanspruchten) Bauteile entsprechen exakt den früheren Festlegungen der Einführungserlasse zur alten DIN 18800-7 bzw. zu deren schweißtechnischer Vorgängernorm DIN 4100 (vgl. Bild 0.1), in denen festgelegt worden war, für welche Bauteile kein Eignungsnachweis erforderlich war. Dieser Zusammenhang zwischen alter und neuer Regelung wird aus Zeile 1 der Tabelle 14 DIN 18800-7 deutlich (siehe auch ⟨1313⟩-7 und Tabelle 13.6).

Es muss aber unbedingt beachtet werden, dass nach Tabelle 14 DIN 18800-7 entsprechend den Festlegungen der für die Klasse A maßgebenden DIN EN 729-4 (vgl. Tabelle 13.1) zwar kein Nachweis der betrieblichen Einrichtungen und auch keine Schweißaufsichtsperson erforderlich ist, dass jedoch selbstverständlich nur geprüfte Schweißer nach DIN EN 287-1 eingesetzt werden dürfen. Das wird auch in Tabelle 9 DIN 18800-7 noch einmal explizit gesagt. Es dürfen nur manuelle und teilmechanische Schweißprozesse eingesetzt werden. Das Überschweißen von Fertigungsbeschichtungen ist nicht zulässig.

Im Übrigen ist selbstverständlich auch für die Fertigung von Bauteilen der Klasse A – obwohl kein Nachweis der Herstellerqualifikation gegenüber einer anerkannten Stelle gefordert wird – das Einrichten und die Durchführung einer werkseigenen Produktionskontrolle gemäß den Elementen 1302 und 1303 erforderlich (siehe Zeile 5 in Tabelle 14 DIN 18800-7). Sie ist in Eigenverantwortung durchzuführen. Sollte bei einem späteren Schadensfall festgestellt werden, dass die werkseigene Produktionskontrolle nicht oder nicht entsprechend den Anforderungen der DIN 18800-7 durchgeführt worden ist, wäre dies ein Verstoß gegen die jeweilige Landesbauordnung, welche die WPK generell für das Herstellen von Bauprodukten des Stahlbaus bzw. das Anwenden der Bauart „Stahlbau" fordert (vgl. ⟨1302⟩-1).

⟨1313⟩-2   Zu Tabelle 10 – Klasse B

Diese Klasse entspricht dem ehemaligen „Kleinen Eignungsnachweis", wobei jedoch die maximale Bauteildicke von 16 mm auf 22 mm und die Hauptabmessung (Stützweite bzw. Höhe) der Bauteile von 16 m auf 20 m erhöht worden ist. Die Grundwerkstoffe entsprechen denen der Klasse A (d. h. unlegierte Baustähle bis S275), jedoch mit den höheren Grenzmaßen. Auch bei Bauteilen der Klasse B sind – wie in Klasse A – nur manuelle und teilmechanische Schweißprozesse einsetzbar, und es dürfen Fertigungsbeschichtungen nicht überschweißt werden.

Nach den Tabellen 10 und 14 DIN 18800-7 muss der Betrieb die „Standard"-Anforderungen der DIN EN 729-3 erfüllen (vgl. Tabelle 13.1) und dies auch gegenüber einer „anerkannten Stelle" nachweisen – sprich: er braucht eine Bescheinigung über die Herstellerqualifikation. Die Schweißaufsichtsperson muss mindestens technische Basiskenntnisse nach Richtlinie DVS-EWF 1171 besitzen, muss also mindestens ein Schweißfachmann bzw. ein European Welding Spezialist sein oder eine gleichwertige Ausbildung nachweisen können (siehe ⟨1313⟩-6).

Es müssen selbstverständlich – wie in Klasse A – Schweißer mit gültiger Schweißerprüfung nach DIN EN 287-1 eingesetzt werden. Werden Rundrohr-an-Rundrohr-Verbindungen nach DIN 18808 geschweißt (was in Klasse A unzulässig ist), müssen die Schweißer zusätzlich zur Rohrschweißerprüfung nach DIN EN 287-1 auch das Rohrknoten-Zusatzprüfstück nach DIN 18808 in dem jeweiligen Schweißprozess erfolgreich abgelegt haben (vgl. ⟨1305⟩-4, insbesondere Bild 13.2).

⟨1313⟩-3   Zu Tabelle 11 – Klasse C

Diese Klasse entspricht etwa dem ehemaligen „Kleinen Eignungsnachweis mit Erweiterung". Die Erweiterung gegenüber Klasse B betrifft u. a. die Hauptabmessungen (Stützweiten und Höhen ≤ 30 m) und die maximale Bauteildicke (im tragenden Querschnitt ≤ 30 mm, bei anzuschweißenden Stirn-, Kopf- und Fußplatten ≤ 40 mm). Ferner dürfen auch vollmechanische und automatische Schweißprozesse (z. B. Bolzenschweißen nach DIN EN ISO 14555) eingesetzt werden, wenn der Betrieb die erforderlichen Berichte WPAR (zukünftig WPQR) über die Durchführung der Verfahrensprüfung vorlegen kann (vgl. zu Element 701). Für die Bediener der vollmechanischen oder automatischen Schweißanlagen müssen Prüfungsbescheinigungen nach DIN EN 1418 vorliegen.

Zusätzlich zu den unlegierten Baustählen der Klassen A und B dürfen in der Klasse C auch wetterfeste Baustähle nach DIN EN 10055 eingesetzt werden. An Stahlgussteilen aller nach der Anpassungsrichtlinie Stahlbau einsetzbaren Stahlgusssorten (vgl. zu Element 501) bis S275 (bei reiner Druckbeanspruchung bis S355) dürfen Fertigungsschweißungen durchgeführt werden, sofern die erforderlichen Schweißer- und Verfahrensprüfungen vorliegen. In der Klasse C ist auch das Schweißen von Auffangwannen eingeschlossen; maßgebendes Regelwerk dafür ist die Richtlinie über die Anforderung an Auffangwannen aus Stahl mit einem Rauminhalt bis 1000 Liter (StawaR:1998-04) [R130].

Nichtrostende Stähle für Stahlschornsteine werden in Tabelle 11 DIN 18800-7 ebenfalls als zur Klasse C gehörig aufgeführt. Für das Schweißen von nichtrostenden Stählen für alle anderen Bauteile gilt die allgemeine bauaufsichtliche Zulassung Z-30.3-6 [R128]. Es ist darauf hinzuweisen, dass in diesem Zulassungsbescheid auch in den Klassen A und B nichtrostende Stähle zum Schweißen freigegeben sind, wobei aber die übrigen Randbedingungen der Klassen A und B hinsichtlich der Hauptabmessungen, der Erzeugnisdicken, der Bauteiltypen, der Schweißprozesse usw. einzuhalten sind.

Für die Schweißer gelten dieselben Anforderungen wie in der Klasse B, einschließlich der zusätzlichen Anforderungen für das Schweißen von Rohrknoten (Rundrohr an Rundrohr). Der Betrieb muss – wie in der Klasse B – die „Standard"-Qualitätsanforderungen nach DIN EN 729-3 erfüllen.

Die Schweißaufsichtsperson muss nach den Tabellen 11 und 14 DIN 18800-7 mindestens spezielle technische Kenntnisse nach Richtlinie DVS-EWF 1171 besitzen, muss also mindestens ein Schweißtechniker bzw. ein European Welding Technologist sein oder eine gleichwertige Ausbildung besitzen (siehe ⟨1313⟩-6). Bei Serienproduktionen darf auch ein Schweißfachmann (technische Basiskenntnisse) als Schweißaufsichtsperson eingesetzt werden. Serienproduktion liegt gemäß Fußnote zu Tabelle 11 vor, wenn eine wiederholende Fertigung von vergleichbaren Bauteilen mit eindeutiger Festlegung von Tragwerksform, Stahlsorte, Schweißprozess und Arten der Schweißverbindungen vom Hersteller durchgeführt wird.

Betriebe, die bisher einen Kleinen Eignungsnachweis mit Erweiterung nach der alten DIN 18800-7 besaßen und „nur" über einen Schweißfachmann (Schweißaufsichtsperson mit technischen Basiskenntnissen) verfügen, werden bei der nächsten Betriebsprüfung eine Bescheinigung der Klasse C erhalten können, wenn sie alle anderen Anforderungen der Klasse C erfüllen und der Schweißfachmann bei der Betriebsprüfung nachweist, dass er über die erforderlichen Kenntnisse verfügt.

⟨1313⟩-4 Zu Tabelle 12 – Klasse D

Diese Klasse entspricht dem ehemaligen „Großen Eignungsnachweis". Sie beschreibt die höchste Herstellerqualifikation für vorwiegend ruhend beanspruchte geschweißte Bauteile. In dieser Klasse dürfen alle Grundwerkstoffe nach der Anpassungsrichtlinie Stahlbau (vgl. zu Element 501) eingesetzt werden, sofern die erforderlichen Schweißer-, Bediener- oder Verfahrensprüfungen vorliegen. Generelle Begrenzungen der Hauptabmessungen, der Bauteildicke oder des Bauteiltyps entfallen. Es sind jedoch die maximalen Erzeugnisdicken nach dem jeweilig maßgebenden Anwendungsregelwerk und der Anpassungsrichtlinie Stahlbau zu beachten.

Für Schweißer und Bediener gelten dieselben Ausführungen wie zu Klasse C. Der Betrieb muss – wie in den Klassen B und C – „Standard"-Qualitätsanforderungen nach DIN EN 729-3 erfüllen. Die Schweißaufsichtsperson muss aber nach den Tabellen 12 und 14 DIN 18800-7 jetzt umfassende technische Kenntnisse nach Richtlinie DVS-EWF 1173 haben, muss also ein Schweißfachingenieur bzw. ein European Welding Engineer sein oder eine gleichwertige Ausbildung nachweisen (siehe ⟨1313⟩-6). Bei Serienproduktion (Definition vgl. Klasse C) reichen spezielle technische Kenntnisse der Schweißaufsichtsperson aus, d. h., es kann auch ein Schweißtechniker diese Funktion übernehmen.

⟨1313⟩-5 Zu Tabelle 13 – Klasse E

Diese Klasse entspricht dem ehemaligen „Großen Eignungsnachweis mit Erweiterung auf dynamischen Bereich". Sie beschreibt die absolut höchste Herstellerqualifikation für das Schweißen im Stahlbau und schließt als einzige Klasse auch nicht vorwiegend ruhend (dynamisch) beanspruchte geschweißte Bauteile ein. Hinsichtlich der einsetzbaren Werkstoffe und der maximalen Erzeugnisdicke gelten dieselben Ausführungen wie zu Klasse D. Für Bauteile außerhalb des bauaufsichtlichen Bereichs, z. B. nach DIN 15018, DIN 24117 oder DIN 22261 (vgl. ⟨1312⟩-3), müssen die Werkstoffanforderungen dieser Anwendungsregelwerke eingehalten sein.

Für Schweißer und Bediener gelten dieselben Ausführungen wie zu den Klassen C und D. Die Schweißaufsichtsperson muss nach den Tabellen 13 und 14 DIN 18800-7 wie in Klasse D umfassende technische Kenntnisse nach Richtlinie DVS-EWF 1173 haben, muss also ein Schweißfachingenieur bzw. ein European Welding Engineer sein oder eine gleichwertige Ausbildung nachweisen. Die Ausnahmeregelung der Klasse D für Schweißaufsichtspersonen bei Serienfertigung gilt in Klasse E nicht. Der Betrieb muss – über die Klasse D hinausgehend – jetzt die „umfassenden" Qualitätsanforderungen nach DIN EN 729-2 erfüllen. Dabei ist vor allem auf die verschärften Forderungen hinsichtlich Vertragsüberprüfung, Instandhaltung der Einrichtungen, Fertigungsplan, Dokumentation, Losprüfung von Schweißzusätzen und Kalibrierung hinzuweisen (vgl. Tabelle 13.1).

Wie in ⟨1312⟩-3 bereits ausgeführt, muss in einer Bescheinigung für die Klasse E die jeweilige Anwendungsnorm bzw. das jeweilige Anwendungsregelwerk angegeben werden, für das der Betrieb seine Eignung nachgewiesen hat. Tabelle 13 DIN 18800-7 nennt eine Reihe von Anwendungsregelwerken für bauliche Anlagen aus Stahl, in denen nicht vorwiegend ruhend beanspruchte Bauteile vorkommen. Die dort für Eisenbahnbrücken aufgeführte DS 804 ist durch die Ril 804 [R121] ersetzt worden (vgl. ⟨1312⟩-3).

Die Schweißaufsichtsperson(en) muss (müssen) in dem Fachgespräch anlässlich der Betriebsprüfung (vgl. ⟨1312⟩-2) auch nachweisen, dass sie über die erforderlichen Kenntnisse der Anwendungsregelwerke verfügt (verfügen), für welche die Bescheinigung der Klasse E gelten soll. Die für das jeweilige Anwendungsgebiet erforderlichen Regelwerke müssen im Betrieb vorliegen und der Schweißaufsichtsperson bekannt sein.

⟨1313⟩-6 „Gleichwertige Ausbildung" einer Schweißaufsichtsperson

Für alle drei Kenntnisstufen der Schweißaufsichtsperson, die in den Tabellen 10 bis 14 DIN 18800-7 aufgeführt und den jeweiligen Bauteilklassen zugeordnet werden, ist neben der jeweils spezifizierten Ausbildung (Schweißfachmann, Schweißtechniker, Schweißfachingenieur) alternativ auch eine „gleichwertige Ausbildung" zulässig. Eine solche gleichwertige Ausbildung liegt nach den Festlegungen des Koordinierungsausschusses der Stellen für Metallbauten im bauaufsichtlichen Bereich vor, „wenn die Schweißaufsicht nach früheren Ausgaben der Richtlinie DVS-EWF 1173 (bzw. Richtlinie DVS-EWF 1171 oder Richtlinie DVS-EWF 1172) ausgebildet worden ist und das für die Fertigung erforderliche Fachwissen besitzt".

Bei ausländischen Betrieben muss die Schweißaufsichtsperson eine Ausbildung nach den Richtlinien der EWF (European Welding Federation) oder des IIW (International Institut of Welding) besitzen oder nach früheren nationalen Vorgänger-Ausbildungsrichtlinien ausgebildet worden sein. In jedem Fall muss die Schweißaufsichtsperson über das für die Fertigung erforderliche Fachwissen verfügen. Nach den Festlegungen der Richtlinie DVS 1704, Abschnitt 5.4, „müssen bei Schweißaufsichtspersonen, die die deutsche Sprache nicht oder nicht vollständig beherrschen, die maßgebenden bauaufsichtlichen Vorschriften und die für die Fertigung zutreffenden Normen und Regelwerke in einer von ihnen beherrschten Sprache vorliegen".

⟨1313⟩-7 Zu Tabelle 14

Wie zu Beginn des Kommentars zu Element 1313 bereits erwähnt, sind in Tabelle 14 DIN 18800-7 die Zusammenhänge zwischen den fünf Bauteilklassen A bis E und den Anforderungen an den Betrieb, an die Schweißer und an das Schweißaufsichtspersonal systematisch zusammengefasst. Die Tabelle ist weitgehend selbsterklärend, sie wurde in den vorangegangenen Erläuterungen mehrfach zitiert. In Zeile 2 enthält Tabelle 14 darüber hinaus eine grobe Zuordnung des bisherigen Systems der „Eignungsnachweise" für das Schweißen zu den neuen Bauteilklassen. Ein etwas detaillierterer Vergleich der Herstellerqualifikationen nach der neuen DIN 18800-7 mit den bisherigen Eignungsnachweisen nach der alten DIN 18800-7 wird in Tabelle 13.6 gegeben.

Tabelle 13.6 Vergleich der Klassen nach DIN 18800-7:2002-09 mit den bisherigen Eignungsnachweisen nach DIN 18800-7:1983-05

Klassen der Bauteile nach DIN 18800-7:2002-09	Vergleich der Klassen nach DIN 18800-7:2002-09 mit den bisherigen Eignungsnachweisen nach DIN 18800-7:1983-05
Klasse A	wie bisher – keine Herstellerqualifikation erforderlich
Klasse B	entspricht nahezu dem Kleinen Eignungsnachweis, jedoch Erhöhung der Stützweiten- und Höhenbegrenzungen auf 20 m sowie Erhöhung der zulässigen Bauteildicke auf 22 (30) mm
Klasse C	entspricht dem Kleinen Eignungsnachweis mit Erweiterung, jedoch Erhöhung der Stützweiten- und Höhenbegrenzungen auf 30 m sowie Erhöhung der zulässigen Bauteildicke auf 30 (40) mm
Klasse D	entspricht dem Großen Eignungsnachweis für vorwiegend ruhend beanspruchte Bauteile
Klasse E	entspricht dem Großen Eignungsnachweis mit Erweiterung auf den Bereich dynamisch beanspruchter Bauteile

Literatur

Monographien, Handbücher, Beiträge in Handbüchern

[M1] **Ahrens, Ch./Zwätz, R.**: Schweißen im Stahlbau. In: Kuhlmann, U. (Hrsg.): Stahlbau-Kalender 2004, S. 271–371. Berlin: Ernst & Sohn 2004.

[M2] **Ahrens, Ch./Zwätz, R.**: Schweißen im bauaufsichtlichen Bereich. Fachbuchreihe Schweißtechnik, Bd. 94. Düsseldorf: DVS-Verlag 2000.

[M3] **Bär, L./Schmidt, H.**: Neue Vornorm DIN V 18800-7 für die Ausführung von Stahlbauten, mit Kommentar. In: Kuhlmann, U. (Hrsg.): Stahlbau-Kalender 2001, S. 287–368. Berlin: Ernst & Sohn 2001.

[M4] **Bär, L./Schmidt, H.**: Neue Norm DIN 18800-7: Stahlbauten – Ausführung und Herstellerqualifikation, mit Kurzkommentaren. In: Kuhlmann, U. (Hrsg.): Stahlbau-Kalender 2003, S. 261–340.

[M5] **Born, E.**: Konstruktionselemente des Stahlbaus – Verbindungsmittel. In: DSTV (Hrsg.): Stahlbau-Handbuch, 1. Auflage, Bd. 2, S. 1–57. Köln: Stahlbau-Verlag 1957.

[M6] **Eggert, H.**: Kommentierte Stahlbauregelwerke. In: Kuhlmann, U. (Hrsg.): Stahlbau-Kalender 2004, S. 2–236. Berlin: Ernst & Sohn 2004.

[M7] **Eggert, H./Kauschke, W.**: Lager im Bauwesen, 2. Auflage. Berlin: Ernst & Sohn 1995.

[M8] **Hasselmann, U./Valtinat, G.**: Geschraubte Verbindungen. In: Kuhlmann, U. (Hrsg.): Stahlbau-Kalender 2002, S. 343–421. Berlin: Ernst & Sohn 2002.

[M9] **Hubo, R./Schröter, F.**: Stähle für den Stahlbau – Auswahl und Anwendung in der Praxis. In: Kuhlmann, U. (Hrsg.): Stahlbau-Kalender 2001, S. 545–589. Berlin: Ernst & Sohn 2001.

[M10] **Katzung, W.**: Korrosionsschutz von Stahlbauten. In: Kuhlmann, U. (Hrsg.): Stahlbau-Kalender 2000, S. 610–639. Berlin: Ernst & Sohn 2000.

[M11] **Kersten, C.**: Der Stahlhochbau – Ein Leitfaden für Studium und Praxis, 6. Auflage. Berlin: Ernst & Sohn 1953.

[M12] **Kindmann, R./Stracke, M.**: Verbindungen im Stahl- und Verbundbau. Berlin: Ernst & Sohn 2003.

[M13] **Klopfer, H.**: Korrosionsschutz von Stahlbauten. In: DSTV (Hrsg.): Stahlbau-Handbuch Bd. 1B, 3. Auflage, S. 289–331. Köln: Stahlbau-Verlag 1996.

[M14] **Lange, J.**: Baubetrieb im Stahl- und Verbundbau. In: Kuhlmann, U. (Hrsg.): Stahlbau-Kalender 2000, S. 641–687. Berlin: Ernst & Sohn 2000.

[M15] **Lindner, J./Scheer, J./Schmidt, H. (Hrsg.)**: Beuth-Kommentar Stahlbauten – Erläuterungen zu DIN 18800 Teil 1 bis Teil 4, 3. Auflage. Berlin: Beuth und Ernst & Sohn 1998.

[M16] **Mang, F./Herion, S.**: Guss im Bauwesen. In: Kuhlmann, U. (Hrsg.): Stahlbau-Kalender 2001, S. 626–667. Berlin: Ernst & Sohn 2001.

[M17] **Mehrtens, G.**: Der deutsche Brückenbau im XIX. Jahrhundert. Berlin: Springer-Verlag 1900. Reprint in der Reihe „Klassiker der Technik" mit einer Einführung von E. Werner. Düsseldorf: VDI-Verlag 1984.

[M18] **Nürnberger, U.**: Korrosion und Korrosionsschutz im Bauwesen, Bd. 1 und 2. Wiesbaden/Berlin: Bauverlag 1995.

[M19] **Petzschmann, E./Skufca, K-H. (Hrsg.)**: Handbuch der Stahlbaumontage – Grundlagen für die Aus- und Weiterbildung des Montageführungspersonals, 2. Auflage. Düsseldorf: Stahlbau-Verlag 2000.

[M20] **Rankine, W. J. M.**: A Manual of Civil Engineering, 9th edition. London: Charles Griffin & Company 1873.

[M21] **Reimers, K.**: Entwurfsplanung und Herstellungstechnologie im Stahlbau. In: DSTV (Hrsg.): Stahlbau-Handbuch, 2. Auflage, Bd. 2, S. 3–71. Köln: Stahlbau-Verlag 1985.

[M22] **Saal, H./Steidl, G.**: Nichtrostende Stähle im Bauwesen. In: Kuhlmann, U. (Hrsg.): Stahlbau-Kalender 2001, S. 591–623. Berlin: Ernst & Sohn 2001.

[M23] **Valtinat, G.**: Schraubenverbindungen. In: Stahlbau-Handbuch, 3. Auflage, Bd. IA, S. 552–576. Köln: Stahlbau-Verlag 1993.

[M24] **Wiegand, H./Kloos, K. H./Thomala, W.**: Schraubenverbindungen. Konstruktionsbücher Bd. 5, 4. Auflage. Berlin: Springer-Verlag 1988.

Aufsätze, Tagungsbeiträge, Forschungsberichte, Merkblätter, Arbeitshilfen usw.

[A1] **Borngräber, W./Weber, R./Weigel, J.**: Weiterentwicklung von HV-Schrauben-Garnituren. Stahlbau 71 (2002), 834–835.

[A2] **Dünkel, V.**: Vorschläge zur Ergänzung oder Änderung des Kapitels „Schraubenverbindungen" der DIN 18800-7 aufgrund einer Reihenuntersuchung an HV-Schrauben M20 (unveröffentlichtes Arbeitspapier 25.06.2001).

[A3] **DVS-Merkblatt 0504**:1988-04, Transport, Lagerung und Rücktrocknung umhüllter Stabelektroden.

[A4] **DVS-Merkblatt 1610**:1997-03, Allgemeine Richtlinien für die Planung der schweißtechnischen Fertigung im Schienenfahrzeugbau.

[A5] **DVS-Merkblatt 1705**:2004-02, Verwendbare Stahl- und Gusswerkstoffe für geschweißte Metallbauten.

[A6] **Theiler, F./Geiser, R.**: Wetterfeste Baustähle, Praktische Anwendung im Hochbau. Schweizer Ingenieur u. Architekt 97 (1979), Nr. 6, 83–87.

[A7] **Gibitz, W./Peitsch, H./Skufca, K. H.**: Optimale Auftragsabwicklung im Stahlbau unter besonderer Berücksichtigung von Werkstattfertigung und Montage. Tagungsband Informationstagung f. Betriebs- u. Montageingenieure, Deidesheim 1983. Köln: DSTV 1983.

[A8] **Gitter, R./Piraprez, E./Sedlacek, G./Schneider, R.**: Lochleibungsfestigkeit von Schraubenverbindungen mit Langlöchern. DASt-Forschungsbericht, Januar 2001.

[A9] **Jakubowski, A.**: Ermüdungssichere Bemessung geschraubter Ringflanschstöße in turmartigen Stahlbauten unter besonderer Berücksichtigung von Flanschimperfektionen. Dissertation Universität Essen, 2003.

[A10] **Jakubowski, A./Schmidt, H.**: Experimentelle Untersuchungen an vorgespannten Ringflanschstößen mit Imperfektionen. Stahlbau 72 (2003), 188–196.

[A11] **Katzung, W./Pfeiffer, H./Schneider, A.**: Zum Vorspannkraftabfall in planmäßig vorgespannten Schraubenverbindungen mit beschichteten Kontaktflächen. Stahlbau 65 (1996), 307–311.

[A12] **Kayser, K.**: Kritische Betrachtungen zum Korrosionsschutz von Schrauben. VDI-Z 126 (1984), H. 20, 98–108.

[A13] **Knobloch, M./Schmidt, H.**: Statistische Tragfähigkeitsdaten industriell gefertigter Schrauben unter vorwiegend ruhender Zug- und Abscherbeanspruchung im Gewinde. Forschungsbericht Nr. 52 des FB Bauwesen der Universität Essen, 1990.

[A14] **Lindner, J./Gietzelt, R.**: Imperfektionsannahmen für Stützenschiefstellungen. Stahlbau 53 (1984), 94–101.

[A15] **Lindner, J./Gietzelt, R.**: Kontaktstöße in Druckstäben. Stahlbau 57 (1988), 39–49.

[A16] **Petersen, Ch.**: Traglastversuche an HV-Schrauben mit variiertem Überstand und variierter Neigung der Mutter-Auflagefläche (unveröffentlicht).

[A17] **Prüfamt für Baustatik NRW**: Typenprüfbescheid IIB2-543-789 für das System A+P® (Angles and Plates) der Fa. August Friedberg GmbH, Gelsenkirchen, 2002.

[A18] **Scheer, J./Maier, W./Klahold, M./Vajen, K.**: Zur „Lochleibungsbeanspruchung" in Schraubenverbindungen. Stahlbau 56 (1987), 129–136.

[A19]   **Schliwa, B./Hasselmann, U.**: Aussagefähigkeit und Sinnhaftigkeit von Prüfbescheinigungen im Bauwesen. Stahlbau-Nachrichten 3/2000, S. 28.

[A20]   **Schmidt, H.**: Geschraubte Verbindungen unter vorwiegend ruhender Beanspruchung – Tragverhalten und Tragsicherheitsnachweis nach den neuen deutschen und europäischen Stahlbaunormen. In: Wissenschaft und Praxis, Bd. 62, S. 237–272. Biberach: Bauakademie 1991.

[A21]   **Schmidt, H.**: Ebenheitstoleranzen geschweißter Blechkonstruktionen des Stahlbaus als Grundlage zur Gewährleistung ausreichender Plattenstabilität. In: Festschrift Joachim Scheer, S. 204–218. Braunschweig: Institut f. Stahlbau der TU Braunschweig 1987.

[A22]   **Sedlacek, G./Kammel, Ch.**: Zum Dauerverhalten von GV-Verbindungen in verzinkten Konstruktionen – Erfahrungen mit Vorspannkraftverlusten. Stahlbau 70 (2001), 917–926.

[A23]   **Schmidt, H./Knobloch, M.**: Schrauben unter reiner Scherbeanspruchung und kombinierter Scher-Zugbeanspruchung. Stahlbau 57 (1988), 169–174.

[A24]   **SIZ-Merkblatt 434**: Wetterfester Baustahl, Ausgabe 2004 (Verfasser: M. Fischer). Düsseldorf: Stahl-Informations-Zentrum 2004.

[A25]   **Stahlbau-Arbeitshilfe 5.2**: Baustellen, Ausgabe 1/91. Hrsg.: Bauen mit Stahl e.V. Köln: Stahlbau-Verlag 1991.

[A26]   **Steurer, A.**: Trag- und Verformungsverhalten von auf Zug beanspruchten Schrauben. ETH Zürich, IBK-Bericht Nr. 217. Basel: Birkhäuser 1996.

[A27]   **Steurer, A.**: Das Tragverhalten und Rotationsvermögen geschraubter Stirnplattenverbindungen. ETH Zürich, IBK-Bericht Nr. 247. Basel: Birkhäuser 1999.

[A28]   **Trillmich, R.**: Bolzenschweißen im Stahlbau. Stahlbau-Nachrichten 1/2004, 14–15.

[A29]   **Valtinat, G.**: Last-Verformungs-Verhalten und Tragkapazität von Schraubenverbindungen des Stahlbaus mit in die Scherfuge hineinragendem Gewinde. Forschungsberichte TU Hamburg-Harburg, Arbeitsbereich Stahlbau/Holzbau, 1986 und 1990.

[A30]   **Valtinat, G./Huhn, H.**: Festigkeitssteigerung von Schraubenverbindungen bei ermüdungsbeanspruchten, feuerverzinkten Stahlkonstruktionen. Stahlbau 72 (2003), 715–724.

[A31]   **VdL-Broschüre** – Korrosionsschutz von Stahlbauten durch Beschichtungssysteme im Leistungsbereich DIN EN ISO 12944 (Autoren: A.W.H. Capell, W.D. Kaiser, P. Öchsner, R. Schmidt). Hrsg.: Verband der Lackindustrie, Frankfurt/Main, und Bundesverband Korrosionsschutz, Köln, 1999.

[A32]   **Welz, W./Zwätz, R.**: Nachbessern von Bolzenschweißverbindungen. Der praktiker 2/1990, 85–87.

Regelwerke, Richtlinien, gesetzliche Vorschriften

[R1]   **DIN 124**:1993-05, Halbrundniete – Nenndurchmesser 10 bis 36 mm.

[R2]   **DIN 302**:1993-05, Senkniete, Nenndurchmesser 10 bis 36 mm.

[R3]   **DIN 946**:1991-10, Bestimmung der Reibungszahlen von Schrauben und Muttern unter festgelegten Bedingungen.

[R4]   **DIN 1000**:1973-12, Stahlhochbauten, Ausführung.
(1983 ersetzt durch DIN 18800-7:1983-05.)

[R5]   **DIN 1478**:1975-09, Spannschlösser aus Stahlrohr oder Rundstahl.
E DIN 1478: 2004-05, Spannschlossmuttern aus Stahlrohr oder Rundstahl.

[R6]   **DIN 1480**:1975-09, Spannschlösser, geschmiedet (offene Form).
E DIN 1480:2004-05, Spannschlossmuttern, geschmiedet (offene Form).

[R7]   **DIN 1681**:1985-06, Stahlguss für allgemeine Verwendungszwecke; Technische Lieferbedingungen.

[R8] **DIN 1690-2**:1985-06, Technische Lieferbedingungen für Gussstücke aus metallischen Werkstoffen – Stahlgussstücke – Einteilung nach Gütestufen aufgrund zerstörungsfreier Prüfungen.

[R9] **DIN V 1738**:2000-07, Schweißen – Richtlinien f. eine Gruppeneinteilung von metallischen Werkstoffen (ISO/TR 15608:2000); Deutsche Fassung CR ISO 15608:2000.

[R10] **DIN 2310-3**:1987-11, Thermisches Schneiden – Autogenes Brennschneiden, Verfahrensgrundlagen, Güte, Maßtoleranzen (1995 ersetzt durch DIN EN ISO 9013).

[R11] **DIN 2310-4**:1987-09, Thermisches Schneiden – Plasmaschneiden – Verfahrensgrundlagen, Begriffe, Güte, Maßtoleranzen (1995 ersetzt durch DIN EN ISO 9013).

[R12] **DIN 4100**:1968-12, Geschweißte Stahlhochbauten.
Beiblatt 1: Nachweis der Befähigung zum Schweißen von Stahlhochbauten (Großer Nachweis).
Beiblatt 2: Nachweis der Befähigung zum Schweißen von Stahlhochbauten in begrenztem Umfang (Kleiner Nachweis).
(1983 ersetzt durch DIN 18800-7:1983-05.)

[R13] **DIN 6319**:2001-10, Kugelscheiben und Kegelpfannen.

[R14] **DIN 8567**:1994-09, Vorbereitung von Oberflächen metallischer Werkstücke und Bauteile für das thermische Spritzen.

[R15] **DIN 15018-1**:1984-11, Krane – Grundsätze für Stahltragwerke – Berechnung.

[R16] **DIN 15018-2**:1984-11, Krane – Stahltragwerke – Grundsätze für die bauliche Durchbildung und Ausführung.

[R17] **DIN 15018-3**:1984-11, Krane – Grundsätze für Stahltragwerke – Berechnung von Fahrzeugkranen.

[R18] **DIN 17182**:1992-05, Stahlgusssorten mit verbesserter Schweißeignung und Zähigkeit für allgemeine Verwendungszwecke – Technische Lieferbedingungen.

[R19] **DIN 18200**:2000-05, Übereinstimmungsnachweis für Bauprodukte – Werkseigene Produktionskontrolle, Fremdüberwachung und Zertifizierung von Produkten.

[R20] **DIN 18203-2**:1986-05, Toleranzen im Hochbau – Vorgefertigte Teile aus Stahl.

[R21] **DIN 18914**:1985-09, Dünnwandige Rundsilos aus Stahl, einschl. Beiblatt 1.

[R22] **DIN 22261-1**: 1997-06, Bagger, Absetzer und Zusatzgeräte in Braunkohlentagebauen – Teil 1: Bau, Inbetriebnahme und Prüfungen.

[R23] **DIN 22261-2**:1998-01, Bagger, Absetzer und Zusatzgeräte in Braunkohlentagebauen – Teil 2: Berechnungsgrundlagen.
DIN 22261-2 Berichtigung 1:2003-06, Berichtigungen zu DIN 22261-2:1998-01.

[R24] **DIN 22261-3**:1997-10, Bagger, Absetzer und Zusatzgeräte in Braunkohlentagebauen – Teil 3: Schweißverbindungen, Stoßarten, Bewertungsgruppen, Prüfanweisungen.

[R25] **DIN 24117**:2004-05, Bau und Baustoffmaschinen – Verteilermaste für Betonpumpen – Berechnungsgrundsätze und Standsicherheit. Ersatz für DIN 24117:1987-06.

[R26] **DIN 34820**:2004-05, Flache Scheiben mit Fasen für den Stahlbau.

[R27] **DIN EN 288-1**:1990-09, Anforderung und Anerkennung von Schweißverfahren für metallische Werkstoffe – Teil 1: Allgemeine Regeln für das Schmelzschweißen; Deutsche Fassung EN 288-1:1992/prA1:1996.

[R28] **DIN EN 288-2**:1997-10, Anforderung und Anerkennung von Schweißverfahren für metallische Werkstoffe – Teil 2: Schweißanweisung für das Lichtbogenschweißen (enthält Änderung A1:1997); Deutsche Fassung EN 288-2:1992 + A1:1997.

[R29] **DIN EN 288-3**:1997-10, Anforderung und Anerkennung von Schweißverfahren für metallische Werkstoffe – Teil 3: Schweißverfahrensprüfungen für das Lichtbogenschweißen von Stählen (enthält Änderung A1:1997); Deutsche Fassung EN 288-3:1992 + A1:1997.

[R30] **DIN EN 288-4**:1997-10, Anforderung und Anerkennung von Schweißverfahren für metallische Werkstoffe – Teil 4: Schweißverfahrensprüfungen für das Lichtbogenschweißen von Aluminium und seinen Legierungen (enthält Änderung A1:1997); Deutsche Fassung EN 288-4:1992 + A1:1997.

[R31] **DIN EN 288-5**:1994-10, Anforderung und Anerkennung von Schweißverfahren für metallische Werkstoffe – Teil 5: Anerkennung durch Einsatz anerkannter Schweißzusätze für das Lichtbogenschweißen; Deutsche Fassung EN 288-5:1994.

[R32] **DIN EN 288-6**:1994-10, Anforderung und Anerkennung von Schweißverfahren für metallische Werkstoffe – Teil 6: Anerkennung aufgrund vorliegender Erfahrung; Deutsche Fassung EN 288-6:1994.

[R33] **DIN EN 288-7**:1995-08, Anforderung und Anerkennung von Schweißverfahren für metallische Werkstoffe – Teil 7: Anerkennung von Normschweißverfahren für das Lichtbogenschweißen; Deutsche Fassung EN 288-7:1995.

[R34] **DIN EN 288-8**:1995-08, Anforderung und Anerkennung von Schweißverfahren für metallische Werkstoffe – Teil 8: Anerkennung durch eine Schweißprüfung vor Fertigungsbeginn; Deutsche Fassung EN 288-8:1995.

[R35] **DIN EN 729-2**:1994-11, Schweißtechnische Qualitätsanforderungen – Schmelzschweißen metallischer Werkstoffe – Teil 2: Umfassende Qualitätsanforderungen; Deutsche Fassung EN 729-2:1994.

[R36] **DIN EN 729-3**:1994-11, Schweißtechnische Qualitätsanforderungen – Schmelzschweißen metallischer Werkstoffe – Teil 3: Standard-Qualitätsanforderungen; Deutsche Fassung EN 729-3:1994.

[R37] **DIN EN 729-4**:1994-11, Schweißtechnische Qualitätsanforderungen – Schmelzschweißen metallischer Werkstoffe – Teil 4: Elementar-Qualitätsanforderungen; Deutsche Fassung EN 729-4:1994.

[R38] **DIN V ENV 1090-1**:1998-07, Ausführung von Tragwerken aus Stahl – Teil 1: Allgemeine Regeln und Regeln für Hochbauten; Deutsche Fassung ENV 1090-1:1996.

[R39] **DIN EN 1369**:1997-02, Gießereiwesen – Magnetpulverprüfung; Deutsche Fassung EN 1369:1996.

[R40] **DIN EN 1371-1**:1997-10, Gießereiwesen – Eindringprüfung – Teil 1: Sand-, Schwerkraftkokillen- und Niederdruckkokillengussstücke; Deutsche Fassung EN 1371-1:1997.

[R41] **DIN EN 1371-2**:1998-07, Gießereiwesen – Eindringprüfung – Teil 2: Feingussstücke; Deutsche Fassung EN 1371-2:1998.

[R42] **DIN EN 1559-1**:1997-08, Gießereiwesen – Technische Lieferbedingungen – Teil 1: Allgemeines; Deutsche Fassung EN 1559-1:1997.

[R43] **DIN EN 1559-2**:2000-04, Gießereiwesen – Technische Lieferbedingungen – Teil 2: Zusätzliche Anforderungen an Stahlgussstücke; Deutsche Fassung EN 1559-2:2000.

[R44] **DIN EN 1559-3**:1997-08, Gießereiwesen – Technische Lieferbedingungen – Teil 3: Zusätzliche Anforderungen an Eisengussstücke; Deutsche Fassung EN 1559-3:1997.

[R45] **DIN EN 1563**:2003-02, Gießereiwesen – Gusseisen mit Kugelgraphit (enthält Änderung A1:2002); Deutsche Fassung EN 1563:1997 + A1:2002.

[R46] **DIN EN 10024**:1995-05, I-Profile mit geneigten inneren Flanschflächen – Grenzabmaße und Formtoleranzen; Deutsche Fassung EN 10024:1995.

[R47] **DIN EN 10029**:1991-10, Warmgewalztes Stahlblech von 3 mm Dicke an – Grenzabmaße, Formtoleranzen, zulässige Gewichtsabweichungen; Deutsche Fassung EN 10029:1991.

[R48] **DIN EN 10034**:1994-03, I- und H-Profile aus Baustahl – Grenzabmaße und Formtoleranzen; Deutsche Fassung EN 10034:1993.

[R49] **DIN EN 10048**:1996-10, Warmgewalzter Bandstahl – Grenzabmaße und Formtoleranzen; Deutsche Fassung EN 10048:1996.

[R50] **DIN EN 10051**:1997-11, Kontinuierlich warmgewalztes Blech und Band ohne Überzug aus unlegierten und legierten Stählen – Grenzabmaße und Formtoleranzen (enthält Änderung A1:1997); Deutsche Fassung EN 10051:1991 + A1:1997.

[R51] **DIN EN 10055**:1995-12, Warmgewalzter gleichschenkliger T-Stahl mit gerundeten Kanten und Übergängen – Maße, Grenzabmaße und Formtoleranzen; Deutsche Fassung EN 10055:1995.

[R52] **DIN EN 10056-1**:1998-10, Gleichschenklige und ungleichschenklige Winkel aus Stahl – Teil 1: Maße; Deutsche Fassung EN 10056-1:1998.

[R53] **DIN EN 10056-2**:1994-03, Gleichschenklige und ungleichschenklige Winkel aus Stahl – Teil 2: Grenzabmaße und Formtoleranzen; Deutsche Fassung EN 10056-2:1993.

[R54] **DIN EN 10058**:2004-02, Warmgewalzte Flachstäbe aus Stahl für allgemeine Verwendung – Maße, Formtoleranzen und Grenzabmaße; Deutsche Fassung EN 10058:2003.

[R55] **DIN EN 10059**:2004-02, Warmgewalzte Vierkantstäbe aus Stahl für allgemeine Verwendung – Maße, Formtoleranzen und Grenzabmaße; Deutsche Fassung EN 10059:2003.

[R56] **DIN EN 10060**:2004-02, Warmgewalzte Rundstäbe aus Stahl – Maße, Formtoleranzen und Grenzabmaße; Deutsche Fassung EN 10060:2003.

[R57] **DIN EN 10061**:2004-02, Warmgewalzte Sechskantstäbe aus Stahl – Maße, Formtoleranzen und Grenzabmaße; Deutsche Fassung EN 10061:2003.

[R58] **DIN EN 10067**:1996-12, Warmgewalzter Wulstflachstahl – Maße, Grenzabmaße und Formtoleranzen; Deutsche Fassung EN 10067:1996.

[R59] **DIN EN 10210-1**:1994-09, Warmgefertigte Hohlprofile für den Stahlbau aus unlegierten Baustählen und aus Feinkornbaustählen – Teil 1: Technische Lieferbedingungen; Deutsche Fassung EN 10210-1:1994.
E DIN EN 10210-1:2003-04, Warmgefertigte Hohlprofile für den Stahlbau aus unlegierten Baustählen und aus Feinkornbaustählen – Teil 1: Technische Lieferbedingungen; Deutsche Fassung prEN 10210-1:2003.

[R60] **DIN EN 10210-2**:1997-11, Warmgefertigte Hohlprofile für den Stahlbau aus unlegierten Baustählen und aus Feinkornbaustählen – Teil 2: Grenzabmaße, Maße und statische Werte; Deutsche Fassung EN 10210-2:1997.
E DIN EN 10210-2:2003-04, Warmgefertigte Hohlprofile für den Stahlbau aus unlegierten Baustählen und aus Feinkornbaustählen – Teil 2: Grenzabmaße, Maße und statische Werte; ; Deutsche Fassung prEN 10210-2:2003.

[R61] **DIN EN 10219-1**:1997-11, Kaltgefertigte geschweißte Hohlprofile für den Stahlbau aus unlegierten Baustählen und aus Feinkornbaustählen – Teil 1: Technische Lieferbedingungen; Deutsche Fassung EN 10219-1:1997.
E DIN EN 10219-1:2003-04, Kaltgefertigte geschweißte Hohlprofile für den Stahlbau aus unlegierten Baustählen und aus Feinkornbaustählen – Teil 1: Technische Lieferbedingungen; Deutsche Fassung prEN 10219-1:2003.

[R62] **DIN EN 10219-2**:1997-11, Kaltgefertigte geschweißte Hohlprofile für den Stahlbau aus unlegierten Baustählen und aus Feinkornbaustählen – Teil 2: Grenzabmaße, Maße und statische Werte; Deutsche Fassung EN 10219-2:1997.
E DIN EN 10219-2:2003-04, Kaltgefertigte geschweißte Hohlprofile für den Stahlbau aus unlegierten Baustählen und aus Feinkornbaustählen – Teil 2: Grenzabmaße, Maße und statische Werte; Deutsche Fassung prEN 10219-2:2003.

[R63] **DIN EN 12680-1**:2003-06, Gießereiwesen – Ultraschallprüfung – Teil 1: Stahlgussstücke für allgemeine Verwendung; Deutsche Fassung EN 12680-1:2003.

[R64] **DIN EN 12680-2**:2003-06, Gießereiwesen – Ultraschallprüfung – Teil 2: Stahlgussstücke für Turbinenteile; Deutsche Fassung prEN 12680-2:2000.

[R65] **DIN EN 12680-3**:2003-06, Gießereiwesen – Ultraschallprüfung – Teil 3: Gussstücke aus Gusseisen mit Kugelgraphit; Deutsche Fassung EN 12680-3:2003.

[R66] **DIN EN 12681**:2003-06, Gießereiwesen – Durchstrahlungsprüfung; Deutsche Fassung EN 12681:2003.

[R67] **DIN EN 22553**:1997-03, Schweiß- und Lötnähte; Symbolische Darstellung in Zeichnungen (ISO 2553:1992); Deutsche Fassung EN 22553:1994.

[R68] **DIN EN ISO 3690**:2001-03, Schweißen und verwandte Prozesse – Bestimmung des diffusiblen Wasserstoffgehaltes im ferritischen Schweißgut (ISO 3690:2000); Deutsche Fassung EN ISO 3690:2000.

[R69] **E DIN EN ISO 3834-1**:2004-05, Qualitätsanforderungen für das Schmelzschweißen von metallischen Werkstoffen – Teil 1: Richtlinien zur Auswahl und Verwendung (ISO/DIS 3834-1:2004); Deutsche Fassung prEN ISO 3834-1:2004.

[R70] **E DIN EN ISO 3834-2**:2004-05, Qualitätsanforderungen für das Schmelzschweißen von metallischen Werkstoffen – Teil 2: Umfassende Qualitätsanforderungen (ISO/DIS 3834-2:2004); Deutsche Fassung prEN ISO 3834-2:2004.

[R71] **E DIN EN ISO 3834-3**:2004-05, Qualitätsanforderungen für das Schmelzschweißen von metallischen Werkstoffen – Teil 3: Standard-Qualitätsanforderungen (ISO/DIS 3834-3:2004); Deutsche Fassung prEN ISO 3834-3:2004.

[R72] **E DIN EN ISO 3834-4**:2004-05, Qualitätsanforderungen für das Schmelzschweißen von metallischen Werkstoffen – Teil 4: Elementare Qualitätsanforderungen (ISO/DIS 3834-4:2004); Deutsche Fassung prEN ISO 3834-4:2004.

[R73] **E DIN EN ISO 3834-5**:2004-05, Qualitätsanforderungen für das Schmelzschweißen von metallischen Werkstoffen – Teil 5: Normative Verweisungen für die Anforderungen in ISO 3834-2, ISO 3834-3 und ISO 3834-4 (ISO/DIS 3834-5:2004); Deutsche Fassung prEN ISO 3834-5:2004.

[R74] **DIN EN ISO 4063**:2000-04, Schweißen und verwandte Prozesse – Liste der Prozesse und Ordnungsnummern (ISO 4063:1998); Deutsche Fassung EN ISO 4063:2000.

[R75] **DIN EN ISO 4628-3**:2004-01, Beschichtungsstoffe – Beurteilung von Beschichtungsschäden – Bewertung der Menge und der Größe der Schäden und der Intensität von gleichmäßigen Veränderungen im Aussehen – Teil 3: Bewertung des Rostgrades (ISO 4628-3:2003).

[R76] **DIN EN ISO 5817**:2003-12, Schweißen – Schmelzschweißverbindungen an Stahl, Nickel, Titan und deren Legierungen (ohne Strahlschweißen) – Bewertungsgruppen von Unregelmäßigkeiten (ISO 5817:2003); Deutsche Fassung EN ISO 5817:2003.

[R77] **DIN EN ISO 9001**:2000-12, Qualitätsmanagementsysteme – Anforderungen (ISO 9001:2000-09).

[R78] **DIN EN ISO 9692-1**:2004-05, Schweißen und verwandte Prozesse – Empfehlungen zur Schweißnahtvorbereitung – Teil 1: Lichtbogenhandschweißen, Schutzgasschweißen, Gasschweißen, WIG-Schweißen und Strahlschweißen von Stählen (ISO 9692-1:2003); Deutsche Fassung EN ISO 9692-1:2003.

[R79] **DIN EN ISO 9692-2**:1999-09, Schweißen und verwandte Prozesse – Empfehlungen zur Schweißnahtvorbereitung – Teil 2: Unterpulverschweißen von Stahl (ISO 9692-2:1998, enthält Berichtigung AC:1999); Deutsche Fassung EN ISO 9692-2:1998 + AC:1999.

[R80] **DIN EN ISO 9692-3**:2001-07, Schweißen und verwandte Prozesse – Empfehlungen zur Schweißnahtvorbereitung – Teil 3: Metall-Inertgasschweißen und Wolfram-Inertgasschweißen von Aluminium und Aluminium-Legierungen (ISO 9692-3:2001); Deutsche Fassung EN ISO 9692-3:2001.

[R81] **DIN EN ISO 9692-4**:2003-10, Schweißen und verwandte Prozesse – Empfehlungen zur Schweißnahtvorbereitung – Teil 4: Plattierte Stähle (ISO 9692-4:2003); Deutsche Fassung EN ISO 9692-4:2003.

[R82] **DIN EN ISO 9956-11**:1996-11, Anforderung und Anerkennung von Schweißverfahren für metallische Werkstoffe – Teil 11: Schweißanweisung für das Laserstrahlschweißen (ISO 9956-11:1996); Deutsche Fassung EN ISO 9956-11:1996.

[R83] **DIN EN ISO 10642**:2004-06, Senkschrauben mit Innensechskant (ISO 10642:2004); Deutsche Fassung EN ISO 10642:2004.

[R84] **DIN EN ISO 15607**:2004-03, Anforderung und Qualifizierung von Schweißverfahren für metallische Werkstoffe – Allgemeine Regeln (ISO 15607:2003); Deutsche Fassung EN ISO 15607:2003.

[R85] **ISO/TR 15608**:2000-04, Schweißen – Richtlinien für eine Gruppeneinteilung von metallischen Werkstoffen.

[R86] **DIN EN ISO 15609-1**:2004-10, Anforderung und Qualifizierung von Schweißverfahren für metallische Werkstoffe – Schweißanweisung – Teil 1: Lichtbogenschweißen (ISO 15609-1:2004); Deutsche Fassung EN ISO 15609-1:2004.

[R87] **DIN EN ISO 15609-2**:2001-12, Anforderung und Qualifizierung von Schweißverfahren für metallische Werkstoffe – Schweißanweisung – Teil 2: Gasschweißen (ISO 15609-2:2001); Deutsche Fassung EN ISO 15609-2:2001.

[R88] **DIN EN ISO 15609-3**:2004-10, Anforderung und Qualifizierung von Schweißverfahren für metallische Werkstoffe – Schweißanweisung – Teil 3: Elektronenstrahlschweißen (ISO 15609-3:2004); Deutsche Fassung EN ISO 15609-3:2004.

[R89] **DIN EN ISO 15609-4**:2004-10, Anforderung und Qualifizierung von Schweißverfahren für metallische Werkstoffe – Schweißanweisung – Teil 4: Laserstrahlschweißen (ISO 15609-4:2004); Deutsche Fassung EN ISO 15609-4:2004.

[R90] **DIN EN ISO 15609-5**:2004-10, Anforderung und Qualifizierung von Schweißverfahren für metallische Werkstoffe – Schweißanweisung – Teil 5: Widerstandsschweißen (ISO 15609-5:2004); Deutsche Fassung EN ISO 15609-5:2004.

[R91] **DIN EN ISO 15610**:2004-02, Anforderung und Qualifizierung von Schweißverfahren für metallische Werkstoffe – Qualifizierung aufgrund des Einsatzes von geprüften Schweißzusätzen (ISO 15610:2003); Deutsche Fassung EN ISO 15610:2003.

[R92] **DIN EN ISO 15611**:2004-03, Anforderung und Qualifizierung von Schweißverfahren für metallische Werkstoffe – Qualifizierung aufgrund von vorliegender schweißtechnischer Erfahrung (ISO 15611:2003); Deutsche Fassung EN ISO 15611:2003.

[R93] **DIN EN ISO 15612**:2004-10, Anforderung und Qualifizierung von Schweißverfahren für metallische Werkstoffe – Qualifizierung durch Einsatz eines Standardschweißverfahrens (ISO 15612:2004); Deutsche Fassung EN ISO 15612:2004.

[R94] **DIN EN ISO 15613**:2004-10, Anforderung und Qualifizierung von Schweißverfahren für metallische Werkstoffe – Qualifizierung aufgrund einer vorgezogenen Arbeitsprüfung (ISO 15613:2004); Deutsche Fassung EN ISO 15613:2004.

[R95] **DIN EN ISO 15614-1**:2004-11, Anforderung und Qualifizierung von Schweißverfahren für metallische Werkstoffe – Schweißverfahrensprüfung – Teil 1: Lichtbogen- und Gasschweißen von Stählen und Lichtbogenschweißen von Nickel und Nickellegierungen (ISO 15614-1:2004); Deutsche Fassung EN ISO 15614-1:2004.

[R96] **DIN EN ISO 15614-11**:2002-10, Anforderung und Qualifizierung von Schweißverfahren für metallische Werkstoffe – Schweißverfahrensprüfung – Teil 11: Elektronen- und Laserstrahlschweißen (ISO 15614-11:2002); Deutsche Fassung EN ISO 15614-11:2002.

[R97] **DIN EN ISO 17652-1**:2003-07, Schweißen – Prüfung von Fertigungsbeschichtungen für das Schweißen und für verwandte Prozesse – Teil 1: Allgemeine Anforderungen (ISO 17652-1:2003); Deutsche Fassung EN ISO 17652-1:2003.

[R98] **DIN EN ISO 17652-2**:2003-07, Schweißen – Prüfung von Fertigungsbeschichtungen für das Schweißen und für verwandte Prozesse – Teil 2: Schweißeigenschaften von Fertigungsbeschichtungen (ISO 17652-2:2003); Deutsche Fassung EN ISO 17652-2:2003.

[R99] **DIN EN ISO 17652-3**:2003-07, Schweißen – Prüfung von Fertigungsbeschichtungen für das Schweißen und für verwandte Prozesse – Teil 3: Thermisches Schneiden (ISO 17652-3:2003); Deutsche Fassung EN ISO 17652-3:2003.

[R100] **DIN EN ISO 17652-4**:2003-07, Schweißen – Prüfung von Fertigungsbeschichtungen für das Schweißen und für verwandte Prozesse – Teil 4: Emission von Rauchen und Gasen (ISO 17652-4:2003); Deutsche Fassung EN ISO 17652-4:2003.

[R101] **E DIN EN ISO 17662**:2001-07, Schweißen – Kalibrierung, Bestätigung und Gültigkeitserklärung von Einrichtungen einschließlich ergänzender Tätigkeiten, die beim Schweißen verwendet werden (ISO/DIS 17662:2001); Deutsche Fassung prEN ISO 17662:2001.

[R102] **DIN ISO 857-1**:2002-11, Schweißen und verwandte Prozesse – Begriffe – Teil 1: Metallschweißprozesse (ISO 857-1:1998).

[R103] **E DIN ISO 857-2**:2004-02, Schweißen und verwandte Prozesse – Begriffe – Teil 2: Weichlöten, Hartlöten und verwandte Begriffe (ISO/DIS 857-2:2003).

[R104] **prEN 1993-1-8**:2003-05, Eurocode 3: Bemessung und Konstruktion von Stahlbauten – Teil 1.8: Bemessung von Anschlüssen.

[R105] **prEN 1993-1-10**:2003-.., Eurocode 3: Bemessung und Konstruktion von Stahlbauten – Teil 1.10: Stahlsortenauswahl im Hinblick auf Bruchzähigkeit und Eigenschaften in Dickenrichtung.

[R106] **DIN EN ISO 2409**:1994-10, Lacke und Anstrichstoffe – Gitterschnittprüfung (ISO 2409:1992).

[R107] **DIN EN ISO 2808**:1999-10, Beschichtungsstoffe – Bestimmung der Schichtdicke (ISO 2808:1997); Deutsche Fassung EN ISO 2808:1999.

[R108] **ISO 5393**:1994-05, Drehende Werkzeuge für Schraubverbindungen – Funktionsprüfungen.

[R109] **DIN EN ISO 8501-1**:2002-03, Vorbereitung von Stahloberflächen vor dem Auftragen von Beschichtungsstoffen; Visuelle Beurteilung der Oberflächenreinheit – Teil 1: Rostgrade und Oberflächenvorbereitungsgrade von unbeschichteten Stahloberflächen und Stahloberflächen nach gänzlichem Entfernen vorhandener Beschichtungen (ISO 8501-1:1988); Deutsche Fassung EN ISO 8501-1:2001.

Beiblatt 1:2002-03, Repräsentative photographische Beispiele für die Veränderung des Aussehens von Stahl beim Strahlen mit unterschiedlichen Strahlmitteln (ISO 8501-1:1988/Suppl. 1994).

[R110] **Bauregelliste A, Bauregelliste B und Liste C,** Ausgabe 2004/1. DIBt-Mitteilungen 35 (2004), Sonderheft Nr. 30.

[R111] **DASt-Richtlinie (vorläufig):** Vorläufige Richtlinien für Berechnung, Ausführung und bauliche Durchbildung von gleitfesten Schraubenverbindungen (HV-Verbindungen) für stählerne Ingenieur- und Hochbauten, Brücken und Krane, 1. Ausgabe und 2. Ausgabe. Köln: Stahlbau-Verlag 1956 bzw. 1963 (zurückgezogen).

[R112] **DASt-Richtlinie 018**:2001-11, Hammerschrauben.

[R113] **DIBt-Richtlinie WEA**:2004-03, Windenergieanlagen, Einwirkungen und Standsicherheitsnachweise für Turm und Gründung. Berlin: Deutsches Institut für Bautechnik 2004.

[R114] **DIN-Fachbericht 103**: Stahlbrücken, 2. Auflage. Berlin: Beuth Verlag 2003.

[R115] **DIN-Fachbericht 104**: Verbundbrücken, 2. Auflage. Berlin: Beuth Verlag 2003.

[R116] **DSTV-Richtlinie**: Richtlinie Korrosionsschutz von Stahlbauten in atmosphärischen Umgebungsbedingungen durch Beschichtungssysteme (Verfasser: W. Katzung), 1998.

[R117] **DVS-Richtlinie 1181**:1999-12, DVS-Lehrgang Schweißkonstrukteur.

[R118] **EWF-Richtlinie 450**:2001-.., Internationales Schweißinspektionspersonal (Schweißgüteprüfpersonal). IWIP-Doc. IAB-041-2001.

[R119] **HOAI**: Honorarordnung für Architekten und Ingenieure, Fassung Januar 1996. Bonn: Bundesingenieurkammer 1996.

[R120] **MBO**: Muster-Bauordnung, Fassung November 2002. Hrsg.: Bauministerkonferenz der Länder (ARGEBAU).

[R121] **Ril 804**:2003-05, Richtlinie 804: Eisenbahnbrücken (und sonstige Ingenieurbauwerke) planen, bauen und instand halten. (Ersatz für DS 804.)

[R122] **SEL 072-77**:1977-12, Ultraschallgeprüftes Grobblech – Technische Lieferbedingungen.

[R123] **VDI-Richtlinie 2230**:2003-02, Systematische Berechnung hochbeanspruchter Schraubenverbindungen – Zylindrische Einschraubenverbindungen.

[R124] **Verzeichnis** der Prüf-, Überwachungs- und Zertifizierungsstellen nach den Landesbauordnungen, Stand Februar 2004. DIBt-Mitteilungen 35 (2004), Sonderheft Nr. 30.

[R125] **Werknormen** „Sechskantschrauben-Garnituren mit großer Schlüsselweite: HV-Schrauben (in Anlehnung an DIN 6914), HV-Muttern (in Anlehnung an DIN 6915), HV-Scheiben (in Anlehnung an DIN 6916)"; abgestimmt zwischen den Firmen TEXTRON Fastening Systems/Peiner Umformtechnik Peine, August Friedberg GmbH Gelsenkirchen, FUCHS Schraubenwerk GmbH Siegen.

[R126] **Z-14.1-4**:1990-07, Allgemeine bauaufsichtliche Zulassung für Verbindungselemente zur Verwendung bei Konstruktionen mit „Kaltprofilen" aus Stahlblech – insbesondere mit Stahlprofiltafeln.

[R127] **Z-14.4-420**: 2002-10, Allgemeine bauaufsichtliche Zulassung für dübelartige Verbindungselemente („Hollo-Bolts") mit Schrauben M8 bis M20.

[R128] **Z-30.3-6**:2003-12, Allgemeine bauaufsichtliche Zulassung für Erzeugnisse, Verbindungselemente und Bauteile aus nichtrostenden Stählen.

[R129] **ZTV-ING**:2003-05, Zusätzliche Technische Vertragsbedingungen und Richtlinien für Ingenieurbauten. Hrsg.: Bundesministerium für Verkehr, Bau- und Wohnungswesen.

[R130] **StawaR**:1998-04, Richtlinie über die Anforderungen an Auffangwannen aus Stahl mit einem Rauminhalt bis 1 000 Liter. DIBt-Mitteilungen 30 (1999), H.2, 48–52.

[R131] **DIN EN 10083-2**:1996-10, Vergütungsstähle – Teil 2: Technische Lieferbedingungen für unlegierte Qualitätsstähle (enthält Änderung A1:1996); Deutsche Fassung EN 10083-2:1991 + A1:1996.

[R132] **DIN EN 10222-4**:2001-12, Schmiedestücke aus Stahl für Druckbehälter – Teil 4: Schweißgeeignete Feinkornbaustähle mit hoher Dehngrenze (enthält Änderung A1:2001); Deutsche Fassung EN 10222-4:1998 + A1:2001.

[R133] **DIN EN 10250-2**:1999-12, Freiformschmiedestücke aus Stahl für allgemeine Verwendung – Teil 2: Unlegierte Qualitäts- und Edelstähle; Deutsche Fassung EN 10250-2:1999.

[R134] **DIN 7967**:1970-11, Sicherungsmuttern.

[R135] **ISO/TR 17844**:2004-09, Schweißen – Vergleich von genormten Verfahren zur Vermeidung von Kaltrissen.

[R136] **ISO 14731**:1997-04, Schweißaufsicht – Aufgaben und Verantwortung.

[R137] **ISO 14732**:1998-07, Schweißpersonal – Prüfung von Bedienern von Schweißeinrichtungen zum Schmelzschweißen und von Einrichtern für das Widerstandsschweißen für vollmechanisches und automatisches Schweißen von metallischen Werkstoffen.

[R138] **DIN EN ISO 10684**:2004-11, Verbindungselemente – Feuerverzinkung (ISO 10684:2004); Deutsche Fassung EN ISO 10684:2004.

Praktisch. Handlich. Stark.

Stahlnormen und Metallbauerhandwerk

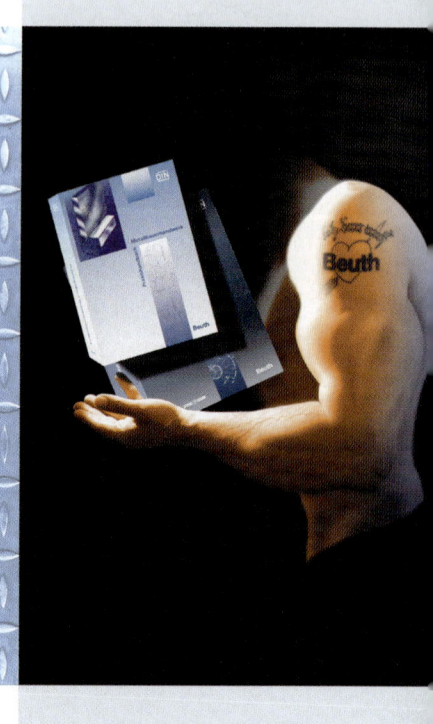

Die Erfolgsgeschichte der Normung im Stahl- und Metallbau wird jetzt fortgeschrieben – in der Reihe „Praxishandbuch".

Endlich gibt es die wichtigsten deutschen, europäischen und internationalen **195 Stahlnormen** und **52 Metallbaunormen** gebündelt in zwei Normen-Kompendien.

Alle grundlegenden **Anforderungen, Prüfverfahren und Lieferbedingungen**, die auf diesem Gebiet aktuell und werkstofftechnisch geregelt sind, lassen sich in den Praxishandbüchern schnell und gezielt nachschlagen.

Der Online-Tipp:

Einen speziellen Werkstoffnormen-Download bietet Ihnen der Beuth Verlag unter:
www.DIN-Metallbauerhandwerk.de

Praxishandbuch
J. Eube, R. Kästner
Stahlnormen
DIN-Normen und technische Regeln für Herstellung, Auswahl und Anwendung
Mit CD-ROM
1. Aufl. 2004. 912 S. C5. Brosch.
98,00 EUR / 174,00 CHF
ISBN 3-410-15651-8

Praxishandbuch
Metallbauerhandwerk
Konstruktionstechnik
DIN-Normen und technische Regeln
1. Aufl. 2003. 648 S. A5. Brosch.
53,00 EUR / 94,00 CHF
ISBN 3-410-15571-6

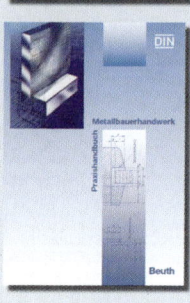

Beuth
Berlin · Wien · Zürich

Beuth Verlag GmbH
Burggrafenstraße 6
10787 Berlin
Telefon: 030 2601-2260
Telefax: 030 2601-1260
info@beuth.de
www.beuth.de

Gio Löwe, gio-lowe.com

Fishing for Standards

Surf & find: www.myBeuth.de

Normen und andere technische Regeln
direkt aus dem Netz – auf Ihren PC

DIN

Beuth
Berlin · Wien · Zürich

Beuth Verlag GmbH
Burggrafenstraße 6
10787 Berlin
Fragen und Recherchetipps:
Telefax: 030 2601-42313
onlinesupport@beuth.de